国家科学技术学术著作出版基金资助出版

复杂高层结构非线性抗震性能分析和设计方法

滕 军 李祚华 著

中国建筑工业出版社

图书在版编目（CIP）数据

复杂高层结构非线性抗震性能分析和设计方法/滕军，
李祚华著. —北京：中国建筑工业出版社，2016.5
ISBN 978-7-112-19392-9

Ⅰ.①复⋯ Ⅱ.①滕⋯②李⋯ Ⅲ.①高层建筑-建筑结
构-防震设计 Ⅳ.①TU973

中国版本图书馆 CIP 数据核字（2016）第 087054 号

本书系统总结了复杂高层结构非线性抗震性能分析、评价、控制及设计的相关
理论和关键技术。在快速建模、前后处理、ABAQUS 核心技术开发和 GPU 异构平
台搭建等方面系统介绍了复杂高层结构非线性高效分析方法；详细介绍了复杂高层
结构抗震性能量化评价体系和大震失效模式控制技术的最新成果；介绍了超高建筑
斜交网格筒结构体系的力学机理、刚度形成机制和失效特性，系统论述了复杂高层
结构基于最优失效模式的大震非线性设计理论和方法。以具体工程问题为例，详细
介绍了相关理论和关键技术在实际工程中的应用过程和效果。

本书系统地介绍了作者最新研究成果，适合结构工程、地震工程、防灾减灾领
域的科研工作者、研究生阅读，也适合从事高层建筑结构设计的工程技术人员学习
参考。

责任编辑：赵梦梅 田立平 牛 松
责任校对：陈晶晶 刘 钰

复杂高层结构非线性抗震性能分析和设计方法

滕 军 李祚华 著

*

中国建筑工业出版社出版、发行(北京西郊百万庄)
各地新华书店、建筑书店经销
北京红光制版公司制版
北京建筑工业印刷厂印刷

*

开本：787×1092 毫米 1/16 印张：22½ 字数：546 千字
2016 年 5 月第一版 2016 年 5 月第一次印刷
定价：**58.00** 元
ISBN 978-7-112-19392-9
(28660)

前　言

近年来，世界范围内复杂高层结构发展迅速，建筑高度不断提高，体型日趋复杂。复杂高层结构的发展充分显示了规划、建筑、结构、设备各专业的突破性理念、创新的施工技术以及新材料、新计算技术的应用和发展。计算机技术的发展，为结构非线性分析提供了平台，促进了结构大震分析、大震性能评估及控制、大震设计理论和技术的发展，使得结构"大震不倒"性能目标控制从基于简单分析和简单控制指标的验算，到大震失效模式控制和基于最优失效模式大震设计理论方向发展。

由国家自然科学基金委员会和中国科学院 2012 年编写的《未来 10 年中国学科发展战略：工程科学》书中明确指出：重视对于地震、风灾等灾害作用机制的研究，在非线性破坏机制研究方面从基本构件向材料本构关系、结构性能两端延伸，完善与健全减灾面向工程应用的分析理论和设计方法，发展工程结构抗倒塌研究和设计理论。由中国建筑工业出版社 2011 年出版的《学科发展战略研究报告（2010～2020）·建筑、环境与土木工程》书中也明确指出工程结构抗震与减震的重要性。国务院办公厅印发了国家综合防灾减灾规划，其主要宗旨是"推进综合防灾减灾事业发展、构建综合防灾减灾体系、全面增强综合防灾减灾能力"。目前在高层建筑结构抗震性能非线性分析方法和量化评价体系、结构体系失效模式调控机制、性能抗震设计理论等方面仍然是国内外研究的重点和难点，也是我国"十三五"期间的重点发展方向。

高层建筑结构的设计重点是抗震设计，"大震不倒"是结构抗震设计的关键性能目标。国内外现行抗震设计规范，虽然均明确了复杂高层建筑结构的大震性能需求限值，但大都是将需求限值作为设计的第二步来验算，目前还不能对复杂高层建筑结构大震性能做到有效地控制和把握。因此，搭建复杂高层建筑结构兼顾精度和效率的大震非线性分析平台，建立地震失效评价的系统方法，揭示其地震失效机理，实现最优地震失效模式的控制技术，提出直接基于最优失效模式的大震设计方法，仍然是结构工程面临的严峻挑战。针对现有商业软件的数值分析方法专业针对性差、计算精度不高、计算效率低等问题，作者提出了基于 EEP 超收敛的复杂高层建筑结构大震非线性分析新技术和 CPU—GPU 异构并行计算非线性分析平台构建方法，且搭建了相应的分析平台，为大震非线性高效分析提供新途径。针对现有结构整体稳定失效的判别方法忽略了非线性二阶效应和非线性刚度退化的影响，以及构件损伤与结构整体失效间的联系不明确等问题，建立了系统的基于结构整体稳定的地震失效判别方法和基于大震性能目标的从构件损伤到结构整体损伤的抗震性能量化评价体系，为结构大震评价提供新思路。针对各种配筋形式连梁耗能能力和塑性强度不足等问题，强调了连梁对高层建筑结构最优失效模式的调控机制，论述了新型附着式钢板连梁阻尼器复合连梁和模块化的新型内嵌式连梁阻尼器复合连梁的协同工作机制、破坏模式和工程应用，为该领域科学研究和工程应用提供了方法和指导。作者在主动把握高层建筑结构的大震非线性性态、大震失效模式优选、基于大震失效模式的设计理论等方面进行了系统研究，取得了初步成果。以超高建筑斜交网格筒结构体系为对象，论述了复杂高层结构体系结构大震失效模式、失效模式优化方法、失效模式控制指标、大震非线性设计理论，为复杂高层结构新型结构体系设计和应用提供了系统的大震设计方法。

感谢国家科学技术学术著作出版基金对本书的资助。

本书论述的内容是作者主持的国家自然科学基金重点项目（批准号：50938001）"超高建筑斜交网格筒结构体系基于失效模式的大震设计理论"、国家自然科学基金重点项目（批准号：51538003）"高性能和新型主次结构体系及其设计理论"、国家自然科学基金重大研究计划"重大工程的动力灾变"培育项目（批准号：90715009）"高层结构抗震性能指标及结构体系大震性态描述"、国家自然科学基金面上项目（批准号：51278155）："基于异构平台的复杂高层建筑结构地震失效控制研究"、国家自然科学基金重大国际（中美）合作研究项目（批准号：51261120374）"复杂高层建筑结构动力灾变的多尺度综合模拟"、国家自然科学基金青年基金项目（批准号：51008048）"高层钢筋混凝土结构精细化损伤模型及大震损伤评估研究"的研究成果，感谢国家自然科学基金长期以来给予作者的资助。

本书的第1章～第5章的大量内容是本书作者与和雪峰博士在博士后期间合作研究的成果，第6章主要内容由博士研究生李红豫完成，第7章内容由博士研究生吕海霞完成，第8章～第10章内容由博士研究生何春凯和吕海霞完成，第11章部分内容是马伯涛博士期间的部分研究内容，第12章～第15章内容由博士研究生郭伟亮完成，期间还有许多硕士研究生参与工作，感谢他们付出的辛勤工作。

由于作者水平有限，书中难免存在不足之处，恳请读者不吝赐教。

2016年3月

目　　录

第1章 绪 论

1.1 高层结构抗震性能非线性分析模型及方法

高层建筑结构在地震作用下的非线性受力行为正日益受到科研和工程领域的关注[1]。伴随着结构抗震设计理论和方法的深入发展，基于性能的结构抗震设计和评估对结构抗震分析提出了更为具体而明确的量化要求。作为这方面应用的重要基础，精确化、细致化的结构弹塑性有限元分析平台成为了结构抗震性能分析和设计的重点问题之一。

随着数学方法和计算机技术的飞速发展，计算机已经成为科学研究和工程应用等必不可少的工具，其中有限元软件的迅速发展，引领科技手段和工程技术水平向着前所未有的方向迅猛发展。基于有限元软件的非线性分析方法作为一个强有力的数值分析工具，在钢筋混凝土结构的非线性分析中已起到越来越大的作用。目前有限元软件可以分为通用有限元软件和专业有限元软件。无论选择哪种有限元软件，都必须兼顾两点，即效率和精度问题。而在结构的非线性分析中往往很难两者兼顾，因此需要了解结构的分析性分析方法的特征，这样才能在结构的非线性分析中，选择合适的分析软件，得到恰当、合理的分析结果。

目前国际上被广泛使用的大型通用有限元软件有 ABAQUS、ANSYS、MSC. MARC 等，这些软件的出现为高层结构的地震作用数值模拟提供了更多的技术平台。利用这些软件强大的非线性求解器进行仿真计算，解决实际问题已是一种重要手段。虽然这类软件中已经集成了一些单元模型和材料模型来应用于高层结构的地震作用数值模拟分析，但随着新单元模型和材料模型理论的不断发展，软件中已有的单元库和材料库是远远不够的，这成为高层结构地震作用数值模拟平台建立和发展的瓶颈。为此，大部分通用有限元软件都提供了二次开发功能，允许用户根据自己的专业方向需要，编写特殊的子程序，用于分析和解决具体问题。有限元软件的二次开发功能，扩展了通用有限元软件的适用范围，同时也帮助用户减少重复性的编程工作，提高开发起点，缩短研发周期，降低开发成本，并能简化后期维护和使用工作，给用户带来方便，可以使通用软件具备明确的结构工程专业特性。另外，近年来计算机图形处理器 GPU（Graphics Processor Unit）已超过摩尔定律的速度而高速发展，很大程度地提高了与计算机图形相关应用领域的快速发展。由于其硬件构造特殊，GPU 的浮点运算、并行计算能力提供数十倍乃至于上百倍于 CPU 的性能，可以很好地解决大规模的科学计算问题。2007 年，NVIDIA 公司正式发布计算统一设备架构 CUDATM（Compute Unified Device Architecture），基于 CUDATM 架构发布的程序可以控制 GPU 和 CPU 计算，这种充分利用"CPU＋GPU"各自优势的异构并行处理方法给我们解决并行计算问题提供了一种新的思路。

1.1.1　结构在应力—应变层次的细致化分析

高层结构的非线性抗震分析通常需要准确判定成千上万构件在荷载激励下的非线性状态[2]。要满足结构抗震性能设计目标日益具体化和细致化的要求，原则上可采用二、三维实体单元建立结构有限元分析模型，这样易获得微观层次材料点的非线性状态分析结果。然而，实体单元模型不可避免地需要采用混凝土材料多轴非线性应力—应变关系（stress-strain），这方面缺乏公认而成熟的材料多轴本构研究成果[3]；同时，实体模型的非线性分析过程复杂，计算量巨大，对工程构件的设计分析缺乏专业针对性。因此，大规模实体建模的结构有限元分析尚无广泛实行的可能。

工程结构有限元分析中最为实用的建模形式是构件单元模型：依据杆—板—壳构件理论，将构件划分为若干个单元，以往复加载下的内力—变形关系（force-deformation，亦称恢复力模型[3]，如：弯矩—曲率）描述构件的非线性力学行为。构件单元模型具有较高的计算效率和工程应用针对性。其中，常用的恢复力模型包括 Clough、Takeda、Park 等提出的截面或构件层次恢复力模型[4-6]，优点是突出了主要影响因素，概念比较简单明确。但是，这些恢复力模型的建立对试验研究有较强的依赖性，易受试验条件限制而难于推向多轴受力等复杂情况。为降低复杂应用的困难，以各类集中塑性铰模型为代表，通常事先对构件的塑性分布机制作简化假定，不可避免地使得非线性分析结果粗略而失真。

地震作用下的结构往往处于复杂空间受力状态，并伴随着材料非线性、几何非线性等一系列非线性行为。简化粗略的结构分析模型势必难以准确分析实际结构在地震力作用下的复杂响应，也难以满足日益精细化的结构抗震设计分析要求。

如果反观梁—板—壳构件的力学模型，其实质上都是由二、三维实体根据方向尺度差异引入关于应力—应变大小及分布的不同假定退化而得[7,8]。构件模型的定义虽然都采用截面刚度、截面内力以及截面广义位移等宏观物理量，但它们与实体模型的材料点模量、应力、应变等微观物理量具有积分求和关系。当然，对于线弹性问题，积分求和的结果可固化为宏观物理量之间的明确关系，成为材料力学中熟知的构件截面内力变形关系（如 $M=EI\kappa$）。对构件材料非线性分析问题，截面宏观物理量之间的明确关系将难以通过公式演绎获得，通常都是诸构件试验确定。然而，回溯到这种原始的截面积分求和关系，却能通过截面上材料点非线性特性的积分计算，使宏观物理量之间的非线性关系也通过计算的方式得以确定，这就是所谓宏观构件的微观层次细致分析。

以梁柱构件为例，如果已知截面曲率（宏观变形），则可通过平截面变形假定确定截面上任意材料点的应变，对材料点再应用（单轴）非线性应力—应变本构关系，经适当截面积分，即能获得截面刚度、弯矩、轴力等宏观物理量，非线性内力变形关系在这一过程中通过计算自然得到确定。熟知，混凝土等材料的单轴应力—应变本构有着成熟可靠的研究成果，上述截面积分是易于实现的。特别地，通过这一截面积分策略，常见宏观物理量，如弯矩—轴力之间的多轴耦合分析困难自然得到解决，而截面内力—变形关系的获得也不再如传统方式那样高度依赖于试验研究。

上述基于截面积分的构件非线性分析策略很早就被提出[3]，但受计算能力和材料本构研究状况的限制，未能得到广泛应用。当前，随着计算机软硬件技术的飞速发展和材料本构研究成果的丰富，宏观构件在应力—应变层次上的细致分析策略正不断获得研究和应用领域的重视。大型通用非线性分析软件 ABAQUS 在部分梁单元和壳单元的分析中即采用了这一策略；而时下甚为流行的所谓"纤维模型方法"[9]、"分层壳元模型"[10]，也都是截面积分计算的一种方式，只是它们对建筑结构构件复合材料组成情况具有更好的针对性。

1.1.2 ABAQUS/Explicit 及其二次开发

ABAQUS是国际著名通用有限元分析软件[11]，非线性求解功能强大，其显式动力分析平台（ABAQUS/Explicit）尤其适于大规模动力非线性问题的求解，不仅计算效率高，而且数值稳定性良好。

ABAQUS为建筑结构分析提供了一种先进的混凝土材料损伤塑性本构模型（Concrete Damaged Plasticity），可用于往复地震力作用下应力—应变层次的材料非线性分析，能通过塑性变形、变形能、损伤指标等反应混凝土材料的刚度退化、损伤、开裂等行为。同时，ABAQUS还为建筑结构分析提供了较丰富的构件单元类型，如适用于梁柱构件的平面和空间梁柱单元系列、适用于剪力墙和楼板分析的平板壳元系列等。

但是，ABAQUS软件直接应用于复杂结构大规模精细化非线性动力分析尚有一些不便。首先，受软件功能限制，ABAQUS/Explicit的大规模结构动力非线性分析中，空间梁柱单元并不能使用混凝土损伤塑性本构模型。其二，ABAQUS支持在分析过程中对构件截面动态积分，但ABAQUS的截面积分一般采用点数不多的辛普森积分（Simpson Integration Scheme），且只能应用于单一材料，不便细致模拟复杂材料组成的构件截面形式。其三，ABAQUS作为通用有限元软件，对建筑结构专业分析缺乏一定的针对性和实用性。

所幸，ABAQUS为用户提供了较为便利的二次开发空间。ABAQUS二次开发的主要途径有以下几种：①通过用户子程序开发软件本身所未包含的材料模型（UMAT、VUMAT）、单元模型（UEL、VUEL）及荷载类型等；②利用面向对象的编程语言PYTHON或VISUALC++编写程序，通过内核脚本实现对前后处理模块的互动与控制；③通过GUI脚本创建新的图形用户界面和用户交互。可以说，二次开发可在ABAQUS核心非线性求解模块以外的所有环节实施。

据此，本书重点介绍如下两个方面：①针对ABAQUS/Explicit空间梁柱单元动态截面积分功能，应用混凝土材料单轴损伤塑性本构模型的相关研究成果，开发截面材料点应力—应变弹塑性滞回分析用户子程序（VUMAT）；②面向复杂建筑结构构件的细致化弹塑性分析，开发严格意义上的空间纤维梁柱单元模型（VUEL）。前者在大规模结构非线性分析中需结合一定的软件使用技术和策略，但可具有较好的工程实用性；后者则要求更多的前后处理二次开发工作。

1.1.3 有限元刚度法结构非线性分析存在的问题

通过截面积分方法实现宏观构件在应力—应变层次的细致化非线性分析，是结构精细化非线性分析的有效途径。但这并不意味着由截面积分所得到的非线性分析结果必然是准确可靠的，因为它只解决了截面内力—变形关系即本构计算的精细化问题，而积分过程中截面变形和材料点应变等输入参数是否准确可靠，则还受制于有限元分析中单元模型、插值处理等常规解题模式的影响。

结构分析中广泛应用的有限元方法是有限元刚度法，即基于位移的有限元方法，其基本特点是：以结点位移的分段多项式插值模拟位移场，再以位移场的几何关系导数模拟变形场（或应变场），之后在变形（或应变）空间内应用本构关系分析内力（或应力）。其中，由于普遍采用插值技术和区域积分处理，因而便于捕捉构件或单元内部的非线性分布状况；再结合应用截面层次的内力—变形关系，可使结构非线性分析模型脱离基于传统结构力学矩阵分析技术的构件非线性机制预设模式，实现灵活多样的分布塑性模拟[12]。

然而，一个不容忽视的问题是：广泛应用的基于位移的有限元方法（即有限元刚度法），其通行解题模式会给非线性分析带来显著误差[12,13]。比较突出的是：在求得结构位移后，计算单元变形时，通常需对位移分布按几何关系求导，由此变形只能以更低阶次的多项式模拟，精度呈数量级下降，且不再保持单元间的连续性。以常用的三次 Hermite 梁单元为例，位移按三次多项式分布，经二次求导得到的变形（曲率）只能作线性模拟。对于结构非线性分析，构件局部一旦进入屈服甚至软化状态，变形分布将是非线性的，线性模拟势必难以获得准确可靠的非线性分析结果。

这一问题在国内外结构非线性地震反应分析研究中引起了重视[12-18]。Taucer、Spacone、Nukala 等学者转向有限元柔度法（即基于力的有限元方法）和混合有限元方法，通过单元内力平衡插值避免了直接模拟非线性变形分布的困难，而截面变形本身则通过迭代计算确定。陈滔等也依这一思路，研究了双重非线性的空间梁柱单元模型。他们的方法克服了非线性变形模拟的困难，并在软化段分析方面显示出出色效力，但也带来一些新问题：即非线性迭代过程比较繁复，通用性相对不足，不便与作为应用主流的有限元刚度法程序体系相衔接等。

事实上，可以在常规有限元法非线性分析算法框架内，不采用基于内力平衡插值的方法，对构件变形计算应用新型有限元超收敛后处理恢复技术，如单元能量投影（Element Energy Projection，EEP）法[19-26]，通过在非线性迭代步中引入变形增量超收敛计算等手段，能够提高非线性变形分布的计算精度和模拟效果，为在常规算法框架内改进结构非线性求解效果提供了一种新的思路和途径，在研究和应用方面均有重要意义。

1.1.4 基于 GPU 高性能并行计算平台的发展趋势

高层建筑结构的复杂性以及精细化分析模型庞大的自由度数量，往往造成数值计算的规模庞大，其对软件分析平台的计算速度要求越来越高。然而在传统中央处理器 CPU（Central Processor Unit）平台上完成计算任务耗时多，已成为目前结构有限元分析面临的瓶颈[27]。因此，如何在合理的时间内且更加精确模拟复杂高层结构真实的非线性状态，发展高效的有限元分析平台仍是该领域迫切需要解决的难题。

随着计算机软硬件的进步，高性能计算正在向普及化发展。近年来 GPU 已大大超过摩尔定律的速度而高速发展，大大提高了计算机图形处理的速度和图形质量，并促进了与计算机图形相关应用领域的快速发展。由于 GPU 具有强大的并行计算能力，基于 GPU 平台的高性能并行计算已经成为国内外研究的热点[28]。

CUDA[29]（Compute Unified Device Architecture，统一计算设备架构）是 Nvidia 公司 2007 年推出的一种并行计算的架构，是将 GPU 作为数据并行计算设备的软硬件体系，利用 C、C++、fortran 等语言来为 CUDA 架构编写程序，因此 CUDA 为研究人员有效利用 GPU 的强大并行计算性能提供了有利条件。目前，GPU 并行计算在很多领域获得应用，如图像处理、计算流体动力学、地震模拟、环境科学、生物工程等[30-33]。

所以，在复杂高层建筑结构的非线性分析方面，可以结合 CPU 的串行计算能力与GPU 的高度并行计算能力，在 CUDA 架构及硬件环境下建立一套高效的 GPU 并行计算数据结构，发展兼顾精度和效率的高层结构地震破坏机制分析的数值平台，通过有效地嵌入精确可行的结构模型、单元模型、材料本构模型，开发具有高度稳定性和可移植性的数值模拟算法，可显著地提高复杂高层结构的大震非线性分析的效率，突破目前国内外分析软件多基于单一平台的构建方式及复杂大型结构高度非线性数值模拟计算时间成本大的瓶颈，可为科学计算和工程应用提供新型的计算资源。

1.2　高层建筑结构地震失效评价方法

基于性能抗震设计的本质是针对不同的抗震性能水准采取相应的措施，保证不同类型构件的损伤程度满足预期要求，实现结构抗震性能目标[34]。因此，准确地描述结构和构件在地震作用下的损伤程度，量化结构在大震作用下的失效演化过程是实现基于性能抗震设计的核心问题。在罕遇地震作用下，结构非线性二阶效应增大导致结构达到整体失稳倒塌界限而失效。而结构失效演化过程的内在本质是材料损伤发展累积引起构件的损伤，构件损伤累积及扩展到一定程度导致结构最终的失效破坏，宏观表现为强度降低，刚度退化及整体稳定性下降等，内在表现为材料损伤发展演化。所以，结构失效应从整体稳定性变化和材料损伤演化两方面考虑。

在结构整体稳定失效方面以关注基于弹性变形的临界稳定分析方法和各类型高层建筑结构二阶效应的分析方法为主，而少有关注结构在罕遇地震用下刚度退化对结构整体稳定的影响。在基于材料损伤的结构地震失效方面，更多关注混凝土材料的损伤本构模型，而忽略了如何实现从材料损伤到结构整体损伤过渡。在高层建筑结构中构件的种类多样，失效模式各不相同，各类构件的抗震性能目标也各不相同，因此如何从材料损伤信息到结构整体损伤的过渡是建立基于材料损伤的结构整体损伤评价方法的关键问题，这些问题对于深入了解高层建筑结构在地震作用下失效机制，实现基于性能的抗震设计提供基础。

1.2.1　高层建筑结构基于整体稳定的地震失效评价方法

高层结构的高层建筑结构承受重力荷载以及可能的地震和风荷载作用，水平作用对结构体系产生的侧向位移随建筑结构高度的增加呈非比例倍数增大。特别在罕遇地震作用下，重力在结构非线性不可恢复水平位移上产生不断增大的二阶效应，导致整体抗侧刚度持续退化，抗侧刚度退化进一步加剧二阶效应，最终导致结构达到整体失稳倒塌界限。对于高层建筑结构体系，控制结构重力二阶效应，以保证地震作用下结构整体稳定性，对实现"大震不倒"抗震性能目标具有重要意义。除此之外，重要构件的稳定失效引起的内力重分布，将进一步导致结构损伤和传力路径中断[35]，最终使结构整体失稳和倒塌，所以重要构件的稳定问题也应值得重点关注。

结构地震倒塌是一个动力失稳问题[36]，需从结构重力二阶效应出发，研究结构动力稳定性问题，进而对结构整体稳定进行控制。重力二阶效应的分析方法主要包括基于几何刚度的有限元方法、基于等效水平力的有限元迭代方法、折减弹性抗弯刚度的有限元法、结构位移和构件内力增大系数法[37]、变分摄动法[38]等。此外，通过在单元几何方程中引入二次项可较为精确地分析重力二阶效应[39]。在具体方法上，采用连续化概念和刚度等效原则[40]对结构进行简化，建立结构的二阶分析刚度方程，对结构二阶效应进行分析[41]；对于存在二级框架的结构，分析结构重力二阶效应时可采用 Winkler 弹性地基模型考虑二级框架的作用[42]。我国规范[34]根据不同结构类型分别给出重力二阶效应的简化计算方法,不同的结构类型其重力二阶效应对结构内力和变形的影响略有不同[43]。目前二阶效应分析以传统结构体系为主,并且通常采用等效薄壁筒体简化模型。

为保证结构在水平和竖向荷载共同作用下的稳定性,高层建筑结构不仅应具有足够的承载能力还应具有一定的抗侧刚度,影响高层建筑混凝土结构临界荷载的主要参数为刚重比[44]。一般弯剪型结构稳定分析可将结构简化为连续化实腹筒体[45],通过变形协调条件[46]或采用最小势能原理[47]建立整体稳定方程,求解方程获得整体结构的最小临界荷载,或通过平衡微分方程推导内力位移放大系数[48]。除刚重比为结构整体稳定性的关键参数外,竖向地震作用对筒中筒结构的整体稳定影响显著[49],剪力滞后效应对结构稳定性也有一定影响[47]。复杂结构体系整体稳定性分析考虑了伸臂桁架的作用[50]和双重抗侧力体系的协同工作效应[51]。结构在动力作用下的二阶效应更能准确描述结构的地震倒塌特性,但比静力作用下的二阶效应分析更为复杂[52-54],不同地震激励下,结构的塑性铰分布规律也不同,其二阶效应分析结果也不同[55]。

除对结构整体稳定性研究外,重要构件的稳定失效引起的结构体系内力重分布,可能会进一步导致结构损伤和竖向传力路径中断[35],最终使结构整体失稳和倒塌,所以重要构件的稳定问题也应该关注。对大长细比构件的稳定性和稳定极限承载力的研究主要集中于钢管混凝土构件,钢管混凝土长柱稳定性研究主要通过分析和掌握构件长细比、含钢率、截面长宽比、初始缺陷、核心混凝土性能[56]等重要因素的影响,进而采取相应措施保证构件稳定性。此外,钢骨—钢管高强混凝土组合轴压长柱弹塑性稳定性的研究成果也有较大参考价值[57]。对于截面形状简单、两端约束简单的构件稳定性处理方法已经比较成熟,而对截面形式复杂[58,59]的超长巨型构件,还需考虑剪切变形、连接形式、附属构件约束等因素进行稳定性设计和控制,从而保证结构整体稳定性。

1.2.2 高层建筑结构基于构件损伤的地震失效评价方法

高层建筑结构的设计重点是抗震设计,而抗震设计的关键是要明确结构在地震作用下的损伤演化过程和动力破坏规律,据此确定合理有效的结构性能控制指标。早期的研究由于震害资料缺乏和受试验条件的限制,在描述结构破坏倒塌时,常常采用单一变量来判定结构的性能状态,如采用极限层间位移角限值评价结构极限状态;在动力荷载作用下,若结构处于不稳定状态,同时其中至少有一个柱端最大曲率值达到或超过容许的变形限值,则认为结构倒塌破坏[60];对于钢筋混凝土结构在地震作用下的破坏,采用变形作为结构倒塌破坏的判断准则,已经引起了国内外许多学者的质疑[61]。为此,有学者提出了基于刚度参数的破坏准则,以及应用初始周期、等效残余周期定义结构的破损指数[62]。但这种峰值型的大震性能评价指标更适用于静态设计,而地震作用是一个累积的时程过程,结构地震损伤是低周疲劳的累积损伤过程,用累积型性能指标来描述和反应这个过程更为恰当。

结构地震破坏是地震往复作用的损伤累积过程,持时越长累积损伤越大,因此用强度准则和变形准则不能准确描述这一现象。同时大量实际灾害表明,地震序列对结构的损伤破坏有较大的影响,地震序列对出现首次超越极限位移的结构破坏有较大的影响,因此仅用单参数地震破坏准则很难解释这一现象。建立结构的地震破坏机理模型必须兼顾极限变形和累积耗能的耦合影响,应建立具有广泛意义的地震损伤模型。1985年Park等[6]开创性地提出了采用最大反应变形和累积耗能的线性组合地震破坏准则，并通过大量的试验和震害调查给出了损伤模型。国内外学者在此基础上进行了大量的修正和改进，但该模型对试验依赖性较强。

另外，为综合反映最大变形和应力反复变化的影响，普遍认为基于结构能量反应的结构破坏机理研究应该受到重视，Housner[63,64]提出了基于能量概念的极限设计，其后出现了能量破坏准则。至此，能量反应分析的研究才受到关注。80年代，日本Akiyama大力发展基于能量的抗震评价方法[65]，给出了单自由度体系和多自由度体系的能量分析方法，并部分应用到日本抗震设计规范中。总体上，能量准则在钢结构中的应用较为成功[66-68]。在钢筋混凝土结构中，由于钢筋混凝土材料能量关系的确定和计算均十分困难，特别是受非线性数值分析平台能力瓶颈的影响，能量分析过程往往忽略了构件层次、材料层次的能量计算和提取。相信随着复杂高层建筑结构数值计算手段和平台的发展，可实现更为细观层次的能量计算和提取，使得能量分析落实到构件层次、材料层次成为可行，会进一步提升高层建筑结构体系基于能量的抗震性能系统评估方法。

近年来，基于材料本构关系[69]的地震损伤模型正受到广泛的关注，材料的微观损伤反映了结构损伤的内在本质，该模型为结构及构件的地震损伤研究提供了理论基础[70]。目前混凝土材料损伤模型具有丰富的成果，在此基础上，基于材料损伤的地震失效模型能较好地模拟构件失效破坏本质且具有较高的精度，为实现基于损伤的结构整体大震失效演化过程量化描述提供了理论基础。

事实上，构件尺度的损伤评价是基于材料损伤信息转化得到的。因此，如何选择和处理材料损伤信息，建立基于材料损伤的构件地震损伤模型是基于性能抗震设计的重要基础。需明确的有：材料损伤信息与构件性能的内在联系，基于材料损伤演化特点的构件损伤量化模型，从材料损伤到结构整体损伤的过渡方法等。另外，结构整体失效演化过程的影响因素十分复杂，构件类型、损伤程度以及内力重分布规律等对结构整体失效演化过程都存在显著的影响。在很多情况下，还要依据结构体系构成特点、合理的抗震多道防线及失效模式等，进一步确立材料损伤到构件损伤的内在传递关系，确定构件损伤到结构整体损伤的表征关系，以揭示其失效机制。

1.3 高层建筑结构地震失效模式控制技术

高层结构性能抗震设计中，要求结构具有合理的地震失效模式，尽可能多的耗散地震能量，延长塑性发展过程。高层结构中连梁作为抗震设防的第一道防线，是重要的抗震耗能构件，设计中应满足"强墙肢弱连梁"的要求。多遇地震下，连梁连接剪力墙相邻墙肢，保证结构可靠的抗侧刚度；罕遇地震下，连梁进入屈服先于墙肢，形成塑性铰，通过连梁的变形耗散来自地震的能量，同时改变结构特有频率，避开地震的卓越周期，连梁的双重作用使结构更有效地抵抗地震响应。

在连梁设计上，为满足连梁的延性和耗能要求，改善钢筋混凝土连梁的性能，国内外学者在这方面做了大量的试验和研究，其中包括通过改变配筋形式来改善连梁的延性，例如在连梁中采用交叉配筋、菱形配筋等。但实践证明，采用这几种配筋形式对连梁构件延性及耗能能力的提升效果有限；有学者提出劲性钢筋混凝土连梁方案，指出该构造具有较好的延性和耗能能力，但该方案的实施使连接区设计困难、造成连梁刚度增加较多、用钢量显著增加，因此应用较少[71,72]；或者在连梁中嵌入不同形式的阻尼器，如竖向软钢阻尼器、SMA 绞线阻尼器等，这种阻尼器有较好的滞回性能，但考虑到装置的成本，尚没有大规模使用的基础。另外，Smith 等提出的耗能伸臂体系中，若将墙肢间的伸臂视为刚性连梁，则亦与上述几类耗能连梁的减震机理类似[73]；也可在连梁中部开缝、外附钢板等方案，虽然在理论上上述措施均在一定程度上改善了连梁的性能，取得了一定的结构控制效果，但仍缺乏明确的工程适用性。

为提高工程适用性，本书作者滕军教授课题组开发了一种新型耗能连梁钢板阻尼器（国家发明专利号：200710124547.2），内容受专利保护，各种应用应获得专利权人授权认可。开展的论证工作包括：联肢剪力墙连梁阻尼器伪静力试验研究、拟动力子结构试验研究和结构动力弹塑性时程分析、耗能连梁阻尼器本构模型、极限承载力公式、耗能因子等，并验证了耗能连梁钢板阻尼器在减小结构地震响应，耗散振动能量，达到保护主结构的作用等的有效性[74-78]。另外，也可将钢板阻尼器嵌入到钢筋混凝土连梁中，形成新型内嵌式钢板阻尼器复合连梁。该方法进一步提高了钢板阻尼器复合连梁的适用性，文献[79-81]对该类型连梁阻尼器构造、实施连梁阻尼器结构整体分析、协同工作机制及破坏模式等方面进行了系统分析，明确了钢板阻尼器复合连梁适用于工程的连梁端部构造和设计方法。上述系统研究提出了复杂高层建筑结构大震失效模式控制技术，揭示了连梁对高层建筑结构最优失效模式的调控机制。解决了提高连梁塑性耗能能力和后期强度等关键技术难题，实现了复杂高层建筑结构大震失效模式的可控性。

1.4 高层建筑结构基于性能的抗震设计方法

随着基于性能抗震设计思想的明确提出，国内外学者对基于性能的抗震设计方法做了大量的工作。基于性能的抗震设计方法按设计变量的不同，可以分为基于位移、基于能量和基于损伤的抗震设计方法。另外，直接基于非线性阶段的抗震设计方法也开始受到关注。

早期国外学者提出了钢筋混凝土结构基于位移的抗震设计方法[82,83]，这些方法基于捕捉结构的非线性变形模式控制结构的损伤。Miranda 给出了估计多层框架结构最大塑性层间位移和构件转角的原则，评价了几种常用的估计最大塑性位移需求的方法[84]。为提出改进的直接基于位移的性能抗震设计方法[85]，用塑性设计谱代替弹性设计谱，解决了按后者设计的结构位移和延性需求被低估的问题，并进一步研究了钢筋混凝土剪力墙结构基于屈服位移的抗震设计方法[86]。国内学者在结构薄弱层层间弹塑性最大位移简化计算方法的基础上提出了改进的直接基于位移的抗震设计方法[87]，建立了钢筋混凝土框架—剪力墙结构基于位移的抗震设计方法[88]，确定了结构基于目标位移和侧移模式的方法[89,90]，给出了直接基于位移可靠度的抗震设计方法中目标位移代表值的确定方法[91]，并且应用于消能减震结构的抗震设计[92]。但是，基于位移的抗震设计方法还存在诸多问题，如用位移和延性作为设计变量，无法考虑加载历程和累积损伤的影响；单一的变形验算难以控制结构的损伤；结构目标位移的确定、不同结构体系位移模式的选取、多自由度体系与等效单自由度体系之间的转换关系以及高阶振型的影响等都还需要进行深入的研究。

在基于能量的抗震设计方法方面，利用输入能量谱和构件的能量分布特征，针对结构的耗能能力进行了分析设计[93]，通过采用累积塑性转动作为分析参数，确定了钢框架性能水准的阈值[94]，并将能量设计准则和可靠度设计方法结合起来，形成了基于可靠度的能量设计方法[95]，还提出了基于力分析法的结构能量设计方法[96,97]。Fajfar 提出累积滞回耗能转化为对结构延性需求的耗能机制，使得基于能量和基于位移的抗震设计方法有机结合起来[98]。文献[99]系统论述了合理控制结构耗能机制对于实现基于能量抗震设计方法的意义。近年来基于能量的性能抗震设计方法主要是基于层模型、宏观构件模型等简化模型，且侧重于研究地震输入能量谱[100-103]、滞回耗能谱[104]、累积滞回耗能分布规律[105-107]。基于能量的抗震设计方法能够有效地考虑累积耗能对结构损伤的影响，但是由于结构体系的复杂性，结构滞回耗能的计算很大程度上依赖于构件单元恢复力模型的选取，计算比较繁琐，且不够精细；同时，结构达到破坏极限状态时的阈值与结构自身设计参数的关系也有许多问题未得到很好的解决。

在基于损伤的抗震设计方法方面，建立了结构设计力比值谱[108]，研究了基于累积损伤的塑性圈数需求谱[109]，提出了钢筋混凝土框架结构直接基于损伤的性能抗震设计方法[110]，通过改进的能力谱法和屈服位移 Chopra 能力谱法，提出了钢筋混凝土框架结构的地震损伤性能设计方法[111-113]。但是，针对损伤破坏准则的定义还没有完全形成定论，损伤准则中的相关参数不易确定，距离实际应用还有一段距离；同时，当前基于损伤的抗震设计方法研究仍然属于传统的设计方法范畴，即采用"设计—校核"的设计模式，损伤指标仅起到校核作用。

在直接基于非线性阶段的抗震设计方法方面，已有学者针对超高建筑斜交网格筒结构开展了基于失效模式的抗震设计方法研究[114-116]。结构在罕遇地震作用下的非线性设计就是保证结构沿合理失效模式进行设计控制。在高层建筑结构体系中，失效模式的应用和研究主要包括：基于构件极限强度的结构主要失效模式识别问题[117]，高层框架结构在大震作用下基于层间变形失效模式的相关性问题[118]，以及大型结构系统可靠性分析中寻找主要失效模式方法的效率问题等[119]。目前，失效模式主要应用于结构体系可靠度的评估，而在结构抗震设计中，结构失效模式的应用主要体现在抗震概念设计中。实际上对框架结构抗震概念如"强柱弱梁"、"强剪弱弯"、"强节点弱构件"的落实，就是限定框架结构体系在大震下只能出现梁的抗弯失效，这是基于地震灾害调查和工程经验对框架结构地震最优失效模式的概念把握。但是，目前这种基于结构抗震概念结构失效模式的设计，只是针对较为常见的框架结构和带抗震墙的结构体系类型，对于复杂高层建筑结构既无广泛认可的地震失效模式，也无经过震害检验的工程先例。所以复杂高层结构体系的大震非线性设计理论的研究缺乏可参考的基于抗震概念和失效模式的设计思想。另外，在非线性抗震设计中，如何进行最优失效模式的选取及控制，给出能够进行非线性阶段设计的控制指标，并落实到结构或者构件层次设计上，仍然是未来一段时间工作开展的重点和难点。本书将以新型超高建筑斜交网格筒结构体系为例，系统阐述该结构体系的传力路径、空间受力机理及抗侧向刚度等关键影响因素，提出结构体系可实现的抗震多道防线及两阶段大震失效控制指标，并阐述该结构体系基于失效模式的非线性设计方法。

第 2 章　ABAQUS/VUMAT 二次开发技术

2.1　概　述

ABAQUS 软件支持梁柱单元及壳单元在分析过程中动态地实施截面积分，能捕捉截面材料点的即时特性。积分采用 Simpson 方法，常用截面的缺省积分点数为 5，但也可根据用户需要做调整。积分点的应力应变分析可选用 ABAQUS 材料库中的本构模型，也可采用用户开发的新材料模型（UMAT、VUMAT）。特别地，ABAQUS 自带材料库所包含的混凝土损伤塑性本构模型（Concrete Damaged Plasticity），能为混凝土材料的非线性力学行为提供丰富有效的评价指标，是混凝土材料本构研究的先进成果。然而，在 ABAQUS/Explicit 的大规模结构非线性分析中，显式算法并不支持对空间梁柱单元应用这一先进材料本构模型。为解决 ABAQUS/Explicit 平台在高层结构动力非线性分析应用中这一瓶颈问题，需针对空间梁柱单元开发混凝土损伤塑性本构模型的 VUMAT 用户子程序。

2.2　空间梁柱基本力学模型简述

本书主要针对建筑结构中广泛使用的梁柱构件进行二次开发。以下简述空间梁柱构件一般力学模型。该模型是第 3 章、第 4 章基于 ABAQUS/Explicit 二次开发的基础。

局部坐标系内的空间梁柱如图 2-1 所示，取构件轴线（中性轴、形心轴）为 $\overline{x}(\overline{x}_1)$ 轴，取截面的两个正交法向为 $\overline{y}(\overline{x}_2)$、$\overline{z}(\overline{x}_3)$ 轴。任意截面考虑：六广义位移分量 $\{\overline{u}\}$（依次为三个平动位移、扭转角、两向弯曲转角，各分量方向见图示）；六个内力分量 $\{\overline{F}_s\}$（依次为轴力、双向剪力、扭矩和双向弯矩）。

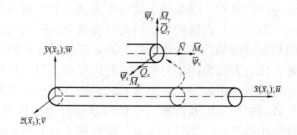

图 2-1　空间梁柱力学模型

依据 Timoshenko 梁理论推广建立空间梁柱的小变形几何关系如下：

$$\{d\} = \begin{Bmatrix} \varepsilon \\ \gamma_y \\ \gamma_z \\ \kappa_x \\ \kappa_y \\ \kappa_z \end{Bmatrix} = \begin{bmatrix} -\dfrac{\mathrm{d}}{\mathrm{d}\overline{x}} & 0 & 0 & 0 & 0 & 0 \\ 0 & \dfrac{\mathrm{d}}{\mathrm{d}\overline{x}} & 0 & 0 & 0 & -1 \\ 0 & 0 & \dfrac{\mathrm{d}}{\mathrm{d}\overline{x}} & 0 & -1 & 0 \\ 0 & 0 & 0 & -\dfrac{\mathrm{d}}{\mathrm{d}\overline{x}} & 0 & 0 \\ 0 & 0 & 0 & 0 & -\dfrac{\mathrm{d}}{\mathrm{d}\overline{x}} & 0 \\ 0 & 0 & 0 & 0 & 0 & -\dfrac{\mathrm{d}}{\mathrm{d}\overline{x}} \end{bmatrix} \begin{Bmatrix} \overline{u} \\ \overline{w} \\ \overline{v} \\ \overline{\psi}_x \\ \overline{\psi}_y \\ \overline{\psi}_z \end{Bmatrix} = [L]\{\overline{u}\} \tag{2-1}$$

式中 ε——轴向变形；

γ_y、γ_z——剪切变形；

κ_x——扭转变形；

κ_y、κ_z——曲率；

$[L]$——几何关系常微分算子矩阵。

根据 Timoshenko 梁柱构件的直线平截面假定，如图 2-2 所示，可知任意截面上材料点沿 $\overline{x}_1$ 方向的正应变 ε_{11} 为

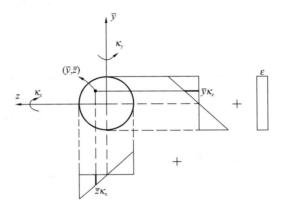

$$\varepsilon_{11} = \varepsilon + z\kappa_y - y\kappa_z \tag{2-2a}$$
$$\sigma_{11} = E\varepsilon_{11} \tag{2-2b}$$

式中 σ_{11}——$\overline{x}_1$ 方向正应力；

E——材料点单轴拉压切线模量。

图 2-2 梁柱平截面变形关系

进一步设横向剪切和扭转剪切的应力在截面均匀分布，且不与其他应力分量产生耦合作用。则根据弯矩轴力的截面积分关系，可得截面内力 $\{\overline{F}_s\}$ 的计算公式

$$\{\overline{F}_s\} = \left\{ \int_A \sigma_{11} \mathrm{d}A \quad (GA)_y \gamma_y \quad (GA)_z \gamma_z \quad (GJ)\kappa_x \quad \int_A \sigma_{11}\overline{z}\mathrm{d}A \quad -\int_A \sigma_{11}\overline{y}\mathrm{d}A \right\}^T \tag{2-3}$$

式中 $(GA)_y$、$(GA)_z$——$\overline{y}$、$\overline{z}$ 方向截面剪切刚度；

(GJ)——截面抗扭刚度。

由式（2-1）和（2-3）可得如下截面内力变形关系

$$\{\overline{F}_s\} = [\overline{K}_s]\{d\} \tag{2-4}$$

式中 $[\overline{K}_s]$——截面刚度矩阵

$$[\overline{K}_s] = \begin{bmatrix} \int_A E\mathrm{d}A & 0 & 0 & 0 & \int_A E\overline{z}\mathrm{d}A & -\int_A E\overline{y}\mathrm{d}A \\ & (GA)_y & 0 & 0 & 0 & 0 \\ & & (GA)_z & 0 & 0 & 0 \\ & & & (GJ) & 0 & 0 \\ & sym. & & & \int_A E\overline{z}^2\mathrm{d}A & -\int_A E\overline{yz}\mathrm{d}A \\ & & & & & \int_A E\overline{y}^2\mathrm{d}A \end{bmatrix} \tag{2-5}$$

式（2-3）和式（2-5）是梁柱构件截面积分计算的基本公式。依据积分计算方式的不

同，可衍生出所谓"纤维模型方法"等不同的截面细致化分析策略。

需要指出，以上空间梁柱模型是基于小变形假定建立的。如考虑轴力对弯矩二次作用、截面翘曲等几何非线性因素，只需修改式（2-1）的几何关系。其次，注意到假定了横向剪切应力和扭转应力在截面均匀分布且不与其他应力分量耦合作用，这对于常见钢筋混凝土、型钢混凝土、钢管混凝土等组合材料梁柱构件是合理可接受的。不仅如此，在多数应用中通常还进一步假定横向剪切和扭转作用保持在弹性范围。

2.3 VUMAT 的开发要点

VUMAT 用户子程序接收 ABAQUS/Explicit 主分析程序传来的截面积分点处当前增量步的应变增量 $\{\Delta\varepsilon\} = \{\Delta\varepsilon_{11} \quad \Delta\varepsilon_{22} \quad \Delta\varepsilon_{33} \quad \Delta\varepsilon_{12} \quad \Delta\varepsilon_{23} \quad \Delta\varepsilon_{31}\}^{\mathrm{T}}$ 和上一步增量步的应力历史量 $\{\sigma^{\mathrm{old}}\} = \{\sigma_{11}^{\mathrm{old}} \quad \sigma_{22}^{\mathrm{old}} \quad \sigma_{33}^{\mathrm{old}} \quad \sigma_{12}^{\mathrm{old}} \quad \sigma_{23}^{\mathrm{old}} \quad \sigma_{31}^{\mathrm{old}}\}^{\mathrm{T}}$，以及其他用户自定义的历史量（状态量）。通过用户设计的弹塑性应力—应变滞回分析算法，返回积分点处当前步的应力值 $\{\sigma^{\mathrm{new}}\} = \{\sigma_{11}^{\mathrm{new}} \quad \sigma_{22}^{\mathrm{new}} \quad \sigma_{33}^{\mathrm{new}} \quad \sigma_{12}^{\mathrm{new}} \quad \sigma_{23}^{\mathrm{new}} \quad \sigma_{31}^{\mathrm{new}}\}^{\mathrm{T}}$，并更新相关历史量。ABAQUS/Explicit 主分析程序将对 $\{\sigma^{\mathrm{new}}\}$ 实施积分，获得截面内力和单元等效反力，并自行计算显式动力分析所需要的结点不平衡力。

空间梁柱单元的 VUMAT 开发要点如下：

（1）根据熟知的梁柱基本假定，截面厚度方向正应力 $\sigma_{22} = \sigma_{33} \equiv 0$（方向参见图 2-1，下同）。

（2）根据 ABAQUS 的约定，ε_{12} 和 σ_{12} 为截面扭转剪切应变和应力。按扭转作用保持弹性的假定，有 $\sigma_{12} = G\varepsilon_{12}$，其中 G 为材料弹性剪切模量。经 ABAQUS 的积分计算，与弹性的内力变形 $M_{\mathrm{x}} = (GJ)\kappa_{\mathrm{x}}$ 关系等同。

（3）ABAQUS 并不在应力应变层次考虑横向剪切作用，故 $\sigma_{23} = \sigma_{31} \equiv 0$。截面横向剪力 $\overline{Q}_{\mathrm{y}}$ 和 $\overline{Q}_{\mathrm{z}}$ 的宏观弹性计算需要用户通过" * TRANSVERSE SHEAR STIFFNES"指令在 VUMAT 子程序外设定截面抗剪刚度 $(GA)_{\mathrm{y}}$ 和 $(GA)_{\mathrm{z}}$，它们在形式上可表达为 $(GA)_{\mathrm{y}} = \beta_{\mathrm{y}}GA$，$(GA)_{\mathrm{z}} = \beta_{\mathrm{z}}GA$。其中，无量纲参数 β_{y} 和 β_{z} 与截面形式和单元长度有关，具体参见" * TRANSVERSE SHEAR STIFFNESS, Choosing a beam element"。

（4）空间梁柱单元 VUMAT 开发的核心关键内容就是积分点处单轴压拉应力—应变（$\sigma_{11} - \varepsilon_{11}$）弹塑性滞回算法的开发。对此，应用混凝土单轴损伤塑性本构模型，可参考常规弹塑性应力—应变增量分析的算法。由于是单轴情况，算法可能具有直接明确的特点。但也有特殊性：除了需要返回主分析程序的积分点处应力 $\sigma_{11}^{\mathrm{new}}$ 以外，积分点处拉压塑性应变、损伤值等都将被定义为状态变量（或历史量），它们是应力—应变滞回分析的重要参数，并返回更新值。另一方面，也需要注意历史量或状态量的个数应尽可能精简，因为过多的历史量将由于数据存储量和分析效率。

以下给出 $\sigma_{11} - \varepsilon_{11}$ 损伤塑性滞回分析算法。设传入 VUMAT 积分点处上一步应力值 $\sigma_{11}^{\mathrm{old}}$ 和当前步应变增量 $\Delta\varepsilon_{11}$，以及上一步状态量：损伤值 d_{c}、d_{t}，切线模量 E^{tan}，塑性变形 $\bar{\varepsilon}_{\mathrm{c}}^{\mathrm{pl}}$、$\bar{\varepsilon}_{\mathrm{t}}^{\mathrm{pl}}$ 等，则 VUMAT 进行当前步弹塑性状态分析的算法如下：

（1）记 $SE = \sigma_{11}^{\mathrm{old}} \cdot \Delta\varepsilon_{11}$；

（2）判断当前步的加卸载状态：

① 若 $SE \geqslant 0$，则当前步处于加载状态。计算应力试探值 $\sigma_{11}^* = \sigma_{11}^{old} + E^{tan} \cdot \Delta\varepsilon_{11}$；根据 σ_{11}^* 判断是否位于骨架曲线或超越骨架曲线，判断结果为"是"，则沿骨架曲线加载；判断结果为"否"，则沿上一步路径加载；

② 若 $SE < 0$，则当前步处于卸载状态。计算应力试探值 $\sigma_{11}^* = \sigma_{11}^{old} + E^{tan} \cdot \Delta\varepsilon_{11}$；根据 σ_{11}^* 判断是否进入反向加载，判断结果为"是"，则沿卸载后反向加载路径加载；判断结果为"否"，则沿上一步路径卸载；

（3）更新应力值和状态量。

以上算法只是一个简要描述，实际当前加卸载位置的判定只凭应力试探值 σ_{11}^* 通常是不够的，还需参照当前总应变值 ε_{11}^{new} 等；而加卸载路径以及反向加载的路径，则与上一步状态量 d_c、d_t、E^{tan} 或 $\tilde{\varepsilon}_c^{pl}$、$\tilde{\varepsilon}_t^{pl}$ 等有关，具体应按损伤塑性本构模型滞回规则的约定。此外，由于传入 VUMAT 的应变增量值 $\Delta\varepsilon_{11}$ 通常是一个较小的浮点数，当首次反向加载、超越骨架曲线等临界状态发生时，应通过严格的浮点控制避免由于浮点误差而产生状态误判。

2.4 VUMAT 的应用技术要点

VUMAT 用户子程序原则上可应用于 ABAQUS 包含的所有考虑剪切变形并支持动态截面积分的空间梁柱单元类型，包括 B31、B31OS、B32、B32OS、PIPE31、PIPE32 等。

在使用中，混凝土损伤塑性本构模型的骨架曲线定义参数将作为用户材料参数"∗User Material"输入，其中包括定义骨架曲线的总应力值、总应变值、损伤值等。这些参数应在前处理阶段根据混凝土材料类型计算输入。损伤值 d_c 和 d_t、塑性变形 $\tilde{\varepsilon}_c^{pl}$ 和 $\tilde{\varepsilon}_t^{pl}$ 等是与解有关的状态变量（solution-dependent state variables），前处理中用户需以"∗Depvar"指令设定自定义状态变量的个数，后处理阶段用户默认的次序在 ABAQUS/Viewer 中观览其分布状况，或输入文件供数值提取。

此外，在 VUMAT 中还提供开发用户自行定义材料点的应变能和塑性耗散能。当然这只是提供数据空间，用户在其中可定义其他类型的能量指标。这些数据均可在后处理阶段观察并提取。

一个值得重视的问题是：VUMAT 只定义了积分点的材料本构，并不改变 ABAQUS 中单元模型的属性和功能。ABAQUS/Explicit 在空间梁单中不支持"Rebar"功能来模拟钢筋，同时一个单元也只能应用一种用户自定义材料，故采用 VUMAT 自定义的梁柱单元无法单独分析钢筋混凝土、型钢混凝土、钢管混凝土等组合材料构件。此时，需配合钢筋、型钢、钢管等的特别模拟技术。一种实用的策略是：使用单元重叠技术（Element Overlaid），将钢材作为一个相同类型的梁柱单元，与混凝土构件单元重叠使用。这一实用分析策略有两个关键点：

（1）必须保证钢材单元与混凝土构件单元是相同单元类型，这样才能保证二者截面位移和变形协调；

（2）钢材单元的截面形式应作合理的模拟：

① 对矩形截面钢筋混凝土梁，按截面配筋率将钢筋等效为"I"（工字型）截面钢梁单元；

② 钢筋混凝土柱，按截面配筋率将钢筋等效为"BOX"（箱型）截面钢梁单元；

③ 环形配筋按配筋率等效为 PIPE（钢管）形式的钢材单元；

④ 型钢和钢管可按实际截面形式设置钢材单元；诸如此类。

对于钢筋混凝土截面，等效的钢梁单元应尽可能调整各肢翼厚度以及梁截面积分点分布来逼近真实配筋情况。钢材本构采用 ABAQUS 自带的金属材料模型，如随动强化塑性模型等。

这一实用分析策略，虽不能准确模拟钢筋或钢材与混凝土材料的相互作用，但能有效体现各种材料组成对构件刚度的贡献，并反映各自的材料非线性行为。从原理上说，这种近似方式与 ABAQUS 本身自带的模拟钢筋专用的"Rebar"之功能相差无几。

2.5 VUMAT 的数值算例

图 2-3 所示的钢筋混凝土梁柱，构件长 4m，截面 500mm×600mm，采用 C30 混凝土，配筋 4 Φ 25＋4 Φ 22（二级钢）。

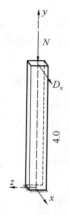

图 2-3 梁柱构件

对该构件顶部施加 $N=1200$kN 轴向压力，并沿 x 正向施加 $D_x=10$mm 的固定位移。采用显式动力方法寻求其稳定解，拟动力计算时间为 2s。分别求解三个模型：

（1）均质弹性模型：弹性模量取 C30 混凝土弹模；

（2）素混凝土模型：采用所开发的混凝采料损伤塑性本构 VUMAT 子程序；

（3）钢筋混凝土模型：以前述单元重叠分析技术，钢筋按配筋面积等效为"BOX"截面梁单元，采用软件自带金属材料随动强化塑性模型；混凝土采用所开发的损伤塑性本构 VUMAT 子程序。

统一采用 2 个 B31 单元求解。根据结构力学知识可知固端截面为最不利截面。表 2-1 为三种模型固端截面主要内力、应力、损伤以及构件顶截面位移比较。

构件分析结果比较　　　　　　　　　　表 2-1

	固端截面内力 （反力：kN；反矩：kN·m）			固端截面微观指标 （应力：MPa；损伤）				顶截面位移 （mm）	
	RF_x	RF_y	RM_z	σ_c	d_c	σ_t	d_t	U_x	U_y
A	121.4	1200.0	497.7	-16.48	—	8.481	—	10.0	-0.547
B	92.4	1200.0	381.4	-14.38	0.0006	0.904	0.577	10.0	-0.476
C	91.5	1200.0	378.1	-14.29 （-17.94）	0.0005	0.808 （12.830）	0.614	10.0	-0.427

注：括号内为钢筋应力。

由表 2-1 的数据可见，各模型满足构件的位移边界（顶截面 $U_x=10\text{mm}$）和外力平衡条件（固端截面 $RF_y=1200\text{kN}$），这表明 VUMAT 能为构件显式动力分析提供合理的截面应力应变分析结果：

（1）均质弹性模型的分析结果表明：固端截面材料压应力超过 C30 混凝土受压屈服极限（14.07MPa），拉应力超过 C30 混凝土受拉极限应力（2.01MPa）。

（2）素混凝土模型的分析结果则反映了这一非线性受力的实际情况：受拉区已进入开裂，应力由于软化大幅降低（0.904MPa），材料出现明显受拉损伤，损伤值为（0.577）；受压区初步进入屈服，根据损伤塑性模型的假定，混凝土材料产生微小的损伤（0.0006）；由于局部开裂软化，固端截面内力明显降低，同时由于混凝土受压区尚未进入受压软化状态，故仍能为外力提供平衡轴力（1200kN）。

（3）钢筋混凝土模型则体现了钢筋对构件受力与变形的贡献：固端截面受拉区混凝土显著开裂软化（损伤值 0.614），钢筋则承担了主要的拉应力（12.830MPa），并处于弹性状态；受压区混凝土初步进入屈服，钢筋则仍承受弹性压应力（−17.94MPa）。由于钢筋是对称分布的，钢筋应力的不平衡表明截面变形中心因混凝土开裂及屈服产生了偏移。

从另一方面说，均质弹性模型无塑性耗能，而素混凝土和钢筋混凝土则由于能量的非线性耗散致使截面内力的显著降低。当然，如果位移边界值和外荷载继续增大，素混凝土模型将产生脆性破坏，钢筋混凝土模型则由于钢筋继续发挥作用而能提供更持久的承载能力。

本例的数值分析结果表明所开发的 VUMAT 子程序是合理可靠的。充分说明可以利用 ABAQUS 显式动力分析平台（ABAQUS/Explicit）的梁单元截面动态积分功能，针对空间梁单元开发混凝土损伤塑性本构（Concrete Damaged Plasticity）或者用户自定义的材料子程序（VUMAT），突破软件在大规模结构动力弹塑性分析中广泛应用的瓶颈。

第3章 ABAQUS/VUEL 二次开发技术

3.1 概 述

ABAQUS 的自带单元库中，有多种考虑剪切变形的梁柱单元模型，如 B31、B32 等。这些单元的位移插值阶次均较低。为了避免出现"剪切闭锁"而实现单元模型的"厚薄通用"，ABAQUS/Explicit 在动力分析中还普遍采用了缩减积分。这当然有助于提高数值稳定性，但多数情况下单元内的截面变形是常值分布，通常意味着需对构件划分多个单元才能保证获得理想的精度。同时，缩减积分还不可避免需考虑到"沙漏"模型控制（Hourglass Control）[120,121]。根据大规模结构分析的经验，采用 ABAQUS 中常用的单元类型作动力非线性分析，单元尺寸不宜大于 1.5m，否则结果将较为粗略，这显然要求分析中采用较细密网格。另一方面，如前所述，即便使用了用户开发的材料子程序（VUMAT），ABAQUS 软件对建筑结构构件复杂材料组成情况仍不易做到准确模拟，且需结合特殊使用策略，在使用上有诸多不便。当然可以利用 VUEL 用户子程序开发新型梁柱单元模型，是解决上述问题的有效途径。

3.2 显式动力算法与 VUEL 用户子程序

基于有限元方法的高层建筑结构弹塑性动力时程分析，在空间上需对结构实施有限单元离散，在时域上则采用显式或隐式直接积分方法求解结构的瞬态动力响应。其中，隐式的直接积分方法在时域上是无条件收敛的，但各时刻需要迭代求解一个非线性的结构平衡方程，通常易受时间步长即荷载增量大小等因素的影响，数值稳定性和收敛性往往不甚理想。特别的，由于求解结构平衡方程需要不断生成、存储并求逆各时刻的结构刚度矩阵，当问题规模较大时，求解效率将受到显著影响。显式积分方法则无需结构刚度矩阵的参与，如果适当选取集中质量形式，时间步间的递推求解实际上只有向量的运算工作。这对大规模结构非线性问题可带来效率、速度方面的优势。当然，显式动力积分方法在时域上是有条件收敛的，稳定时间步长与结构或单元的基本周期有关。这方面，ABAQUS 软件本身提供了自适应选择最小稳定时间步长的功能。

结构弹塑性动力时程分析中，经过有限元离散的动力微分方程组为

$$[M]\{\ddot{u}\} + [C]\{\dot{u}\} + [K]\{u\} = \{F\} \tag{3-1}$$

式中 $[M]$、$[C]$、$[K]$——结构质量矩阵、阻尼矩阵和刚度矩阵；

          $\{F\}$——外力等效荷载；

$\{\ddot{u}\}$、$\{\dot{u}\}$、$\{u\}$——结点加速度、速度、位移向量。

上式可写为

$$\{\ddot{u}\} = [M]^{-1}(\{F\} - \{F^{\text{int}}\}) = [M]^{-1}\{F^{\text{residual}}\} \qquad (3\text{-}2)$$

式中　$\{F^{\text{int}}\}$——等效结点内力向量，$\{F^{\text{int}}\} = [C]\{\dot{u}\} + [K]\{u\}$；$[C]$一般取 Rayleigh 阻尼形式：$[C] = c_{\text{K}}[K] + c_{\text{M}}[M]$；

　　$\{F^{\text{residual}}\}$——结点不平衡力向量。

在 ABAQUS 的显式动力分析中，ABAQUS/Explicit 求解器由式（3-2）获得加速度 $\{\ddot{u}\}$ 后，将按显式二阶中心差分格式求解速度 $\{\dot{u}\}$、位移 $\{u\}$，以及位移增量 $\{\Delta u\}$。

用户对 VUEL 子程序的开发任务主要是：利用 ABAQUS/Explicit 求解器传入的速度 $\{\dot{u}\}$、位移 $\{u\}$ 及位移增量 $\{\Delta u\}$ 的当前值，为下一步组集求解生成单元质量矩阵 $[M_{\text{e}}]$ 和单元等效结点内力 $\{F_{\text{e}}^{\text{int}}\}$；同时用户还需自行确定下一时间增量步的步长，更新有关状态变量等。这些任务中，单元质量矩阵 $[M^{\text{e}}]$ 在初始化时一次性生成，而单元等效结点内力 $\{F_{\text{e}}^{\text{int}}\}$ 等则需由传入信息每步进行更新。$[M_{\text{e}}]$ 和 $\{F_{\text{e}}^{\text{int}}\}$ 的计算都与有限单元模型密切相关。

ABAQUS/Explicit 对 VUEL 子程序单元质量矩阵 $[M_{\text{e}}]$ 的形式做了规定，即必须采用集中质量形式，而且除了同一结点的转动自由度间可以相互耦合外，不同自由度之间不能发生耦合关系。这一规定可以确保质量矩阵 $[M]$ 基本上是一个主对角元矩阵，式（3-2）中 $[M]^{-1}$ 的计算将变得非常快速。

单元等效结点内力 $\{F_{\text{e}}^{\text{int}}\}$ 则需要按照有限元法的常规求解思路：利用几何关系和本构关系，按虚功等效的方式由截面内力 $\{\overline{F}_{\text{s}}\}$ 实施单元积分求得。为适应建筑结构构件截面多种材料组成的复杂情况，$\{\overline{F}_{\text{s}}\}$ 采用所谓"纤维模型方法"计算。当然，$\{\overline{F}_{\text{s}}\}$ 的确定也可采用其他截面积分方法，或采用任何适宜的截面层次恢复力模型。

3.3　空间梁柱有限单元模型

胡海昌在文献［7］中提出了一种高精度的二结点厚薄通用平面 Timoshenko 梁单元模型。这种平面梁单元的形函数对挠度做三次插值，对转角做二次插值，含内部自由度，并做了消聚。可以证明，对于弹性等截面 Timoshenko 梁，这就是一种精确的单元模式，可以获得精确的结点位移。本书吸取了胡海昌的工作成果，把这一平面梁单元推广到空间模型，并增加了对轴向

图 3-1　空间梁柱单元模型

位移和扭转角的线性插值模拟。以下为区别起见以变量上标"h"表示有限元解。

图 3-1 所示，任意二结点空间梁柱单元 e，定义如图的局部坐标系 $\overline{x}-\overline{y}-\overline{z}$，$\overline{x}_1$、$\overline{x}_2$ 为单元端点坐标。记单元结点位移向量为

$$\{\overline{u}_{\text{e}}^{\text{h}}\} = \left\{ \overline{u}_1^{\text{h}} \quad \overline{w}_1^{\text{h}} \quad \overline{v}_1^{\text{h}} \quad \overline{\psi}_{\overline{x}_1}^{\text{h}} \quad \overline{\psi}_{\overline{y}_1}^{\text{h}} \quad \overline{\psi}_{\overline{z}_1}^{\text{h}} \quad \overline{u}_2^{\text{h}} \quad \overline{w}_2^{\text{h}} \quad \overline{v}_2^{\text{h}} \quad \overline{\psi}_{\overline{x}_2}^{\text{h}} \quad \overline{\psi}_{\overline{y}_2}^{\text{h}} \quad \overline{\psi}_{\overline{z}_2}^{\text{h}} \right\}^{\text{T}} \qquad (3\text{-}3)$$

单元内任意 $\overline{x}$ 处的截面位移向量为

$$\{\overline{u}^{\mathrm{h}}\} = \{\overline{u}^{\mathrm{h}} \quad \overline{w}^{\mathrm{h}} \quad \overline{v}^{\mathrm{h}} \quad \overline{\psi}_{\overline{x}}^{\mathrm{h}} \quad \overline{\psi}_{\overline{y}}^{\mathrm{h}} \quad \overline{\psi}_{\overline{z}}^{\mathrm{h}}\}^{\mathrm{T}} \tag{3-4}$$

单元位移采用如下插值方案

$$\overline{u}^{\mathrm{h}} = \sum_{i=1}^{2} N_i \overline{u}_i^{\mathrm{h}} ; \quad \left\{ \begin{array}{c} \overline{w}^{\mathrm{h}} \\ \overline{v}^{\mathrm{h}} \end{array} \right\} = \sum_{i=1}^{2} \left(N_i^0 \left\{ \begin{array}{c} \overline{w}_i^{\mathrm{h}} \\ \overline{v}_i^{\mathrm{h}} \end{array} \right\} + N_i^1 \left\{ \begin{array}{c} \overline{\psi}_{\overline{z}_i}^{\mathrm{h}} \\ \overline{\psi}_{\overline{y}_i}^{\mathrm{h}} \end{array} \right\} \right)$$

$$\overline{\psi}_{\overline{x}}^{\mathrm{h}} = \sum_{i=1}^{2} N_i \overline{\psi}_{\overline{x}_i}^{\mathrm{h}} ; \quad \left\{ \begin{array}{c} \overline{\psi}_{\overline{y}}^{\mathrm{h}} \\ \overline{\psi}_{\overline{z}}^{\mathrm{h}} \end{array} \right\} = \sum_{i=1}^{2} \left(\widetilde{N}_i^0 \left\{ \begin{array}{c} \overline{v}_i^{\mathrm{h}} \\ \overline{w}_i^{\mathrm{h}} \end{array} \right\} + \widetilde{N}_i^1 \left\{ \begin{array}{c} \overline{\psi}_{\overline{y}_i}^{\mathrm{h}} \\ \overline{\psi}_{\overline{z}_i}^{\mathrm{h}} \end{array} \right\} \right) \tag{3-5}$$

表达为矩阵与向量的形式

$$\{\overline{u}^{\mathrm{h}}\} = [N]\{\overline{u}_{\mathrm{e}}^{\mathrm{h}}\} \tag{3-6}$$

式中 $[N]$——形函数矩阵

$$[N] = \begin{bmatrix} N_1 & 0 & 0 & 0 & 0 & 0 & N_1 & 0 & 0 & 0 & 0 & 0 \\ 0 & N_1^0 & 0 & 0 & 0 & N_1^1 & 0 & N_2^0 & 0 & 0 & 0 & N_2^1 \\ 0 & 0 & N_1^0 & 0 & N_1^1 & 0 & 0 & 0 & N_2^0 & 0 & N_2^1 & 0 \\ 0 & 0 & 0 & N_1 & 0 & 0 & 0 & 0 & 0 & N_1 & 0 & 0 \\ 0 & \widetilde{N}_1^0 & 0 & \widetilde{N}_1^1 & 0 & 0 & 0 & \widetilde{N}_2^0 & 0 & \widetilde{N}_2^1 & 0 \\ 0 & \widetilde{N}_1^0 & 0 & 0 & 0 & \widetilde{N}_1^1 & 0 & \widetilde{N}_2^0 & 0 & 0 & 0 & \widetilde{N}_2^1 \end{bmatrix} \tag{3-7}$$

设 $\overline{x}$ 为单元内任意截面的轴线坐标,即 $\overline{x} \in [\overline{x}_1, \overline{x}_2]$;记截面各方向弹性抗弯刚度为 $D = EI$、弹性抗剪刚度为 $C = GA$,单元长度 $h_{\mathrm{e}} = \overline{x}_2 - \overline{x}_1$;并记 $\alpha = (\overline{x}_2 - \overline{x})/h_{\mathrm{e}}$、$\beta = (\overline{x} - \overline{x}_1)/h_{\mathrm{e}}$,$\lambda_{\mathrm{e}} = D/(Ch_{\mathrm{e}}^2)$,$\mu_{\mathrm{e}} = 1/(1 + 12\lambda_{\mathrm{e}})$,则式(3-7)中的各插值多项式具体形式如下

$$\left\{ \begin{array}{l} N_1 = \alpha \\ N_2 = \beta \end{array} \right. \quad \left\{ \begin{array}{l} N_1^0 = \alpha + \mu_{\mathrm{e}}\alpha\beta(\alpha - \beta) \\ N_1^1 = h_{\mathrm{e}}[\alpha\beta + \mu_{\mathrm{e}}\alpha\beta(\alpha - \beta)]/2 \\ N_2^0 = \beta - \mu_{\mathrm{e}}\alpha\beta(\alpha - \beta) \\ N_2^1 = h_{\mathrm{e}}[-\alpha\beta + \mu_{\mathrm{e}}\alpha\beta(\alpha - \beta)]/2 \end{array} \right. \quad \left\{ \begin{array}{l} \widetilde{N}_1^0 = -6\mu_{\mathrm{e}}\alpha\beta/h_{\mathrm{e}} \\ \widetilde{N}_1^1 = \alpha - 3\mu_{\mathrm{e}}\alpha\beta \\ \widetilde{N}_2^0 = 6\mu_{\mathrm{e}}\alpha\beta/h_{\mathrm{e}} \\ \widetilde{N}_2^1 = \beta - 3\mu_{\mathrm{e}}\alpha\beta \end{array} \right. \tag{3-8}$$

于是,根据式(2-1)和式(3-6),可得单元内任意点 $\overline{x}$ 处的有限元截面变形 $\{\overline{\varepsilon}^{\mathrm{h}}\}$

$$\{\overline{\varepsilon}^{\mathrm{h}}\} = [B]\{\overline{u}_{\mathrm{e}}^{\mathrm{h}}\} \tag{3-9}$$

式中 $[B]$——几何矩阵,$[B] = [L][N]$,其转置形式

$$[B]^{\mathrm{T}} = \begin{bmatrix}
-\dfrac{\mathrm{d}N_1}{\mathrm{d}x} & 0 & 0 & 0 & 0 & 0 \\[2ex]
0 & \dfrac{\mathrm{d}N_1^0}{\mathrm{d}x} - \widetilde{N}_1^0 & 0 & 0 & 0 & -\dfrac{\mathrm{d}\widetilde{N}_1^0}{\mathrm{d}x} \\[2ex]
0 & 0 & \dfrac{\mathrm{d}N_1^0}{\mathrm{d}x} - \widetilde{N}_1^0 & 0 & -\dfrac{\mathrm{d}\widetilde{N}_1^0}{\mathrm{d}x} & 0 \\[2ex]
0 & 0 & 0 & -\dfrac{\mathrm{d}N_1}{\mathrm{d}x} & 0 & 0 \\[2ex]
0 & 0 & \dfrac{\mathrm{d}N_1^1}{\mathrm{d}x} - \widetilde{N}_1^1 & 0 & -\dfrac{\mathrm{d}\widetilde{N}_1^1}{\mathrm{d}x} & 0 \\[2ex]
0 & \dfrac{\mathrm{d}N_1^1}{\mathrm{d}x} - \widetilde{N}_1^1 & 0 & 0 & 0 & -\dfrac{\mathrm{d}\widetilde{N}_1^1}{\mathrm{d}x} \\[2ex]
-\dfrac{\mathrm{d}N_2}{\mathrm{d}x} & 0 & 0 & 0 & 0 & 0 \\[2ex]
0 & \dfrac{\mathrm{d}N_2^0}{\mathrm{d}x} - \widetilde{N}_2^0 & 0 & 0 & 0 & -\dfrac{\mathrm{d}\widetilde{N}_1^0}{\mathrm{d}x} \\[2ex]
0 & 0 & \dfrac{\mathrm{d}N_2^0}{\mathrm{d}x} - \widetilde{N}_2^0 & 0 & -\dfrac{\mathrm{d}\widetilde{N}_2^0}{\mathrm{d}x} & 0 \\[2ex]
0 & 0 & 0 & -\dfrac{\mathrm{d}N_2}{\mathrm{d}x} & 0 & 0 \\[2ex]
0 & 0 & \dfrac{\mathrm{d}N_2^1}{\mathrm{d}x} - \widetilde{N}_2^1 & 0 & -\dfrac{\mathrm{d}\widetilde{N}_2^1}{\mathrm{d}x} & 0 \\[2ex]
0 & \dfrac{\mathrm{d}N_2^1}{\mathrm{d}x} - \widetilde{N}_2^1 & 0 & 0 & 0 & -\dfrac{\mathrm{d}\widetilde{N}_2^1}{\mathrm{d}x}
\end{bmatrix} \tag{3-10}$$

值得说明，这种新型空间梁柱单元模型的计算自由度数与 ABAQUS 的 B31 单元（线性单元）相同，但挠度及弯曲转角的插值阶次却高于 B32（二次单元）单元，能在不增加体系计算自由读数的前提下有效提高非线性位移和变形的模拟精度。

3.4　VUEL 子程序关键数据的生成

VUEL 子程序需要用户自行定义的两个关键数据：单元集中质量矩阵 $[M_{\mathrm{e}}]$ 和单元等效内力向量 $\{F_{\mathrm{e}}^{\mathrm{int}}\}$。为此，首先定义局部坐标系 $\overline{x}-\overline{y}-\overline{z}$ 中的集中质量矩阵 $[\overline{M}_{\mathrm{e}}]$ 和单元结点等效内力向量 $\{\overline{F}_{\mathrm{e}}^{\mathrm{int}}\}$，再将它们转换到整体坐标系 $x-y-z$ 中。

3.4.1　单元集中质量矩阵定义

单元集中质量矩阵 $[\overline{M}_{\mathrm{e}}]$ 的定义，需要参照 ABAQUS/Explicit 对用户自定义单元质量分布模式的约定规则，即：相邻平动自由度间质量不能耦合，并要求相等；平动和转动自由度间不能有质量耦合等。根据所选定的二结点梁柱单元模型，可确定局部坐标系 $\bar{x}-\bar{y}-\bar{z}$ 中的单元集中质量矩阵

$$[\overline{M}_{\mathrm{e}}] = \begin{bmatrix} m/2 & 0 & 0 & 0 & 0 & 0 & 0 & 0 & 0 & 0 & 0 & 0 \\ 0 & m/2 & 0 & 0 & 0 & 0 & 0 & 0 & 0 & 0 & 0 & 0 \\ 0 & 0 & m/2 & 0 & 0 & 0 & 0 & 0 & 0 & 0 & 0 & 0 \\ 0 & 0 & 0 & I_{\bar{x}\bar{x}} & 0 & 0 & 0 & 0 & 0 & 0 & 0 & 0 \\ 0 & 0 & 0 & 0 & I_{\bar{y}\bar{y}} & I_{\bar{y}\bar{z}} & 0 & 0 & 0 & 0 & 0 & 0 \\ 0 & 0 & 0 & 0 & I_{\bar{y}\bar{z}} & I_{\bar{z}\bar{z}} & 0 & 0 & 0 & 0 & 0 & 0 \\ 0 & 0 & 0 & 0 & 0 & 0 & m/2 & 0 & 0 & 0 & 0 & 0 \\ 0 & 0 & 0 & 0 & 0 & 0 & 0 & m/2 & 0 & 0 & 0 & 0 \\ 0 & 0 & 0 & 0 & 0 & 0 & 0 & 0 & m/2 & 0 & 0 & 0 \\ 0 & 0 & 0 & 0 & 0 & 0 & 0 & 0 & 0 & I_{\bar{x}\bar{x}} & 0 & 0 \\ 0 & 0 & 0 & 0 & 0 & 0 & 0 & 0 & 0 & 0 & I_{\bar{y}\bar{y}} & I_{\bar{y}\bar{z}} \\ 0 & 0 & 0 & 0 & 0 & 0 & 0 & 0 & 0 & 0 & I_{\bar{y}\bar{z}} & I_{\bar{z}\bar{z}} \end{bmatrix}$$

$$(3\text{-}11)$$

式中　　　　m——单元质量；

$I_{\bar{x}\bar{x}}$、$I_{\bar{y}\bar{y}}$、$I_{\bar{z}\bar{z}}$、$I_{\bar{y}\bar{z}}$——集中质量点的质量转动惯矩，分别由下式计算确定：

$$m = \int_{\bar{x}_1}^{\bar{x}_2} \rho A \,\mathrm{d}\bar{x}$$

$$I_{\bar{y}\bar{y}} = \frac{m}{2} \int_A (\bar{z} - \bar{z}_0)^2 \,\mathrm{d}A; \quad I_{\bar{z}\bar{z}} = \frac{m}{2} \int_A (\bar{y} - \bar{y}_0)^2 \,\mathrm{d}A$$

$$I_{\bar{x}\bar{x}} = I_{\bar{y}\bar{y}} + I_{\bar{z}\bar{z}}; I_{\bar{y}\bar{z}} = I_{\bar{z}\bar{y}} = -\frac{m}{2} \int_A (\bar{y} - \bar{y}_0)(\bar{z} - \bar{z}_0)\,\mathrm{d}A \qquad (3\text{-}12)$$

式中　ρ——材料密度；

　　　A——截面面积；

$(\bar{y}_0, \bar{z}_0)$——局部坐标下任意截面的形心坐标。

其中，式（3-11）的集中质量矩阵形式基本保持主对角形式，符合 ABAQUS/Explicit 的有关约定。

3.4.2　单元刚度矩阵和等效结点内力定义

如前所述，确定了空间梁柱有限单元模型后，单元刚度矩阵 $[\overline{K}_{\mathrm{e}}]$ 可应用虚位移原理推得，具体过程从略。局部坐标系 $\bar{x}-\bar{y}-\bar{z}$ 中的单元刚度矩阵

$$[\overline{K}_{\mathrm{e}}] = \int_{\bar{x}_1}^{\bar{x}_2} [B]^T [\overline{K}_{\mathrm{s}}][B]\,\mathrm{d}\bar{x} \qquad (3\text{-}13)$$

单元等效结点内力

$$\{\overline{F}_{\mathrm{e}}^{\mathrm{int}}\} = \int_{\bar{x}_1}^{\bar{x}_2} [B]^T \{\overline{F}_{\mathrm{s}}^{\mathrm{h}}\}\,\mathrm{d}\bar{x} \qquad (3\text{-}14)$$

式中　　$[\overline{K}_{\mathrm{s}}]$——截面刚度矩阵；

　　　$\{\overline{F}_{\mathrm{s}}^{\mathrm{h}}\}$——截面内力。

3.4.3　坐标转换

上述模型和方法是建立在局部坐标系 $\bar{x}-\bar{y}-\bar{z}$ 中的。但 VUEL 用户子程序的传入返

回数据均按整体坐标系 $x-y-z$ 定义，因此在传入之初和返回之前应对有关数据实施坐标转换。

结构和构件的坐标转换有着成熟而系统的方法，并无特别的难点。设 $[t]$ 为形如下式的单元坐标转换矩阵

$$[t] = \begin{bmatrix} l_1 & l_2 & l_3 \\ m_1 & m_2 & m_3 \\ n_1 & n_2 & n_3 \end{bmatrix} \tag{3-15}$$

式中　$(l_i, m_i, n_i)(i=1,2,3)$——局部坐标系 $\bar{x}-\bar{y}-\bar{z}$ 对整体坐标系 $x-y-z$ 的方向余弦，$i=1$ 对应是 $\bar{x}$ 轴，$i=2$ 对应 $\bar{y}$ 轴，$i=3$ 对应 $\bar{z}$ 轴，具体确定方法可有多种，在此不做赘述。

设 i、j 为单元 e 的结点整体编号，对于外部传入的单元结点整体坐标向量 $\{x_e\} = \{x_i, y_i, z_i, x_j, y_j, z_j\}^T$、单元结点位移向量 $\{u_e^h\} = \{u_i^h, w_i^h, v_i^h, \psi_{x_i}^h, \psi_{y_i}^h, \psi_{z_i}^h, u_j^h, w_j^h, v_j^h, \psi_{x_j}^h, \psi_{y_j}^h, \psi_{z_j}^h\}^T$ 等单元数据，按下式转换到局部坐标系 $\bar{x}-\bar{y}-\bar{z}$ 内

$$\{\bar{x}_e\} = \begin{bmatrix} \mathbf{t} & \mathbf{0} \\ \mathbf{0} & \mathbf{t} \end{bmatrix}^T \{x_e\}$$

$$\{\bar{u}_e^h\} = [T]^T \{u_e^h\}$$

$$[T] = \begin{bmatrix} t & 0 & 0 & 0 \\ 0 & t & 0 & 0 \\ 0 & 0 & t & 0 \\ 0 & 0 & 0 & t \end{bmatrix} \tag{3-16}$$

在局部坐标系 $\bar{x}-\bar{y}-\bar{z}$ 内按前述方法确定 $[\bar{M}_e]$、$[\bar{K}_e]$、$\{\bar{F}_e^{int}\}$ 等矩阵和向量后，又需按下式将其转换到整体坐标系 $x-y-z$ 内，生成整体坐标系下的 $[M_e]$、$[K_e]$、$\{F_e^{int}\}$ 以提交 ABAQUS/Explicit 求解器组集求解，即

$$[M_e] = [T][\bar{M}_e][T]^T$$

$$[K_e] = [T][\bar{K}_e][T]^T \tag{3-17}$$

$$\{F_e^{int}\} = [T]\{\bar{F}_e^{int}\}$$

ABAQUS/Explicit 将在计算之组集生成整体质量矩阵 $[M]$。每个增量步分析中，用户需计算并提交单元等效内力向量 $\{F_e^{int}\}$，求解器将自动组集生成整体等效结点内力向量 $\{F^{int}\}$ 和计算整体部平衡力向量 $\{F^{residual}\}$。根据显式分析的特点，单元刚度 $[K_e]$ 无须存储和组集。

3.4.4　稳定时间步长选取

显式中心差分稳定的条件是时间步长 Δt 小于稳定（临界）时间步长 Δt_{cr}。VUEL 要求用户指定 Δt_{cr}。Δt_{cr} 按过下式计算

$$\Delta t_{cr} = \frac{T_{min}}{\pi} = \min_e \frac{T_{min}^e}{\pi} \tag{3-18}$$

式中　T_{min}——结构最小周期；

T_{min}^e——单元最小周期。

VUEL 采用逐单元指定 T_{min}^e 的方法。对梁柱模型做适当简化处理：将模型分别为三

个单一构件模型，即 Timoshenko 梁模型、拉压杆件模型、扭转杆件模型。如此则可进一步考察单元刚度矩阵 $[\overline{K}_e]$ 的主对元 k_{ii} 和单元集中质量阵 $[\overline{M}_e]$ 的主对元 m_{ii}，根据结构动力学知识，$\max(\sqrt{k_{ii}/m_{ii}})$ 所对应的自由度即是单元的最高频率自由度，故 $T_{\min}^e$ 可按下式估算

$$T_{\min}^e = \frac{2\pi}{\max(\sqrt{k_{ii}/m_{ii}})} \tag{3-19}$$

为稳妥起见，单元内确定的 Δt_{cr} 可乘以一个小于 1 的系数（$0.95 \leqslant \alpha \leqslant 1.0$），即

$$\Delta t_{cr} = \alpha \frac{T_{\min}}{\pi} = \frac{2\alpha}{\max(\sqrt{k_{ii}/m_{ii}})} \tag{3-20}$$

ABAQUS/Explicit 将自动根据逐单元返回的 Δt_{cr} 确定结构体系显式动力分析的稳定时间步长。

3.5　单元截面内力和截面刚度的截面纤维积分

上述单元截面内力 $\{\overline{F}_s^h\}$ 和截面刚度 $[\overline{K}_s]$ 通过"截面纤维模型方法"实施积分计算，故新型梁柱单元可称为空间纤维梁柱单元。

截面纤维模型方法是梁柱构件内力和刚度截面积分计算的一种方法。该方法将构件轴向受力行为视为许多束纤维的拉伸压缩作用之组合。在由有限元求解而得到截面轴向拉压变形和弯曲曲率后，可根据平截面变形假定获得各纤维束中心的拉压应变，对其应用单轴非线性应力—应变关系，确定纤维束中心的应力和模量，最后对所有纤维束求和即可得到截面内力 $\{\overline{F}_s^h\}$ 和截面刚度 $[\overline{K}_s]$。截面纤维模型方法可方便地模拟截面的多种材料组成，还可通过修正本构关系模拟约束区混凝土的受力行为。当然，与一般截面积分方法类似，截面纤维模型方法也不便在应力应变层次模拟构件的剪切失效和扭转失效，通常只在截面层次计入弹性的剪切和扭转作用。以矩形截面钢筋混凝土梁柱构件为例，将截面剖分为 $nfib$ 条纤维束的组合（包括钢筋纤维束和混凝土纤维束），如图 3-2 和图 3-3 所示。

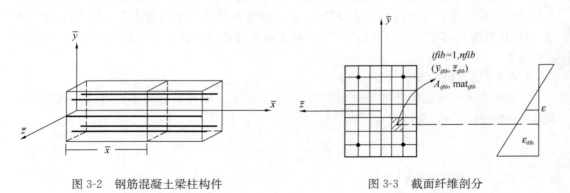

图 3-2　钢筋混凝土梁柱构件　　　　图 3-3　截面纤维剖分

记第 $ifib$ 根纤维束截面中心相对于中性轴的坐标为（y_{ifib}, z_{ifib}），纤维束面积为 A_{ifib}，

材料切向模量为 $E_{ifib}^{\tan}$。通过纤维束求和方式计算截面积分，可得截面内力 $\{\overline{F}_s^h\}$ 的计算公式

$$\{\overline{F}_s^h\} = \left\{ \begin{array}{cccc} \displaystyle\sum_{ifib=1}^{nfib}(\sigma_{11})_{ifib}A_{ifib} & (GA)_y\gamma_y & (GA)_z\gamma_z \\[4mm] (GJ)\kappa_x & \displaystyle\sum_{ifib=1}^{nfib}(\sigma_{11})_{ifib}\overline{z}_{ifib}A_{ifib} & -\displaystyle\sum_{ifib=1}^{nfib}(\sigma_{11})_{ifib}\overline{y}_{ifib}A_{ifib} \end{array} \right\}^{\mathrm{T}} \tag{3-21}$$

截面刚度 $[\overline{K}_s]$ 则形如下式

$$[\overline{K}_s] = \begin{bmatrix} \displaystyle\sum_{ifib=1}^{nfib}E_{ifib}^{\tan}A_{ifib} & 0 & 0 & 0 & \displaystyle\sum_{ifib=1}^{nfib}E_{ifib}^{\tan}A_{ifib}\overline{z}_{ifib} & -\displaystyle\sum_{ifib=1}^{nfib}E_{ifib}^{\tan}A_{ifib}\overline{y}_{ifib} \\[4mm] 0 & (GA)_y & 0 & 0 & 0 & 0 \\[2mm] 0 & 0 & (GA)_z & 0 & 0 & 0 \\[2mm] 0 & 0 & 0 & (GJ)_x & 0 & 0 \\[2mm] \displaystyle\sum_{ifib=1}^{nfib}E_{ifib}^{\tan}A_{ifib}\overline{z}_i & 0 & 0 & 0 & \displaystyle\sum_{ifib=1}^{nfib}E_{ifib}^{\tan}A_{ifib}\overline{z}_{ifib}^2 & -\displaystyle\sum_{ifib=1}^{nfib}E_{ifib}^{\tan}A_{ifib}\overline{y}_{ifib}\overline{z}_{ifib} \\[4mm] -\displaystyle\sum_{ifib=1}^{nfib}E_{ifib}^{\tan}A_{ifib}\overline{y}_i & 0 & 0 & 0 & -\displaystyle\sum_{ifib=1}^{nfib}E_{ifib}^{\tan}A_{ifib}\overline{y}_{ifib}\overline{z}_{ifib} & \displaystyle\sum_{ifib=1}^{nfib}E_{ifib}^{\tan}A_{ifib}\overline{y}_{ifib}^2 \end{bmatrix}$$

$$\tag{3-22}$$

当然，显式动力分析中单元刚度 $[\overline{K}_e]$ 的计算只用于确定稳定时间步长 Δt_{cr} 或计算考虑刚度阻尼的 $[C]$ 矩阵，无需整体存储和组集。

3.6 纤维束的单轴本构模型

在有限元求解过程中，纤维束应变 $(\varepsilon_{11})_{ifib}$ 根据式（3-9）和（2-2a）计算，而纤维束应力 $(\sigma_{11})_{ifib}$ 和切线模量 $E_{ifib}^{\tan}$ 等则需通过材料单轴滞回本构关系确定。

混凝土纤维束采用前述损伤塑性本构模型，有关理论及算法与 VUMAT 并无不同，不再赘述。钢筋纤维束暂采用单轴双线性随动强化模型，并假定滞回过程中的卸载行为不引发刚度损失。如图 3-4 所示，σ_0 为屈服应力，ε_0 为屈服应变，E_0 为弹性模量，E_t 为屈服后切线模量。

受拉时

$$\varepsilon = \frac{\sigma}{E_0}, \sigma \leqslant \sigma_0; \varepsilon = \frac{\sigma_0}{E_0} + \frac{1}{E_t}(\sigma - \sigma_0), \sigma > \sigma_0 \tag{3-23}$$

受压规律与受拉相同，只是应力应变符号相反。材料在

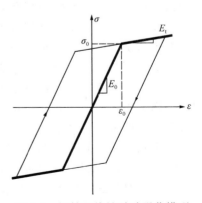

图 3-4 钢筋双线性随动强化模型

往复受力滞回分析中遵循随动强化规律。这一模型虽然简单，但能够反映出钢筋在构件往复受力中的主要性态。具体算法描述从略。

3.7　VUEL 子程序的算法流程

综合以上，给出空间梁柱纤维单元 VUEL 用户子程序的算法流程如下：

（1）ABAQUS 向 VUEL 传入 $\{\ddot{u}\}$、$\{\dot{u}\}$、$\{u\}$、$\{\Delta u\}$ 及单元结点坐标等基本信息；

（2）提取基本材料信息和构件截面信息；

（3）若 $kninc=0$（初始步），则逐单元按式（3-11）生成 $[\overline{M}_e]$，按式（3-17）生成 $[M_e]$，结束 VUEL 的调用，返回；若 $kninc \geqslant 1$，则执行步骤（4）；

（4）提取取截面纤维束剖分信息和有关历史量；

（5）逐单元作单元弹塑性状态分析：

① 对单元的所有计算截面（高斯截面）作截面弹塑性状态分析，按式（3-9）计算截面变形；对所有纤维束作纤维束弹塑性状态分析，按式（2-2a）计算纤维束应变；根据有关历史量及材料本构模型确定纤维束当前的各弹塑性状态量，并更新纤维束的有关历史量；接着按式（3-21）和式（3-22）计算截面刚度 $[\overline{K}_s]$、截面内力 $\{\overline{F}_s^h\}$；

② 按式（3-13）～（3-14）计算局部坐标下单元刚度 $[\overline{K}_e]$ 和单元等效内力 $\{\overline{F}_e^{int}\}$；

③ 按式（3-17）实施坐标转换，生成整体坐标下单元刚度 $[K_e]$ 和单元等效内力 $\{F_e^{int}\}$；

④ 依据单元长度、刚度等信息设定显式动力分析的稳定时间步长。

（6）对所有单元完成纤维弹塑性分析，结束 VUEL 子程序的调用，返回。

3.8　VUEL 的数值算例

为验证所开发的单元模型及材料模型，本章给出典型梁柱构件在压－弯－剪荷载工况下的分析结果。需要指出，由于建筑结构构件形式和荷载工况的复杂多样性，本章所给出的算例验证是针对特定的材料本构模型和荷载工况的，并与实体模型分析结果进行对比，其目的在于验证基本模型和方法的正确性和有效性，读者可自行参照有关试验研究数据和受力情况，进一步展开模型和方法的数值仿真分析。

图 3-5（a）所示的钢筋混凝土梁柱构件，构件长度 4m，截面尺寸 500mm×600mm。采用 C30 混凝土，截面配筋 8Φ20（二级钢），混凝土保护层厚 25mm。图 3-5（b）为截面配筋图，图 3-5（c）为截面纤维束剖分方案。约束构件底部位移和转角，在构件顶部施加工况荷载。算例中实体有限元模型，采用 C3D8 单元模型混凝土，混凝土材料模型采用塑性损伤本构模型，并通过嵌入 Truss 单元模拟钢筋的作用，如图 3-6（a）所示。纤维梁柱有限元模型统一只采用 1 个空间梁柱纤维单元计算，但结果已比较精确；单元积分则选取了 4 个 Gauss-Labatto 点，如图 3-6（b）所示。

需要说明，算例采用位移加载模式，由于显式动力分析通过细小时间步长保证计算收敛，故不再对荷载增量大小做优化控制。同时，为了保证静力问题拟动力分析准确收敛于稳定解，计算中取用较大计算时间，建议值通常是构件基本周期的 5～10 倍左右。加载量

分别为 $D_x=-6\text{mm}$，$D_y=D_z=20\text{mm}$。由于显式动力分析通过细小时间步长保证计算收敛，故不再对荷载增量大小作优化控制。同时，为了保证静力问题拟动力分析准确收敛于稳定解，计算中取用较大计算时间，建议值通常是构件基本周期的 5～10 倍左右。

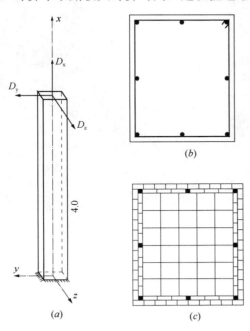

图 3-5　梁柱构件模型和截面剖分
(a) 梁柱模型；(b) 截面配筋；(c) 截面纤维剖分

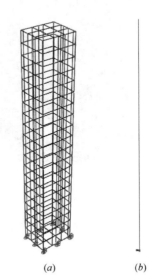

图 3-6　有限元模型
(a) 实体有限元模型；
(b) 纤维梁柱有限元模型（FDAM）

整体分析结果见表 3-1，底部截面产生轴力 5551kN，剪力 61.99kN 和 42.31kN，弯矩 169.3kN・m 和 247.9kN・m。位移边界条件、底部截面产生轴力、剪力与实体模型结果吻合较好。图 3-7～图 3-10 给出了纤维构件损伤模型与实体模型最不利截面的应力、塑性应变和损伤对比，纤维模型分析结果较好，结果表明纤维构件损伤模型能够较为准确的描述构件在非线性阶段的力学性能。

构件整体分析结果　　　　　　　　　　　　　　　　表 3-1

	轴向位移 U_1(mm)	水平位移 U_2(mm)	水平位移 U_3(mm)	支座反力 RF_1(10^6N)	支座反力 RF_2(10^4N)	支座反力 RF_3(10^4N)
实体模型	6.617	2.014	2.024	5.450	6.878	5.015
FDAM	5.000	2.000	2.000	5.551	6.199	4.231
	轴向压应力 S_{11}(MPa)	塑性应变 (10^{-6})	受压损伤	受拉损伤		
实体模型	18.24	1596	0.707	0.901		
FDAM	20.01	1500	0.703	0.883		

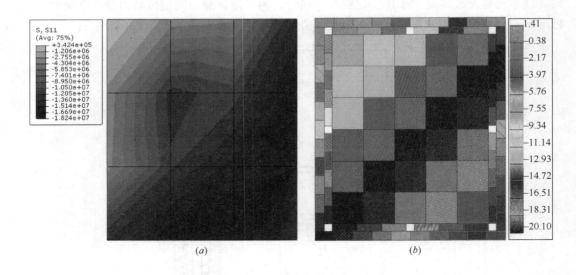

图 3-7　截面应力分布

(*a*) 实体模型（Pa）；(*b*) FDAM（MPa）

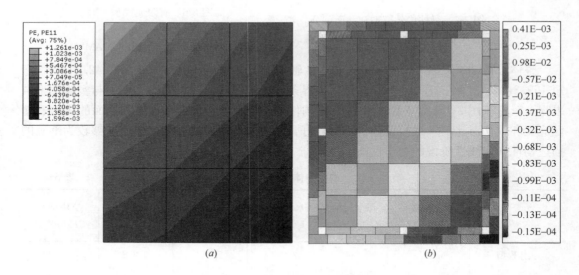

图 3-8　截面塑性应变分布

(*a*) 实体模型；(*b*) FDAM（10^{-6}）

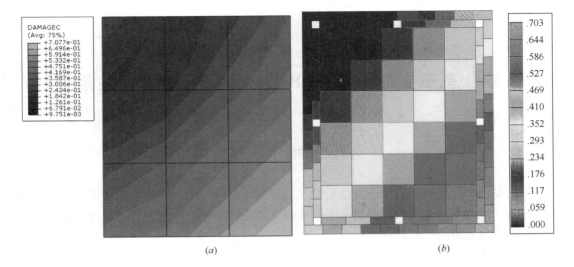

图 3-9 截面受压损伤分布
（a）实体模型；（b）FDAM

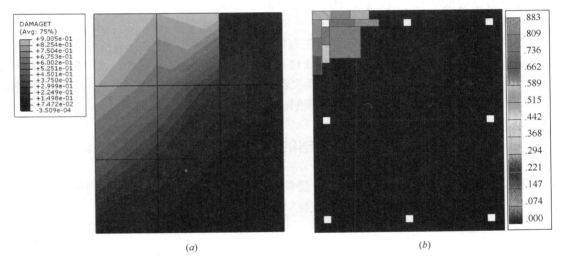

图 3-10 截面受拉损伤分布
（a）实体模型；（b）FDAM

第4章 基于变形增量 EEP 超收敛计算的弹塑性梁分析

4.1 概　　述

通过截面积分将材料点的非线性特性反应于构件宏观内力－变形关系之中，是实现构件在应力－应变层次上细致化分析的有效途径。但应指出，细致并不必然意味着精确，因为还受到有限元解题模式的制约。

广泛应用的基于位移的有限元方法（有限元刚度法），在计算变形时通常采用形函数导数插值，使非线性变形的模拟阶次和精度大大降低，影响了弹塑性状态判定的准确性与可靠性。为此，发展了基于力的结构弹塑性有限元分析方法（有限元柔度法）或混合方法。这些方法有成功的一面，但往往引发复杂的迭代计算，并缺乏通用性，不便融入主流有限元程序框架之中。

本章以平面 Euler 梁为基本模型，在有限元刚度法结构弹塑性分析的常规算法流程内，首次应用变形增量的新型超收敛后处理计算，即 EEP 超收敛计算。这一新策略大大提高了有限元刚度法计算非线性变形的精度和可靠性。本章系统阐述了其实施思路、基本算法、数值处理技巧等，并给出了典型算例。

4.2　梁问题的常规有限元解

对于如图 4-1 所示变截面梁在分布荷载 f 作用下的小变形弹性分析问题，以挠度 $w(x)$ 为基本未知量的椭圆形控制微分方程

$$(Dw''(x))'' = f, \quad 0 < x < L, \quad D > 0$$
$$w(0) = 0, \quad w'(0) = 0, \quad w(L) = 0, w''(L) = 0 \tag{4-1}$$

式中　D——为梁的截面刚度；

　　　L——梁的长度。

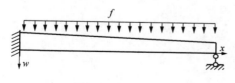

图 4-1　梁的分析

寻求上述问题的有限元解，在 $[0, L]$ 上划分 n_e 个单元，结点坐标记为 $x_i(i = 0, 1, \cdots N)$；任意单元 e 的两端点坐标在局部记为 $\bar{x}_1$ 和 $\bar{x}_2$；单元内任意截面挠度 $\{w^h\}$ 作如下插值

$$\{w^h\} = [N]\{u_e^h\} \tag{4-2}$$

式中，单元插值矩阵 $[N] = [N_i^\alpha]_{1\times4}$，$N_i^\alpha(x)(i = 1, 2; \alpha = 0, 1)$ 为三次 Hermite 插值形函数；单元结点位移 $\{u_e^h\} = \{w_1^h \quad \phi_1^h \quad w_2^h \quad \phi_2^h\}^T$，$w_i^h$ 为结点挠度，ϕ_i^h 为结点转角，不考虑剪切变形，截面转角 $\phi_i^h = w_i^{h\prime}(\bar{x}_i)(i = 1, 2)$。单元内任意截面变形（曲率）$\{\kappa^h\}$ 按几何

关系确定

$$\{\kappa^h\} = \{w^h\}'' = [B]\{u_e^h\}, \text{其中}[B] = [N_{i}^{\alpha''}]_{1\times4}(i = 1, 2; \alpha = 0, 1) \quad (4\text{-}3)$$

于是，通过建立虚功平衡关系可导出由单元刚度矩阵 $[k^e]$ 和单元等效荷载向量 $\{f^e\}$ 组集成的关于结点位移 $\{U^h\}$ 的整体平衡方程

$$[K]\{U\} = \{F\}, \text{其中}[K] = \Sigma[k^e], \{F\} = \Sigma\{f^e\} \quad (4\text{-}4)$$

$[k^e]$ 和 $\{f^e\}$ 形如下式

$$[k^e] = \int_{\overline{x}_1}^{\overline{x}_2} [B]^T[D][B]dx \quad (4\text{-}5a)$$

$$\{f^e\} = \int_{\overline{x}_1}^{\overline{x}_2} \{f\}[N]^T dx \quad (4\text{-}5b)$$

对式（4-4）引入边界条件解得 $\{U^h\}$ 后，后处理计算中仍按式（4-3）计算截面曲率 κ^h，而截面弯矩 $M^h = D\kappa^h$，截面剪力 $Q^h = M^{h'}$。显然，对于采用三次 Hermite 插值的单元模式，κ^h 在单元内是线性分布的。

4.3　梁问题的弹塑性有限元分析

梁的弹塑性有限元分析可分为截面状态分析、单元状态分析和整体结构分析三个层次[13]。由于截面刚度 D 是位移 w 或变形 κ 的函数，如 $D = D(x;w)$、$D = D(x;\phi)$ 或 $D = D(x;\kappa)$ 等，通常按多步线性化方式迭代求解，可将弹性分析的过程按增量格式推广于迭代步。以下是基于经典 Newton-Raphson[122] 非线性求解的弹塑性分析简要过程，其中截面层次恢复力模型记为弯矩—曲率形式 $M = \phi(\kappa)$；各增量解用 "Δ" 区别标识。

设第 k 个荷载步内经过 l 次迭代求解得到结构位移增量 $\{\Delta U^h\}_l$，则依次进入三个层次的弹塑性状态分析：

（1）截面状态分析（对单元的所有计算截面实施）：

① 计算截面变形增量：$\Delta\kappa_l^h = [B]\{\Delta u_e^h\}_l$；

② 更新变形全量 $\kappa_l^h = \kappa_{l-1}^h + \Delta\kappa_l^h$；

③ 根据 $M = \phi(\kappa)$ 分析截面内力 $M_l^h = \phi(\kappa_l^h)$ 及其增量 $\Delta M_l^h = M_l^h - M_{l-1}^h$；

④ 更新截面刚度 D_l。

（2）单元状态分析（对所有单元实施）：

① 按式（4-5a）计算计算单元刚度 $[k_l^e]$，其中截面刚度取 D_l；

② 由单元虚功平衡关系导出单元等效反力 $\{p_l^e\} = \int_e [B]^T M_l^h dx$。

（3）结构状态分析：

① 组集 $[k_l^e]$ 和 $\{p_l^e\}$，生成整体刚度矩阵 $[K_l]$ 和整体结点等效反力 $\{P_l\}$；

② 计算整体不平衡力向量 $\{\Delta F^u\}_l = \{F_0\} - \{P_l\}$（$\{F_0\}$ 为荷载步的外力等效荷载，按式（4-5b）计算并组集）；

③ 根据位移增量或不平衡力向量的收敛判据判断弹塑性分析的收敛状态；

④ 若尚不满足收敛要求，则求解新的增量平衡方程

$$[K]_l \{\Delta U^h\}_{l+1} = \{\Delta F^u\}_l \tag{4-6}$$

上述截面状态分析阶段确定内力 M_l^i 和刚度 D_l 的过程依据恢复力模型 $M = \phi(\kappa)$ 的具体形式而有差异，但变形（应变）空间内弹塑性分析的准确性将受变形（应变）求解精度的影响。

4.4　变形增量 EEP 超收敛计算的弹塑性梁分析

4.4.1　梁问题的 EEP 超收敛解

对于等截面梁的有限元分析，三次 Hermite 单元是一种精确单元模式，由式（4-5a）导出的单元刚度矩阵与结构力学矩阵位移法是完全一致的。然而，在求得结点位移后，计算内力、变形等单元内部量时，有限元方法就与矩阵位移法"分道扬镳"了[19,20]。袁驷基于对这两种方法的深度比较与反思，指出了常规有限元内力、变形计算精度成数量级降低的关键症结。为全面改善常规有限元解的精度与收敛阶，袁驷等灵活运用线性椭圆形有限元法数学理论中的投影定理，在单元上建立能量投影关系（Element Energy Projection，EEP），经适当数学处理，导出了一组具有逐点超收敛特性的位移及其导数的 EEP 超收敛计算公式。特别地，对于精确的单元模式，超收敛解本身即是问题的精确解。

文献［24］给出了梁单元内任意点 $\bar{x}$ 处挠度、转角 $\psi(= w')$、曲率 $\kappa(= w'')$、弯矩 $M(= D\kappa)$、剪力 $Q(=(D\kappa)')$ 的超收敛计算公式。本书主要关注梁变形计算精度的计算，对文［24］中超收敛曲率 κ^* 的虚功计算形式作适当变形即有

$$
\kappa^* = \left\{ \left[\int_{\bar{x}_1}^{x} M^h N_2^{0\prime\prime} \mathrm{d}x - \int_{\bar{x}_1}^{x} f N_2^0 \mathrm{d}x \right] (\bar{x}_2 - x) + \left[\int_{\bar{x}_1}^{x} M^h N_2^{1\prime\prime} \mathrm{d}x - \int_{\bar{x}_1}^{x} f N_2^1 \mathrm{d}x \right] \right.
$$
$$
\left. - \left[\int_{x}^{\bar{x}_2} M^h N_1^{0\prime\prime} \mathrm{d}x - \int_{x}^{\bar{x}_2} f N_1^0 \mathrm{d}x \right] (\bar{x}_1 - x) - \left[\int_{x}^{\bar{x}_2} M^h N_1^{1\prime\prime} \mathrm{d}x - \int_{x}^{\bar{x}_2} f N_1^1 \mathrm{d}x \right] \right\} / D
$$

$$\tag{4-7}$$

由 $D = D(\bar{x})$，易知超收敛弯矩 $M^* = D\kappa^*$。

对于弹性等截面问题，式（4-7）的 EEP 超收敛解已被理论和数值试验证明具有逐点超收敛的特性；若采用精确单元模式，κ^* 和 M^* 即是精确解，并与网格密度无关；同时，κ^* 和 M^* 在单元间自动连续（平衡），且精确满足边界条件。这是通过形函数导数插值所获得的常规解 $\kappa^h(= w^{h\prime\prime})$ 和 $M^h(= Dw^{h\prime\prime})$ 远不能达到的求解效果。此外，式（4-7）是独立于有限元求解过程的单元内后处理工作，易于计算，可方便地融入常规有限元弹塑性求解算法框架内。

为说明 EEP 超收敛法的效力，举简单弹性实例说明。图 4-1 所示的梁，$L=1$，$f=1$。取整体一个三次 Hermite 梁单元求解。考虑常截面刚度和变截面刚度两种情况：常截面取 $D(x) = 1$；变截面设截面刚度按四次多项式分布 $D(x) = 1 + (x - 0.5)^4$。图 4-2 比较了截面曲率的有限元解 κ^h、EEP 超收敛解 κ^* 和精确解 κ。常截面情况下，三次 Hermite 单元是精确单元模式，故 κ^* 就是精确解；变截面情况下，κ^* 较 κ^h 的分布形状和数值大小均获得大幅改善，更逼近于精确解 κ，并将随着网格的加密进一步改善。两种情况中，常规有限元解 κ^h 只能按线性分布，结果严重失真。

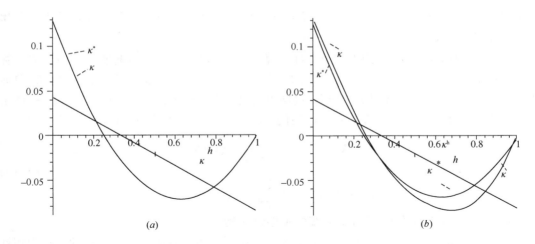

图 4-2 弹性梁单元变形的有限元解、EEP 超收敛解和精确解对比

（a）常截面梁；（b）变截面梁

4.4.2 弹塑性分析中的 EEP 超收敛解

针对弹塑性问题多步线性化迭代求解的特点，通过适当变化建立截面变形增量的超收敛计算公式。设 x 为单元 e 的任意内点，即 $x \in [\overline{x}_1, \overline{x}_2]$，它将单元划分为 $I_1 = [\overline{x}_1, x]$ 和 $I_2 = [x, \overline{x}_2]$ 两个区段。记 Δf 为荷载步的外载增量，可导出荷载步初始分析时 x 点处截面的变形增量超收敛解

$$\Delta\kappa^* = \left\{ \left[\int_{\overline{x}_1}^{x} \Delta M^h N_2^{0\prime\prime} \mathrm{d}x - \int_{\overline{x}_1}^{x} \Delta f N_2^0 \mathrm{d}x \right] (\overline{x}_2 - x) + \left[\int_{\overline{x}_1}^{x} \Delta M^h N_2^{1\prime\prime} \mathrm{d}x - \int_{\overline{x}_1}^{x} \Delta f N_2^1 \mathrm{d}x \right] \right.$$
$$\left. - \left[\int_{x}^{\overline{x}_2} \Delta M^h N_1^{0\prime\prime} \mathrm{d}x - \int_{x}^{\overline{x}_2} \Delta f N_1^0 \mathrm{d}x \right] (\overline{x}_1 - x) - \left[\int_{x}^{\overline{x}_2} \Delta M^h N_1^{1\prime\prime} \mathrm{d}x - \int_{x}^{\overline{x}_2} \Delta f N_1^1 \mathrm{d}x \right] \right\} / D$$
$$(4-8)$$

其次，后续迭代步分析中只考虑由结构刚度变化产生的不平衡力，并无外荷载直接作用（$\Delta f = 0$），故后续迭代步中 $\Delta\kappa^*$ 简化为

$$\Delta\kappa^* = \left[\int_{\overline{x}_1}^{x} \Delta M^h N_2^{0\prime\prime} \mathrm{d}x (\overline{x}_2 - x) + \int_{\overline{x}_1}^{x} \Delta M^h N_2^{1\prime\prime} \mathrm{d}x \right.$$
$$\left. - \int_{x}^{\overline{x}_2} \Delta M^h N_1^{0\prime\prime} \mathrm{d}x (\overline{x}_1 - x) - \int_{x}^{\overline{x}_2} \Delta M^h N_1^{1\prime\prime} \mathrm{d}x \right] / D$$
$$(4-9)$$

式（4-8）和式（4-9）中，D 为 x 点处截面刚度，取上一迭代步末的截面刚度值；ΔM^h 为常规有限元内力增量解，$\Delta M^h = D\Delta\kappa^h$（下同）。固然，得到了 $\Delta\kappa^*$，可进一步计算超收敛内力增量 $\Delta M^* = D\Delta\kappa^*$，但应注意这只是线性的内力增量。在弹塑性分析中，实际应根据 $M = \phi(\kappa)$ 关系，由增量 $\Delta\kappa^*$ 及有关历史量计算确定非线性的内力增量 ΔM^* 和全量 M^*。

由式（4-8）和式（4-9）可获得单元内任意点的变形增量超收敛解，但在弹塑性分析中逐点超收敛计算意味着记录逐点的历史数据；另一方面，结构构件弹塑性分析通常只需有效捕捉端部或跨中等特殊区域的弹塑性状态即满足要求。从计算效率和工程关注角度出发，采用高斯点嵌套积分策略实施 EEP 超收敛计算，要点如下：

（1）单元 Gauss-Lobatto 积分：在单元区间 $[\overline{x}_1, \overline{x}_2]$ 取 K_g 个 Gauss-Lobatto 积分点，

依次记为 $t_1(=\overline{x}_1),t_2\cdots t_{K_g}(=\overline{x}_2)$，它们需进行内力—变形增量超收敛计算，结果用于单元状态分析。

（2）单元区段经典高斯内点积分：在计算 Gauss-Lobatto 点 t_i 处超收敛解时，需计算该点左右单元区段 $[\overline{x}_1,t_i]$ 和 $[t_i,\overline{x}_2]$ 上的积分值。由于 K_g 个 Gauss-Lobatto 点已将单元划分为 K_g-1 个区段，故先以 K_m 个经典高斯内点积分计算各分段 $[t_j,t_{j+1}](j=1,\cdots K_g-1)$ 上的积分值。这样，计算 t_i 点左右单元区段的各项积分时只需作求和计算，如

$$\int_{\overline{x}_1}^{t_i}\Delta M^h N_2^{0\prime\prime}\mathrm{d}x=\sum_{j=1}^{i-1}\int_{t_j}^{t_{j+1}}\Delta M^h N_2^{0\prime\prime}\mathrm{d}x$$

$$\int_{t_i}^{\overline{x}_2}\Delta M^h N_2^{0\prime\prime}\mathrm{d}x=\sum_{j=i}^{K_g-1}\int_{t_j}^{t_{j+1}}\Delta M^h N_2^{0\prime\prime}\mathrm{d}x$$

(4-10)

4.4.3 变形增量 EEP 超收敛计算的弹塑性分析

构件的弹塑性分析是结构动力、静力非线性抗震分析的基础。本书在梁的常规弹塑性分析算法中引入变形增量 EEP 超收敛计算，力求改善常规有限元法对构件变形增量及其累积全量非线性分布特性的模拟效力，从而获得更为准确可靠的弹塑性分析结果。以下给出基于这一思路的一般性算法，可直接适用于恢复力模型中不含软化段的弹塑性分析问题。

记第 k 步的荷载增量为 Δf_k，l 为荷载步内弹塑性迭代次数；采用混合型不平衡力收敛判据 $d=\|\{\Delta F^u\}_l\|/(1+\|\{F_0\}\|)$，其中 $\|\cdot\|$ 为向量 L_2 范数；d 的容许误差 tol。各单元均取 K_g 个 Gauss-Lobatto 点，单元内区段积分高斯内点数 K_m。第 k 步的弹塑性分析算法依次如下：

（1）荷载步初始求解：

① 计算截面变形增量：$\Delta\kappa_l^h=[B]\{\Delta u_e^h\}_l$；根据初始刚度和外荷载增量，按式（4-5a）计算单刚 $[k^e]$ 和单元荷载向量 $\{f^e\}$；

② 组集生成总刚 $[K_0]$ 和整体荷载向量 $\{F_0\}$；

③ 引入边界条件求解 $[K_0]\{U_0^h\}=\{F_0\}$，并记 $\{\Delta U_0^h\}=\{U_0^h\}$。

（2）弹塑性迭代分析部分（l 从 1 计起）：

① 对所有单元的计算截面作截面状态分析：对各单元的 $K_m\times(K_g-1)$ 个经典高斯内点截面实施截面状态分析：计算截面常规变形增量 $\Delta\kappa_l^h=[B]\langle\Delta u_e^h\rangle_l$，记录变形全量 κ_l^h；计算截面常规弯矩 $M_l^h=\phi(\kappa_l^h)$ 及其增量 $\Delta M_l^h=(M_l^h-M_{l-1}^h)$；

② 对各单元的 K_g 个 Gauss-Lobatto 点截面实施截面状态分析：按式(4-8)(l=1)或式(4-9)(l>1)及式(4-10)计算变形增量超收敛解 $\Delta\kappa_l^*$，记录变形全量 κ_l^*；计算截面弯矩 $M_l^*=\phi(\kappa_l^*)$ 及其增量 $\Delta M_l^*=(M_l^*-M_{l-1}^*)$；更新截面刚度 D_l；

③ 对所有单元作单元状态分析：按式(4-5a)计算单元刚度 $[k^e]_l$，其中截面刚度采用更新的 D_l；计算单元等效反力 $\{p_l^e\}=\int_e[B]^T M_l^*\mathrm{d}x$。

（3）结构状态分析：

① 组集 $\{p_l^e\}$，生成整体结点反力 $\{P_l\}$；

② 计算整体不平衡力 $\{\Delta F^u\}_l=\{F_0\}-\{P_l\}$；

③ 根据不平衡力判据 $d\leqslant tol$ 判断迭代是否收敛：若判断结果为"是"，结束荷载步迭

代分析，转步骤（1），作下一个荷载步的弹塑性分析；若判断结果为"否"，组集 $[k^e]_l$，生成整体刚度 $[K]_l$，求解 $[K]_l \{\Delta U^h\}_{l+1} = \{\Delta F^u\}_l$，记 $l = l+1$，转步骤（2）—①，进入下一次弹塑性迭代分析。

上述算法与常规算法的区别仅在于截面分析阶段增加了截面变形增量的 EEP 超收敛计算，并将其应用于后续弹塑性状态分析。显然，这并不引发新的复杂计算，易于融入常规的程序算法框架之内，而且能方便地移植到经典 Newton-Raphson 方法的其他变化形式中。此外，变形增量的超收敛计算增加了一定的截面状态分析工作量，但由于能在较少单元数下获得高精度解答，故仍能保证良好的整体分析效率。

4.5　恢复力模型的选取

有限元弹塑性分析由于使用单元插值和积分技术，便于采用截面层次恢复力模型来模拟构件的分布塑性特征。当然，还可采用诸如"纤维模型"等精细的截面积分技术，以计算的方式隐式地确定截面恢复力模型。本章选取两种在数学特征上具有代表性且在工程应用中较为常用的截面层次 $M = \phi(\kappa)$ 关系。

（1）Ramberg-Osgood 函数形式 $M = \phi(\kappa)$[123]

$$\frac{\kappa}{\kappa_y} = \frac{M}{M_y}\left(1 + \left|\frac{M}{M_y}\right|^{n-1}\right) \tag{4-11a}$$

$$\frac{\kappa - \kappa_0}{2\kappa_y} = \frac{M - M_0}{2M_y}\left(1 + \left|\frac{M - M_0}{2M_y}\right|^{n-1}\right) \tag{4-11b}$$

式中　(M_y, κ_y)——屈服点弯矩曲率值；

(M_0, κ_0)——每次变载点的弯矩曲率值；

n——经验系数，钢材或钢筋混凝土材料有不同取值范围。

这一模型中，变载一旦发生，(M, κ) 的关系始终由式（4-11b）确定，之前则按式（4-11a）。显然，$M = \phi(\kappa)$ 是隐式的，变形空间中的内力分析需求解关于弯矩 M 的非线性代数方程，可采用 Newton 迭代等方法求解。

在数学上，Ramberg-Osgood 函数光滑性良好；截面一旦屈服，$M = \phi(\kappa)$ 将成高次非线性关系。

（2）Clough 三线型退化恢复力模型[3,124]

如图 4-3 所示，骨架曲线由开裂点 (M_{cr}, κ_{cr})、屈服点 (M_y, κ_y)、极限状态点 (M_u, κ_u) 确定。卸载按直线，卸载刚度 D_r 与卸载起始点弯矩曲率 (M_r, κ_r) 有关，按下式确定

$$\begin{cases} D_r = D_0 & |M| \leqslant M_y & (4\text{-}12a) \\ D_r = \left(\dfrac{\kappa_y}{\kappa_r}\right)^{\zeta} D_0 & M_y < |M| \leqslant M_u \\ & (4\text{-}12b) \end{cases}$$

式中　ζ——经验系数；

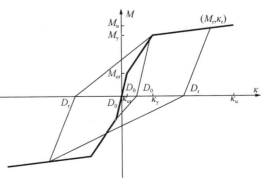

图 4-3　Clough 三线型退化恢复力模型

D_0——弹性刚度。

当由一个方向卸载至 $M=0$ 时，以此时的残余曲率为起点往另一个方向加载，加载方向由该起点指向上一循环曾达到的最高点；如果最高点未超过开裂点或屈服点，则加载方向指向这些特征点。之后再沿骨架曲线前进。这一模型的数学特征是分段线性、光滑性较差。

不失一般性，以下分析中主要关注变形增量 EEP 超收敛计算对上述二种恢复力模型之数学特征的适应性及求解效力，并不严格取工程数据作为计算参数。

4.6 数 值 算 例

4.6.1 单调加载算例

取较细密的加载步数。各算例分别对构件划分 1、2、4、8 个单元，以常规有限元 Newton-Raphson 方法（记为 FEA-Newton）和本章提出的基于 EEP 变形增量超收敛计算的 Newton-Raphson 方法（记为 EEP-Newton）分析。如无特别说明，单元积分统一采用 5 个 Gauss-Lobatto 点积分（$K_g=5$），超收敛解计算区段积分采用 1 个普通高斯点（$K_m=1$）。迭代收敛判据容许值 $tol=0.005$。记精确截面变形与内力解为 κ 和 M，FEA-Newton 求解的变形与内力解为 κ^h 和 M^h，EEP-Newton 求解的变形与内力解为 κ^* 和 M^*。

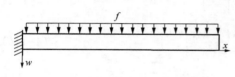

图 4-4　悬臂梁的弹塑性分析

（1）算例 1　如图 4-4 所示一端固支、一端悬臂的梁，长 $L=1$。$M=\phi(\kappa)$ 取 Ramberg-Osgood 函数形式，屈服弯矩 $M_y=1.0$，对应曲率 $\kappa_y=10^{-5}$，$n=7$。均布荷载 f 由 0 逐级均匀增至 4.0，单步增量 $\Delta f=0.2$。

本例中梁是静定的，可方便地求出各截面的精确弯矩 $M=f(L-x^2)/2$；各荷载步的精确截面曲率 κ 可由式（4-11a）确定。图 4-5 给出了划分 1、2 个单元时固端截面 κ、κ^h、κ^* 随荷载步变化的对比情况；表 4-1 给出了划分不同单元数时固端截面最终变形—内力的收敛情况。图 4-6 和图 4-7 给出了划分 1、2 个单元时最终加载状态 κ、κ^h、κ^* 和 M、M^h、M^* 在梁内的分布情况。各图中计算点间的结果线性插值绘出。

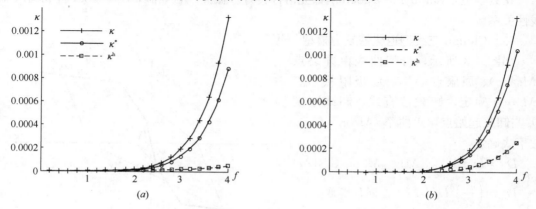

图 4-5　固端截面曲率的有限元解、EEP 超收敛解和精确解对比

（a）划分 1 个单元；（b）划分 2 个单元

单元数	FEA-Newton					EEP-Newton				
	曲率 (×10⁻²)	误差 (%)	弯矩	误差 (%)	平均迭代次数	曲率 (×10⁻²)	误差 (%)	弯矩	误差 (%)	平均迭代次数
1	0.0051	96.1	1.2143	39.3	1.9	0.0862	33.7	1.8843	5.8	3.1
2	0.0251	80.7	1.5703	21.5	2.4	0.1031	20.7	1.9339	3.3	4.8
4	0.0648	50.1	1.8075	9.6	2.5	0.1069	17.8	1.9441	2.8	4.0
8	0.1062	18.3	1.9421	2.9	2.6	0.1270	2.3	1.9932	0.3	4.4
精确解	0.1300	—	2.0000	—		0.1300	—	2.0000	—	

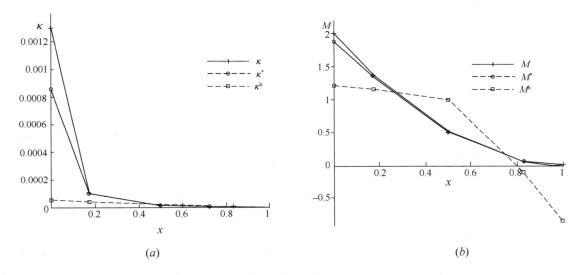

图 4-6 有限元解、EEP 超收敛解和精确解对比（划分 1 个单元）

(a) 截面曲率分布；(b) 截面弯矩分布

由图 4-5（a）、图 4-5（b）和表 4-1 可知，固端区域随加载进入弹塑性状态后（$\kappa >$ κ_y），固端截面 κ^* 的增长与精确解保持良好一致，逼近程度随网格的加密进一步提高。κ^h 的增长与精确解存在显著差距，只在较密网格上达到与 κ^* 相当的计算精度。

由图可见，κ^* 和 M^* 沿构件长度的分布与精确解保持良好一致，能较准确体现非线性分布的特征，仅在强非线性区域（端部）存在一定差距，但随网格加密有进一步改善，且单元间始终保持连续（平衡）。κ^h 在单元内线性分布，不能体现出弹塑性区域变形分布的非线性特征；M^h 的分布与 M 差距更为显著，尤其在单元间存在显著跳跃（当然按常规思路可对 M^h 在单元间作适当平滑处理）。虽然 κ^h 和 M^h 的精度会随网格的加密进一步提高，但非线性分布模拟的效果不易有本质性改善。

由表 4-1 可知，EEP-Newton 在荷载步内的平均迭代次数多于 FEA-Newton，这固然增加了迭代计算的工作量，但也说明这一方法对构件弹塑性性态的变化比较敏感，有利于准确捕捉弹塑性问题的特征。由于变形增量超收敛计算能以较少单元得到高精度分析结果，故整体仍能实现不错的计算效率。

此外，与弹性问题不同，受荷载步细密程度以及 $M = \phi(\kappa)$ 非线性特征等因素的限制，

35

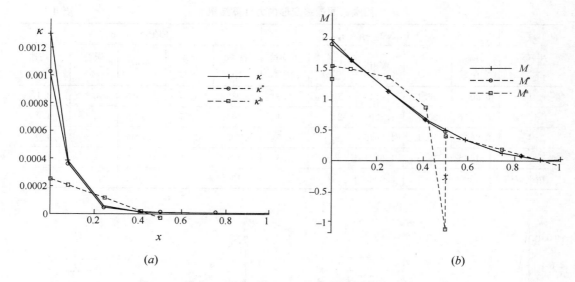

图 4-7 有限元解、EEP 超收敛解和精确解对比（划分 2 个单元）

(a) 截面曲率分布；(b) 截面弯矩分布

单元内任意点的弹塑性最终状态 EEP 超收敛解并不保证随网格加密而具有 $2m$ 阶超收敛特征，但它在较粗网格下对非线性变形的高效模拟已能满足常规工程应用的要求。

（2）算例 2 图 4-4 中的悬臂梁，采用与算例 1 相同的加载方式。$M = \phi(\kappa)$ 取 Clough 三线形式，开裂弯矩 $M_{cr} = 1$，屈服弯矩 $M_y = 1.5$；$D_1 = 1.0$，$D_2 = 0.5$，$D_3 = 0.1$。精确的 M 根据平衡关系确定，κ 由 $M = \phi(\kappa)$ 反求。

本例结论与算例 1 基本相同。虽然 $M = \phi(\kappa)$ 光滑性差，EEP-Newton 仍表现了良好的适应性。由于 $M = \phi(\kappa)$ 是分段线性的，图 4-8 所示端部截面变形随荷载增长的变化也呈现出类分段线性的特征。图 4-9 和图 4-10 给出了划分 1、2 个单元时最终加载状态 κ、κ^h、κ^* 和 M、M^h、M^* 在梁内的分布情况。此外，端部截面分析结果收敛速度随着网格加密而有减缓趋势，此时适当增加区段积分的内部高斯点数 K_m，则超收敛计算恢复了快速

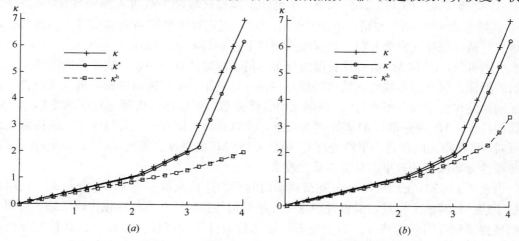

图 4-8 固端截面曲率的有限元解、EEP 超收敛解和精确解对比

(a) 划分 1 个单元；(b) 划分 2 个单元

收敛（如表 4-2 中括号内数据为 $K_m=2$ 时的分析结果）；FEA-Newton 的分析结果虽然随着网格加密而显示出快速收敛的趋势，但变形与内力沿构件长度的分布模拟仍不理想。

固端截面最终变形内力计算结果　　　　　　　　　表 4-2

单元数	FEA-Newton-Raphson					EEP-Newton-Raphson				
	曲率	误差（%）	弯矩	误差（%）	平均迭代次数	曲率	误差（%）	弯矩	误差（%）	平均迭代次数
1	1.998	71.5	1.499	25.1	1.4	6.205	11.4	1.921	4.0	2.0
2	3.379	51.8	1.638	18.2	1.6	6.247	10.8	1.925	3.8	2.5
4	5.641	19.4	1.864	6.8	1.5	6.652	5.0	1.965	1.7	2.9
8	6.948	0.7	1.995	0.3	1.8	6.622 (7.068)	5.4 (1.0)	1.962 (2.007)	1.9 (0.4)	3.4 (2.3)
精确解	7.000	—	2.000	—		7.000	—	2.000	—	

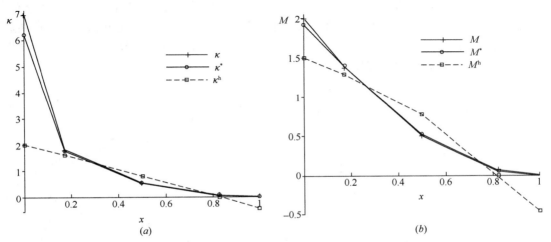

图 4-9　有限元解、EEP 超收敛解和精确解对比（划分 1 个单元）
（a）截面曲率分布；（b）截面弯矩分布

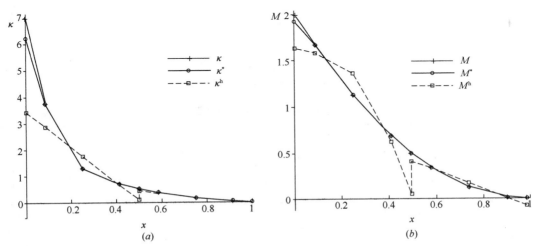

图 4-10　有限元解、EEP 超收敛解和精确解对比（划分 2 个单元）
（a）截面曲率分布；（b）截面弯矩分布

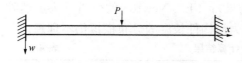

图 4-11　两端固支梁的弹塑性分析

（3）算例 3　如图 4-11 所示两端固支的梁，跨中作用集中荷载 P，P 由 0 逐级增至 16.0，单步增量 $\Delta P=0.2$。$M=\phi(\kappa)$ 取 Clough 三线形式。

本例构件超静定，精确解不易寻获，故只在 κ^h、κ^* 之间进行比较。图 4-12a～图 4-12b 给出了划分 2 个单元情况下固端截面和跨中截面变形随荷载步的增长情况；表 4-3 给出了整梁划分 2、4、8 个单元情况下固端截面和跨中变形—内力的收敛情况。图 4-13（a）～图 4-13（b）、图 4-14（a）～图 4-14（b）给出了整梁划分 2、4 个单元情况下加载最终状态 κ^h、κ^* 和相应内力 M^h、M^* 在梁内的分布情况。图中计算点间结果采用线性插值绘出。

由图 4-12 可见端部截面和跨中截面变形随荷载步增长的分段线性特征，可以确信本章方法与精确解是更为一致的。由图 4-13、图 4-14 可见对端部和跨中的截面变形非线性分布特征模拟较好，而常规有限元 Newton-Raphson 方法的变形解则在单元内线性分布、单元间不连续；关于内力，由于仅跨中作用集中荷载，根据平衡关系可知荷载作用点两边的内力将呈线性分布，很好体现了这一特点，而常规有限元 Newton-Raphson 方法的结果在精度和分布性态方面均不理想。

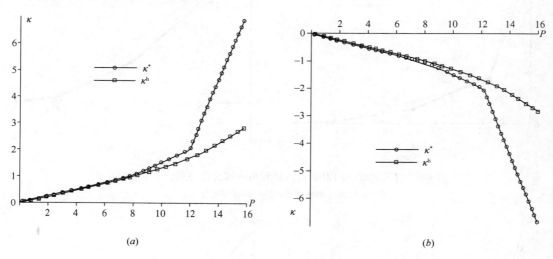

(a)　　　　　　　　　　　　(b)

图 4-12　有限元解和 EEP 超收敛解对比（划分 2 个单元）

（a）固端截面曲率；（b）跨中截面曲率

固端、跨中截面最终内力变形计算结果　　　　　　　　表 4-3

单元数	FEA-Newton-Raphson					EEP-Newton-Raphson				
	端截面		跨中截面		平均迭代次数	端截面		跨中截面		平均迭代次数
	曲率	弯矩	曲率	弯矩		曲率	弯矩	曲率	弯矩	
2	2.828	1.583	−2.828	−1.583	1.5	6.850	1.985	−6.850	−1.985	3.0
4	3.319	1.632	−3.319	−1.632	1.5	6.791	1.979	−6.791	−1.979	2.4
8	5.550	1.855	−5.550	−1.855	1.5	6.801	1.980	−6.801	−1.980	3.3

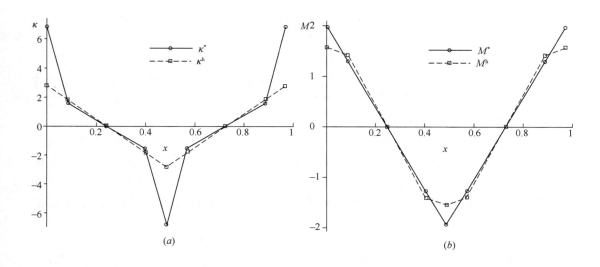

图 4-13　有限元解和 EEP 超收敛解对比（划分 2 个单元）

（a）截面曲率分布；（b）截面弯矩分布

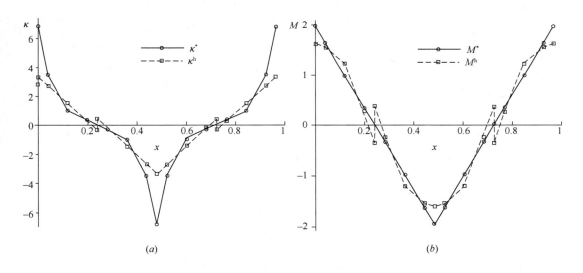

图 4-14　有限元解和 EEP 超收敛解对比（划分 4 个单元）

（a）截面曲率分布；（b）截面弯矩分布

4.6.2　往复加载算例

如图 4-15 所示，悬臂梁长 $L=1$，端部集中力 P 做往复加载。对构件划分 $1\sim2$ 个梁单元，$K_g=5$，$K_m=1$。弹塑性迭代收敛判据容许值 $tol=0.005$。比较固支截面（最不利截面）弯矩－曲率的滞回历程和最终状态截面变形沿构件长度的分布情况。作为参照的精确解，根据平衡关系求得各加载步精确弯矩 $M=P(L-x)$，而精确曲率 κ 也可据此反求。各图中计算点间数据采用线性插值绘制。

$M=\phi(\kappa)$ 取 Ramberg-Osgood 函数形式，取屈服弯矩 $M_y=1.0$、屈服曲率 $\kappa_y=10^{-3}$，$n=5$。集中荷载 P 先由 0 逐级均匀增至 $P_t=2M_y/L$，然后逐级卸载并反向加载至 $-P_t$，

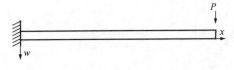

图 4-15 悬臂梁的弹塑性分析

再逐级卸载并反向加载至 P_t，单步增量 $|\Delta P| = P_t/10$。经验算，最不利截面在首次变载时截面刚度已衰减至弹性刚度的 1.4%，接近软化状态。图 4-16 为固支截面（最不利截面）弯矩—曲率的滞回过程；图 4-17 和图 4-18 为加载最终状态曲率、弯矩沿构件长度的分布图。

由图 4-16（a）～图 4-16（b）可见，FEA-Newton 的端截面 $M-\kappa$ 滞回曲线虽在初始加载段与精确解有着一致的路径，但进入屈服后（$M > M_y$）各加载点的内力变形误差增大，卸载段和再加载段不但各点误差显著，且变化路径也与精确结果差异显著；与之相比，EEP-Newton 解在 1 个单元情况下即有着较好精度，加卸载路径与精确结果基本一致。

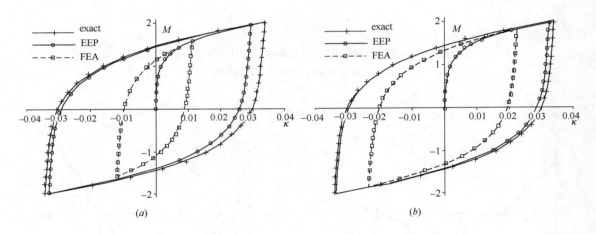

图 4-16 弯矩—曲率有限元解、EEP 超收敛解和精确解对比

（a）划分 1 个单元；（b）划分 2 个单元

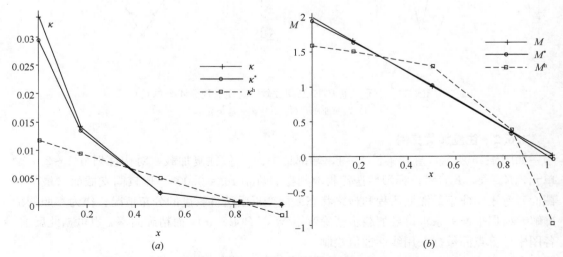

图 4-17 有限元解、EEP 超收敛解和精确解对比（划分 1 个单元）

（a）最终曲率沿构件分布；（b）最终弯矩沿构件分布

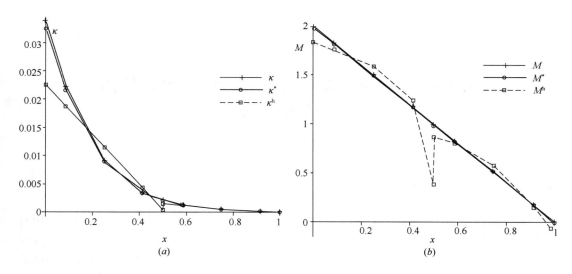

图 4-18　有限元解、EEP 超收敛解和精确解对比（划分 2 个单元）

(a) 最终曲率沿构件分布；(b) 最终弯矩沿构件分布

从图 4-17 和图 4-18 分布情况可见，EEP-Newton 解在 1 个单元情况下即能反映出构件内截面变形的非线性分布，内力满足平衡关系（本例体现为构件内力呈线性分布）；FEA-Newton 则始终只能以（分段）线性模拟变形分布，单元间变形不连续、内力不平衡。

两种方法的结果都将随网格加密进一步改善。根据试算，4 个单元的 FEA-Newton 端截面滞回曲线与 1 个单元 EEP-Newton 解有同等精度；但解答沿构件的分布性态，FEA-Newton 解始终无法达到 EEP-Newton 解的模拟效果，这是常规有限元方法的内在特点所决定。

第 5 章 基于变形增量 EEP 超收敛计算的
复杂结构弹塑性分析

5.1 概 述

本章在上一节的基础上，对 Euler 型空间梁柱的基本力学模型进行讨论，对其常用有限单元模型推广建立 EEP 超收敛计算公式及其增量形式。在此基础上，结合截面积分细致化材料非线性分析策略，给出采用变形增量超收敛计算的空间梁柱单元精细化弹塑性分析思路及算法，并运用本节开发的前后处理技术，给出结构地震作用下弹塑性分析典型算例。

5.2 空间梁柱模型

如图 5-1，取梁柱轴线为空间右手系坐标的 x 轴，各物理量沿坐标轴正向为正。不计剪切变形的空间梁柱模型有三个独立的广义位移 $\{u\} = \{u \quad v \quad w\}^T$，弯曲转角满足 $\theta_y = w'$、$\theta_z = -v'$；考虑三向分布荷载 $\{q\} = \{q_x \quad q_y \quad q_z\}^T$。不计轴力对弯曲的二次作用，根据小变形假定有截面变形

$$\{d\} = \{\varepsilon_x \quad \kappa_y \quad \kappa_z\}^T = \{u' \quad w'' \quad -v''\}^T \tag{5-1}$$

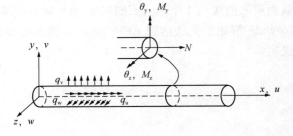

图 5-1 空间梁柱模型

式中 ε_x——轴向变形；

     κ_y、κ_z——y、z 方向曲率。

记上式为 $\{d\} = [L_d]\{u\}$，$[L_d]$ 是由上式几何关系确定的 3×3 主对角常微分算子矩阵。

纯压（拉）弯构件截面内力 $\{f\}$ 由下式积分计算

$$\{f\} = \{N \quad M_y \quad M_z\}^T = \left\{ \int_A \sigma \mathrm{d}A \quad \int_A \sigma z \mathrm{d}A \quad -\int_A \sigma y \mathrm{d}A \right\}^T \tag{5-2}$$

式中 A——截面域；

       σ——截面点的拉压应力；

       y、z——截面点相对于截面形心的坐标；

  N、M_y、M_z——轴力、弯矩。

截面剪力并不独立，满足 $Q_y = M'_y$、$Q_z = M'_z$。同时，根据梁柱的平截面假定，可确定任意截面点的拉压应变

$$\varepsilon = \varepsilon_x + z\kappa_y - y\kappa_z \tag{5-3}$$

引入材料单轴应力应变关系 $\sigma = E\varepsilon$（E 为截面点材料切线模量），由式（5-2）、（5-3）可得截面内力－变形关系

$$\{f\} = [k]\{d\} \tag{5-4}$$

式中 $[k]$——截面刚度矩阵

$$[k] = \begin{bmatrix} \int_A E\,dA & \int_A Ez\,dA & -\int_A Ey\,dA \\ & \int_A Ez^2\,dA & -\int_A Eyz\,dA \\ sym. & & \int_A Ey^2\,dA \end{bmatrix} \tag{5-5}$$

以下为表述方便，记 $EA \equiv \int_A E\,dA$，$EA_y \equiv \int_A Ey\,dA$，$EA_z \equiv \int_A Ez\,dA$，$EA_{yz} \equiv \int_A Eyz\,dA$，$EA_{yy} \equiv \int_A Ey^2\,dA$，$EA_{zz} \equiv \int_A Ez^2\,dA$。

对上述梁柱模型，可建立如下虚功（虚位移）方程

$$a(\{u\}, \delta\{u\}) = (\{q\}, \delta\{u\}), \forall \delta\{u\} \in \{H_E^1\} \tag{5-6}$$

式中 $a(,)$、$(,)$——双线性型能量内积和荷载内积，定义如下

$$a(\{u\}, \delta\{u\}) = \int_L \{d\}^T k(\delta\{d\})\,dx , (\{q\}, \delta\{u\}) = \int_L \{q\}\delta\{u\}\,dx \tag{5-7}$$

式中 L——梁柱长度；

$\delta\{u\}$——容许位移函数向量；

$\delta\{d\}$——相应的截面变形函数向量，即 $\delta\{d\} = [L_d]\delta\{u\}$；

$\{H_E^1\}$——满足本质边界条件和连续性条件的试探函数空间。

式（5-6）、（5-7）是梁柱问题有限元求解的基础。

此外，对式（5-6）进行分部积分处理，可导以广义位移 $\{u\}$ 为基本未知量的（变截面）梁柱问题线性椭圆形平衡微分方程组，亦即所谓 Euler 方程

$$\begin{cases} -(EAu')' - (EA_y v'')' - (EA_z w'')' = q_x \\ (EA_y u')'' + (EA_{yy} v'')'' + (EA_{yz} w'')'' = q_y \quad x \in [0, L] \\ (EA_z u')'' + (EA_{yz} v'')'' + (EA_{zz} w'')'' = q_z \end{cases} \tag{5-8}$$

记上式为 $[L]\{u\} = \{q\}$，$[L]$ 为相应的 3×3 常微分算子矩阵。当然，方程组还需满足位移或力边界等适定性条件，此处恐繁从略。

通常，由于取形心轴为梁轴线，对弹性均质问题将有 $EA_y = EA_z = EA_{yz} = 0$，故常微分方程组式（5-8）简化为

$$\begin{cases} -(EA\,u')' = q_x \\ (EA_{yy} v'')'' = q_y \quad x \in [0, L] \\ (EA_{zz} w'')'' = q_z \end{cases} \tag{5-9}$$

上式即为熟知的拉压杆件和 Euler 梁问题单一模型组合微分方程。这表明：在小变形假定下，弹性均质梁柱问题可直接分解为拉压杆件问题和纯弯曲梁问题；而当截面特性不均匀时（如拉压异性、弹塑性等），通常以形心轴为梁轴线建立的梁柱问题平衡微分方程应取式（5-8）。

5.3 梁问题的常规有限元解

寻求上述空间梁柱问题的有限元解：在 $[0,L]$ 上划分 n_e 个 2 结点单元，任意单元 e 的两端点坐标记为 $\overline{x}_1$ 和 $\overline{x}_2$。对轴向位移 u^h 做 C^0 插值，对挠度 v^h 和 w^h 做 C^1 插值，具体为

$$\begin{cases} u^h = \sum_{i=1}^{2} \overline{N}_i(x) u_i^h \\ v^h = \sum_{i=1}^{2} \left(\overline{N}_i^0(x) v_i^h - \overline{N}_i^1(x) \theta_{zi}^h \right) & \text{单元 } e \text{ 上} \\ w^h = \sum_{i=1}^{2} \left(\overline{N}_i^0(x) w_i^h + \overline{N}_i^1(x) \theta_{yi}^h \right) \end{cases} \tag{5-10}$$

式中
N_i——线性插值函数；
N_i^α——三次 Hermite 插值函数；
θ_{yi}^h、θ_{zi}^h——结点转角（$i = 1, 2; \alpha = 0, 1$）。

由此每个单元有 10 结点位移分量

$$\{u_e^h\} = \{u_1^h \quad v_1^h \quad \theta_{y1}^h \quad w_1^h \quad \theta_{z1}^h \quad u_2^h \quad v_2^h \quad \theta_{y2}^h \quad w_2^h \quad \theta_{z2}^h\}^T \tag{5-11}$$

引入插值关系的矩阵向量表达，则单元任意截面的位移为

$$\{u^h\} = [\overline{N}]^T \{u_e^h\} \tag{5-12}$$

任意截面的变形为

$$\{d^h\} = [\overline{B}]^T \{u_e^h\} \tag{5-13}$$

其中，$[\overline{N}]$ 是由式（5-10）确定的 3×10 位移插值矩阵；$[\overline{B}]$ 为几何插值矩阵，$[\overline{B}] = [L_d][\overline{N}]$。

在多项式空间 $\{S^h\}$（$\{S^h\} \subset \{H_E^h\}$）内寻求有限元解，由于虚功方程式（5-6）中 $\delta\{u\}$ 的任意性，可导出由单元刚度矩阵 $[k^e]$ 和单元等效荷载向量 $\{f^e\}$ 组集而成的关于结点位移 $\{U^h\}$ 的整体平衡方程

$$[K]\{U^h\} = \{F\} \tag{5-14}$$

其中 $[K] = \Sigma[k^e]$，$\{F\} = \Sigma\{f^e\}$，$[k^e]$ 和 $\{f^e\}$ 形如下式

$$[k^e] = \int_{\overline{x}_1}^{\overline{x}_2} [\overline{B}]^T [k] [\overline{B}] dx \tag{5-15a}$$

$$\{f^e\} = \int_{\overline{x}_1}^{\overline{x}_2} [\overline{N}]^T \{q\} dx \tag{5-15b}$$

对式（5-14）引入边界条件后，可求解有限元结点位移 $\{U^h\}$。

进一步地，在后续计算中，任意截面的变形 $\{d^h\}$ 按式（5-13）确定，有限元截面内力 $\{f^h\} = [k]\{d^h\}$。其中，由于 $[\overline{B}]$ 是对 $[\overline{N}]$ 求导而得，这意味着变形分布只能以更低阶次的多项式模拟。如前所述，这是影响常规有限元法求解结构弹塑性问题的准确性与可靠性的关键因素。

5.4 空间梁柱单元的 EEP 超收敛法

为有效地提高常规有限元方法后处理计算中位移和导数解（即变形或内力）的收敛精

度，袁驷等建立并运用单元能量投影（Element Energy Projection，EEP）关系[19-26]，对一维线性椭圆形问题推导了一套高效的有限元后处理计算公式，即 EEP 超收敛解。EEP 超收敛解不仅显著恢复了常规计算中各物理量由于多项式求导等处理而丧失的收敛精度，而且具有连续性良好、计算简单、便于融入主流程序框架等特点。本节在此基础上，将 EEP 超收敛法推广到空间梁柱问题，以下简述其推导过程。

设空间梁柱问题有限元位移解的误差为 $\{e^h\}(=\{u\}-\{u^h\})$，根据椭圆形问题有限元法的数学理论，有如下整体投影定理成立

$$a(\{e^h\},\delta\{u^h\})=0，\forall \quad \delta\{u^h\} \in \{S^h\} \tag{5-16}$$

进一步在单元上建立能量投影关系[22,24]

$$a^e(\{e^h\},\delta\{u^h\})=0，\forall \quad \delta\{u^h\} \in \{S^h\} \tag{5-17}$$

式中，上标 e 表示将式（5-17）中能量内积定义在单元 $e=[\overline{x_1},\overline{x_2}]$ 上。值得说明，式（5-16）对精确单元是准确成立的；而对近似单元则存在高阶误差。

对式（5-17）作分部积分处理，由 $\delta\{u^h\}$ 的任意性可首先导出结点内力和变形的超收敛公式。进一步求单元内任意点 x 处的超收敛解，单元 e 被 x 划分为区段 $I_1=[\overline{x_1},x]$ 和 $I_2=[x,\overline{x_2}]$，故式（5-17）等价于

$$a^e(\{e^h\},\delta\{u^h\})=a_{I_1}(\{e^h\},\delta\{u^h\})+a_{I_2}(\{e^h\},\delta\{u^h\})=0，\forall \quad \delta\{u^h\} \in \{S^h\}$$
$$\tag{5-18}$$

对上式中 $a_{I_1}(\{e^h\},\delta\{u^h\})$ 和 $a_{I_2}(\{e^h\},\delta\{u^h\})$ 分别作不同方向的分部积分处理，并依据有限元误差估计理论引入结点位移误差为零的假定，可获得如下展开式

$$\begin{aligned}
a^e(\{e^h\},\delta\{u^h\})=&(e^h_u\,\delta N^h)|_x+(e^h_N\,\delta u^h)|_x\\
&+(e^h_v\,\delta Q^h_z)|_x+(e^h_{Q_z}\,\delta v^h)|_x+(e^h_{\theta_y}\,\delta M^h_y)|_x+(e^h_{M_y}\,\delta\theta^h_y)|_x\\
&-(e^h_w\,\delta Q^h_y)|_x-(e^h_{Q_y}\,\delta w^h)|_x+(e^h_{\theta_z}\,\delta M^h_z)|_x+(e^h_{M_z}\,\delta\theta^h_z)|_x\\
&-(e^h_N\,\delta u^h)|_{\overline{x_1}}+(e^h_{Q_y}\,\delta w^h)|_{\overline{x_1}}-(e^h_{M_y}\,\delta\theta^h_y)|_{\overline{x_1}}-(e^h_{Q_z}\,\delta v^h)|_{\overline{x_1}}-(e^h_{M_z}\,\delta\theta^h_z)|_{\overline{x_1}}\\
&+\int_{\overline{x_1}}^x([L]\{e^h\})^{\mathrm{T}}\delta\{u^h\}\mathrm{d}x+\int_{\overline{x_1}}^x\{e^h\}^{\mathrm{T}}([L]\delta\{u^h\})\mathrm{d}x=0
\end{aligned} \tag{5-19}$$

式中　e^h_u、e^h_v、$e^h_{\theta_y}$、e^h_w、$e^h_{\theta_z}$——有限元位移（包括转角）的误差；

e^h_N、$e^h_{Q_y}$、$e^h_{M_y}$、$e^h_{Q_z}$、$e^h_{M_z}$——有限元内力解的误差；

δu^h、δv^h、$\delta\theta^h_y$、δw^h、$\delta\theta^h_z$——解空间内的虚位移；

δN^h、δQ^h_y、δM^h_y、δQ^h_z、δM^h_z——与虚位移对应的虚内力。

标识 $()|_x$ 表示在 x 处取值。端点的误差值 $()|_{\overline{x_1}}$ 如前所述事先求得，此处只需回代；$\int_{\overline{x_1}}^x\{e^h\}^{\mathrm{T}}([L]\delta\{u^h\})\mathrm{d}x$ 视为高阶误差项，将予略去。

对式（5-19）中的虚位移 $\delta\{u^h\}$ 选取不同合理形式可导出单元内任意点 x 处的位移、内力有限元解误差计算公式，由误差公式即可获得各超收敛解计算公式。本章主要关注内力 $\{f\}$ 和变形 $\{d\}$ 的超收敛计算，故取三组虚位移：轴向刚体位移，x 点 y 向单位转角；x 点 z 向单位转角。将虚位移分别代入式（5-19），可解出 x 点处截面内力超收敛解 $\{f^*\}$。截面变形超收敛解 $\{d^*\}$ 则由内力变形关系式（5-4）确定。为节省篇幅，具体公式将在下一节结合弹塑性迭代分析的特点以增量形式给出。

45

可以证明，逐点高收敛精度、内力在单元间自动平衡、力的边界条件精确满足等。

不难发现，如果把式（5-19）中的各项误差视为广义的物理量，则该式具有的单元区段虚功平衡的形式与意义，因此可认为超收敛解满足一定形式的单元区段虚功平衡关系。与常规方法孤立地在该点作求导计算相比，这能反应相邻单元区段材料特性分布不均匀等因素的影响。

5.5　基于变形增量超收敛计算的梁柱精细化弹塑性分析

梁柱构件的弹塑性分析中，截面刚度 $[k]$ 通常是位移 $\{u\}$ 或变形 $\{d\}$ 的函数，如 $[k] = [k(x;\{u\})]$、$[k] = [k(x;\{d\})]$ 等。此时，问题通常已不再是线性椭圆形的，故 EEP 超收敛法并不直接适用。然而，弹塑性问题一般采用多步线性化方式迭代求解[122]，每个迭代步等价于一次线性椭圆形问题的求解，故 EEP 超收敛法可在迭代步中直接使用。同时，弹塑性问题中截面刚度等沿构件长度一般是非线性分布的，故可认为每个迭代步求解的是一个变截面刚度问题。对此，在迭代步中实施内力-变形增量的 EEP 超收敛计算，将在提高增量解及其累积量（全量）收敛精度的同时，有效反映出局部材料特性非线性变化的影响。

以下基于经典 Newton-Raphson 方法[122]，建立内力-变形增量 EEP 超收敛计算在梁柱构件弹塑性分析中的应用策略。其中，截面内力 $\{f\}$ 和截面刚度 $[k]$ 的计算采用式（5-2）和式（5-5）的截面积分形式，而截面积分点处则应用单轴弹塑性应力-应变本构关系。通过这一方法，可实现宏观构件在应力-应变层次精细化弹塑性分析。熟知的"截面纤维模型方法"即是工程构件分析中截面积分处理的一种有效方式，此处不做赘述。

5.5.1　梁柱构件弹塑性有限元分析的一般过程

梁柱构件的弹塑性有限元分析通常可分为截面状态分析、单元状态分析和整体状态分析三个层次。对于精细化分析，还包括截面积分点的（单轴）弹塑性状态分析。

设荷载步内经过 l 次迭代求得了结构位移增量 $\{\Delta U^h\}_l$，则依次进入以下弹塑性状态分析过程：

（1）截面状态分析（对所有单元的计算截面实施）：

① 按式（5-13）对单元结点位移增量 $\{\Delta u_e^h\}_l$ 插值，获得截面变形增量 $\{\Delta d^h\}_l$；

② 更新变形全量 $\{d^h\}_l = \{d^h\}_{l-1} + \{\Delta d^h\}_l$。

（2）截面积分点单轴弹塑性状态分析（对所有截面积分点实施）：

① 按式（5-3）计算材料点拉压应变 ε_l 及其增量 $\Delta\varepsilon_l$；

② 根据单轴弹塑性本构关系 $\sigma = \sigma(\varepsilon)$，计算应力 σ_l 及其增量 $\Delta\sigma_l$、更新积分点点切线模量 E_l。

③ 按式（5-2）积分计算截面内力 $\{f^h\}_l$ 及其增量 $\{\Delta f^h\}_l$；

④ 按式（5-5）积分计算截面刚度 $[k]_l$。

（3）单元状态分析（对所有单元实施）：

① 按式（5-15a）计算单元刚度矩阵 $[k^e]_l$，截面刚度取 $[k]_l$；

② 根据单元虚功平衡关系，按下式计算单元等效反力。

$$\{p^{\mathrm{e}}\}_l = \int_e [\overline{B}]^{\mathrm{T}} \{f^{\mathrm{h}}\}_l \mathrm{d}x \qquad (5\text{-}20)$$

（4）结构状态分析：

① 组集 $[k^{\mathrm{e}}]_l$ 和 $\{p^{\mathrm{e}}\}_l$，生成整体刚度矩阵 $[K]_l$ 和整体结点等效反力 $\{P\}_l$；

② 计算整体不平衡力 $\{\Delta F^{\mathrm{u}}\}_l = \{F_0\} - \{P_l\}$（$\{F_0\}$ 为荷载步的外力等效荷载，按式（5-15b）计算并组集）；

③ 根据位移增量或不平衡力向量的收敛判定指标判断弹塑性分析的收敛状态，若尚未满足收敛要求，则求解新的增量平衡方程

$$[K]_l \{\Delta U^{\mathrm{h}}\}_{l+1} = \{\Delta F^{\mathrm{u}}\}_l \qquad (5\text{-}21)$$

上述过程中，截面积分点可根据具体材料特性采用不同的 $\sigma = \sigma(\varepsilon)$ 关系。但应指出，应变空间内材料点弹塑性分析首先取决于 ε 的准确性，由式（5-3）又知要求截面变形 $\{d^{\mathrm{h}}\}$ 足够精确。因此，寻求 $\{d^{\mathrm{h}}\}$ 的精度改善对于精细化的弹塑性分析是必要而有意义的。

5.5.2 内力-变形增量的 EEP 超收敛计算

在弹塑性迭代分析中实施内力-变形增量超收敛计算，首先需建立增量形式的 EEP 超收敛计算公式，推导过程如前。设 $\{\Delta q\} = \{\Delta q_{\mathrm{x}} \quad \Delta q_{\mathrm{y}} \quad \Delta q_{\mathrm{z}}\}^{\mathrm{T}}$ 为荷载步的荷载增量，则有单元任意点 x 处截面内力增量超收敛解 $\{\Delta f^*\} = \{\Delta N^* \quad \Delta M_{\mathrm{y}}^* \quad \Delta M_{\mathrm{z}}^*\}^{\mathrm{T}}$

$$\Delta N^* = \left(\int_{\overline{x}_1}^x \Delta N^{\mathrm{h}} \overline{N}'_2 \mathrm{d}x - \int_{\overline{x}_1}^x \Delta q_{\mathrm{x}} \overline{N}_2 \mathrm{d}x \mathrm{d}x \right) - \left(\int_x^{\overline{x}_2} \Delta N^{\mathrm{h}} \overline{N}'_1 \mathrm{d}x - \int_x^{\overline{x}_2} \Delta q_{\mathrm{x}} \overline{N}_1 \mathrm{d}x \right)$$

$$\Delta M_{\mathrm{y}}^* = (\overline{x}_2 - x)\left(\int_{\overline{x}_1}^x \Delta M_{\mathrm{y}}^{\mathrm{h}} \overline{N}_2^{0''} \mathrm{d}x - \int_{\overline{x}_1}^x \Delta q_{\mathrm{z}} \overline{N}_2^0 \mathrm{d}x \right) + \left(\int_{\overline{x}_1}^x \Delta M_{\mathrm{y}}^{\mathrm{h}} \overline{N}_2^{1''} \mathrm{d}x - \int_{\overline{x}_1}^x \Delta q_{\mathrm{z}} \overline{N}_2^1 \mathrm{d}x \right)$$

$$\quad - (\overline{x}_1 - x)\left(\int_x^{\overline{x}_2} \Delta M_{\mathrm{y}}^{\mathrm{h}} \overline{N}_1^{0''} \mathrm{d}x - \int_x^{\overline{x}_2} \Delta q_{\mathrm{z}} \overline{N}_1^0 \mathrm{d}x \right) - \left(\int_x^{\overline{x}_2} \Delta M_{\mathrm{y}}^{\mathrm{h}} \overline{N}_1^{1''} \mathrm{d}x - \int_x^{\overline{x}_2} \Delta q_{\mathrm{z}} \overline{N}_1^1 \mathrm{d}x \right)$$

$$\Delta M_{\mathrm{z}}^* = (\overline{x}_2 - x)\left(\int_{\overline{x}_1}^x \Delta M_{\mathrm{z}}^{\mathrm{h}} \overline{N}_2^{0''} \mathrm{d}x + \int_{\overline{x}_1}^x \Delta q_{\mathrm{y}} \overline{N}_2^0 \mathrm{d}x \right) + \left(\int_{\overline{x}_1}^x \Delta M_{\mathrm{z}}^{\mathrm{h}} \overline{N}_2^{1''} \mathrm{d}x + \int_{\overline{x}_1}^x \Delta q_{\mathrm{y}} \overline{N}_2^1 \mathrm{d}x \right)$$

$$\quad - (\overline{x}_1 - x)\left(\int_x^{\overline{x}_2} \Delta M_{\mathrm{z}}^{\mathrm{h}} \overline{N}_1^{0''} \mathrm{d}x + \int_x^{\overline{x}_2} \Delta q_{\mathrm{y}} \overline{N}_1^0 \mathrm{d}x \right) - \left(\int_x^{\overline{x}_2} \Delta M_{\mathrm{z}}^{\mathrm{h}} \overline{N}_1^{1''} \mathrm{d}x + \int_x^{\overline{x}_2} \Delta q_{\mathrm{y}} \overline{N}_1^1 \mathrm{d}x \right)$$

$$(5\text{-}22)$$

值得说明，上式的内力超收敛公式在形式上分别与文献 [22，24] 拉压杆件和 Euler 梁单一模型的内力公式基本一致，区别主要是积分项中有限元内力解 $\{\Delta f^{\mathrm{h}}\}$ 的采用式（5-4）计算。

事实上，在弹塑性迭代中仅荷载步初始分析直接考虑外力作用，后续迭代计算的不平衡力由结构刚度调整产生，并无外荷因素（$\{\Delta q\} = 0$），故后续迭代步 $\{\Delta f^*\}$ 简化为

$$\Delta N^* = \int_{\overline{x}_1}^x \Delta N^{\mathrm{h}} \overline{N}'_2 \mathrm{d}x - \int_x^{\overline{x}_2} \Delta N^{\mathrm{h}} \overline{N}'_1 \mathrm{d}x$$

$$\Delta M_{\mathrm{y}}^* = (\overline{x}_2 - x) \int_{\overline{x}_1}^x \Delta M_{\mathrm{y}}^{\mathrm{h}} \overline{N}_2^{0''} \mathrm{d}x + \int_{\overline{x}_1}^x \Delta M_{\mathrm{y}}^{\mathrm{h}} \overline{N}_2^{1''} \mathrm{d}x$$

$$\quad - (\overline{x}_1 - x) \int_x^{\overline{x}_2} \Delta M_{\mathrm{y}}^{\mathrm{h}} \overline{N}_1^{0''} \mathrm{d}x - \int_x^{\overline{x}_2} \Delta M_{\mathrm{y}}^{\mathrm{h}} \overline{N}_1^{1''} \mathrm{d}x$$

$$\Delta M_z^* = (\overline{x}_2 - x) \int_{\overline{x}_1}^{x} \Delta M_z^{\text{h}} \overline{N}_2^{0}{''} \mathrm{d}x + \int_{\overline{x}_1}^{x} \Delta M_z^{\text{h}} \overline{N}_2^{1}{''} \mathrm{d}x$$

$$- (\overline{x}_1 - x) \int_x^{\overline{x}_2} \Delta M_z^{\text{h}} \overline{N}_1^{0}{''} \mathrm{d}x - \int_x^{\overline{x}_2} \Delta M_z^{\text{h}} \overline{N}_1^{1}{''} \mathrm{d}x \tag{5-23}$$

获得 $\{\Delta f^*\}$ 后，对应的截面变形增量超收敛解 $\{\Delta d^*\}$ 按下式求得

$$\{\Delta d^*\} = [k]^{-1} \{\Delta f^*\} \tag{5-24}$$

由以上公式可获得单元内逐点的内力-变形超收敛解，但在弹塑性分析中逐点超收敛计算意味着记录逐点的历史数据。此外，工程构件弹塑性分析通常只需有效捕捉端部或跨中等特殊区域的弹塑性状态即满足要求。从计算效率和工程关注角度出发，本章采用高斯点嵌套积分策略实施 EEP 超收敛计算，要点如下：

（1）单元 Gauss-Lobatto 积分：在单元区间 $[\overline{x}_1, \overline{x}_2]$ 取 K_g 个 Gauss-Lobatto 积分点，依次记为 $t_1(=\overline{x}_1), t_2, \cdots, t_{K_g}(=\overline{x}_2)$，它们需进行内力-变形增量超收敛计算，结果用于单元状态分析。

（2）单元区段经典高斯内点积分：在计算 Gauss-Lobatto 点 t_i 处超收敛解时，需计算该点左右单元区段 $[\overline{x}_1, t_i]$ 和 $[t_i, \overline{x}_2]$ 上的积分值。由于 K_g 个 Gauss-Lobatto 点已将单元划分为 $K_g - 1$ 个区段，故先以 K_m 个经典高斯内点积分计算各分段 $[t_j, t_{j+1}]$（$j = 1, \cdots, K_g - 1$）上的积分值。这样，计算 t_i 点左右单元区段的各项积分时只需作求和计算，如

$$\int_{\overline{x}_1}^{t_i} \Delta M_y^{\text{h}} \overline{N}_2^{0}{''} \mathrm{d}x = \sum_{j=1}^{i-1} \int_{t_j}^{t_{j+1}} \Delta M_y^{\text{h}} \overline{N}_2^{0}{''} \mathrm{d}x$$

$$\int_{t_i}^{\overline{x}_2} \Delta M_y^{\text{h}} \overline{N}_2^{0}{''} \mathrm{d}x = \sum_{j=i}^{K_g-1} \int_{t_j}^{t_{j+1}} \Delta M_y^{\text{h}} \overline{N}_2^{0}{''} \mathrm{d}x \tag{5-25}$$

5.5.3 基于内力-变形增量 EEP 超收敛计算的弹塑性分析

引入截面内力-变形增量 EEP 超收敛计算后，只需改变常规有限元弹塑性分析流程中的截面状态分析算法，其余部分不变。具体如下：

（1）截面状态分析（对所有单元的计算截面实施）：

① 按式（5-13）对单元结点位移增量 $\{\Delta u_e^{\text{h}}\}_l$ 插值，获得截面变形增量 $\{\Delta d^{\text{h}}\}_l$；

② 更新变形全量 $\{d^{\text{h}}\}_l = \{d^{\text{h}}\}_{l-1} + \{\Delta d^{\text{h}}\}_l$。

（2）截面积分点单轴弹塑性状态分析（对所有截面积分点实施）：

① 按式（5-3）计算材料点拉压应变 ε_l 及其增量 $\Delta \varepsilon_l$；

② 根据单轴弹塑性本构关系 $\sigma = \sigma(\varepsilon)$，计算应力 σ_l 及其增量 $\Delta \sigma_l$、更新积分点点切线模量 E_l；

③ 按式（5-2）积分计算截面内力 $\{f^{\text{h}}\}_l$ 及其增量 $\{\Delta f^{\text{h}}\}_l$。

（3）对单元的 K_g 个 Gauss-Lobatto 点截面实施以下过程：

① 按式（5-22）（荷载步初始分析）或式（5-23）（后续迭代步）计算截面内力增量 $\{\Delta f^*\}$；

② 按式（5-24）计算截面变形增量 $\{\Delta d^*\}_l$，其中截面刚度取 $[k]_{l-1}$；

③ 更新变形全量 $\{d^*\}_l = \{\Delta d^*\}_{l-1} + \{\Delta d^*\}_l$。

（4）截面积分点单轴弹塑性状态分析（对所有截面积分点实施）：

① 按式（5-3）计算材料点拉压应变 ε_l 及其增量 $\Delta\varepsilon_l$；

② 根据单轴弹塑性本构关系 $\sigma = \sigma(\varepsilon)$，计算应力 σ_l 及其增量 $\Delta\sigma_l$、更新积分点点切线模量 E_l；

③ 按式（5-2）积分计算截面内力 $\{f^*\}_l$ 及其增量 $\{\Delta f^*\}_l$；

④ 按式（5-5）积分计算截面刚度 $[k]_l$。

完成 Gauss-Lobatto 点截面的弹塑性状态分析后，转入与常规流程相同的单元状态分析和结构状态分析。需要说明，上述算法中内力增量超收敛解 $\{\Delta f^*\}$ 用于寻求当前迭代步的变形增量超收敛解 $\{\Delta d^*\}_l$，但并不作为弹塑性分析结果予以记录；迭代步弹塑性内力 $\{\Delta f^*\}$ 和 $\{f^*\}_l$ 应根据 $\{\Delta d^*\}_l$ 及其全量 $\{d^*\}$ 重新计算确定。

由上述算法可知，引入内力-变形增量超收敛计算后截面状态分析的计算增多。但由于超收敛计算可在较疏网格上显著提高分析的准确性和可靠性，且无需新的迭代计算，故总体仍可实现优越的分析效率。总体而言，EEP 超收敛法在有限元刚度法弹塑性分析中的应用，在常规算法框架内显著改进了非线性变形的计算精度和可靠性，方法高效易行，应用前景广阔。

5.6 ABAQUS 前处理二次开发

复杂高层建筑结构在设计过程中往往需要应用多种结构分析软件进行弹性或弹塑性分析。实际工程中，工程人员使用 MIDAS、ETABS 等结构专业设计软件完成弹性分析后，往往还需在 ABAQUS 等通用有限元软件中进行罕遇地震作用下的弹塑性验算。由于不同分析软件对结构模型信息采用不同的文件格式和书写方法进行存储，当使用不同软件进行分析时需要分别建立模型，这就导致前处理阶段耗时过多，大大降低分析效率。本节介绍的前处理技术将结构设计软件生成的有限元模型快速转换成可用于 ABAQUS 分析计算的有限元模型，从而提高建模效率，此外利用网格优化技术和开发的构件精确配筋程序可快速有效地提升非线性分析过程。

5.6.1 快速建模技术

快速建模手段需通过开发专门的转换程序，才能实现结构专业软件有限元模型向 ABAQUS 模型进行高效、准确地转换。转换过程大致分为三部分：一是对结构设计软件模型文件中的结构信息进行提取，结构信息包括几何造型、各构件信息、层信息、荷载信息和约束信息等；二是对提取的结构信息进行计算、处理和存储，包括各种构件的集合分类、各单元长度、面积计算和荷载等效质量计算等；三是用户对 ABAQUS 有限元模型的具体设定，如各层输出位移、剪力设定、分析步设定和分析步内各输出变量设定等。以 MIDAS GEN 模型为例，转换程序的工作流程如图 5-2 所示。依照上述流程，采用 Python 编程语言可实现 MIDAS 和 ETABS 模型到 ABAQUS 模型的转换（软件著作权登记号：2011SR081315），转换程序的欢迎界面和菜单界面如图 5-3 和图 5-4 所示。

转换的具体过程可分为八个步骤：

（1）输入节点和单元信息，即从命令流文件中提取结构模型节点和单元信息，经过转化整合，储存在转换程序的数据库中；

（2）输入各构件截面的配筋率，首先对梁、柱、楼板、剪力墙等构件分别统一化配

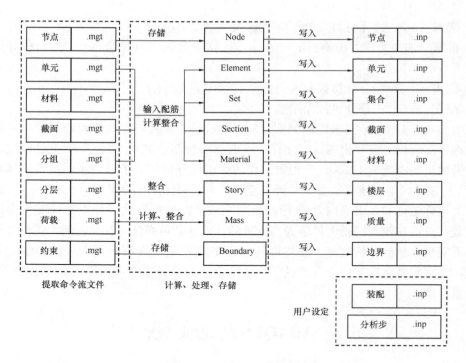

图 5-2 转换过程流程图

图 5-3 MIDAS 模型转 ABAQUS 模型
(a) 转换程序界面；(b) 转换程序菜单界面

图 5-4 ETABS 模型转 ABAQUS 模型
(a) 转换程序界面；(b) 转换程序菜单界面

筋，然后根据截面尺寸和配筋率，把梁配筋等效为工字钢截面，柱配筋等效为箱形截面，对于楼板和剪力墙的配筋则采用植入钢筋层进行均匀化配筋；

（3）输入材料及截面信息，即从命令流文件中提取材料和截面信息，经过转化整合，存储在转换程序的数据库中；

（4）输入荷载并转化成质量，从命令流文件中提取节点荷载、梁荷载、压力荷载和楼面荷载等，按照恒载＋0.5×活载组合转化为质量，各单元荷载转化成的质量存储在转换程序数据库中；

（5）输出以上转化各信息，程序根据用户操作输出结构模型节点、单元、截面、材料、质量、楼层等信息；

（6）装配部件，这主要是针对 ABAQUS 特有的建模步骤，把以上的部件信息组合起来，并设置一些单元或节点的集合，用于后续的约束设置和输出变量设置；

（7）创建分析步，创建模态或动力弹塑性时程等分析步模式，并提供对分析步的具体设置；

（8）文本检查，检查写入的 inp 文件是否满足书写规则，并输出模型的节点数和单元数。

5.6.2　网格划分和优化技术

通过 HyperMesh 与 ABAQUS 的模型交互，利用 HyperMesh 快速创建二维和三维有限元模型，可以对结构模型复杂区域进行网格划分和优化。点、线、面、节点、单元、荷载、卡片在内的所有实体数据都存储在相应类型的集合器（Collector）中，基于特定的模板，每个集合器都会用一个词条或是一个卡片信息来定义自身的属性。HyperMesh 用词条或卡片信息中的定义来完成从模型到外部分析代码的转换。如 HyperMesh 与 ABAQUS 的模型交互过程中，用"□MATERIAL，NAME＝"来定义材料集合器的属性，用"□STEP，NAME＝step－1，PERTURBATION"来定义荷载集合器的属性等。

ABAQUS 导出的 inp 文本文件中采用集合的形式对各单元进行分类，并对各个集合赋予单元截面和材料属性。用户将 inp 文件导入 HyperMesh 后，各单元集合的有限元信息、截面和材料信息都存储在以相应集合名命名的组件（Components）集合器中。对无法导入的信息，HyperMesh 将其存储在分析面板下的控制选项卡中，当导出划分好的结构模型时添加这些信息即可。

此外，HyperMesh 能将中节点和单元结合到几何面上，当用自动网格划分器进行网格划分时，节点就自动地与面结合。当程序对面进行自动划分时，同时对与面相关联的单元网格划分生成新的单元并删除原有单元，同时将新生成的单元存储在原来的组件集合器中，最后赋予该组件的截面和材料属性。但 set 集合器中各类集合的卡片信息中的单元并没有自动更新，因此需对其重新赋予。

ABAQUS 生成的结构模型是有限元模型而非几何模型，HyperMesh 对二维板单元进行网格划分时，可以以单元为最小单位进行网格划分，也可以以多个单元所处平面的自由边为网格划分边界，当采用第二种方法时需对划分的多个单元边界建立几何面。当模型导入 HyperMesh 中时，由于梁单元是一维线单元，与相邻板单元处于同一平面内，但并非该平面的自由边。此时 HyperMesh 对所建立的平面进行自动网格划分时，程序不会考虑梁单元在楼板上的位置并对梁单元按楼板单元网格尺寸自动划分，为避免板单元节点与梁

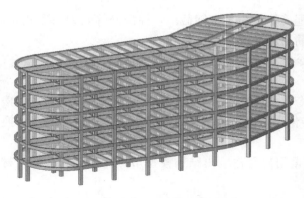

图 5-5　带不规则区域的框架结构模型

单元节点不耦合导致计算精度降低，需要依据二维平面网格划分后产生的节点对一维线单元进行分割。

图 5-5 给出 MIDAS 软件建立的一栋带不规则区域的框架结构模型。通过本书介绍的快速建模前处理转换程序，将该 MIDAS 结构模型转化为 ABAQUS 有限元模型。在模型转换的过程中，若采用直接转换方法，得到未进行网格优化的 ABAQUS 模型，如图 5-6 所示。由于结构平面不规则，造成楼板会划分成一些形状很差的三角形，这些三角形单元长宽比较大、内角太小，会使 ABAQUS 分析增量步增大，导致分析耗时且精度差。对于复杂结构可以借助 HyperMesh 网格划分和优化技术对其进行网格处理，优化处理后的 ABAQUS 模型如图 5-7 所示，可见该模型网格质量较优化前有了显著提高。

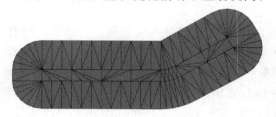

图 5-6　网格优化前 ABAQUS 模型

图 5-7　网格优化后 ABAQUS 模型

5.6.3　构件精确配筋程序

在建立 ABAQUS 弹塑性分析模型时，梁、柱、楼板和剪力墙作为组成结构体系的主要构件，需考虑配筋率对各构件非线性损伤发展的影响。目前大多数结构分析软件对结构配筋仍采用统一化配筋的方法，即通过设定梁、柱、墙、板等各类构件的配筋率进行配筋，往往会导致同一类型构件的配筋情况完全相同，与实际结构构件的配筋情况存在一定的差异。当专门的结构设计分析软件可以提供详细的构件配筋信息，如 MIDAS 软件，完全可通过读取构件配筋信息文件实现构件的精确配筋。图 5-8 是应用 Python 脚本语言开发的结构精确配筋模块，可以读取 MIDAS 结果文件中的配筋、构件信息。该模块同时提供两种结构配筋方式：既可以通过配筋率形式也可以通过精确配筋信息文件形式为结构配筋。

针对楼板构件，由于多数结构设计软件无法对楼板输出配筋信息，但可以基于常用的楼板内力分析和配筋方法对楼板或预应力楼板进行精确配筋。计算时根据楼板的形状一般将楼板分为矩形楼板和非矩形楼板两大类，可通过开发专门程序对楼板逐块进行内力分析，从而实现快速精确配筋，具体流程如图 5-9 所示。对非矩形的凸形不规则板块，程序采用边界元法计算；对非矩形的凹形不规则板块，程序则采用有限元法计算；对于矩形板块，采用用户指定的计算方法（如弹性查表法或塑性法）。实施时可以将相同厚度、跨度、

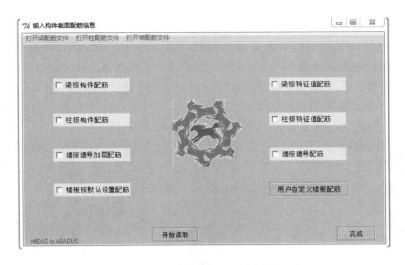

图 5-8　输入构件截面配筋信息界面

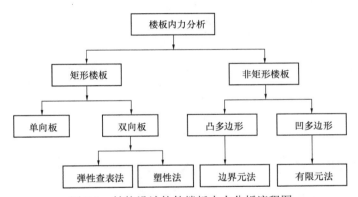

图 5-9　结构设计软件楼板内力分析流程图

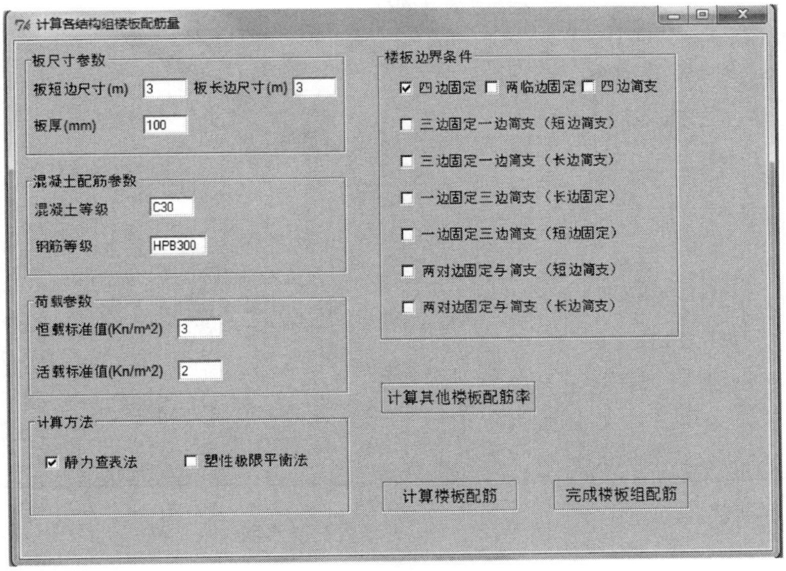

图 5-10　输入结构组楼板参数信息界面

荷载和边界条件的板块单元定义在一个结构组中，通过 Tkinter 开发的交互界面，如图 5-10 所示，实现对所定义的结构组楼板进行精确配筋。对不能够采用弹性查表法和塑性法求内力的板单元，通过读取板单元的有限元计算结果实现各单元内力的识别，楼板精确配筋模块也能对所有楼板全部根据有限元计算的内力进行配筋，其界面如图 5-11 所示。此外针对工程中部分楼板采用大跨度无梁预应力楼板的问题，完全可以在原模型转换接口程序的基础上开发预应力楼板配筋功能模块，如图 5-12 所示。

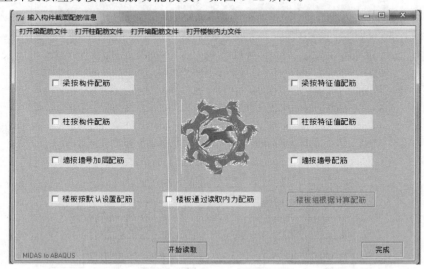

图 5-11　楼板配筋方式选择界面

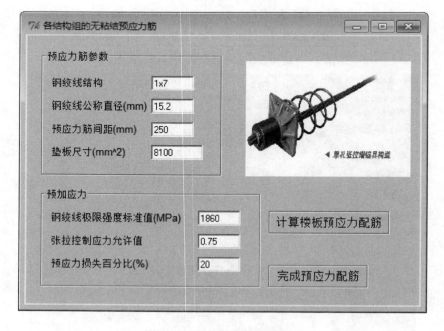

图 5-12　预应力楼板配筋界面

5.7 ABAQUS 后处理二次开发

ABAQUS 作为通用有限元分析软件，没有结构"层"的概念，在进行弹性或弹塑性分析时只能输出定义点集的位移时程结果，无法直接得到结构各楼层位移、位移角、剪力，以及规范中量化的抗震性能评价指标等信息。为此，可以利用 ABAQUS 的 Plug-in 菜单，二次开发可用户定制功能的结构楼层信息等计算插件，实现层间信息输出的简单化，可大大提高工程分析的效率。另外，随着目前精细化设计要求的不断提高，除了关注结构位移、层间位移角、层间剪力等峰值型结构宏观性能指标外，结构设计时开始考虑能够反映结构累积效应的细观性能指标。但在结构整体损伤评价方法中，细观性能指标的处理往往比较复杂且耗时。本节将阐述在 ABAQUS 平台上开发的能够计算结构整体损伤和构件损伤的插件，可为基于性能的抗震设计的定量描述提供便捷条件。

5.7.1 ABAQUS/CAE GUI 程序开发

面向对象的编程语言 Python 是 ABAQUS 产品的一种标准化程序设计语言，其使用贯穿于 ABAQUS 的各个部分。其中 ABAQUS 软件二次开发环境提供的脚本接口正是基于对 Python 语言的继承和扩展而定制开发的。Python 脚本可以实现包括自动执行重复任务和进行参数化分析，创建和修改 ABAQUS 模型，访问输出数据库，定制 ABAQUS 环境文件，创建 ABAQUS 插件程序在内的几乎 ABAQUS/CAE 中的所有功能，而 ABAQUS 脚本接口实际上是一个基于对象的程序库，它与 ABAQUS/CAE 之间的通信关系如图 5-13 所示，使用时可以通过图形用户界面 GUI 窗口、命令行接口 CLI 和脚本来执行命令。所有的命令都必须经过 Python 解释器后才能进入到 ABAQUS/CAE 中执行。进入到 ABAQUS/CAE 中的命令将转换为 inp 文件，在经过 ABAQUS/Standard 隐式求解器或 ABAQUS/Explicit 显示求解器进行分析，最后得到输出数据库 odb 文件，就可以进行各种后处理（变形图、等值线图、动画）。

ABAQUS/CAE 会将用户在 ABAQUS/CAE 图形界面中进行的各种操作转化成内核命令解释执行，因此可将需要多次重复执行的一系列复杂的后处理操作过程，编写成内核脚本程序，用户只需执行该脚本并设定相应的参数，就能快捷、方便地完成多次重复操作。

ABAQUS/CAE GUI 程序开发为用户提供一个交互式的图形操作界面，收集用户输入的数据，并发送请求给内核，最终仍是通过执行 ABAQUS/CAE 的内核命令实现复杂的有限元模型的后处理流程。ABAQUS 图

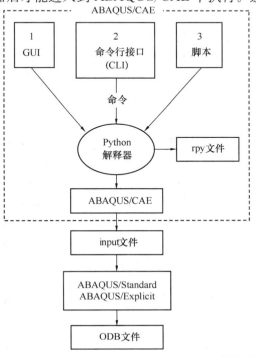

图 5-13 脚本接口与 ABAQUS/CAE 的通信关系

形用户界面（GUI）工作原理如图 5-13 所示。

通过 ABAQUS 脚本和图形用户工具包（GUI Toolkit），用户可以来定制和扩展 ABAQUS/CAE 图形用户界面并赋予其新的功能，实现以上目标目前有两种方法：插件程序（plug-in）和完全创建一个自定制化的 GUI 应用。（1）插件程序（plug-in）内置于 ABAQUS/CAE 菜单栏的 plug-in 菜单中，因此用户不需要通过另外开发独立的自定制的主窗口、工具栏和特有模块。当用户选择插件菜单或图标时，ABAQUS/CAE 就会调用相关的功能模块，执行该模块中的脚本命令和 GUI 工具集命令。（2）通过创建自定制应用可以允许用户完全地按照用户的意愿打造和 ABAQUS/CAE 同等级别的图形用户界面系统。和插件程序（Plug-in）结构比起来. 从基础开始创建的自定制应用（customized application）提供了更高级别的柔性操作空间，当然，功能性的大幅度提高也需要开发人员在幕后进行更为高级的编程算法设计和功能开发。

ABAQUS 插件程序有内核插件和 GUI 插件两种类型。其中 GUI 插件可以使用 ABAQUS 的图形用户工具包（GUI Toolkit）中的命令，也可以借助 RSG（Really Simple GUI）对话框构造器实现，对于相对简单的算法，使用后者开发插件效率更高，且不需要任何 GUI 编程经验就可以实现。当用户使用插件时，会弹出用户界面等待用户输入，当用户在完成输入后，插件将接受的数据发送给内核命令流，内核接收到命令和数据后执行相应的操作。

插件程序的安装：用户完成脚本和图形用户界面制作后利用 registerGuiMenuButton 和 registerGuiToolMenuButton 函数将函数模块注册到 ABAQUS/CAE 的 Plug-in 菜单中或工具条中才能够使用，插件程序文件名必须以□_plugin.py 结束才能被 ABAQUS/CAE 检索到，插件程序搜索的路径有：ABAQUS 安装目录下的 cae：\abaqus_plugins 和 C：\Documents and Settings\user\abaqus_plugins 文件夹。

5.7.2　层间位移角插件

本节仅以层间位移角插件程序开发为例，其他插件，如层间位移、层间剪力等，开发过程不再赘述。层间位移角指的是相邻楼层的层间位移差与该层层高的比值，在利用 ABAQUS 进行弹性或弹塑性分析后常需要输出层间位移角作为评价结构性能的重要指标，而在 ABAQUS 中求解层间位移角需要解决如下两个关键问题：

（1）如何确定各楼层高度。由于 ABAQUS 中的结构模型并没有层的概念，因此对于楼层高度的计算，插件程序只能通过读取某些位于楼层处的节点纵坐标后取差值得到。

（2）如何确定各层层间位移的大小。ABAQUS 在进行弹性或弹塑性动力时程分析后能输出所定义点集中各点的位移时程结果，这些点集位于楼层处，通过对某一点集中相邻楼层节点的位移时程结果取差值运算便可求得该层的层间位移差时程曲线，为了更为准确的反应楼层层间位移的大小，插件程序默认情况下对结构模型的四个角点集合所得层间位移取平均值，此外程序也可以对更多点集计算相应的层间位移时程曲线，但是在计算前需提前定义节点集合。

层间位移角插件程序具体的设计流程如图 5-14 所示。

层间位移角插件的 GUI 界面见图 5-15 所示，用户需指定弹性或弹塑性时程分析的结果数据文件（odb 文件）及分析步、历史变量输出节点集合数目和层间位移角计算方向。点击确定按钮后，插件程序便自动计算结构各层最大层间位移角，并在视口中输出层间位

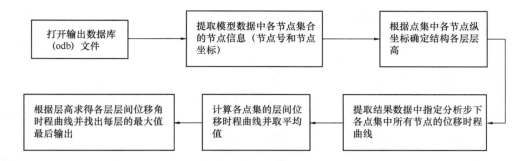

图 5-14　层间位移角插件程序设计流程图

移角曲线。

5.7.3　结构损伤快速评价插件

ABAQUS 进行弹塑性分析后对结构的损伤表现以云图的方式显示出各单元的损伤程度，用户可以根据需要手动提取所需单元的损伤指数，也可计算各类型构件整体及结构整体损伤，具体方法可参考10.4 节。但由于组成不同类型构件的单元数较多，在计算构件整体或者结构整体损伤时往往计算量太大而导致后处理耗时过多，降低了工程的分析效率。通过开发自定义后处理插件实现损伤自动提取和计算功能并输出想要的结果图形文件，可以弥补手动计算的不足，提高后处理的效率。在程序编写过程中需要解决以下几个关键问题：

图 5-15　层间位移角插件用户界面

（1）如何区分梁、柱、楼板、剪力墙和连梁单元。在 ABAQUS 等有限元软件中，对构件的模拟采用的是离散后的一维梁单元或者二维壳单元来实现的，并且在结构动力弹塑性分析时，在有限元模型中加入了不同截面的梁单元以模拟钢筋对结构抗震性能的影响，需要解决如何区分这些单元属于何种构件，并剔除没有损伤输出的钢筋单元。由于在保存有限元模型信息的 inp 文件中，是通过集合的形式对各单元赋予截面和材料属性的，因此可通过读取各单元集合的材料属性找出有损伤指数的单元集合名。此外，通过对这些集合名中关键字的识别便可区分梁单元集合、柱单元集合、楼板单元集合以及壳单元集合。最后通过访问 odb 的模型数据中各类构件的集合对象，即可获得该构件所包含的单元信息。

（2）如何确定各单元所在楼层。在计算构件整体损伤时，需要知道各构件沿层高的损伤分布，因此需要知道各层所包括的构件单元信息。可通过读取某些位于楼层处的节点纵坐标得到各楼层标高，并与各类构件单元的纵坐标做比较以此来判断该单元是否属于该楼层。例如，当柱或墙单元的纵坐标值位于本楼层标高和上一层标高之间即可认为该柱或墙单元属于这一楼层；当梁单元或楼板单元的纵坐标值等于本楼层标高便可认为该梁单元或楼板单元属于该层。

（3）如何判断各类构件单元是否属于同一个构件。通过计算组成各构件中某些单元的损伤值来定义各构件的损伤指标，例如柱构件通过取该柱构件中单元损伤的最大值作为这根柱的损伤值；剪力墙通过取各纤维段中单元损伤的最大值作为这段纤维的损伤程度，再通过各段纤维加权平均得到该剪力墙的损伤指标；框架梁则通过选择梁端两个单元的平均值作为这根梁的损伤指数。因此需要找出组成每根柱构件的单元、剪力墙和连梁中每段纤维所包括的单元和每根框架梁两端的单元。对柱和剪力墙构件，先通过在各层的柱单元和墙单元中找出位于楼层标高处的各单元，再通过循环判断该层柱、墙单元中剩余单元的节点是否位于前一步找出的单元中，如此自下而上找出各层每根柱构件或墙段纤维的单元信息，同时区分出模拟连梁用的壳单元。对于框架梁，通过判断各层梁单元是否和墙、柱单元共用节点或是通过单元节点重复数目来判断位于每根梁的梁端单元。

结构损伤评价插件程序具体的设计流程及 GUI 界面如图 5-16 和图 5-17 所示。使用时用户需指定弹塑性时程分析的结果数据文件（odb 文件）及其中的地震波时程曲线作用的分析步、结构模型信息文件（inp 文件）、输出损伤结果文件保存路径和提取损伤值的时间等信息，对于计算损伤时的各种加权系数，通常插件程序采用默认值，用户也可根据需要对其进行修改。点击确定按钮后，插件程序便自动计算结构各构件的层损伤分布和构件整体损伤，并在视口中显示结构整体损伤随时间变化曲线。

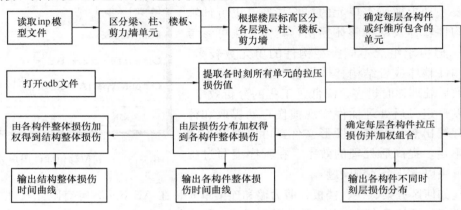

图 5-16　结构损伤评价插件程序设计流程图

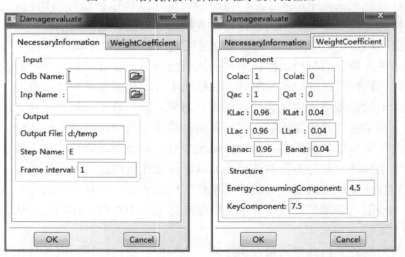

图 5-17　结构损伤评价插件用户界面

5.8 数 值 算 例

5.8.1 算例1：空间梁柱弹塑性分析

考虑如图 5-18 所示的钢筋混凝土梁柱构件，长 $L=5\mathrm{m}$，底部固支，顶端自由；柱截面尺寸 $b=0.5\mathrm{m}$，$h=0.6\mathrm{m}$，C30 混凝土；配筋 8Φ20，二级钢，不计箍筋约束作用。在梁柱构件自由端沿 y 向作用集中力 P_y，由 0 增至 40kN，单步增量 $\Delta P_y=2\mathrm{kN}$。荷载步迭代收敛判据采用不平衡力混合指标 $\|\{\Delta F^u\}_l\|/[1+\|\{F_0\}\|]$，其中 $\|\cdot\|$ 为向量 L_2 范数；收敛限值取 0.5%。

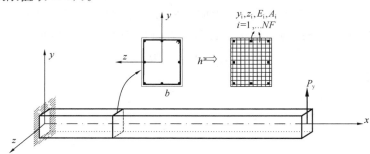

图 5-18 空间梁柱计算实例

单元状态分析取 5 个 Gauss-Lobatto 点（$K_g=5$），EEP 超收敛计算的区段积分取 1 个经典高斯内点（$K_m=1$）。截面内力 $\{f\}$ 和截面刚度 $[k]$ 的计算采用"截面纤维模型方法"，即：将构件截面视为 NF 个单轴受力纤维束截面的集合，假定各纤维束截面受力均匀，面积为 A_i，切线模量为 E_i，束截面中心坐标为 (y_i,z_i)。由此，$\{f\}$ 和 $[k]$ 积分计算公式形如式（5-26）。对混凝土纤维束采用《混凝土结构设计规范》GB 50010—2002 附录 C 提供的单轴应力应变关系，钢筋纤维束采用理想弹塑性模型。混凝土纤维束截面尺寸 0.025m×0.025m，每根钢筋视为一束纤维。

$$\{f\}=\left\{\sum_{i=1}^{NF}\sigma_i A_i \quad \sum_{i=1}^{NF}\sigma_i A_i z_i \quad -\sum_{i=1}^{NF}\sigma_i A_i y_i\right\}^{\mathrm{T}} \tag{5-26a}$$

$$[k]=\begin{bmatrix} \sum_{i=1}^{NF}E_i A_i & \sum_{i=1}^{NF}E_i A_i z_i & -\sum_{i=1}^{NF}E_i A_i y_i \\ & \sum_{i=1}^{NF}E_i A_i z_i^2 & -\sum_{i=1}^{NF}E_i A_i y_i z_i \\ sym. & & \sum_{i=1}^{NF}E_i A_i y_i^2 \end{bmatrix} \tag{5-26b}$$

记 κ_z^* 和 M_z^* 为 Newton-Raphson 各迭代步中实施超收敛计算（EEP-Newton）所得截面变形与内力的最终全量，κ_z^h 和 M_z^h 为常规有限元法求解（FEA-Newton）所得截面变形与内力的最终全量；ε^* 和 σ^* 为 EEP-Newton 求解所得纤维束应变、应力最终全量，ε^h 和 σ^h 为 FEA-Newton 求解所得纤维束应变、应力最终全量。图 5-19（a）～5-19（b）分别为

整体 1 个单元求解时 κ_z^h、κ_z^* 和 M_z^h、M_z^* 沿构件长度的分布情况，Gauss-Lobatto 点间的数值按线性插值绘制；图 5-19（c）～图 5-19（d）分别为端截面（最不利截面）混凝土纤维束 ε^h、ε^* 和 σ^h、σ^* 沿截面高度的分布情况，由纤维束中心数值沿截面高度方向线性插值绘制。

根据力的平衡关系可知弯矩沿构件线性分布，端截面最终弯矩精确值为 200kN·m。此外，由材料力学方法验算可知构件端部区域截面将进入局部受拉开裂和受压屈服，构件内截面变形分布将是非线性的。如图 5-19（a）～图 5-19（b）所示，FEA-Newton 解得端截面弯矩 190.749kN·m，EEP-Newton 解得 177.8kN·m；二者的曲率分布存在较大差异，FEA-Newton 曲率解在构件内始终线性分布，而 EEP-Newton 曲率解已表现出显著的非线性变化；二者最不利截面的应力应变分布也存在显著差异（图 5-19（c）～图 5-19（d））。由于力的平衡条件对于弹性及任意非线性状态都成立，因此只凭内力解无法准确判定构件弹塑性状态，还应参照变形（应变）分析结果。从弹塑性状态确定的角度，EEP-Newton 的结果是更为准确可靠的。

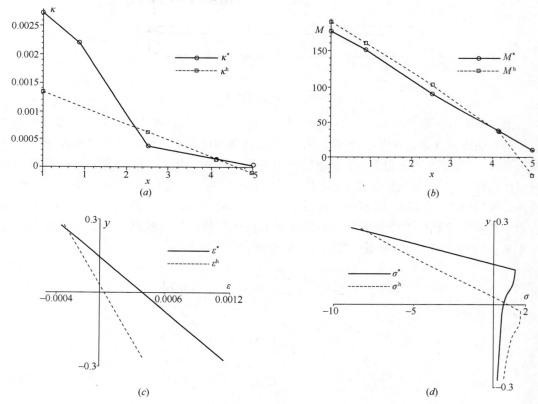

图 5-19　有限元解和 EEP 超收敛解对比（划分 1 个单元）

（a）截面曲率分布；（b）截面弯矩分布；
（c）端截面应变沿高度分布；（d）端截面混凝土应力沿高度分布

加密网格以 2 个单元求解，结果见图 5-20（a）～图 5-20（d）。EEP-Newton 解以稳定的分布状况继续收敛。而 FEA-Newton 曲率解有逼近 EEP-Newton 解的趋向，但在非线性区域仍是线性分布，与 EEP-Newton 解存在明显差异，且单元间并不连续；FEA-Newton 解的最不利截面应力应变分布已趋于与 EEP-Newton 解一致。构件长度方向弯矩分布基本相同。这一结果表明 EEP-Newton 解能在较少单元数下获得稳定的非线性模拟结果。

图 5-20（b）中 FEA-Newton 端截面弯矩 197.5kN•m，EEP-Newton 解得 204.6kN•m。

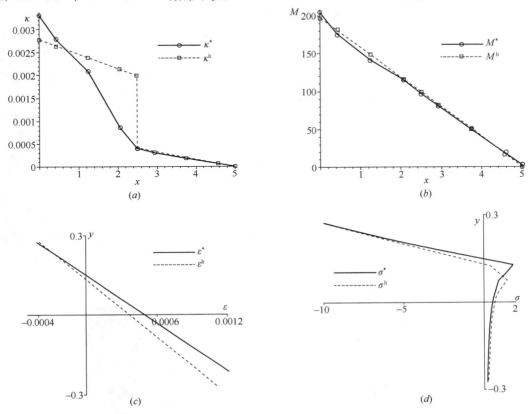

图 5-20　有限元解和 EEP 超收敛解对比（划分 2 个单元）

（a）截面曲率分布；（b）截面弯矩分布；（c）端截面应变沿高度分布；（d）端截面混凝土应力沿高度分布

总体而言，FEA-Newton 解和 EEP-Newton 解都将随着网格的加密而进一步改善，但 FEA-Newton 只能解得分段线性的变形分布，且单元间存在跳跃，这是常规解法内在特点所决定的；与之相比，EEP-Newton 在较少单元数下即能稳定地解得连续的非线性变形分布，弹塑性分析结果更为可靠。此外，随着 K_g 和 K_m 取值的适当提高以及截面纤维剖分细化，EEP-Newton 解还能得到不同程度的改善。当然，对于一般工程应用，采用本书参数设置即可获得满意的解答。

5.8.2　算例 2：复杂高层钢筋混凝土结构弹塑性分析

（1）工程概况

本算例为一地下 4 层，地上 37 层的钢筋混凝土框筒结构体系。屋面标高为 136.7m，主要功能为地下四层为地下停车库，局部设人防地下室，地下四层各层层高分别为 3.85m、3m、3m、4.3m；地上四层为商业，层高分别为 6.5m 和 4.5m；其余标准层为商务公寓，层高为 3.25m。为满足建筑对大柱网、大开间和大空间的需要，商务公寓层楼板采用无梁楼盖预应力楼板，为加强竖向构件刚度，在第 5 层转换部分框架柱以加强外围框架的整体刚度。工程所在场地的地震设防烈度为 7 度，场地属于 Ⅱ 类场地。由于该工程楼层高度为 136.7 m 且存在高位转换，根据建设部 220 号文件《超限高层建筑工程建筑设防审查技术要点》，本工程结构属于超限结构，故需要对其进行罕遇地震作用下的动力弹塑性时程分析，从而确定结构是否满足"大震不倒"的设防水准要求。

本工程的抗震性能目标为 C 类，根据《高层建筑混凝土结构技术规程》JGJ 3—2010 第 3.11.1 条确定结构抗震性能水准为 4，即宏观中度损伤。即：关键构件轻度损伤，部分普通竖向构件中度损伤，耗能构件中度损伤、部分比较严重损伤。修复或加固后可继续使用。

算例模型在 5.6 节介绍的 ABAQUS 前处理二次开发成果的基础上，根据转换方案实现该工程 MIDAS/Building 模型（图 5-21 所示）到 ABAQUS 有限元模型（图 5-22 所示）的转换。在转换过程中，考虑到结构分析的精度和效率，对混凝土梁、柱构件采用 B31 梁单元模拟，对剪力墙和楼板采用 S3R 或 S4R 壳单元模拟。对梁、柱构件中的受力钢筋，根据面积等效的原则分别采用工字型或箱型截面的梁单元模拟，钢筋面积根据读取配筋文件确定；对墙、板以及连梁构件中的受力钢筋，采用 Rebar Layer 即植入钢筋层模拟，钢筋层面积根据读取配筋文件或通过内力文件计算确定；对于结构中的无梁楼盖预应力楼板的受力钢筋，采用 Rebar Layer 即植入钢筋层并施加初始应力模拟，钢筋层面积根据施工图纸确定。

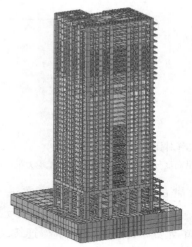
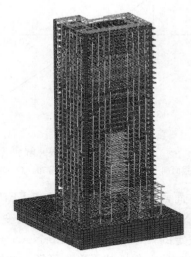
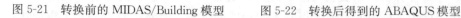

图 5-21　转换前的 MIDAS/Building 模型　　　图 5-22　转换后得到的 ABAQUS 模型

选取了安评报告提供的天然波 TH2TG035（D1）、Mammoth Lakes-01（D2），以及人工波 RG 共三条地震波，如图 5-23 所示；三条地震波与规范反应谱对比如图 5-24 所示。天然波、人工波的加速度峰值主要集中在前 15 秒，在持时 20 秒时，其峰值已经出现了明显的衰减，因此地震输入加速度持时取 20 秒，地震波的加速度峰值取 220 gal。结构整体计算过程中，根据实际情况，取结构底层为嵌固端位置，地下室两层结构周围水平约束。本结构地震作用时人工波及天然波采用 X 及 Y 向输入。

（2）结构动力特性

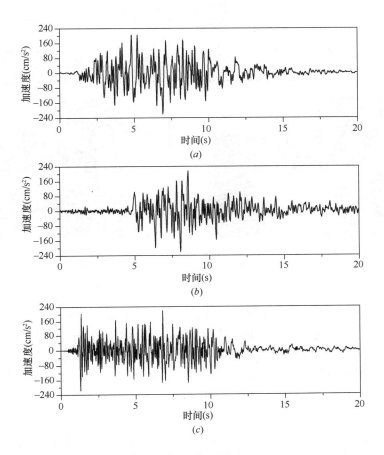

图 5-23　各地震波加速度时程

（a）人工波加速度时程；（b）天然波 D1 加速度时程；（c）天然波 D2 加速度时程

首先通过模态的对比验算来证明最终得到的 ABAQUS 模型的正确性。表 5-1 给出了两个模型模态分析结果的对比情况。从对比结果可以看出，ABAQUS 模态分析结果和 MIDAS/Building 结果吻合较好，初步对比分析验证了 ABAQUS 模型的正确性。

（3）结构动力弹塑性分析结果对比

1）初始预应力

结构在地震作用之前已经在自重和预应力筋的作用下达到了一定的初始应力状态，因此在罕遇地震作用前首先进行了结构在自重作用下的静力分析。然后在此基础上进行

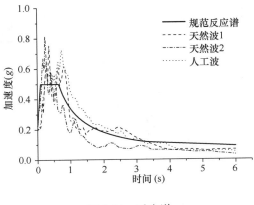

图 5-24　反应谱

罕遇地震作用下的弹塑性分析。其中钢绞线预应力初始值约 20 t，预应力楼板中预应力筋和混凝土的初始受力状态分别如图 5-25 和图 5-26 所示。

両個模型模態計算結果対比 **表 5-1**

両个模型模态计算结果对比

	总质量 （t）	第一周期 （s）	第二周期 （s）	第三周期 （s）	第四周期 （s）	第五周期 （s）	第六周期 （s）
Building	158781.6	3.4661	2.6128	2.1159	0.9884	0.8447	0.7325
ABAQUS	158782.4	3.5077	2.812	2.3326	1.024	0.9074	0.8159

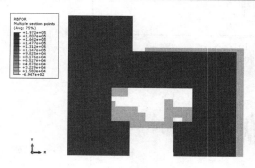

图 5-25　预应力钢筋中预加压力

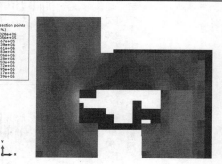

图 5-26　混凝土中初始压应力

2）结构峰值型性能指标对比

对分析结果进行后处理，提取各工况作用下结构的基底剪力时程、顶点位移时程以及层间位移角曲线等信息进行对比分析。表 5-2 给出了各地震作用下结构的最大顶点位移、最大层间位移角以及最大基底剪力。可以看出 X、Y 向人工波作用下结构的最大层间位移角要大于天然波作用结果，但仍满足规范限值。各地震波作用下结构的层间位移角曲线如图 5-27、图 5-28 所示，通过该曲线可以看出各工况下结构的最大层间位移角主要集中在结构的上部楼层。

各工况下结构最大顶点位移、最大层间位移角以及最大基底剪力对比　　**表 5-2**

地震方向	X			Y		
地震波名称	人工波	天然波 D1	天然波 D2	人工波	天然波 D1	天然波 D2
顶点最大位移（m）	0.207	0.216	0.163	0.22	0.356	0.12
最大层间位移角	0.003	0.00223	0.00184	0.00375	0.00343	0.002
最大基底剪（kN）	112833	131090	115554	99308.3	126456	106480

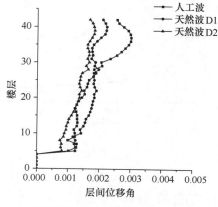

图 5-27　X 向各地震波作用下
结构模型层间位移角对比

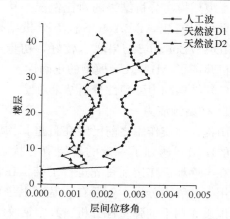

图 5-28　Y 向各地震波作用下
结构模型层间位移角对比

3）各构件层损伤分布和演化

由结构损伤评价插件程序提取层损伤指标，获得构件的损伤分布和损伤的演化过程。以结构在 X 向地震作用下的分析结果为例，各类型构件层损伤分布及损伤演化过程如图5-29～图5-33所示。

主要竖向构件如墙和柱，除局部楼层出现轻微损伤外，其余大部分在地震过程中，未出现损伤，处于弹性状态，均显示了良好的工作性能，能够保证地震作用下结构竖向荷载的传递。结构的框架梁首先在结构中下部出现一定程度的损伤，继而向结构上部以致整个结构扩散。在地震作用持时 20 秒时，结构中框架梁受拉损伤构件分布较广，破坏形式为端部弯曲破坏。发生受拉损伤的框架梁主要集中在核心筒附近及结构外围，其中结构中部框架梁损伤总体上比上部和下部框架梁严重。连梁作为主要耗能构件，在地震作用前期（地震作用开始到第 14 秒），结构下部楼层和中上部大部分楼层连梁损伤迅速发展，其损伤程度较其他构件较为严重。但在地震作用后期（第 14 秒至地震作用结束），结构各楼层连梁损伤没有明显的发展。结构中下部预应力楼板由于预应力筋作用，使得中下部楼板损伤没有明显的发展，而结构上部非预应力楼板损伤迅速发展。

总体而言，在 X 向地震波作用下，框架梁、连梁和板在整个地震作用中主要以受拉损伤破坏为主，损伤范围较广，起到了很好的耗能作用，而竖向关键构件能保持良好的工作状态，结构在大震作用后仍能承受竖向荷载。

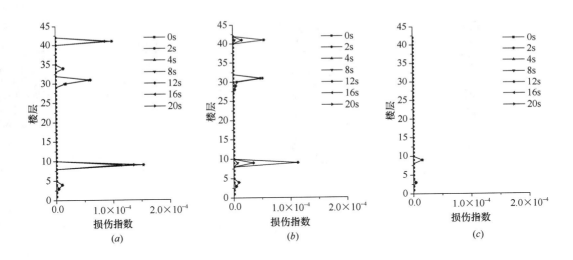

图 5-29　X 向地震作用下柱构件层损伤分布及演化
（a）人工波；（b）天然波 D1；（c）天然波 D2

4）结构整体损伤演化和损伤评估

由开发的插件程序提取的 X、Y 向各地震波作用下结构整体损伤发展曲线如图5-34和图 5-35 所示。从图中可以看出：

① 各工况下结构整体损伤从第 8 秒左右开始迅速发展，其中人工波作用时，结构整体损伤发展最快。

② 除了 Y 向天然波 D1 作用下，结构整体损伤在地震作用后期（14s 以后）持续增加

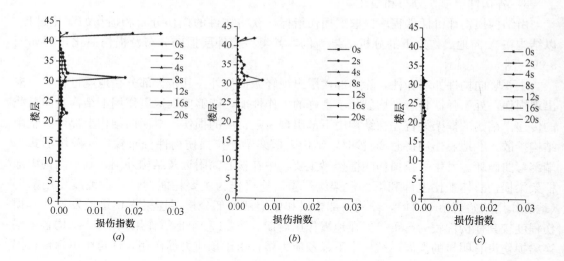

图 5-30 X 向地震作用下墙构件层损伤分布及演化
(a) 人工波；(b) 天然波 D1；(c) 天然波 D2

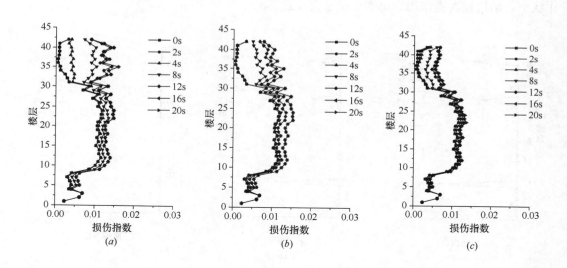

图 5-31 X 向地震作用下框架梁构件层损伤分布及演化
(a) 人工波；(b) 天然波 D1；(c) 天然波 D2

外，其余各工况下结构整体损伤在地震作用后期基本保持稳定。

③ 不论 X 向还是 Y 向地震作用，结构最终整体损伤程度总是人工波作用下结构损伤最为严重，天然波 D1 次之，天然波 D2 导致结构整体损伤最小，并且 Y 向地震作用时结构整体损伤大于 X 向地震作用结果。

根据计算得到构件的整体损伤指数，需要判定结构的损伤等级。根据黄志华、吕西林等人[125]给出的损伤等级对应的损伤指数范围对该工程的整体损伤程度进行评判，该方法

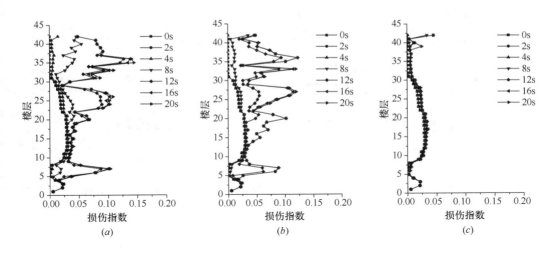

图 5-32　X 向地震作用下连梁构件层损伤分布及演化
（a）人工波；（b）天然波 D1；（c）天然波 D2

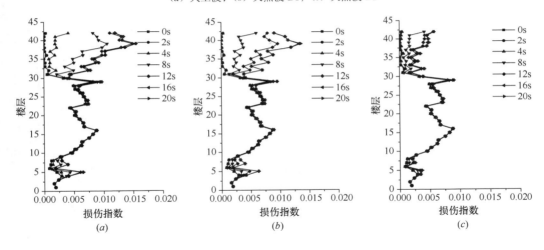

图 5-33　X 向地震作用下楼板构件层损伤分布及演化
（a）人工波；（b）天然波 D1；（c）天然波 D2

将结构整体损伤分为基本完好、轻微损伤、中等损伤、严重损伤、倒塌等五个损伤状态，基于结构模态参数指标和振动台试验结果，给出了高层混合结构各损伤等级下的最终软化指标，见表 5-3 所示。

结构整体损伤等级划分 表 5-3

损伤状态	基本完好	轻微损伤	中等损伤	严重损伤	倒塌
结构整体损伤	≤0.10	0.10<D≤0.20	0.20<D≤0.50	0.50<D≤0.75	>0.75

根据表 5-3 的等级划分范围可知本工程在各工况下结构整体处于基本完好的状态，结构在地震作用后，关键构件损伤较轻，部分普通竖向构件中度损伤，结构整体可承受竖向荷载，该结构能够做到"大震不倒"的抗震设防目标，满足 C 类抗震性能目标。

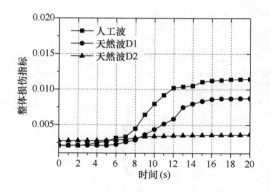

图 5-34 X 向地震作用下结构整体损伤演化   图 5-35 Y 向地震作用下结构整体损伤演化

第6章 基于CPU-GPU异构平台的结构弹塑性分析方法

6.1 概　　述

随着GPU硬件及编程模型的快速发展，使用GPU来加速大规模的科学计算应用已成为必然趋势。为寻求能够兼顾计算精度与计算效率二者平衡的精细化模型分析软件平台，本章将CPU串行计算与GPU高性能并行计算相结合，简述基于CPU-GPU混合编程的异构平台构建方法，介绍异构平台建筑结构弹塑性分析精细化数值模型和数值算法，通过开发的适用于GPU并行计算的高层结构非线性有限元分析程序HSNAS（GPU）(High-Rise Structure Nonlinear Analysis Software based on GPU；软件著作权登记号：2014SR086353)，进行结构非线性数值模拟分析，以验证异构平台程序的高精度和高效率。

6.2　CPU-GPU异构平台设计

所谓CPU-GPU异构平台，是指由CPU和GPU两个不同的架构共同协同工作来解决同一个问题的计算平台。结合有限元基本原理，将整体结构的计算转化到各单元级上的计算，与"分而治之"的并行思想统一；典型的结构有限元算法通常采用的迭代法或增量法循环计算，与某些线程级的细粒度并行思想统一；其次程序中也会涉及大量的矩阵相乘、向量求和等典型运算，这些运算本身存在内在并行性。因此这些任务都可以交给GPU架构处理，其余的通用计算和复杂逻辑判断任务，就采用传统的CPU架构处理。图6-1给出了CPU-GPU异构平台构建示意图，在执行过程中，CPU架构的应

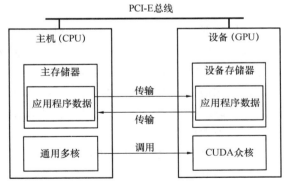

图6-1　CPU-GPU异构平台

用程序数据可以通过高速的PCI Express总线与GPU架构进行交换。CPU和GPU的数据传输、GPU众核运算功能的启动以及CPU和GPU之间的交互等都可以通过调用驱动程序中的专门操作来完成。对CPU-GPU异构平台的设计从本质上来说是一种"并行寻优"的思路。

在结构非线性问题的求解过程中，GPU计算模式需要遵循以下几条原则对整体有限元程序架构进行重新设计：(1)充分考虑开发程序的并行性和异构性，以达到最优化的执

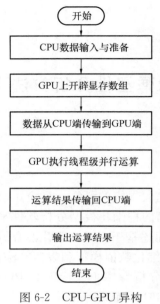

图 6-2　CPU-GPU 异构
平台核心架构

行配置模式；（2）能够识别计算任务中各任务的并行性并调度任务的执行；（3）能够使具有不同计算类型的计算资源能互相进行数据通信，协调运行；（4）最终目的是让整个应用程序的执行效率最高，计算耗时最短。由此可见，基于 GPU 分析平台开发的关键是合理分配 CPU 与 GPU 的计算任务，因此本书设计和开发的分析平台让 CPU 执行数据读写和逻辑控制等顺序型任务，而计算密集的大规模数据运算则让 GPU 并行执行。

在 CPU-GPU 异构平台上实现 GPU 并行计算的步骤如下：首先对需要并行计算的数据进行 CPU 端的预处理，由此转换成能被 GPU 端识别的数据文件；接着在 GPU 显存中开辟数据空间，将处理好的数据传输到 GPU 的显存中；然后读取计算配置文件，调用编写的内核函数（kernel），开启 GPU 细粒度的并行执行任务；待 GPU 并行计算完成，再通过数据传输，将运算结果从 GPU 显存中拷贝回 CPU 内存里，接着继续进行余下任务的操作。设计的 CPU-GPU 异构平台核心架构如图 6-2 所示。

与单纯采用 CPU 多核并行架构的多线程并行模式相比，采用 GPU 异构架构相当于引入了数量更多的"线程"来进行数据运算，GPU 中进行计算的部分也根据相应的优化准则进行并行化，因而其计算效率能够得到明显的提高。

6.3　CPU-GPU 异构平台上的分析模型

在高层建筑结构非线性动力时程分析中，如何将实际结构模型化，与分析结果精度要求及对计算机硬件资源要求都紧密联系。三维空间模型是对实际结构进行近似模拟，对梁、柱、墙、板等基本构件采用各自相应的单元模型，因此能够较全面反映结构在地震作用下的动力响应和抗震性能。本书在 CPU-GPU 异构平台上建立的高层建筑结构非线性地震反应分析的三维结构模型，分别采用空间纤维模型模拟梁、柱构件，空间分层壳元模型模拟楼板、剪力墙及连梁构件。

6.3.1　梁柱分析模型（纤维模型）

对于钢筋混凝土梁柱非线性分析模型，采用基于 Timoshenko 梁理论的空间纤维模型。该分析模型可以同时考虑轴力-弯矩-剪力-扭矩共同作用下的截面性能非线性全过程，弥补传统 Eurler-Bernoulli 梁单元和传统 Timoshenko 梁单元刚度忽略扭转和剪切或是扭转和剪切的非耦合考虑的不足。此外，基于相对成熟的混凝土和钢筋单轴滞回本构模型，较精确的描述每根混凝土纤维束的开裂、软化、压碎及钢筋纤维束的屈服、强化等特性。目前大型通用有限元软件如 ABAQUS、MARC、PERFORM-3D、LS-DYNA、Y-Fiber3D 及 OpenSEES 等均提供纤维模型，是工程实际模拟中较为精确的分析模型。本书建立的 CPU-GPU 高效的分析平台也采用纤维模型模拟梁、柱、斜撑等构件，在第 2～第 5 章已经详细介绍了基于截面纤维的空间梁柱模型，本章不再赘述。

6.3.2 楼板剪力墙分析模型（分层壳模型）

分层壳单元是基于复合材料力学原理，在横截面上分成若干混凝土层和钢筋层，如图6-3所示，根据对截面满足平截面假定，就可以由中心层应变和曲率得到各钢筋和混凝土层的应变，进而由各层材料的应力应变关系可以得到各层相应的应力，并积分得到整个壳元的内力，单元内力如图6-4所示。

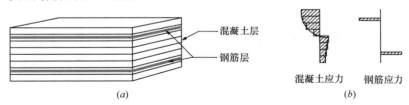

混凝土层

钢筋层

混凝土应力 钢筋应力

(a) (b)

图 6-3 分层壳单元

(a) 凝土层和钢筋层；(b) 混凝土层和钢筋层应力

各层应力矩阵为

$$\{\sigma_i\} = \{\sigma_{xi} \quad \sigma_{yi} \quad \tau_{xyi} \quad \tau_{yzi} \quad \tau_{zxi}\}^T = [D_i]\{\varepsilon\} \tag{6-1}$$

式中 $[D_i]$——第 i 层弹性矩阵，$[D_i] = \begin{bmatrix} D_{bi} & 0 \\ 0 & D_{si} \end{bmatrix}$。

各层单位宽度上的内力为

$$N_{xi} = \int_{-h/2}^{h/2} \sigma_{xi} dz, N_{yi} = \int_{-h/2}^{h/2} \sigma_{yi} dz, N_{xyi} = \int_{-h/2}^{h/2} \tau_{xyi} dz \tag{6-2}$$

$$Q_{xi} = k_x \int_{-h/2}^{h/2} \tau_{xzi} dz, Q_{yi} = k_y \int_{-h/2}^{h/2} \tau_{yzi} dz \tag{6-3}$$

$$M_{xi} = \int_{-h/2}^{h/2} z\sigma_{xi} dz, M_{yi} = \int_{-h/2}^{h/2} z\sigma_{yi} dz, M_{xyi} = \int_{-h/2}^{h/2} z\tau_{xyi} dz \tag{6-4}$$

由此可获得分层的弹性矩阵，分别按弯曲部分和剪切部分

$$[D_b] = \sum_{i=1}^{n} \int_{h_i}^{h_{i+1}} z^2 [D_{bi}] dz = \sum_{i=1}^{n} \frac{1}{3}(h_{i+1}^3 - h_i^3)[D_{bi}] \tag{6-5}$$

$$[D_s] = \sum_{i=1}^{n} \int_{h_i}^{h_{i+1}} k[D_{si}] dz = \sum_{i=1}^{n} k(h_{i+1} - h_i)[D_{si}] \tag{6-6}$$

式中 h_i——第 i 层材料下表面纵坐标；

n——单元划分层数，一般 7～10 层即可满足精度；

$[D_{bi}]$——第 i 层材料弯曲弹性矩阵；

$[D_{si}]$——第 i 层材料剪切弹性矩阵。

本节介绍的分层壳单元采用膜单元模拟平面内刚度，采用板单元模拟平面外刚度，因此空间壳单元的刚度矩阵可由平面应力问题的单元刚度矩阵和板弯曲问题的单元刚度矩阵叠加而成。

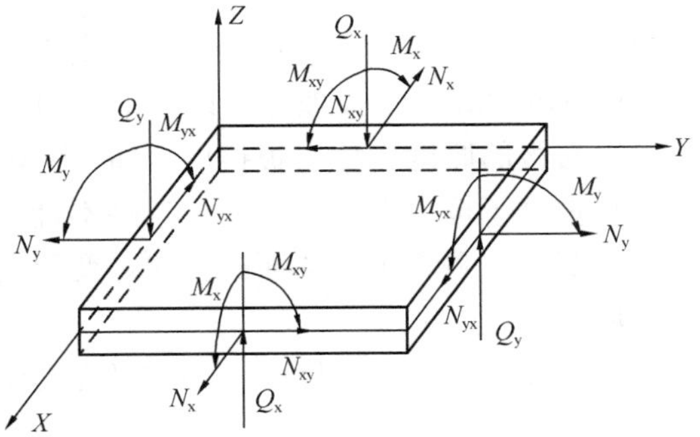

平面应力单元内任一点位移满足如下位移插值

图 6-4 各层单元内力

$$\{\delta\} = \begin{Bmatrix} u \\ v \end{Bmatrix} = [N]\{\delta^e\} \tag{6-7}$$

式中

$$\{\delta^e\} = \{ u_1 \quad v_1 \quad u_2 \quad v_2 \quad u_3 \quad v_3 \quad u_4 \quad v_4 \}^T \tag{6-8}$$

$$[N] = \begin{bmatrix} N_1 & 0 & N_2 & 0 & N_3 & 0 & N_4 & 0 \\ 0 & N_1 & 0 & N_2 & 0 & N_3 & 0 & N_4 \end{bmatrix} \tag{6-9}$$

通过形函数，可以获得单元内各点应变

$$\{\varepsilon\} = \begin{Bmatrix} \varepsilon_x \\ \varepsilon_y \\ \gamma_{xy} \end{Bmatrix} = \begin{Bmatrix} \dfrac{\partial u}{\partial x} \\ \dfrac{\partial v}{\partial y} \\ \dfrac{\partial u}{\partial y} + \dfrac{\partial v}{\partial x} \end{Bmatrix} = [B]\{\delta^e\} \tag{6-10}$$

式中 $[B]$ 为应变矩阵，分块形式

$$[B] = [B_1 \quad B_2 \quad B_3 \quad B_4] \tag{6-11}$$

其中

$$[B_i] = \begin{bmatrix} \dfrac{\partial N_i}{\partial x} & 0 \\ 0 & \dfrac{\partial N_i}{\partial y} \\ \dfrac{\partial N_i}{\partial x} & \dfrac{\partial N_i}{\partial y} \end{bmatrix} \quad (i = 1,2,3,4) \tag{6-12}$$

计算出 $[B]$ 矩阵，即可获得平面应力单元刚度矩阵

$$[k_e] = \int_{-1}^{1} \int_{-1}^{1} [B]^T [D][B] |J| t \, \mathrm{d}\xi \mathrm{d}\eta \tag{6-13}$$

式中 $|J|$ 为雅可比（Jacobi）行列式，$[D]$ 为弹性矩阵，对于平面应力问题有

$$[D] = \frac{E}{(1-\mu^2)} \begin{bmatrix} 1 & \mu & 0 \\ \mu & 1 & 0 \\ 0 & 0 & \dfrac{1-\mu}{2} \end{bmatrix} \tag{6-14}$$

板单元部分采用考虑剪切变形的明德林（Mindlin）板理论，挠度和转动分别独立插值。按照 Mindlin 弹性板理论，计算中采用以下假定：

（1）与板的厚度相比，板挠度 w 是微小的；

（2）垂直于板中面的正应力可忽略不计，即 $\sigma_z = 0$；

（3）变形前垂直于板中面的直线，变形之后仍然保持直线，但不再垂直于中面，包含剪切变形。

单元内任一点的中面挠度 w 和中面法线转角 θ_x、θ_y 为单元结点位移的插值函数形式

$$\{\delta\} = \begin{Bmatrix} w \\ \theta_x \\ \theta_y \end{Bmatrix} = [N]\{\delta^e\} \tag{6-15}$$

式中

$$\{\delta^e\} = \{w_1 \quad \theta_{x1} \quad \theta_{y1} \quad w_2 \quad \theta_{x2} \quad \theta_{y2} \quad w_3 \quad \theta_{x3} \quad \theta_{y3} \quad w_4 \quad \theta_{x4} \quad \theta_{y4}\}^T \qquad (6\text{-}16)$$

$$[N] = \begin{bmatrix} N_1 & 0 & 0 & N_2 & 0 & 0 & N_3 & 0 & 0 & N_4 & 0 & 0 \\ 0 & N_1 & 0 & 0 & N_2 & 0 & 0 & N_3 & 0 & 0 & N_4 & 0 \\ 0 & 0 & N_1 & 0 & 0 & N_2 & 0 & 0 & N_3 & 0 & 0 & N_4 \end{bmatrix} \qquad (6\text{-}17)$$

N_i 采用与平面等参单元相同的形函数:

$$N_i = \frac{1}{4}(1 + \xi_i\xi)(1 + \eta_i\eta) \qquad (6\text{-}18)$$

式中　　(ξ_i, η_i)——自然坐标系中结点 i 的坐标值。

由 Midlin 理论,板内任一点 (x, y, z) 的位移由三个独立位移变量 $w(x, y)$、$\theta_x(x, y)$ 和 $\theta_y(x, y)$ 来描述

$$\begin{aligned} u(x, y, z) &= z\theta_y(x, y) \\ v(x, y, z) &= -z\theta_x(x, y) \\ w(x, y, z) &= w(x, y) \end{aligned} \qquad (6\text{-}19)$$

与 Timoshinko 梁考虑剪切变形相同,Midlin 板考虑剪切之后,变形的曲率分量和剪切分量为

$$\{\chi\} = [L] \{\theta_x \quad \theta_y\}^T = \left\{ \begin{array}{c} -\dfrac{\partial \theta_y}{\partial x} \\[2mm] \dfrac{\partial \theta_x}{\partial y} \\[2mm] \dfrac{\partial \theta_x}{\partial x} - \dfrac{\partial \theta_y}{\partial y} \end{array} \right\} \qquad (6\text{-}20)$$

式中

$$[L] = \begin{bmatrix} -\dfrac{\partial}{\partial x} & 0 \\[2mm] 0 & \dfrac{\partial}{\partial y} \\[2mm] \dfrac{\partial}{\partial x} & -\dfrac{\partial}{\partial y} \end{bmatrix} \qquad (6\text{-}21)$$

平面外剪切变形为

$$\{\gamma\} = \left\{ \begin{array}{c} \gamma_{xz} \\ \gamma_{yz} \end{array} \right\} = \left\{ \begin{array}{c} \dfrac{\partial w}{\partial x} + \theta_y \\[2mm] \dfrac{\partial w}{\partial y} - \theta_x \end{array} \right\} \qquad (6\text{-}22)$$

板平面内的应变表示为

$$\{\varepsilon\} = \left\{ \begin{array}{c} \varepsilon_x \\ \varepsilon_y \\ \gamma_{xy} \end{array} \right\} = -z\{\chi\} \qquad (6\text{-}23)$$

式中　　ε_x、ε_y——轴向应变;

$\quad\quad\quad \gamma_{xy}$——剪切应变。

考虑剪切并变形的 Midlin 板单元的势能为

$$\prod_e = \frac{1}{2}\int_{A_e}\int_0^t \{\varepsilon\}^T \{\sigma\} \mathrm{d}A\mathrm{d}z + \frac{1}{2}\int_{A_e}\int_0^t \{\gamma\}^T \{\tau\} \mathrm{d}A\mathrm{d}z - \int_{A_e}\{q\}w\mathrm{d}A \quad (6\text{-}24)$$

上式右边第一项代表弯曲产生的应变能,第二项代表剪切产生的应变能,第三项为均布荷载产生的应变能。剪切应力为

$$\{\tau\} = \begin{Bmatrix} \tau_{xz} \\ \tau_{yz} \end{Bmatrix} = k \begin{bmatrix} G & 0 \\ 0 & G \end{bmatrix} \begin{Bmatrix} \gamma_{xz} \\ \gamma_{yz} \end{Bmatrix} \quad (6\text{-}25)$$

式中　　k——将非均匀的剪切应变沿厚度方向均匀分布考虑的折减系数,一般矩形截面取
为 $k = 5/6$;

　　G——剪切模量。

将式(6-20)、式(6-23)和式(6-25)代入式(6-24),得

$$U_e = \frac{1}{2}\int_{A_e}\frac{h^3}{12}\{\chi\}^T[D_b]\{\chi\}\mathrm{d}A + \frac{1}{2}\int_{A_e}kh\{\gamma\}^T[D_s]\{\gamma\}\mathrm{d}A \quad (6\text{-}26)$$

式中 $[D_b]$ 为弯曲弹性矩阵,$[D_s]$ 为剪切弹性矩阵,对于各向同性材料有

$$[D_b] = \frac{Eh^3}{12(1-\mu^2)}\begin{bmatrix} 1 & \mu & 0 \\ \mu & 1 & 0 \\ 0 & 0 & \dfrac{1-\mu}{2} \end{bmatrix} \quad (6\text{-}27)$$

$$[D_s] = \frac{kEh}{2(1+\mu)}\begin{bmatrix} 1 & 0 \\ 0 & 1 \end{bmatrix} \quad (6\text{-}28)$$

式中　　E、μ——弹性模量和伯松比;

　　h——厚度。

将式(6-15)代入式(6-26),获得 Midlin 板单元的刚度矩阵

$$[k_e] = \int_{A_e}\frac{h^3}{12}[B_b]^T[D_b][B_b]\mathrm{d}A + \int_{A_e}kh[B_s]^T[D_s][B_s]\mathrm{d}A \quad (6\text{-}29)$$

各层平面应力单元刚度矩阵式(6-13)和板单元刚度矩阵式(6-29)进行叠加,获得分层壳单元的刚度矩阵

$$[k_e] = \sum_{i=1}^n [k_{ei}] \quad (6\text{-}30)$$

6.4　基于GPU的结构弹塑性分析并行化策略

6.4.1　计算数据与线程之间的映射关系

从有限元离散化角度出发,一个精确的有限元结构模型包含数十万个单元和节点,因此整个模型将有大量的自由度。将计算数据和线程一一对应是一种可行且高效的 GPU 并行策略。并行策略可分为以下三种计算模式:(1)线程与单元对应;(2)线程与节点对应;(3)线程与自由度对应。前两种模式的计算数据对象可以分割并分发到每个处理器的并行计算平台上。然而,GPU 的并行模型是一个细粒度模型,用相邻的线程去映射相邻的数据是最有效的。因此在 GPU 并计算中将每一个全局自由度视为一个独立的计算单位,它的变量数据更新是独立的,即在全局坐标下的矩阵/向量(刚度矩阵、力、位移等)的元素是独立的。密集的算术运算使这些数据特别适合 GPU 线程级的并行实现。

计算数据和线程存在如图 6-5 所示的一一映射关系。将计算数据与 GPU 线程一一对应映射，需要首先建立和计算数据对象同样大小（或者大于计算数据量）的线程数目，根据有限元数据规模［n］的大小，将线程分块，分块的原则是先假定每个线程块中设置的线程数目，图中所示例为一个线程块设置了 128 个线程，根据计算数据规模（［n］＋128 －1）/128 获得线程块的数量，保证线程块的数量为一个整数，因此所有线程块中的线程总数大于或等于实际的计算数据总量。此外，GPU 的并行计算依赖于每块 GPU 显卡上固定集成的硬件资源，因此对硬件资源合理分配，才能保证计算程序效率的最大化。

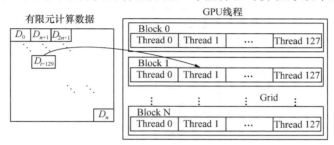

图 6-5　计算数据与线程之间一一映射关系

6.4.2　基于 GPU 的线性方程组求解器

PCG（Preconditioned Conjugate Gradients，预处理共轭梯度法）法是目前求解大型对称正定稀疏线性方程组最为有效的算法之一[126]。该算法存在内在并行性，易于实现并行化，且要求的存储空间和计算量相对较小。PCG 法的算法描述如下：

算法：PCG 迭代法
begin
//初始计算
1.　$\mathbf{x}_0$，$\mathbf{r}_0 = \mathbf{b} - \mathbf{A}\,\mathbf{x}_0$，
//预处理
2.　$\mathbf{d}_0 = \mathbf{M}^{-1}\,\mathbf{r}_0$，$\mathbf{p}_0 = \mathbf{d}_0$
//循环迭代
3.　**do** $k = 0,\ 1,\ 2\cdots\cdots n$
4.　$\mathbf{u}_k = \mathbf{A}\mathbf{p}_k$
5.　$\alpha_k = (\mathbf{r}_k^T, \mathbf{d}_k)/(\mathbf{p}_k, \mathbf{u}_k)$
6.　$\mathbf{x}_{k+1} = \mathbf{x}_k + \alpha_k\,\mathbf{p}_k$
7.　$\mathbf{r}_{k+1} = \mathbf{r}_k - \alpha_k\,\mathbf{u}_k$
8.　$\mathbf{d}_{k+1} = \mathbf{M}^{-1}\,\mathbf{r}_{k+1}$
9.　**if** $(\mathbf{r}_{k+1}^T, \mathbf{d}_{k+1}) < \varepsilon$，**exit** the loop
10.　$\beta_k = (\mathbf{r}_{k+1}^T, \mathbf{d}_{k+1})/(\mathbf{r}_k^T, \mathbf{d}_k)$
11.　$\mathbf{p}_{k+1} = \mathbf{d}_{k+1} + \beta_k\,\mathbf{p}_k$
12.　**end**

图 6-6 给出了基于 GPU 并行 PCG 求解器的流程图。流程图中灰色填充箭头指向的表示在 GPU 中执行的内核函数。从图中看出，除了在迭代开始前和结束后，需要进行 CPU 和 GPU 的数据传输，在迭代程序中，只需要在 CPU 中进行少量计算以及进行收敛控制外，其余计算基本都在 GPU 中执行。该求解器的设计既可以充分发挥 CPU 的任务调度与逻辑判断能力以及 GPU 强大的浮点运算能力，又尽可能地减少 CPU 和 GPU 之间的数据通信，减少时间开销，提高并行效率。该求解器可以灵活应用于静力弹塑性分析或动力弹塑性分析。

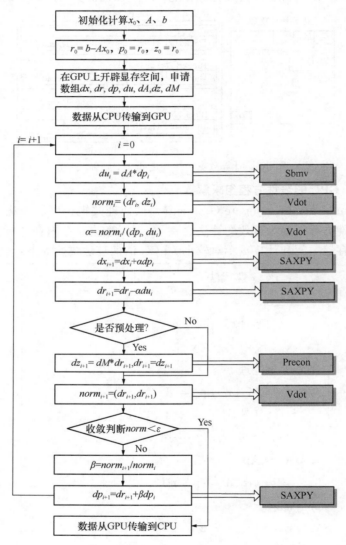

图 6-6　基于 GPU 的线性方程组并行求解器流程

6.4.3　方程组迭代的 EBE 处理技术

EBE（Element-By-Element）并行策略，是将结构的"整体"计算分解到"单元"上完成，在方程组迭代过程中采用"提取-计算-散布"的步骤实现相对单独的单元级上计算，因此方便于采用并行处理，从而提高求解规模和计算速度。

对于求解方程组 $[A]\{x\}=\{b\}$ 的迭代过程，EBE 算法描述为

$$\{b\}=[A]\{x\}=\Big(\sum_i[A_i^e]\Big)\{x\}=\sum_i([A_i^e]\{x_i^e\})=\sum_i\{b_i^e\} \tag{6-31}$$

其中 $\{x_i^e\}$ 为单元对应的位移向量，由第 i 号单元各节点编号决定

$$\begin{cases} \{x_{(i_j)}^e\}=\{x_{(i_j)}\} & j=1,2,\cdots n \\ \{x_{(k)}^e\}=0 & k\neq i_j,j=1,2,\cdots n \end{cases} \tag{6-32}$$

因此，在实际计算中，EBE 的计算步骤如图 6-7 所示，包括以下三个部分：

（1）提取

由 (i_j) 定位提取出第 i 号单元在整体位移向量中的单元级对应的向量，即

$$\{x_i^e\}=\{x_{i_1}^e,x_{i_2}^e,\cdots x_{i_n}^e\} \tag{6-33}$$

（2）计算

接着进行 $[A_i^e]\{x_i^e\}$ 的计算，即矩阵与向量乘法计算，其中 $[A_i^e]$ 为单元刚度矩阵，对于梁单元为 12×12 的方阵，对于壳单元为 24×24 的方阵，由此可看出，原本在大型稀疏总体矩阵向量乘法计算 $[A]\{x\}$，分解成了单元级上的非常小型的矩阵和向量运算问题，无论从计算量还是存储空间来讲，都非常小。

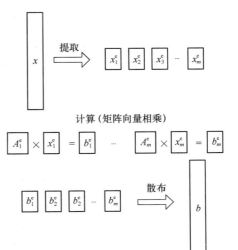

图 6-7　方程组迭代过程中的 EBE 技术

（3）散布

最后根据单元在整体结构中的定位，将获得的单元级上的计算结果散布到整体向量中去

$$\sum_i\{b_i^e\}=\{b\} \tag{6-34}$$

EBE 算法避开了总体系数矩阵的合成，不需要开辟系数矩阵的存储空间，且迭代过程在单元上进行，对网格划分、单元编号和节点编号未做任何要求，因此不需要进行带宽优化等操作，适用范围非常广泛。EBE 算法不仅适用于线性方程组迭代求解，对于非线性问题，在每一时间步后都需要更新集成总刚矩阵，而通过 EBE 技术，只需将单元刚度在适当时候进行单元间的变换，更好体现其明显计算优势。

6.4.4　并行程序设计框架

对于结构非线性静力问题，需要涉及内外两个层次的迭代过程来消除全局误差的传递，即结构层次的状态确定和单元层次的状态确定。内迭代过程处理单元层次的材料非线性问题，以求解在当前的节点位移条件下单元的真实内力，称为单元状态确定；外迭代过程处理结构上的外载与结构反力的不平衡问题，称为结构状态确定。由于精细化单元模型和材料模型的引入，增加了有限元计算的复杂度，需要进行更加多次的迭代过程，而每次迭代最终求解的一组线性方程组，导致整个非线性分析计算花费较多机时，是整个算法耗时的瓶颈所在。因此，采用 GPU 的线性方程组求解器加速方程组的求解，将对整个非线

性分析效率的提升效果明显。

　　静力分析程序流程图如图 6-8 所示。整个框架流程如下：CPU 负责逻辑判断与相关的串行计算，首先在 CPU-GPU 异构平台上进行 CPU 端初始模型信息的读取，包括结构结点信息、单元信息、材料属性、边界条件、荷载数据等；然后进行内存和任务的分配，CPU 端的串行计算任务主要包括单元刚度计算、荷载向量计算等，串行计算的结果以及数据信息通过传递映射到 GPU 显存中。GPU 则主要负责高度线程化的并行计算任务，主要完成用于求解线性方程组的 PCG 迭代法的预处理、向量内积、向量更新、稀疏矩阵向量乘法等并行操作。CPU 端负责迭代循环的控制和收敛条件的判断，最后将 GPU 端的计算结果传输回 CPU 端，获得结构的位移增量，一方面可以进行下一荷载步结构的状态判断与刚度更新，一方面也可以输出结构的位移变形、截面内力等。

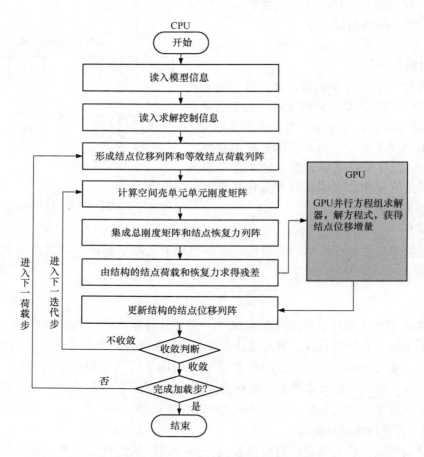

图 6-8　基于 GPU 的静力计算程序流程

　　结构弹塑性动力时程分析采用逐步积分法，每个时间步计算都将消耗大量的计算时间。因此开发的动力分析程序将整个时间步积分在 GPU 中完成，计算流程如图 6-9 所示。每个时间步下等效刚度和等效荷载采用内核函数计算，位移增量则采用并行 PCG 求解器加速求解，并采用 EBE 处理技术，在方程组迭代过程中采用"提取-计算-散布"的步骤实现相对单独的计算，新的速度和加速度也采用相应的内核函数计算，GPU 中的计算直至整个时间步循环结束为止。

基于上述静力、动力分析程序流程框架编制了基于 GPU 并行计算的高层结构非线性有限元分析程序 HSNAS（GPU）（High-Rise Structure Nonlinear Analysis Software based on GPU）。

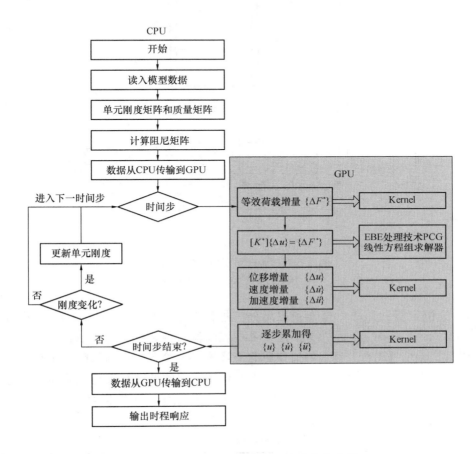

图 6-9　基于 GPU 的动力时程计算程序流程

6.5　数 值 算 例

6.5.1　算例1：框架结构反复荷载下的试验模拟

选取文献[127]的一榀三层两跨平面框架结构的低周反复加载试验。钢筋混凝土框架结构模型和截面配筋如图 6-10 所示，材料参数如表 6-1 所示。混凝土本构模型采用 Scott 等修正的 Kent-Park 模型[128]，受压卸载和再加载规则采用 Blakeley 模型的两折线滞回规则以及焦点模型，此外采用 Yassin 模型[129]来考虑受拉刚化效应。钢筋本构模型采用由 Menegotto 和 Pinto 提出的，后经 Filippou 等人修正的 Menegotto-Pinto 本构模型[130]，能够考虑钢材等向强化效应。

采用 HSNAS（GPU）程序模拟过程中，分别在框架中柱和边柱的柱顶施加 500kN

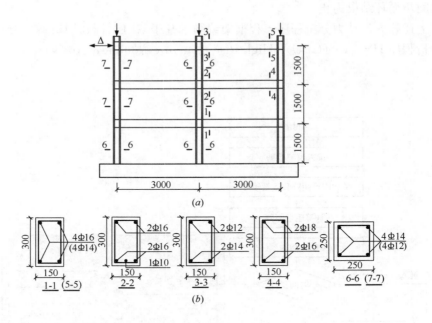

图 6-10 试验框架模型和截面配筋

（a）试验框架模型；（b）截面配筋

和 300kN 的恒定竖向压力，框架顶层梁处施加侧向水平位移。图 6-11 给出了 HSNAS（GPU）程序计算获得的滞回曲线和骨架曲线与试验结果对比。由图中看出，峰值点前，计算结果与试验结果吻合较好，峰值点后的下降段，试验有较强的强度退化和捏拢效应，而模拟尚未考虑钢筋和混凝土之间的粘结滑移作用，因此计算结果与试验结果略有差别。但是综合对比滞回曲线和骨架曲线的峰值点、刚度退化和滞回特性，表明 HSNAS（GPU）程序具有较高的求解精度。

钢筋混凝土框架材料参数 表 6-1

材料	规格	弹性模量（MPa）	抗压强度/屈服强度（MPa）
混凝土	保护层 15mm	2.14×10^4	24.0
纵筋	B10	1.73×10^5	428.0
	B12	1.98×10^5	400.1
	B14	1.87×10^5	378.9
	B16	1.68×10^5	413.9
	B18	1.82×10^5	388.4
箍筋	A6	1.34×10^5	335.8

6.5.2 算例 2：框架结构振动台试验模拟

选取同济大学 12 层钢筋混凝土框架结构振动台模型试验[131]。试验模型尺寸和截面图如图 6-12 所示，试验模型尺寸相似比为 1/10，标准层每层配重 19.4kg，屋面层 19.7kg。材料参数如表 6-2 所示。材料本构模型同算例 1。

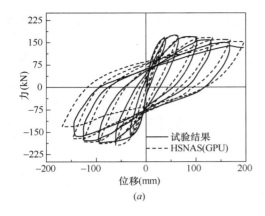

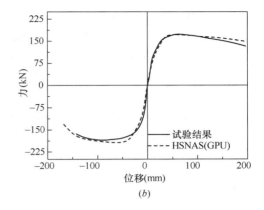

(a)   (b)

图 6-11　框架模型在反复荷载作用下的计算对比

（a）滞回曲线；（b）骨架曲线

钢筋混凝土框架材料参数　　　表 6-2

材料	规格	弹性模量（MPa）	抗压强度/屈服强度（MPa）
微粒混凝土	1～2F	8.490×10^3	7.969
	3～4F	7.062×10^3	5.735
	5～6F	7.649×10^3	7.402
	7～8F	7.917×10^3	7.669
	9～10F	7.322×10^3	7.202
	11～12F	8.065×10^3	8.202
铁丝	14 号	1.90×10^5	391
	20 号	1.90×10^5	327

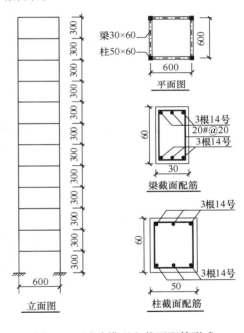

图 6-12　试验模型和截面配筋形式

施加地震动激励之前，在各楼层上施加相应的配重，进行了重力作用下的初始状态分析。然后对应振动台试验工况，输入相应的四条地震波，模拟的地震作用工况见表 6-3 所示，输入地震波加速度峰值（PAG）按照相似关系调整，相对原型加速度峰值分别调整至 200gal。其中双向 El Centro 波和双向 Kobe 波加速度峰值按照 $X:Y=1:0.85$ 调整。

模拟采用的地震作用工况　　　表 6-3

序号	地震波	原型		试验模型		描述
		X 向 PAG	Y 向 PAG	X 向 PAG	Y 向 PAG	
1	El Centro 波	200gal	170gal	517gal	439gal	双向
2	Kobe 波	200gal	170gal	517gal	439gal	双向
3	上海人工波	200gal	/	517gal	/	单向
4	上海基岩波	200gal	/	517gal	/	单向

为了考虑前次地震输入累积对本次地震反应所造成的影响，采用连续接力计算的方式，按照各工况顺序进行模拟，获得 200gal 工况下的结构动力响应，如图 6-13 所示。从图中看出，得到的顶层加速度时程曲线与试验结果较为吻合。

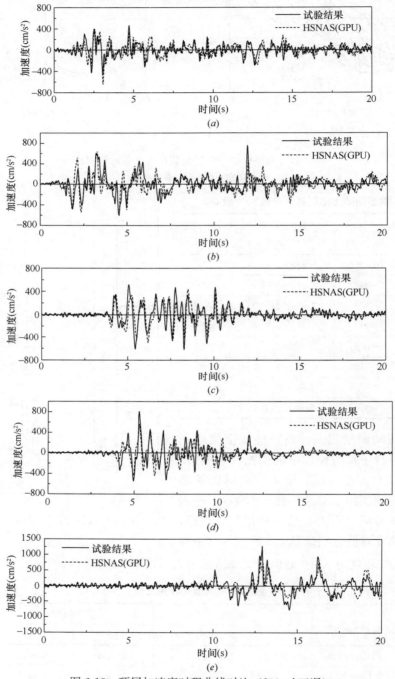

图 6-13　顶层加速度时程曲线对比（200gal 工况）

（*a*）El Centro 波 *X* 向；（*b*）El Centro 波 *Y* 向；（*c*）Kobe 波 *X* 向；

（*d*）Kobe 波 *Y* 向；（*e*）上海人工波；

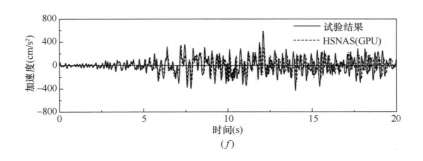

图 6-13　顶层加速度时程曲线对比（200gal 工况）

(f) 上海基岩波

　　为了研究所开发程序的并行效率，分别测量 CPU-GPU 异构平台并行程序和传统 CPU 串行程序的计算耗时，采用加速比来衡量程序计算速度所能得到的加速倍数[132]。图 6-14 给出算例 1 框架划分规模分别与计算时间及加速比的关系，由图中看出，随着模型划分单元数增大，GPU 加速比达到 14 倍左右。图 6-15 为算例 2 的计算时间和加速比，加速比为 12 倍，不及静力计算的加速效率。这是因为动力计算在每一个时间步开始和结束时，数据需要在 CPU 和 GPU 之间进行传输，这样的数据传输相对 GPU 的直接访问是缓慢的，因此数据通信需要耗掉一定时间。但是随着模型的计算规模增大，GPU 和 CPU 之间的通信时间占总时间将逐渐减少。在并行前提条件相同的情况下，模型越复杂，计算数据越庞大，GPU 的加速比会越高。鉴于 GPU 的巨大计算潜能空间，异构平台和并行程序可在规模更大更复杂的结构模型中推广应用，详见算例 3。

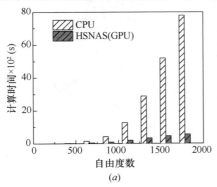
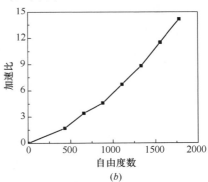

图 6-14　算例 1 计算时间和计算加速比

(a) 计算时间；(b) HSNAS（GPU）加速比

6.5.3　算例 3：高层框架-核心筒弹塑性时程分析实例

（1）工程概况

　　深圳某办公大厦为一超高层框架—核心筒结构体系，建筑平面为一矩形平面，主塔楼建筑总高度为 199.85m，结构主屋面高度 188.85m，结构平面尺寸为 40.9m×46.7m，结构高宽比约 4.6，核心筒外围尺寸 14m×29.8m，核心筒高宽比约 13.5。主塔楼采用框架—核心筒体系，地上 41 层，地下 4 层，办公标准层高 4.35m，塔楼首层和典型开洞楼层存在穿

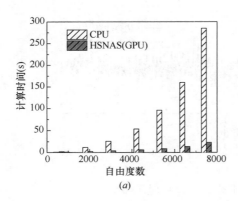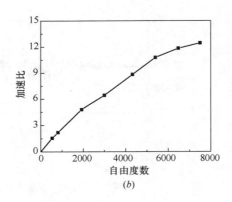

图 6-15　算例 2 计算耗时及加速比

（a）计算时间；（b）HSNAS（GPU）加速比

层柱，2 层到 7 层有一根斜柱，在第 7 层设有 12m 通高架空花园。裙楼采用框架结构，地上 3 层，地下 4 层，结构的有限元模型如图 6-16 所示。

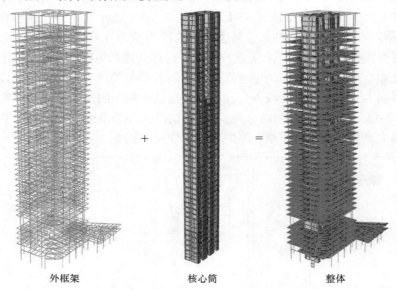

外框架　　　　　　　核心筒　　　　　　　整体

图 6-16　框架-核心筒结构有限元模型

（2）模型存储量对比

本算例通过导入 ABAQUS 命令流 inp 文件的文本数据，先于 CPU 架构上进行预处理，接着在 CPU-GPU 异构平台上完成建模。模型中剪力墙、连梁与楼板采用构建的基于 CPU-GPU 异构平台的空间壳单元模拟，柱（斜柱）与梁采用纤维梁单元模拟。模型的结点总数为 13409，单元数为 21657，其中梁单元 8903 个，壳单元 12754 个，模型总自由度数为 79650。

采用传统的集成结构总刚度矩阵的方法，该模型总自由度 $nDOF=79650$，总刚度矩阵的半带宽为 $nband=6497$，总刚矩阵对称，则存储其一半，若双精度（浮点数占 8 字节，即 8 Byte）存储则需要 $nDOF \times nband \times 8$ 字节的存储空间，整个程序中同类型的总体矩阵还包括总质量矩阵、阻尼矩阵。此外，采用 PCG 迭代法求解方程组，需用存储 7 个 $nDOF$ 大小的矢量：x 的估计值、剩余向量 r、伪余量 d，预处理矢量 M、中间量 p 和 u 以及荷载矢量 b。采用传统集成总体刚度方法与 EBE 处理方法的存储量对比如表 6-4 所示。从表中看出，若采用集成结构总刚度矩阵的方法所需存储空间非常大，而提出的 EBE 处理技术，能有效解决异构平台存储问题。

集成总刚方法与 EBE 处理方法的存储量对比　　　　表 6-4

方程组求解方式	存储量（B）		总存储量（GB）
	总体矩阵	PCG 法所用到矢量	
集成总刚的方程组求解	$79650 \times 6497 \times 8 \times 3$	$7 \times 79650 \times 8$	11.57
EBE 法求解	$(2 \times 8903 + 4 \times 12754) \times 4$	$7 \times 79650 \times 8$	0.0044

注：$1GB = 1024^3 B$

（3）模型动力特性分析结果

CPU-GPU 异构平台获得的模型楼层质量分布如图 6-17 所示，ABAQUS 没有"层"的概念，但可提取获得模型的总质量为 117879.2t，异构平台计算得到的层质量之和为 113040.2t，与 ABAQUS 计算结果接近，误差约为 4.1%。表 6-5 给出的前 5 阶振型对比，表明异构平台模型能较好反映结构的动力特性，最大误差出现在第三阶扭转振型，误差为 10.49%，平动振型误差不大。

（4）弹塑性响应分析结果

输入的地震波采用一条人工波 DZ1 以及两条天然波 DZ2、DZ3，加速度峰值为 220gal，地震作用方向为 X、Y 双向，双向地震波加速度峰值按照 $X : Y = 1 : 0.85$ 调整。基于 CPU-GPU 异构平台的空间梁柱单元和壳单元质量矩阵采用集中质量矩阵，结构阻尼采用瑞利阻尼，阻尼比取 0.05。在施加地震动激励之前，进行了重力作用下的初始状态分析。

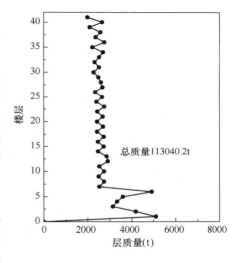

图 6-17　CPU-GPU 异构平台计算
获得各层质量分布

模型振动特性对比　　　　表 6-5

振型	周期（s）		误差（%）
	ABAQUS 计算结果	CPU-GPU 异构平台计算结果	
1	5.307	5.091	4.07
2	4.584	4.174	8.94
3	3.990	3.571	10.49
4	1.426	1.342	5.89
5	1.338	1.252	6.43

基于 CPU-GPU 异构平台的 HSNAS（GPU）程序分析结果与 ABAQUS 计算结果进行对比，表 6-6 和表 6-7 给出顶层最大位移和基底剪力最大值对比，最大误差分别为

7.67％和10.74％。楼层最大层间位移角曲线如图 6-18 所示，从图中看出结构在罕遇地震作用下，最大层间位移角出现的位置和分布规律基本一致，均在底部第 6～7 层和 28～30 层达到最大值。上述对比结果表明异构平台计算结果有较高的精度。

顶层最大位移计算结果对比（单位：m） 表 6-6

	X 向			Y 向			最大误差（％）
	人工波 DZ1	天然波 DZ2	天然波 DZ3	人工波 DZ1	天然波 DZ2	天然波 DZ3	
HSNAS（GPU）	0.402	0.410	0.422	0.698	0.681	0.566	7.67
ABAQUS	0.413	0.431	0.425	0.722	0.702	0.613	

基底剪力计算结果对比（单位：kN） 表 6-7

	X 向			Y 向			最大误差（％）
	人工波 DZ1	天然波 DZ2	天然波 DZ3	人工波 DZ1	天然波 DZ2	天然波 DZ3	
HSNAS（GPU）	8.09×10^4	9.68×10^4	7.26×10^4	9.34×10^4	10.00×10^4	6.95×10^4	10.74
ABAQUS	7.63×10^4	8.89×10^4	7.00×10^4	8.66×10^4	9.03×10^4	6.71×10^4	

ABAQUS 采用显式分析算法，基于 CPU-GPU 异构平台的 HSNAS（GPU）程序采用隐式分析算法，同样完成 20s 时长的罕遇地震作用下的结构弹塑性时程分析，两者的计算耗时及相应加速比列于表 6-8。从表中看出，当 ABAQUS 采用稳定步长（$\Delta t = 7 \times 10^{-6}$）计算耗时约为 3 天时间，由于模型中一些小尺寸单元造成稳定步长大幅度降低，而导致整个计算耗时无法接受。因此在保证精度前提下，采用固定步长（$\Delta t = 2 \times 10^{-5}$）进行计算，耗时约为 11 小时。采用 CPU-GPU 异构平台相对于 ABAQUS 稳定步长计算，加速比为 6.89 倍，即使 ABAQUS 采用了增大一个数量级的固定步长，计算时间才与 CPU-GPU 异构平台计算时间相当。上述分析表明所开发的 CPU-GPU 异构平台和有限元程序在减小时间成本方面具有较大优势，在保证较高精度的前提下，能有效计算较大规模的有限元模型。

总计算耗时和加速比 表 6-8

模型自由度	ABAQUS 计算耗时		CPU-GPU 异构平台计算耗时	加速比
	稳定步长	固定步长		
79650	71h10min	10h52min	10h20min	6.89/1.05

总体来说，对于高层钢筋混凝土结构的非线性分析，完全可以通过基于 CPU 和 GPU 混合编程思路来另辟蹊径。CPU-GPU 异构平台与有限元"分而治之"并行思想是统一的，能够对结构有限元分析步骤进行"粗粒度"的任务划分，从而提高计算的精度和效率。在平台构建过程中，需要考虑局自由度计算数据与 GPU 线程一一对应映射关系，基于 EBE 处理技术和预处理共轭梯度法（PCG）的并行程序框架，能够对结构静力/动力求解问题有效地加速，本书通过典型构件试验和工程算例分析验证了作者开发的高层结构非线性有限元分析程序可显著提高计算效率。当然除了开发结构分析中常采用的精细化空间纤维梁柱模型和空间分层式壳元墙板模型外，读者也可参考本书提供的并行策略自行加入所需要的单元模型或者材料模型。

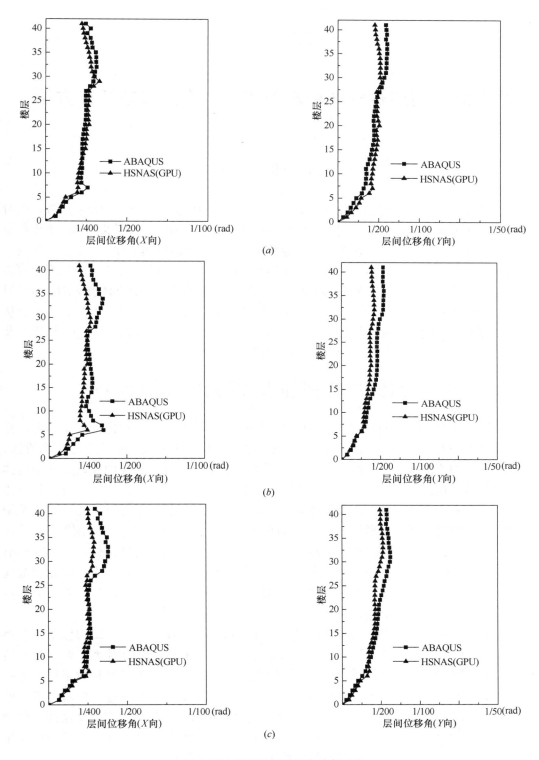

图 6-18　楼层最大层间位移角对比

(a) 人工波 DZ1；(b) 天然波 DZ2；(c) 天然波 DZ3

第7章　高层建筑结构基于整体稳定的失效评价方法

7.1　概　　述

高层建筑结构在正常使用时除承受恒荷载以及各楼层的活荷载等竖向荷载之外，同时可能承受地震和风荷载等水平作用。为使结构在设定的水平和竖向荷载共同作用下保持稳定，高层建筑结构不仅应具有足够的承载能力还应具有一定的抗侧刚度。随着高层建筑结构高宽比的增加，水平作用对结构体系产生的侧向位移呈非比例倍数增大。特别在罕遇地震作用下，重力在不可恢复水平位移上产生的二阶效应不断增大导致整体抗侧刚度持续退化，抗侧刚度退化进一步加剧二阶效应，最终导致结构达到整体稳定失效界限。本章将从高层建筑结构基于刚度退化的结构整体稳定失效出发，分析高层建筑结构重力二阶效应非线性位移响应及失效演化过程，为大震失效判别提供参考依据。

7.2　高层建筑结构重力二阶效应的影响分析

《高层建筑混凝土结构技术规程》JCJ 3—2010 规定的结构整体稳定性的验算方法是基于以下两个重要假定[34]：（1）结构在任意水平荷载作用下的变形曲线均近似为直线；（2）结构任意高度的水平位移均与底截面倾覆力矩成比例。对于传统的高层建筑结构体系，一般认为外筒以剪切变形为主，内筒以弯曲变形为主，两者协同工作最终使结构整体变形在中上部趋于直线，这一假定在高宽比不大的情况下近似成立。然而随着高层建筑结构高度及高宽比的增大，变形形态逐渐向弯曲型转变。特别是对于外筒抗剪刚度相对抗弯刚度较大的高层建筑结构，如斜交网格筒结构体系，其变形形态以弯曲变形为主。假设变形为直线的误差较大，因此规范规定方法对于弯曲变形为主结构的适用性有待由于进一步分析确定。

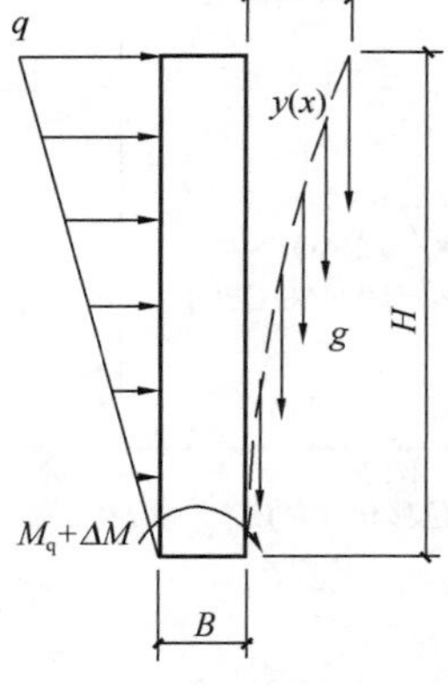

整体稳定的失效分析基于以下假定：（1）结构体系经合理的设计为竖向连续均匀的体系，不存在竖向刚度突变；（2）结构体系各层楼板平面内无限刚性；（3）双重结构体系同一楼层水平位移相等，即变形协调；体系变形形态包含弯曲变形和剪切变形；（4）风荷载和地震作用都近似沿结构高度呈倒三角分布，最大值为 q，结构体系的总高度为 H，在倒三角形荷载作用下结构的初始等效抗侧刚度设为 K_{eq}。

如图 7-1 所示，在罕遇地震作用下，结构产生不可恢复的水平变形 $y(x)$，重力在该水平变形上产生附加弯矩 $\Delta M =$

图 7-1　高层建筑结构
稳定示意图

$\int gy(x)\mathrm{d}x$。该附加弯矩使非线性变形 $y(x)$ 增大，结构刚度进一步退化，水平变形将持续增大，水平地震作用和非线性二阶效应耦合使结构整体抗侧刚度退化，最终导致结构体系丧失承载能力而失效。因此，高层建筑结构大震失效定义为罕遇地震作用下结构因二阶效应非线性增大导致结构达到整体失稳倒塌界限而失效。

7.2.1 等效抗侧刚度

结构重力二阶效应与抗侧刚度密切相关。结构体系的抗侧刚度是指结构体系抵抗某特定荷载的能力。借鉴《高层建筑混凝土结构技术规程》JCJ 3—2010 方法，设定结构体系的初始等效侧向刚度为按倒三角形分布荷载作用下结构顶点位移相等的原则，将结构的侧向刚度折算为竖向悬臂受弯构件的等效侧向刚度[34]

$$K_{eq} = \frac{11qH^4}{120y(H)} \tag{7-1}$$

基于整体的角度将高层建筑结构体系看成竖向悬臂结构，假设其截面积为 A，截面的抗弯刚度及抗剪刚度分别表示为 K_{SM} 和 K_{SV}，同时考虑其剪切变形及弯曲变形则

$$y(x) = y_v(x) + y_m(x) \tag{7-2}$$

其中剪切变形为

$$y_v(x) = \int_0^x \frac{qH}{2K_{SV}}\left(1 - \frac{t^2}{H^2}\right)\mathrm{d}t = \frac{qH^2}{2K_{SV}}\left[\frac{x}{H} - \frac{1}{3}\left(\frac{x}{H}\right)^3\right] \tag{7-3}$$

结构顶点剪切变形为

$$\Delta_v = y_v(H) = \frac{qH^2}{3K_{SV}} \tag{7-4}$$

弯曲变形为

$$y_m(x) = \frac{qH^4}{120K_{eq}}\left(20\left(\frac{x}{H}\right)^2 - 10\left(\frac{x}{H}\right)^3 + \left(\frac{x}{H}\right)^5\right) \tag{7-5}$$

结构顶点弯曲变形为

$$\Delta_m = y_m(H) = \frac{11qH^4}{120K_{SM}} \tag{7-6}$$

结构顶点总侧移为

$$\Delta = \Delta_v + \Delta_m = \Delta_m\gamma_v \tag{7-7}$$

其中

$$\gamma_v = 1 + \frac{40K_{SM}}{11K_{SV}H^2} \tag{7-8}$$

式中　γ_v——剪切变形影响系数；

　　　　t——等效箱型壁厚；

　　　K_{SV}——结构的抗剪刚度；

　　　K_{SM}——结构的抗弯刚度。

将高层建筑结构体系近似看成一个长宽相等的箱型截面竖向悬臂梁，剪切变形影响系数为

$$\gamma_v = 1 + \frac{40}{11}(\chi)^2 \tag{7-9}$$

式中　χ——结构高宽比。

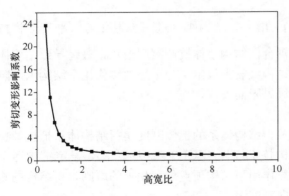

图 7-2　剪切变形影响系数随高宽比的变化

剪切变形影响系数的主要影响因素为结构的高宽比，图 7-2 给出了剪切变形影响系数随高宽比变化情况，结构高宽比越大，剪切变形影响系数越小，弯曲变形所占比例越大，结构体系变形形态从剪切形到弯剪形再到弯曲形。当高宽比大于 3 时，体系变形中弯曲变形占的比例大于剪切变形比例，当高宽比大于 6 时，体系变形主要为弯曲变形。高层结构体系的高宽比一般较大，变形形态以弯剪形为主且弯曲变形成分随着高宽比的增大而增大。

7.2.1.1　单一抗侧力体系等效抗侧刚度

（1）外框架筒等效抗侧刚度　高层建筑结构的高度和高宽比较大，空间性能较好。外框架与框架结构相比具有一定的空间整体工作性能。外框架刚度近似计算时周边对称的框架可等效成弱筒[133]

$$Et_{eq} = \sum_j EA_{Zj}/S_f \qquad (7\text{-}10)$$

式中　　t_{eq}——等效抗弯弱筒的筒壁厚度；

　　　　S_f——周边框架中心线周长；

$\sum_j EA_{Zj}$——周边框架柱总轴向刚度。

周边框架边腹板的翼缘宽度 b_t 近似取为 $b_t = H/16$，假设腹板正应力分布呈三次抛物线分布，则计算主轴方向水平截面的总抗弯刚度 K_{SM2} 为

$$K_{SM2} = \frac{1}{10} Et_{eq}B^3 + \frac{1}{2} Et_{eq}b_t B^2 \qquad (7\text{-}11)$$

即

$$K_{SM2} = \frac{Et_{eq}B^2}{2} \left(b_t + \frac{B}{5} \right) \qquad (7\text{-}12)$$

腹板框架柱总抗剪刚度为

$$K_{SV2} = \sum_j D_j h \qquad (7\text{-}13)$$

式中　　D_j——第 j 层腹板框架柱总侧移刚度；

　　　　B——截面宽度；

　　　　h——第 j 层层高。

框架柱的侧移刚度与层高、框架柱及与框架柱与框架梁相对线刚度相关，为了直观地反映外框架剪切变形影响系数，近似取梁柱线刚度比为 0.5，则框架柱侧移刚度修正系数 α 为 1/3，图 7-3 给出了外框

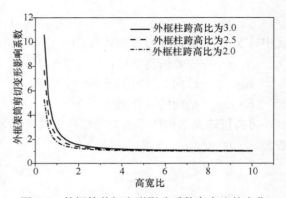

图 7-3　外框筒剪切变形影响系数高宽比的变化

框架柱高度与截面高度比即跨高比分别为 2.0、2.5、3.0 时外框架剪切变形系数随体系高宽比的变化规律。从图中可以看出，由于框架－核心筒体系的高度较高，高宽比较大，外框架的高宽比为 6.0 时，结构的剪切变形占一定比例，但是外框架体系的变形形态以弯曲变形为主。

（2）斜交网格外筒等效抗侧刚度 斜交网格外筒具有大的抗弯刚度和抗剪刚度，在刚度计算上与框架－核心筒结构的方法略有不同。假设矩形平面斜交网格筒的抗弯刚度及抗剪刚度分别表示为 K_{SM} 和 K_{SV}，文献[134,135]分别考虑翼缘的抗弯刚度 K_{SM}^{f} 及腹板的抗剪刚度 K_{SV}^{w} 给出了两者的计算公式

$$K_{SM}^{f} = nB^{2}EA\,\sin^{3}\theta \tag{7-14}$$

$$K_{SV}^{w} = 4nEA\sin\theta\cos^{2}\theta \tag{7-15}$$

式中　n——斜交网格跨数；

　　　B——受力方向筒高度；

　　　θ——为斜柱与水平面夹角。

由于斜交网格筒通过交叉斜柱轴力传递水平力，其空间整体性较好，因此，为简化分析，考虑斜交网格筒的空间工作性能将矩形斜交网格筒等效成薄壁筒。在文献[134,135]提出的仅考虑翼缘整体拉压的抗弯刚度公式基础上，考虑翼缘抗弯刚度等效原则得

$$K_{SM}^{f} = \frac{B^{2}EA_{eq}}{2} \tag{7-16}$$

由式（7-14）和（7-16）式可得翼缘等效截面积

$$A_{eq} = 2nA\,\sin^{3}\theta \tag{7-17}$$

假设斜交网格筒腹板和翼缘尺寸相同，则等效薄壁筒的截面抗弯刚度为

$$K_{SM} = \frac{2B^{2}EA_{eq}}{3} = \frac{4nB^{2}EA\,\sin^{3}\theta}{3} \tag{7-18}$$

则斜交网格外筒的剪切变形影响系数为

$$\gamma_{v} = 1 + \frac{40}{33}(\chi)^{2}\,\tan^{2}\theta \tag{7-19}$$

以斜柱夹角 60 度为例[136-139]，剪切变形影响系数随结构高宽比的变化如图 7-4 所示。结构体系高宽比增加剪切变形系数逐渐减小。当结构高宽比大于 4.0 时，结构变形形态以弯曲型为主。

由式（7-7）可得斜交网格外筒的等效抗侧刚度

$$K_{deq} = \frac{K_{SM}}{\left(1 + \dfrac{40K_{SM}}{11K_{SV}H^{2}}\right)} \tag{7-20}$$

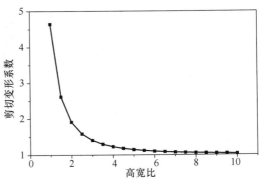

图 7-4　斜交网格外筒剪切变形
影响系数随高宽比的变化

（3）内筒等效抗侧刚度 内筒高宽比较大且完整性较好，可将其视为完整的薄壁筒，则计算主轴方向水平截面的总抗弯刚度 K_{SM1} 为

$$K_{SM1} = \frac{0.9E}{12}\left[(B_w + t_w)(C_w + t_w)^3 - (B_w - t_w)(C_w - t_w)^3\right] \qquad (7\text{-}21)$$

式中 B_w——内筒宽度；

        C_w——内筒长度；

        t_w——内筒外壁厚度。

当内筒长度和宽度方向尺寸相等，即 $B_w = C_w$ 时，式（7-21）可变为

$$K_{SM1} = \frac{3}{5}EB_w^3 t_w \qquad (7\text{-}22)$$

内筒的腹板截面抗剪刚度为

$$K_{SV1} = \frac{GA_f}{\mu} = \frac{2EB_w t_w}{3} \qquad (7\text{-}23)$$

式中 A_f——内筒计算主轴方向腹板面积。

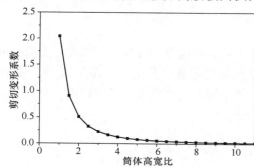

图 7-5   剪切变形系数随内筒高宽比的变化

由式（7-7）可得内筒的总变形

$$\Delta = \frac{11qH^4}{120K_{SM1}}\left(1 + \frac{36(\chi_w)^2}{11}\right) \qquad (7\text{-}24)$$

参照式（7-8）内筒的剪切变形系数为

$$\gamma_v = 1 + \frac{36(\chi_w)^2}{11} \qquad (7\text{-}25)$$

图 7-5 给出了内筒剪切变形系数随内筒高宽比变化，随着高宽比的增大，剪切变形所占比例减少。

7.2.1.2 双重抗侧力体系等效抗侧刚度

在分析中假设内筒、外筒抗剪刚度和抗弯刚度分别为 K_{SV1},K_{SV2},K_{SM1},K_{SM2}，内外筒剪力弯矩分别为 V_1，V_2，M_1，M_2，考虑到斜交网格外筒的抗剪刚度不能忽略，分析方法与以往分析不同的是同时考虑内外筒的弯曲变形及剪切变形。基于结构体系的整体协同工作原理，分别建立结构体系内外筒的平衡微分方程如下

$$M_1 = K_{SM1} y''_{m1} \qquad (7\text{-}26)$$
$$M_2 = K_{SM2} y''_{m2} \qquad (7\text{-}27)$$
$$V_1 = -M'_1 = -K_{SM1} y'''_{m1} = K_{SV1} y'_{v1} \qquad (7\text{-}28)$$
$$V_2 = -M'_2 = -K_{SM2} y'''_{m2} = K_{SV2} y'_{v2} \qquad (7\text{-}29)$$

式中 K_{SM1},K_{SM2}——分别为内筒和外筒截面抗弯刚度；

        K_{SV1},K_{SV2}——分别为内筒和外筒截面抗剪刚度；

        y_{m1}，y_{m2}——分别为内筒和外筒弯曲变形；

        y_{v1}，y_{v2}——分别为内筒和外筒剪切变形。

双重结构体系受到的总弯矩和总剪力为

$$M = M_1 + M_2 = K_{SM1} y''_{m1} + K_{SM2} y''_{m2} \qquad (7\text{-}30)$$
$$V = V_1 + V_2 = -(K_{SM1} y''' + K_{SM2} y'''_{m2}) = K_{SV1} y'_{v1} + K_{SV2} y'_{v2} \qquad (7\text{-}31)$$

式（7-31）对 x 微分得

$$V' = -K_{SM1} y''''_{m1} - K_{SM2} y''''_{m2} = K_{SV1} y''_{v1} + K_{SV2} y''_{v2} = -\frac{qx}{H} \qquad (7\text{-}32)$$

由内外筒变形协调得到内外筒变形关系

$$y(x) = y_{m1} + y_{v1} = y_{m2} + y_{v2} \tag{7-33}$$

式（7-32）对 x 积分得

$$K_{SM1} y'''_{m1} + K_{SM2} y'''_{m2} = \frac{qx^2}{2H} + A \tag{7-34}$$

$$K_{SV1} y'_{v1} + K_{SV2} y'_{v2} = -\frac{qx^2}{2H} - A \tag{7-35}$$

将边界条件 $x = H$ 时，$V = 0$ 代入式（7-34）得 $A = -\dfrac{qH}{2}$，将 A 代入式（7-34）和式（7-35）并对 x 积分得

$$K_{SM1} y''_{m1} + K_{SM2} y''_{m2} = \frac{qx^3}{6H} - \frac{qHx}{2} + B \tag{7-36}$$

$$K_{SV1} y_{v1} + K_{SV2} y_{v2} = -\frac{qx^3}{6H} + \frac{qHx}{2} + E \tag{7-37}$$

将边界条件 $x = H$ 时，$M = 0$ 代入式（7-36）得 $B = \dfrac{qH^2}{3}$，将 B 代入式（7-36）并对 x 积分得

$$K_{SM1} y'_{m1} + K_{SM2} y'_{m2} = \frac{qx^4}{24H} - \frac{qHx^2}{4} + \frac{qH^2 x}{3} + C \tag{7-38}$$

式（7-38）对 x 积分得

$$K_{SM1} y_{m1} + K_{SM2} y_{m2} = \frac{qx^5}{120H} - \frac{qHx^3}{12} + \frac{qH^2 x^2}{6} + Cx + D \tag{7-39}$$

将边界条件 $x = 0$ 时，$y_{m1} = y_{m2} = 0$，$y'_{m1} = y'_{m2} = 0$ 和 $y_{v1} = y_{v2} = 0$ 代入式（7-37）和式（7-39）得 $C = 0$，$D = 0$，$E = 0$。则有

$$K_{SM1} y_{m1} + K_{SM2} y_{m2} = \frac{qx^5}{120H} - \frac{qHx^3}{12} + \frac{qH^2 x^2}{6} \tag{7-40}$$

$$K_{SV1} y_{v1} + K_{SV2} y_{v2} = -\frac{qx^3}{6H} + \frac{qHx}{2} \tag{7-41}$$

令：$\omega^2 = \dfrac{(K_{SM1} + K_{SM2}) K_{SV1} K_{SV2}}{(K_{SV1} + K_{SV2}) K_{SM1} K_{SM2}}$，则由上述公式得

$$y'''_{m2} - \omega^2 y_{m2} = \frac{K_{SV1} K_{SV2}}{(K_{SV1} + K_{SV2}) K_{SM2}} \left(-\frac{qx^4}{24 K_{SM1} H} + \frac{qHx^2}{4 K_{SM1}} - \frac{qH^2 x}{3 K_{SM1}} + \frac{qx^2}{2 K_{SV1} H} - \frac{qH}{2 K_{SV1}} \right) \tag{7-42}$$

$$\begin{aligned} y'''_{m2} - \omega^2 y'_{m2} &= \frac{\omega^2 K_{SM1} q}{H(K_{SM1} + K_{SM2})} \left(-\frac{x^4}{24 K_{SM1}} + \frac{H^2 x^2}{4 K_{SM1}} - \frac{H^3 x}{3 K_{SM1}} \right) \\ &+ \frac{\omega^2 K_{SM1} q}{H(K_{SM1} + K_{SM2})} \left(\frac{x^2}{2 K_{SV1}} - \frac{H^2}{2 K_{SV1}} \right) \end{aligned} \tag{7-43}$$

$$\begin{aligned} y_{v2} &= -\frac{(K_{SM1} + K_{SM2}) K_{SV1}}{(K_{SV1} + K_{SV2}) K_{SM1}} y_{m2} + \frac{K_{SV1}}{(K_{SV1} + K_{SV2}) K_{SM1}} \left(\frac{qx^5}{120H} - \frac{qHx^3}{12} \right) \\ &+ \frac{K_{SV1} qH^2 x^2}{6(K_{SV1} + K_{SV2}) K_{SM1}} + \frac{1}{K_{SV1} + K_{SV2}} \left(-\frac{qx^3}{6H} + \frac{qHx}{2} \right) \end{aligned} \tag{7-44}$$

求解微分方程（7-43），并将边界条件代入求得 $y_{m2}(x)$

$$\begin{aligned} y_{m2}(x) &= \frac{q sh(\omega x)(6\omega^2 K_{SM1} - 6 K_{SV1} - 3H^2 \omega^4 K_{SM1} + 3\omega^2 H^2 K_{SV1})}{12\omega^5 H K_{SV1}(K_{SM1} + K_{SM2})} \\ &+ \frac{q ch(\omega x)(3H^2 \omega^4 K_{SM1} sh(\omega H) - 6\omega^2 K_{SM1} sh(\omega H) + 6 K_{SV1} sh(\omega H))}{12\omega^5 H K_{SV1}(K_{SM1} + K_{SM2}) ch(\omega H)} \\ &+ \frac{-3\omega^2 H^2 K_{SV1} sh(\omega H) + 12\omega^3 H K_{SM1} - 12\omega H K_{SV1}}{12\omega^5 H K_{SV1}(K_{SM1} + K_{SM2}) ch(\omega H)} \end{aligned}$$

$$+\frac{q(20\omega^4 K_{SV1}H^3 x^2 - 10\omega^4 K_{SV1}H^2 x^3 + \omega^4 K_{SV1}x^5 + 60K_{SM1}\omega^4 H^2 x)}{120\omega^4 HK_{SV1}(K_{SM1}+K_{SM2})}$$

$$+\frac{+q(H-x)^2(40K_{SV1}\omega^2 H + 20K_{SV1}\omega^2 x) - 20qK_{SM1}\omega^4 x^3 + 120qK_{SV1}x}{120\omega^4 HK_{SV1}(K_{SM1}+K_{SM2})}$$

$$-\frac{q(-6\omega^2 K_{SM1}sh(\omega H) + 3H^2\omega^4 K_{SM1}sh(\omega H) + 6K_{SV1}sh(\omega H))}{6\omega^5 HK_{SV1}(K_{SM1}+K_{SM2})ch(\omega H)}$$

$$+\frac{-3\omega^2 H^2 K_{SV1}sh(\omega H) + 2\omega^3 H^3 K_{SV1}ch(\omega H) + 12\omega^3 HK_{SM1} - 12\omega HK_{SV1}}{6\omega^5 HK_{SV1}(K_{SM1}+K_{SM2})ch(\omega H)}$$

(7-45)

将式（7-45）代入（7-44）得 $y_{v2}(x)$，则顶点总位移为 $\Delta = \Delta_m + \Delta_v = y_m(H) + y_v(H)$。并由式（7-1）求得高层建筑双重结构体系的等效抗侧刚度

$$K_{eq} = \frac{11qH^4}{120(y_m(H) + y_v(H))}$$

(7-46)

根据上述方法给定不同的内筒、外筒刚度比，求得对应的侧移曲线，图7-6给出了不同刚度比对应的结构内筒、外筒的剪切侧移、弯曲侧移及总的侧移曲线。从图中可以看

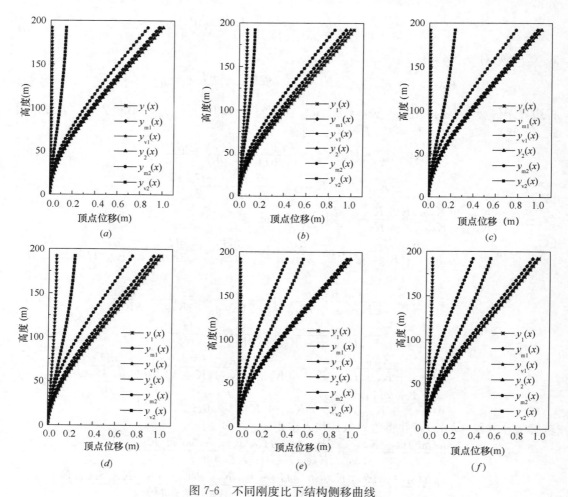

图 7-6　不同刚度比下结构侧移曲线

(a) $\eta = 1.6/\gamma_2 = 0.05$；(b) $\eta = 0.59/\gamma_2 = 0.05$；(c) $\eta = 1.8/\gamma_2 = 0.1$；
(d) $\eta = 0.59/\gamma_2 = 0.1$；(e) $\eta = 2.68/\gamma_2 = 0.5$；(f) $\eta = 0.57/\gamma_2 = 0.5$

出：（1）内筒、外筒的变形成分与 γ_1、γ_2 和 η 的大小有关；（2）取 $\gamma_1 = 0.01$，γ_2 越大，外筒剪切成分越大。η 越小，内筒剪切成分越大；（3）当 γ_2 和 η 均较小，内筒剪切成分不可以忽略；（4）且 γ_1 和 γ_2 均较小时，内外筒的剪切变形成分较小，结构整体变形以弯曲型为主；（5）由 γ_1 和 γ_2 对的计算公式可知，结构高宽比越大，两者值越小，结构变形弯曲型为主。不同刚度比的结构体系变形分析，得到高层建筑结构等效抗侧刚度近似计算公式

$$K_{eq} = \eta(K_{SM1} + K_{SM2})/[(1+\eta)(1+3.64\gamma_1)] + (K_{SM1} + K_{SM2})/[(1+\eta)(1+3.64\gamma_2)]$$

$$(7\text{-}47)$$

式中　　$\gamma_1 = \dfrac{K_{SM1}}{K_{SV1}H^2}$ ——内筒的刚度特征值；

$\gamma_2 = \dfrac{K_{SM2}}{K_{SV2}H^2}$ ——外筒的刚度特征值；

$\eta = \dfrac{K_{SM1}}{K_{SM2}}$ ——内外筒抗弯刚度比。

定义刚度等效系数为

$$\zeta = \frac{K_{eq}}{K_{SM1} + K_{SM2}} \qquad (7\text{-}48)$$

近似公式求得的刚度等效系数与理论公式比较如图 7-7 所示。简化计算公式将结构沿高度连续化与真实情况每层均有楼板相比，存在一定误差，以 $\gamma_1 = 0.01$ 为例，$\gamma_2 = 0.5$ 时误差为 4%，$\gamma_2 = 0.1$ 时误差为 2.9%，$\gamma_2 = 0.01$ 时误差为 0.7%，且该简化计算方法的误差随着外筒刚度特征值减小而减小。

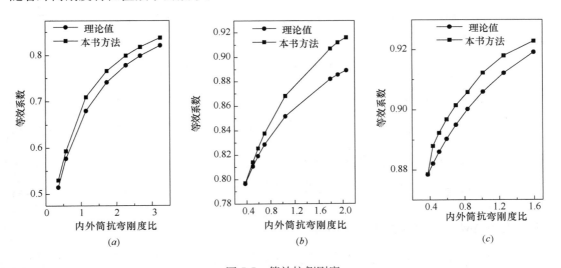

图 7-7　等效抗侧刚度
(a) $\gamma_2 = 0.05$；(b) $\gamma_2 = 0.1$；(c) $\gamma_2 = 0.5$

为验证上述方法的正确性，选取一高层斜交网格筒结构为算例，斜柱角度为 69.44 度，每个立面有四跨，结构高度 192m，宽度为 36m，外筒高宽比为 5.33，内筒宽度为 18m，内筒高宽比为 10.67。对结构施加倒三角形水平荷载，其侧移曲线如图 7-8 所示。上述方法求得的体系侧移曲线与有限元方法及纯弯曲变形曲线相近，验证了该方法的可行

性，同时表明斜交网格筒结构体系高宽比较大时，其变形形态可近似为弯曲型。

7.2.2 重力二阶效应对结构的影响

重力二阶效应是指重力荷载在水平荷载作用下产生水平变形上的附加效应。水平变形近似考虑为沿高度方向倒三角分布的风荷载或水平地震作用引起的变形。结构在水平荷载作用下产生一定的水平变形，重力在该水平变形上产生附加弯矩，使结构产生附加的水平变形。高层建筑结构以弯曲变形为主的结构体系在水平荷载 $q(x) = \dfrac{qx}{H}$ 作用下，等效抗侧刚度按上一节方法求得。

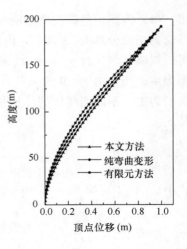

图 7-8　三种方法的侧移曲线

结构沿高度分布的弯矩为

$$M_q(x) = \int_x^H \frac{q}{H} t(t-x)\mathrm{d}t = \frac{q(2H^3 + x^3 - 3xH^2)}{6H} \tag{7-49}$$

水平荷载产生的等效弯曲变形为

$$y_{eq}(x) = \int_0^x \frac{M_q(t)M_1(t)}{K_{eq}}\mathrm{d}t \tag{7-50}$$

$$y_{eq}(x) = \frac{qH^4}{120K_{eq}}\left(20\left(\frac{x}{H}\right)^2 - 10\left(\frac{x}{H}\right)^3 + \left(\frac{x}{H}\right)^5\right) \tag{7-51}$$

均布重力荷载在初始弯曲变形上产生的附加弯矩为

$$M_g(x) = \int_x^H g\left(\frac{qH^4}{120K_{eq}}\left(20\left(\frac{t}{H}\right)^2 - 10\left(\frac{t}{H}\right)^3 + \left(\frac{t}{H}\right)^5\right)\right)\mathrm{d}t \tag{7-52}$$

积分得

$$M_g(x) = \frac{gq(26H^6 - x^6 + 15H^2x^4 - 40H^3x^3)}{720HK_{eq}} \tag{7-53}$$

重力附加弯矩产生的附加变形为

$$\Delta y_{eq1}(x) = \frac{gqx^2(-x^6 + 28H^2x^4 - 112H^3x^3 + 728H^6)}{40320H(K_{eq})^2} \tag{7-54}$$

该附加变形 $\Delta y_{eq1}(x)$ 上产生的附加弯矩为

$$\Delta M_{g1}(x) = \frac{g^2q(2051H^9 + x^9 - 36H^2x^7 + 168H^3x^6 - 2184H^6x^3)}{362880H(K_{eq})^2} \tag{7-55}$$

该附加弯矩 $\Delta M_{g1}(x)$ 产生的附加变形为

$$\Delta y_{eq2}(x) = \frac{g^2qx^2(x^9 - 55H^2x^7 + 330H^3x^6 - 12012H^6x^3 + 112805H^9)}{39916800H(K_{eq})^3} \tag{7-56}$$

该附加变形 $\Delta y_{eq2}(x)$ 上产生的附加弯矩

$$\Delta M_{g2}(x) = \frac{g^3q(427571H^{12} - x^{12} + 66H^2x^{10} - 440H^3x^9 + 24024H^6x^6 - 451220H^9x^3)}{479001600H(K_{eq})^3}$$

$$\tag{7-57}$$

该附加弯矩 $\Delta M_{g2}(x)$ 产生的附加变形为

$$\Delta y_{eq3}(x) = \frac{g^3 q x^2 (-x^{12} + 91H^2 x^{10} - 728H^3 x^9 + 78078H^6 x^6 - 4106102H^9 x^3 + 38908961H^{12})}{87178291200H(K_{eq})^4}$$

$$(7\text{-}58)$$

考虑重力二阶效应的结构总附加变形为

$$\Delta y_{eq}^t(x) = \Delta y_{eq1}(x) + \Delta y_{eq2}(x) + \Delta y_{eq3}(x) + \cdots o(\lambda) \qquad (7\text{-}59)$$

式中　　λ——刚重比，$\lambda = \dfrac{K_{eq}}{gH^3}$。

考虑重力二阶效应的结构顶点位移变化率与刚重比的关系为

$$\frac{\bar{y}(H)}{y(H)} \approx 1 + \frac{0.1740}{\lambda} + \frac{0.0276}{\lambda^2} + \frac{0.00044}{\lambda^3} \qquad (7\text{-}60)$$

式中　　$\bar{y}(H)$——考虑二阶效应顶点位移；

　　　　$y(H)$——未考虑二阶效应顶点位移。

式（7-60）忽略高阶项产生的误差小于 0.01%。

通过线性叠加方法近似计算得到二阶效应引起的位移增大系数随刚重比变化及规范规定的位移增大系数取值随刚重比的变化曲线如图 7-9 所示。表 7-1 给出了本章方法分析得到的不同的刚重比对应的位移增大系数及规范规定取值。规范公式得到的增大系数偏低。规范规定当刚重比取值使得弹性分析方法求得的重力二阶效应在 5% 以内，且考虑刚度折减 50%，二阶效应小于 10% 时，弹性计算可不考虑重力二阶效应的影响。当刚重比取值使得弹性

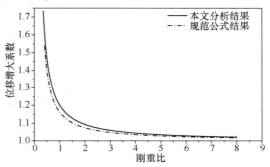

图 7-9　重力二阶效应位移增大系数随刚重比的变化

刚度折减 50% 时，重力二阶效应小于 20% 时，高层建筑结构满足整体稳定性要求。本章分析方法表明：当刚重比为 3.6 时，对应的位移增大系数为 1.05，考虑弹性刚度折减 50%，即刚重比为 1.8 时，增大系数为 1.10。当刚重比为 2.0，考虑弹性刚度折减 50%，即刚重比为 1.0 时，位移增大系数为 1.2。

不同刚重比对应的位移增大系数　　　　　　　　　　表 7-1

刚重比	0.4	0.7	0.9	1.0	1.4	1.8	2.7	3.6
理论分析位移增大系数	1.61	1.31	1.23	1.20	1.14	1.10	1.07	1.05
规范公式位移增大系数	1.54	1.25	1.18	1.16	1.11	1.08	1.05	1.04

《高层建筑混凝土结构技术规程》JCJ 3—2010[34]规定弯剪型结构满足

$$EJ_d \geqslant 2.7H^2 \sum_{i=1}^{n} G_i \qquad (7\text{-}61)$$

弹性计算分析时可不考虑重力二阶效应的不利影响，满足公式（7-61）可以使按弹性分析得到的二阶效应对结构内力位移增量控制在 5%，考虑实际刚度折减 50% 时，内力增量控制在 10% 以内。当不满足式（7-61），可采用有限元方法计算或对未考虑重力二阶效应的计算结果乘以增大系数

$$F_1 = \cfrac{1}{1 - 0.14H^2 \sum\limits_{i=1}^{n} G_i / (EJ_d)} \tag{7-62}$$

文献［34］规定剪力墙结构、框架－剪力墙结构、板柱剪力墙结构、筒体结构的整体稳定性应满足

$$EJ_d \geqslant 1.4H^2 \sum_{i=1}^{n} G_i \tag{7-63}$$

式（7-63）主要是控制高层建筑结构在风荷载或水平地震作用下，重力荷载产生的二阶效应不致过大，以免引起结构的失稳、倒塌。考虑结构弹性刚度折减50%的情况下，重力二阶效应仍可控制在20%之内，高层建筑结构的稳定具有适宜的安全储备，若结构的刚重比进一步减小，重力二阶效应将会呈非线性增长，直至引起结构整体失稳[34]。

通过对高层建筑结构重力二阶效应分析并借鉴《高层建筑混凝土结构技术规程》条文说明中对结构重力二阶效应的影响规定，建议对于以弯曲型为主的高层建筑结构式（7-61）中系数应取3.6，即刚重比应大于3.6时，按弹性计算的二阶效应可控制在5%以内。而式（7-63）宜取2.0，即高层建筑结构体系满足整体稳定的刚重比应大于等于2.0，当刚重比大于2.0时，考虑结构弹性刚度折减50%时，二阶效应影响可控制在20%以内。

7.3　基于整体稳定性的失效临界状态分析

上述考虑重力二阶效应的方法未考虑体系塑性开展及刚度折减，属于线性方法。结构在大震作用下产生非线性变形，水平作用与二阶效应耦合作用导致抗侧刚度退化，稳定性下降，最终导致结构非线性稳定失效。

7.3.1　瞬时等效刚重比

假设结构体系水平地震作用及重力二阶效应的耦合作用下刚度退化过程中任意时刻的等效抗侧刚度为 K_{eqi}，并且假定结构在任意时刻均按瞬时等效刚度产生包含了弯曲变形和剪切成分的等效弯曲变形。则结构体系在水平力和自重作用下任意时刻的稳定平衡微分方程近似为

$$y''_i(x) = \frac{M_q(x) + M_g(x)}{K_{eqi}} = \frac{q(2H^3 + x^3 - 3xH^2)}{6HK_{eqi}} + \frac{g\displaystyle\int_x^H y(t)\mathrm{d}t - gy(x)(H-x)}{K_{eqi}}$$

$$\tag{7-64}$$

$$M_g(x) = \int_x^H g(y(t) - y(x))\mathrm{d}t = g\int_x^H y(t)\mathrm{d}t - gy(x)(H-x) \tag{7-65}$$

将式（7-49）及（7-65）代入（7-64）并求 x 的一阶导数得

$$y'''_i(x) + \frac{g(H-x)}{K_{eqi}}y'_i(x) + \frac{q(H^2 - x^2)}{2HK_{eqi}} = 0 \tag{7-66}$$

通过对式（7-66）数值求解可以得到近似解 $y_i(x) = f(g, q, K_{eqi}, H)$。单位剪重比对应的总位移角与瞬时等效刚重比的关系如图7-10所示，对数值结果进行拟合，得到结构总位移角与瞬时等效刚重比的关系

$$\frac{y_i(H)}{\rho H} = \frac{1}{4.02958\lambda_i - 0.42073} \tag{7-67}$$

式中
$$\lambda_i = \frac{K_{eqi}}{GH^2}$$——瞬时等效刚重比；

$$\rho = \frac{V_0}{G}$$——瞬时等效剪重比；

$$\frac{y_i(H)}{H}$$——结构总位移角。

将式（7-67）对 λ_i 求导得单位剪重比下总位移角随瞬时等效刚重比的变化率

$$\left[\frac{y_i(H)}{\rho H}\right]' = -\frac{4.02958}{(4.02958\lambda_i - 0.42073)^2} \tag{7-68}$$

由式（7-67）可以得到瞬时等效刚重比为结构整体稳定失效的关键影响因素。从图 7-11 给出的结构总位移角变化率与瞬时等效刚重比的关系曲线可以看出，结构总位移角变化率随瞬时等效刚重比的增大而减小，总位移角变化率为负值，不同总位移角变化率的绝对值对应的瞬时等效刚重比如表 7-2 所示。当瞬时等效刚重比较大时，其微小变化引起的变形增量相对较小。结构进入非线性阶段后，非线性变形增大导致结构损伤加剧，瞬时等效刚度随着结构损伤程度增大而持续退化，即结构体系的瞬时等效刚重比不断减小。当瞬时等效刚重比小到一定程度时，体系微小的刚度退化将引起较大的非线性变形，当总位移角变化率超过 50% 时，结构总位移角呈非线性急剧增长，结构变形呈不收敛趋势，结构达到失效临界状态，对应结构体系的瞬时等效刚重比小于 0.81 的情况。因此，结构在地震作用下的瞬时等效刚重比不应小于 0.81。

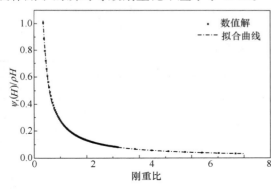

图 7-10　结构总位移角变化曲线

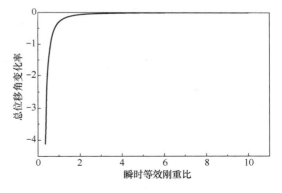

图 7-11　总位移角变化率曲线

总位移角变化率　表 7-2

瞬时等效刚重比	0.81	1.2	1.7	2.35	3.6
总位移角变化率	0.50	0.20	0.10	0.05	0.02

式（7-67）经变换可得瞬时等效刚重比的表达式

$$\lambda_i = 0.24816\left[\frac{V_0 H}{Gy_i(H)} + 0.42073\right] \tag{7-69}$$

运用有限元软件 Perform3D 对 10 个不同初始等效刚重比及内外筒抗弯刚度比的斜交网格筒结构以及不同高度、不同截面参数和刚度特征值的 9 个高层建筑框架-核心筒结构进行弹塑性分析，分别得到斜交网格筒结构体系及框架-核心筒结构体系最大层间位移角与结构总位移角之间的关系。10个斜交网格筒结构有限元模型的结构尺寸同7.2.1节变形分析算例中的结构，有限元模型如图7-12所示。外筒斜柱为钢管混凝土柱，钢管厚30mm，钢管采用Q235，内筒为混凝土剪力墙结构，连梁高度为400～1200mm，厚度与剪力墙厚度相同，混凝土强度等级为C60，结构其他参数见表7-3。9个框架-核心筒结构的每个立面有四跨，宽度为28.8m，核心筒宽度为14.4m，结构具体参数如表7-4所示。框架柱及核心筒的混凝土强度等级均为C50，框架梁混凝土的强度等级C30，有限元模型如图7-13所示。斜柱、框架柱及框架梁均采用纤维单元，剪力墙和连梁采用壳单元。

图7-12　斜交网格筒结构有限元模型　　　　图7-13　框架-核心筒结构有限元模型

斜交网格筒结构参数表　　　　　　　　　　表7-3

模型	斜柱尺寸（mm）	内筒墙厚（mm）	内外筒抗弯刚度比	初始等效刚重比
1	360	600	1.57	4.25
2	550	600	0.81	4.97
3	730	600	0.51	5.44
4	810	600	0.43	5.60
5	850	600	0.5	13.7
6	850	600	0.5	6.84
7	850	600	0.5	4.58
8	850	600	0.5	3.35
9	850	600	0.5	2.61
10	850	600	0.5	2.06

框架-核心筒结构参数表　　　　　　　　　　表7-4

模型	柱子尺寸（mm）（长×宽）	墙肢墙厚（mm）	高宽比	刚度特征值	初始等效刚重比
30a	1000×1000	400	3.75	1.51	8.33
30b	1400×1400	400	3.75	2.48	9.61
30c	1000×1000	600	3.75	1.2	9.06
36a	1100×1100	400	4.5	2.67	6.55
36b	1500×1500	400	4.5	3.05	8.02
36c	1100×1100	600	4.5	2.18	7.03
42a	1200×1200	500	5.25	3.25	5.68
42b	1600×1600	500	5.25	3.63	6.65
42c	1200×1200	600	5.25	2.67	6.02

图 7-14 给出了不同参数的斜交网格筒结构体系最大层间位移角与结构总位移角之间的关系。从图中可知，在相同高宽比条件下，内外筒刚度比变化及体系初始等效刚重比变化对最大层间位移角与结构总位移角关系影响较小，虽然最大层间位移角出现位置随时间沿楼层有一定变化，但二者近似呈线性关系。通过对图 7-14 数据拟合，得到斜交网格筒结构体系最大层间位移角与总位移角之间的关系

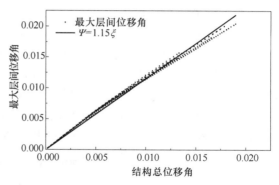

图 7-14 斜交网格筒结构最大层
间位移角与总位移角关系曲线

$$\theta_{\max} = \frac{1.15 y(H)}{H} \tag{7-70}$$

式中 $\theta_{\max}$ ——最大层间位移角。

斜交网格筒结构瞬时等效刚重比与最大层间位移角的关系为

$$\lambda_i = 0.24816 \left[\frac{1.15 V_0}{G\theta_{i\max}} + 0.42073 \right] \tag{7-71}$$

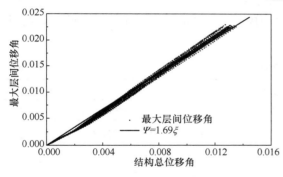

图 7-15 框架-核心筒最大层间
位移角与总位移角关系曲线

图 7-15 给出了不同参数的框架-核心筒结构体系最大层间位移角与结构总位移角之间的关系。从图中可知，高宽比和内外筒刚度比变化及体系初始等效刚重比变化对最大层间位移角与结构总位移角关系影响较小，二者近似呈线性关系。通过对图 7-15 数据拟合，得到框架-核心筒结构体系最大层间位移角与总位移角之间的关系

$$\theta_{\max} = \frac{1.69 y(H)}{H} \tag{7-72}$$

框架-核心筒结构瞬时等效刚重比与最大层间位移角的关系

$$\lambda_i = 0.24816 \left[\frac{1.69 V_0}{G\theta_{i\max}} + 0.42073 \right] \tag{7-73}$$

7.3.2 基于瞬时等效刚重比退化的失效判别方法

瞬时等效刚重比随着结构非线性变形的累积而减小，其本质反映了结构整体稳定失效演化过程中刚度的不断退化。因此，基于瞬时等效刚重比变化提出结构整体稳定的失效判别指标，即等效刚重比退化率 F，该指标本质上与刚度衰减具有相同的物理意义，且瞬时等效刚重比为一无量纲量，可以通过前述方法根据结构响应直接求得。

基于等效刚重比退化的失效判别指标表达式为

$$F = 1 - \frac{\lambda_i}{\lambda_0} \tag{7-74}$$

式中 F ——等效刚重比退化率；

λ_0 ——初始等效刚重比；

λ_i——损伤后瞬时等效刚重比。

吕西林等人[125,140]对 3 种不同高宽比及不同刚度特征值的 9 个的框架－核心筒混合结构进行 500 多次的动力弹塑性分析，并结合已有的研究成果给出结构等效刚度、最大层间位移角及最终软化指标作为损伤指标的损伤等级划分方法。Sozen[141]通过试验分析，认为层间位移角可以进行损伤评价，当最大层间位移角小于 1/100 时，结构仅发生非重要构件的损伤，而当其达到 1/25 时，结构发生不可修复的破坏或倒塌。结合 Sozen 对变形指标的研究及吕西林等对不同损伤指标的总结，得到结构整体体系损伤等级划分如表 7-5 所示。

不同损伤等级对应的损伤指标范围 表 7-5

	基本完好	轻微破坏	中等破坏	严重破坏	倒塌
最大层间位移角	≤1/680	1/680～1/360	1/360～1/100	1/100～1/25	≥1/25
等效刚度下降幅值	≤10%	10%～20%	20%～50%	50%～75%	≥75%
最终软化指标	≤0.10	0.10～0.20	0.20～0.50	0.50～0.750	≥0.75

失效判别指标与刚度变化反映相同的物理意义，结构整体失效判别指标的变化应对应相同的刚度下降幅值，因此，结合上述不同损伤等级对应的损伤指标范围，在总结振动台试验现象及工程经验并结合已有研究[142,143]将结构的损伤状态划分为五级，不同的损伤等级对应的结构整体破坏现象描述及损伤等级对应的基于瞬时等效刚重比退化的失效判别指标范围如表 7-6 所示。

不同损伤程度对应的失效判别指标范围 表 7-6

损伤等级	破坏现象描述	失效判别指标 F
基本完好	个别混凝土耗能构件，钢筋未屈服。底层个别竖向构件细微开裂，钢筋未屈服	0～0.10
轻微破坏	少数混凝土耗能构件开裂，个别耗能构件钢筋屈服。少数竖向构件开裂，个别竖向构件钢筋屈服	0.10～0.20
中等破坏	多数混凝土耗能构件不同程度开裂，少数耗能构件钢筋屈服。多数竖向构件开裂，少数竖向构件钢筋屈服	0.20～0.50
严重破坏	大多数混凝土耗能构件钢筋屈服，多数耗能构件严重破坏。大多数竖向构件出现不同程度开裂，底部竖向构件钢筋屈服	0.50～0.75
失效	混凝土耗能构件普遍破坏。大多数底部楼层竖向构件钢筋屈服，底部多数竖向构件严重破坏	≥0.75

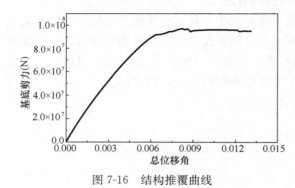

图 7-16 结构推覆曲线

7.3.3 失效判别方法的数值验证

为了验证失效判别方法的正确性，以斜交网格筒结构为例，对表 7-3 中模型 7 进行了推覆分析，并选取 20 条Ⅱ类场地的天然波对其进行了罕遇地震作用下的弹塑性分析。地震峰值加速度取 620gal 地震波编号及名称如表 7-7 所示。模型 7 初始等效刚重比为 4.58，在倒三角形荷载作用下的推覆曲线如图 7-16 所示。

20 条地震波编号和名称

表 7-7

编号	地震波	编号	地震波
E-1	Chalfant Velley-02	E-11	Hector1787
E-2	Northridge-01	E-12	Landers0838
E-3	Imperial Velley-06	E-13	Loma0769
E-4	Loma Prieta	E-14	Loma0779
E-5	Northridge	E-15	Loma0802
E-6	Imperial Velley-06	E-16	Sanfern0079
E-7	San Fernando	E-17	Kern0015
E-8	Parkfield	E-18	Landers0879
E-9	Bagnoli Irpino	E-19	Loma7621
E-10	Cerro Prieto	E-20	Cape0827

所有 20 个工况的失效判别结果与基于变形指标的评价结果以及基于最终软化指标的评价结果如表 7-8 所示，与变形指标及最终软化指标的评价结果对比表明，基于瞬时等效刚重比退化的失效判别方法与最终软化指标的评价结果基本一致；与变形指标的评价结果，在大多数工况下两者一致，个别工况略有出入。可认为基于瞬时等效刚重比退化的失效判别方法与最终软化指标较变形指标能更好地表征结构的损伤情况。

不同评价结果比较

表 7-8

地震编号	变形指标	损伤等级	软化指标	损伤等级	本章指标	损伤等级
E-1	1/132	中等破坏	0.28	中等破坏	0.30	中等破坏
E-2	1/86.6	严重破坏	0.52	严重破坏	0.52	严重破坏
E-3	1/320.7	中等破坏	0.19	轻微破坏	0.13	轻微破坏
E-4	1/415.1	轻微破坏	0.10	轻微破坏	0.10	轻微破坏
E-5	1/194.7	中等破坏	0.33	中等破坏	0.20	中等破坏
E-6	1/103.9	中等破坏	0.41	中等破坏	0.43	中等破坏
E-7	1/163	中等破坏	0.26	中等破坏	0.23	中等破坏
E-8	1/100.6	中等破坏	0.43	中等破坏	0.44	中等破坏
E-9	1/89.4	严重破坏	0.50	严重破坏	0.51	严重破坏
E-10	1/108	中等破坏	0.39	中等破坏	0.40	中等破坏
E-11	1/111.8	中等破坏	0.37	中等破坏	0.39	中等破坏
E-12	1/102.6	中等破坏	0.42	中等破坏	0.43	中等破坏
E-13	1/98.3	严重破坏	0.45	中等破坏	0.46	中等破坏
E-14	1/73.7	严重破坏	0.62	严重破坏	0.59	严重破坏
E-15	1/66.8	严重破坏	0.69	严重破坏	0.62	严重破坏
E-16	1/77.9	严重破坏	0.59	严重破坏	0.56	严重破坏
E-17	1/78	严重破坏	0.59	严重破坏	0.56	严重破坏
E-18	1/91.4	严重破坏	0.49	中等破坏	0.49	中等破坏
E-19	1/75	严重破坏	0.61	严重破坏	0.57	严重破坏
E-20	1/85	严重破坏	0.53	严重破坏	0.52	严重破坏

7.4 失效判别方法的试验验证

7.4.1 子结构试验验证

为了验证基于瞬时等效刚重比退化的失效判别方法的正确性，对典型斜交网格结构体系含两个模块的子结构1：20缩尺模型进行拟静力试验，缩尺模型平面尺寸为1.8m×1.8m，模型总高为2.4m，模型参数如表7-9所示。试验模型及试验加载装置如图7-17所示，试验过程中对模型进行低周往复循环的位移加载，加载制度如图7-18所示，每2mm为一级，6mm前每级循环两次，之后每级循环四次，直至试验模型出现一定程度的破坏。

模型构件参数 表7-9

构件名称	材料	截面尺寸（长×宽×厚）（mm）
外筒斜柱（方钢管）	Q235-B	20×20×2
外筒环梁（角钢）	Q235-B	30×30×3
楼板＋支撑（角钢）	Q235-B	2/30×30×3
核心筒剪力墙	Q235-B	5
核心筒连梁（方钢管）	Q235-B	30×30×2

(a)   (b)

图 7-17 试验模型及加载装置

（a）试验模型；（b）加载装置

图 7-18 低周往复循环加载过程

试验中当子结构模型的滞回曲线达到峰值点后，随着循环加载位移的增大，各级滞回曲线的峰值点未出现明显降低，最后试验模型外筒斜柱底部发生断裂。结构试验模型最终破坏形式为外筒底部斜柱断裂，导致试验模型承载力陡然下降。图7-19给出了斜柱最终的破坏形态。图7-20和图7-21分别给出了试验过程的滞回曲线及骨架曲线。

对应图7-18加载过程各阶段，得到的子结构瞬时等效刚重比及相应的失效判别指标及损伤程度如表 7-10 所示。加载位移为 2mm 时，失效判别指标为 0.00，结构完好。加载位移为 4.0mm 时，失效判别指标为 0.07，结构基本完好。加载位移为 6.0mm 时，失效判别指标为 0.17，结构轻微破坏。当加载位移达到 8.0mm 时，失效判别指标为 0.30，结构中等破坏。当加载到 10.0mm 时，失效判别指标为 0.47，结构仍为中等破坏。加载位移增加到 10.2mm 时试验结束，此时失效判别指标为 0.53，结构严重破坏。

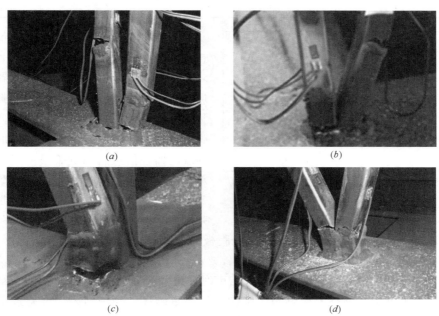

图 7-19 试验最终失效状态

（a）翼缘柱失效状态；（b）翼缘柱失效状态；（c）腹板角柱失效状态；（d）腹板中柱失效状态

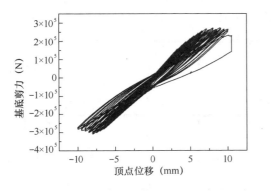

图 7-20 滞回曲线   图 7-21 骨架曲线

试验过程的失效判别结果   表 7-10

加载工况	循环幅值（mm）	瞬时等效刚重比	失效判别指标	损伤等级
1	0.0	9.51	0.00	基本完好
2	2.0	9.51	0.00	基本完好

加载工况	循环幅值（mm）	瞬时等效刚重比	失效判别指标	损伤等级
3	4.0	8.80	0.07	基本完好
4	6.0	7.85	0.17	轻微破坏
5	8.0	6.63	0.30	中等破坏
6	10.0	4.98	0.47	中等破坏
7	10.2	4.47	0.53	严重破坏

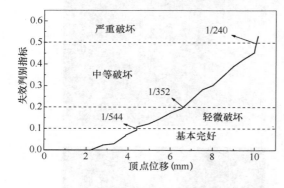

图 7-22 失效判别结果

试验过程中，随着位移的增加，连梁首先进入屈服，结构等效刚重比开始下降，随着荷载进一步增加，腹板斜柱进入屈服，结构进入轻微破坏阶段，判别结果为轻微破坏。随着位移荷载的继续增加，腹板立面角部斜柱发生断裂，且加载控制系统的监控信息表明试验模型仍有稳定的承载力储备，结构进入中等破坏阶段，与基于瞬时等效刚重比退化的失效判别方法判别结果一致。继续增大位移荷载至 10.2mm 时外筒受拉翼缘底部斜柱以及部分腹板立面斜柱突然发生断裂，结构严重破坏，试验停止，但此时结构仍然保持稳定未倒塌，结构进入严重破坏阶段。图 7-22 给出了试验过程中失效判别方法的判别结果，试验结束时，失效判别指标为 0.53，判别结果为严重破坏。最终关键构件斜柱发生断裂，结构发生严重破坏，判别结果与试验现象吻合较好，基于瞬时等效刚重比退化的失效判别方法可以较好地反映结构各个阶段的失效状态。

7.4.2　框架-核心筒结构试验验证

某高层钢框架—混凝土核心筒混合结构振动台试验模型的整体结构图和平面图分别如图 7-23 和图 7-24 所示。原型结构的设计信息如表 7-11 所示。模型尺寸相似比为 1/20。

图 7-23 试验模型

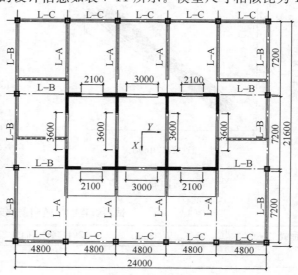

图 7-24 试验模型平面图

文献［140］对原形结构进行了 X、Y 两个方向的倒三角荷载作用下的 Pushover 分析，得到 X、Y 向基底剪力和顶点位移的关系曲线如图 7-25 所示。

原型结构信息 表 7-11

信息	参量	原型
抗震等级	—	剪力墙一级框架二级
设防烈度	—	7 度（0.1g）设计地震分组一组
荷载信息	—	恒荷载 8kN/m² 活荷载 8kN/m²
层数	—	15
层高	—	底层 5m 其他层 4m
总高	—	61m
自重	—	1.27633×10^8 N
楼板厚度	—	150mm
墙厚度	—	300mm
梁尺寸	腹板厚×高度×宽度×翼缘厚	L-A 梁：10mm×400mm×180mm×13mm L-B 梁：8mm×300mm×150mm×10mm L-C 梁：6mm×240mm×120mm×8mm
柱尺寸	长度×宽度×厚度	400mm×400mm×12mm
钢筋	—	主筋 HRB335，分布钢筋 HPB235
钢材	—	Q345
混凝土	—	C40
连接	—	钢梁和剪力墙之间采用铰接连接

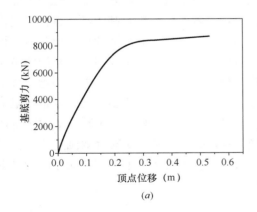
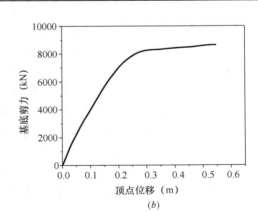

图 7-25　基底剪力与顶点位移关系曲线

(a) X 向；(b) Y 向

依据文献［140］提供的 Pasadena 波工况作用下的小震和大震的试验结果和模拟结果对失效判别方法进行验证。表 7-12 给出了 Pasadena 波小震和大震 Y 向地震作用结构响应的试验结果和数值模拟结果。结构自重为 1.28×10^8 N，单位高度的自重为 2.09×10^6 N/m。失效判别方法得到的结果及试验得到的结构损伤程度及文献结果如表 7-13 所示，小震作用下，由式（7-74）获得失效判别指标为 0.074，判别结果为基本完好，文献［140］得到的最终软化指标为 0.050，判别结果为基本完好。大震作用下，失效判别指标为 0.279，判别结果为中等破坏，文献［140］得到的最终软化指标为 0.300，对应的结构损伤等级为中等破坏。失效判别方法与文献方法对结构损伤等级评价结果一致，且小震作用和大震作用下得到的判别结果与试验结果一致。

Pasadena 波作用下试验与数值结果 表 7-12

项目	试验结果 （峰值 35gal）	试验结果 （峰值 220gal）	数值结果 （峰值 35gal）	数值结果 （峰值 220gal）
基本周期（s）	1.587	2.289	1.579	1.652
顶点最大位移（mm）	89.88	338.13	74.83	322.70
最大总位移角	1/680	1/181	1/815	1/189
最大层间位移角	—	—	1/714	1/173

本章评估结果与试验现象及文献结果对比 表 7-13

项目	瞬时等效刚重比	失效判别指标	本章判别结果	文献［140］评估方法	试验现象
初始值	5.871	0	—	—	—
小震作用后	5.386	0.074	基本完好	基本完好	基本完好
大震作用后	4.196	0.279	中等破坏	中等破坏	中等破坏

试验所得的结果为 Pasadena 波小震下，结构体系的损伤等级为基本完好，大震作用下结构体系的损伤等级为中等破坏，失效判别结果与文献［140］结果及试验结果一致，说明失效判别方法可以较好地反映体系的损伤情况。

从以上分析可知，结构大震失效为在罕遇地震作用下结构因二阶效应非线性增大导致结构达到整体失稳倒塌界限，通过高层建筑结构重力二阶效应分析及基于刚度退化的结构整体稳定分析，可以建立高层建筑结构的失效判别方法。包括：通过连续化变形分析，得到了水平荷载作用下高层建筑结构变形曲线的近似计算公式，提出了高层建筑结构体系初始等效抗弯刚度的求解方法，并通过有限元模拟进行了验证；采用线性叠加方法近似分析了重力二阶效应对高层建筑结构的影响，并通过与规范方法对比，给出了规范刚重比限值的修改建议；提出了瞬时等效刚重比的概念，并通过稳定平衡分析得到了瞬时等效刚重比的求解方法，建立了其与结构非线性响应之间的关系；提出了基于瞬时等效刚重比变化的高层建筑结构体系失效判别方法，明确了不同失效程度对应的指标范围，并通过试验对本方法加以验证，失效判别结果与试验结果相符较好。

第8章 基于材料损伤的竖向构件失效评价

8.1 概　述

联肢剪力墙墙肢和 RC 柱是高层建筑结构主要的竖向构件。在罕遇地震作用下，墙肢主要通过平面内弯剪刚度变形传递水平和竖向荷载，RC 柱截面两个方向刚度相近，通过截面两个主轴方向的弯剪刚度变形传递荷载，与墙肢失效模式有所差别。在抗震设计中需要保证竖向构件在抵抗预期地震时达到期望的性能水平，应对不同类型构件失效机制进行量化。目前，已有的基于位移、耗能等宏观量的构件地震失效模型，在宏观上能够较好地反映构件损伤的程度，但多是基于试验结果建立，对构件复杂受力情况下的适用性受限；而基于材料损伤的地震失效模型能较好地模拟构件失效本质且具有较好的精度。事实上，构件的损伤评价是基于材料损伤信息的转化得到的。由于材料的各向异性、拉压异性等，如何选择能够反映不同类型构件性能劣化本质的材料损伤信息，明确构件损伤演化的影响因素，如何处理材料损伤信息建立基于材料损伤的构件地震失效模型是基于性能抗震设计亟需解决的问题。

8.2　墙肢的失效研究

墙肢作为高层建筑结构主要的抗侧力构件，在地震作用下主要以弯剪变形的方式贡献水平刚度，以轴向变形的方式贡献垂直刚度。不同的变形形态产生不同的损伤状态和不同的失效模式，在相同的变形形态下由于高宽比等因素的影响，墙肢的材料损伤状态和失效模式也可能发生变化。本节主要分析这些参数对基于材料损伤发展演化特点的失效模式的影响，建立基于材料损伤信息的构件不同失效模式损伤模型。对墙肢有限元模拟分析采用通用有限元软件 ABAQUS，墙肢采用实体单元，钢筋选用Truss 单元，建模中将钢筋嵌入混凝土墙肢来考虑两者的相互作用，混凝土采用塑性损伤模型，钢筋采用理想弹塑性模型，墙肢有限元模型示意图如图 8-1 所示，墙肢下部端块底端固结，对上部端块施加不同的均布压力来模拟轴压比变化，通过对上部端块施加水平位移模拟墙肢的水平荷载。

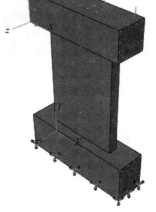

图 8-1　墙肢有限元模型示意图

8.2.1　失效影响因素分析

影响剪力墙墙肢抗震性能的主要因素有高宽比、轴压比、混凝土材料强度及边缘约束构件的设置等。高宽比是影响墙肢失效模式的重要因素。试验统计结果表明：相同轴压比的

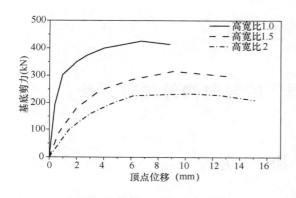

图 8-2 不同高宽比墙肢骨架曲线

墙肢随着高宽比的增大，破坏形态由剪切型向弯曲型转变，延性及耗能能力均有所提高[144-147]。选用文献［148］所完成墙肢试验数据，其中包括高宽比为2.0、1.5、1.0三种情况，具体参数如表8-1所示。三种高宽比墙肢对应的数值模拟骨架曲线如图8-2所示，随着高宽比的增大，墙肢的变形能力明显提高，构件材料的损伤特点也发生相应变化，不同高宽比对应的构件破坏状态的数值模拟结果及试验结果如图8-3和图8-4所示，三种高宽比墙肢的材料损伤分布与试验破坏现象吻合较好，表明基于材料损伤信息的有限元分析方法可以较好地反映构件的损伤状态。随着高宽比的增大，墙肢的材料损伤发展特点发生明显改变，损伤随高宽比增大越来越向端部集中。

墙肢设计参数   表 8-1

试件编号	墙肢尺寸（mm）高×宽×厚	高宽比	混凝土强度等级	边缘约束构件（mm）	轴压比	暗柱纵筋	暗柱配箍
SW2-1	1000×1000×125	1.0	C40	200（$0.2h_w$）	0.3	6Φ10	Φ6@80
SW2-2	1500×1000×125	1.5	C40	200（$0.2h_w$）	0.3	6Φ10	Φ6@80
SW2-3	2000×1000×125	2.0	C40	200（$0.2h_w$）	0.3	6Φ10	Φ6@80

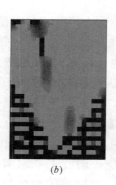

(a)   (b)   (c)

图 8-3 数值模拟墙肢损伤分布
(a) 高宽比1.0；(b) 高宽比1.5；(c) 高宽比2.0

轴压比是影响墙肢失效模式的另一重要因素。已有大量试验结果表明：相同高宽比的墙肢，轴压比在一定范围内增加，其侧向承载力有所提高，但是延性及变形能力变差，选用文献［148］所完成墙肢试验数据，其中包括轴压比为0.1、0.2、0.3和0.4四种情况，具体参数如表8-2所示。四种轴压比墙肢对应的数值模拟骨架曲线如图8-5所示，轴压比在一定范围内增大，侧向承载力略有提高。主要原因是，轴压比在较小范围增加时可以适

(a)　　　　　　　　　　　(b)　　　　　　　　　　(c)

图 8-4　试验墙肢损伤状态

(a) 高宽比 1.0；(b) 高宽比 1.5；(c) 高宽比 2.0

当减小偏心距，一定程度提高墙肢承载能力。轴压比进一步增大延性及变形能力下降明显。主要原因是，轴压比增大到某一值时，墙肢的材料损伤发展特点发生明显改变。当高宽比为 1.5，轴压比为 0.1 的墙肢，当端部截面边缘材料受压损伤达到损伤极限值即出现受压失效区时，墙肢出现明显的斜向受压损伤，且当斜向出现受拉损伤后，墙肢承载能力仍未达到峰值点，失效模式表现为弯曲型失效，如图 8-6 所示。而对于轴压比为 0.4 的墙肢，当端部

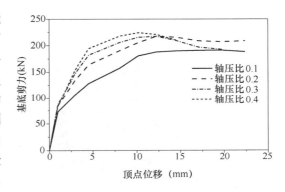

图 8-5　不同轴压比墙肢骨架曲线

边缘混凝土材料出现受压失效区域时，墙面已经出现明显的斜向受压损伤，如图 8-7 所示。构件承载能力在斜向受拉损伤开始迅速发展且边缘受拉损伤分布沿墙肢高度不再扩展时达到峰值点开始下降，失效模式表现为剪切型。因此，轴压比对表征墙肢材料损伤发展特点的失效模式影响较大。

墙肢设计参数　　　　　　　　　　　　　　　　表 8-2

试件编号	墙肢尺寸（mm）高×宽×厚	高宽比	混凝土强度等级	边缘约束构件（mm）	轴压比	暗柱纵筋	暗柱配箍
SW1-1	2000×1000×125	2.0	C30	(0.2h_w)	0.1	6Φ10	Φ6@80
SW1-2	2000×1000×125	2.0	C30	(0.2h_w)	0.2	6Φ10	Φ6@80
SW1-3	2000×1000×125	2.0	C30	(0.2h_w)	0.3	6Φ10	Φ6@80
SW1-4	2000×1000×125	2.0	C30	(0.2h_w)	0.4	6Φ10	Φ6@80

　　由试验结果可知混凝土材料强度对剪力墙的抗震性能影响较大[149-151]，但其对表征材料损伤发展特点的失效模式不起决定性作用，因此，混凝土材料强度对墙肢失效模式的影响仅在材料损伤模型中予以考虑即可。

 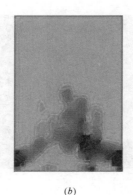

(a)   (b)

图 8-6 轴压比为 0.1 时损伤分布

(a) 受拉损伤；(b) 受压损伤

 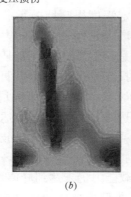

(a)   (b)

图 8-7 轴压比为 0.4 时损伤分布

(a) 受拉损伤；(b) 受压损伤

  边缘约束构件的设置对墙肢变形能力影响显著，合理设置边缘约束构件可以有效提高墙肢的变形能力[151-153]，我国建筑结构抗震设计规范[154]对其有明确的规定。本节选用文献［148］所完成墙肢试验数据，其中包括边缘约束构件长度为 $0.15h_w$、$0.2h_w$、$0.25h_w$ 三种情况，h_w 为墙肢截面高度，具体参数如表 8-3 所示。

墙肢设计参数

表 8-3

试件编号	墙肢尺寸（mm）高×宽×厚	高宽比	混凝土强度等级	边缘约束构件（mm）	轴压比	暗柱纵筋	暗柱配箍
SW5-1	2000×1000×125	2.0	C40	250（$0.25h_w$）	0.3	6Φ10	Φ6@80
SW5-3	2000×1000×125	2.0	C40	150（$0.15h_w$）	0.3	6Φ10	Φ6@80
SW6-1	2000×1000×125	2.0	C40	200（$0.2h_w$）	0.3	6Φ10	Φ4@80

  三种边缘约束构件长度设置的墙肢对应的数值模拟骨架曲线如图 8-8 所示，边缘约束构件长度为 $0.15h_w$ 时，墙肢延性较好，边缘约束构件尺寸过大将使墙肢变形能力降低。边缘构件的设置可以使高宽比较大的墙肢材料损伤发展特点发生变化，如图 8-9 和图 8-10 所示，当高宽比均为 2.0，轴压比均为 0.5 时，对于按规范设置了边缘构件的墙肢，边缘

材料受压失效区域出现使承载能力开始下降，墙肢材料损伤发展特点为受拉损伤和受压损伤由根部产生并累积，根部材料损伤累积导致构件承载力下降，墙肢失效模式为弯曲型。对于未设置边缘构件的墙肢，边缘材料受拉损伤分布沿墙肢高度停止发展且斜向受拉损伤的快速发展导致承载能力下降，墙肢的失效模式表现为剪切型。由此可见，边缘约束构件的设置对墙肢的失效模式影响不可忽略。

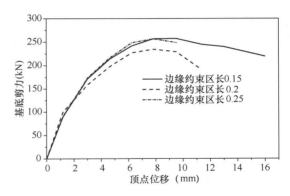

图 8-8　不同边缘约束构件长度墙肢骨架曲线

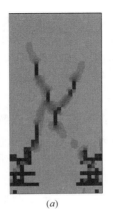

(a)

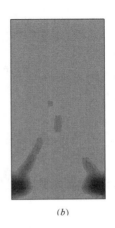

(b)

图 8-9　未设置边缘构件时的损伤分布

（a）受拉损伤；（b）受压损伤

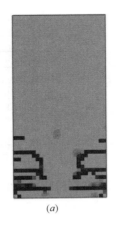

(a)

(b)

图 8-10　设置边缘构件时墙肢的损伤分布

（a）受拉损伤；（b）受压损伤

8.2.2　失效模式分类及失效演化过程描述

通过对已有的试验构件及设计的不同参数的 63 片墙肢数值模拟分析：墙肢产生平面

弯剪变形时，材料损伤发展和累积表现出阶段性特点，墙肢性能的阶段性变化对应着材料损伤累积和扩展的阶段性特点，材料损伤阶段性的发展反映了构件性能阶段性变化的本质。基于材料损伤发展规律将构件失效演化过程划分为基本完好阶段、轻微损坏阶段、中度损坏阶段、严重损坏阶段和失效五个阶段。

高宽比和轴压比等因素使材料损伤和构件失效演化过程表现出不同的特点。墙肢平面内的弯曲变形和剪切变形成分分别引起构件不同的材料损伤，弯曲变形成分引起的损伤即弯曲型损伤特点为端部出现水平分布的受拉和受压损伤，剪切变形成分引起的损伤即剪切型损伤特点为中部出现斜向分布的受拉和受压损伤。当弯曲变形引起的损伤成分对构件性能的发展起控制作用时，定义为弯曲型失效；当剪切变形引起的损伤成分对构件性能的发展起控制作用时，定义为剪切型失效。

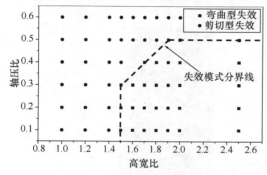

图 8-11　不同参数对墙肢失效模式的影响

8.2.2.1　失效模式分类

对已有试验数据和有限元模拟结果的分析表明高宽比、轴压比和边缘构件的设置是影响墙肢弯剪变形下失效模式的主要因素。不同参数对墙肢失效模式的影响如图 8-11 所示，在按规范设置了边缘构件情况下，高宽比增大，弯曲型损伤成分增加，高宽比减小，剪切型损伤成分增加。轴压比减小弯曲型损伤成分增加。边缘约束构件的合理设置可以保证高宽比较大的墙肢在弯剪变形下发生弯曲型失效。

通过上述对不同参数墙肢失效模式的影响分析及数值模拟结果统计分析，给出了合理设置边缘约束构件的情况下，墙肢不同类型失效模式对应的参数取值范围如表 8-4 所示。

墙肢失效模式分类　　　　　　　　　　　　　　　　　　　　　　　　　　表 8-4

高宽比	轴压比					
	≤0.1	0.2	0.3	0.4	0.5	≥0.6
≤1.4	剪切型	剪切型	剪切型	剪切型	剪切型	剪切型
1.5	弯曲型	弯曲型	弯曲型	剪切型	剪切型	剪切型
1.6	弯曲型	弯曲型	弯曲型	剪切型	剪切型	剪切型
1.7	弯曲型	弯曲型	弯曲型	弯曲型	剪切型	剪切型
1.8	弯曲型	弯曲型	弯曲型	弯曲型	剪切型	剪切型
≥1.9	弯曲型	弯曲型	弯曲型	弯曲型	弯曲型	剪切型

8.2.2.2　弯曲型失效

墙肢失效演化过程中端部出现水平分布的受拉和受压损伤的发展和累积对墙肢的性能起控制作用时，墙肢的失效模式为弯曲型失效。墙肢产生弯曲型失效时，材料损伤发展过程即失效演化过程经历如下五个阶段：

（1）基本完好阶段　墙肢保持基本弹性，由于混凝土材料属于受拉敏感性材料，在较低水平的拉应力状态下产生一定的受拉损伤，但程度较小。墙肢处于带裂缝工作状态，这种细微裂缝不影响墙肢整体性能，构件宏观依然表现为弹性状态，此时构件的宏观状态为墙面仅出现少量细裂纹。

（2）轻微损坏阶段　随着水平作用的不断增大，墙肢混凝土材料受拉损伤程度不断发展，受拉损伤范围迅速扩展，该阶段结束时受压损伤开始出现。墙肢宏观的性能有所下降，刚度出现轻微退化，此时，对应构件的宏观状态为墙肢底部出现明显的水平受拉裂缝，裂缝范围不断地向墙肢中部发展。

（3）中度损坏阶段　随着水平作用的进一步增加，墙肢底部两侧边缘混凝土材料产生受压损伤，且受压损伤不断累积，该阶段结束时边缘混凝土材料受压损伤达到极限值，开始出现受压失效区。墙肢宏观的性能发生较明显的下降，刚度退化较大，此时，对应构件宏观状态为墙肢的受拉水平裂缝不断扩展，墙肢底部两侧边缘的混凝土出现脱落。

（4）严重损坏阶段　墙肢底部两侧边缘的混凝土材料受压损伤累积达到极限值，局部材料受压失效，受压损伤范围由边缘向截面中间扩展，损伤程度不断增大，失效区域逐渐扩展，相当于墙肢截面高度降低，构件的承载能力出现明显的下降，刚度退化严重，此时，对应构件的宏观状态为墙面底部截面裂缝贯通，裂缝宽度增大，角部混凝土压碎掉落。

（5）失效　墙肢端部截面混凝土材料受压失效区域基本贯通，截面有效高度近似于零，刚度严重退化，墙肢基本丧失承载能力。此时，对应构件的宏观状态为混凝土大面积脱落，局部区域的钢筋和混凝土失去共同工作的能力，钢筋外露屈曲。

各失效演化阶段的临界状态分别定义为：

1）弹性极限点　基本完好，无损坏阶段与轻微损坏阶段的临界点为混凝土材料开始出现较低水平向受拉损伤的时刻，对应的状态如图 8-12（a）所示。

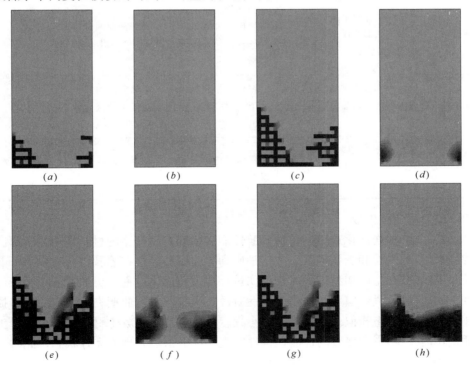

图 8-12　墙肢弯曲型失效对应各失效临界状态的损伤分布
（a）弹性极限点材料受拉损伤分布；（b）弹性极限点材料受压损伤分布；（c）屈服临界点材料受拉损伤分布；
（d）屈服临界点材料受压损伤分布；（e）承载力峰值点材料受拉损伤分布；（f）承载力峰值点材料受压损伤分布；
（g）承载力极限点材料受拉损伤分布；（h）承载力极限点材料受压损伤分布

2）屈服临界点　轻微损坏阶段与中度损坏阶段的临界点为墙肢底部截面边缘混凝土材料开始出现较小受压损伤的时刻，对应的状态如图 8-12（b）所示。

3）承载能力峰值点　中度损坏阶段与严重损坏阶段的临界点为墙肢底部截面边缘混凝土材料开始出现失效区域，即边缘材料出现受压损伤达到极限值的时刻，对应的状态如图 8-12（c）所示。

4）承载能力极限点　严重损坏阶段与构件失效的临界点为墙肢底部截面高度范围内混凝土材料失效区域基本贯通，即墙肢材料受压损伤达到极限值的区域沿截面高度贯通的时刻，对应的状态如图 8-12（d）所示。

墙肢弯曲型失效演化过程的各阶段损伤状态，构件宏观损坏描述及各状态之间的临界点如表 8-5 所示。

墙肢弯曲失效各阶段对应的构件损伤描述及临界点　表 8-5

构件失效状态	宏观损坏描述	材料受拉损伤	材料受压损伤	状态临界点
基本完好阶段	墙面仅有少量细微裂纹	为零或接近于零	为零	弹性极限点
轻微损坏阶段	墙肢底部出现明显的水平受拉裂缝，并向墙肢中部发展	底部截面出现明显水平损伤并向周围扩展	为零或接近于零	屈服临界点
中度损坏阶段	墙肢的受拉水平裂缝不断扩展，墙肢底部两侧边缘的混凝土出现酥裂脱落	损伤沿构件高度继续向中部和上部扩展并开始在端部累积	底部截面两侧出现并不断累积	承载能力峰值点
严重损坏阶段	墙面底部截面裂缝贯通，裂缝宽度增大，角部混凝土压碎掉落	损伤的扩展减缓并在端部进一步累积	底部截面边缘出现受压失效区域并开始向中部扩展	承载能力极限点
构件失效	混凝土大面积脱落，局部区域的钢筋和混凝土失去共同工作的能力，钢筋外露屈曲	损伤停止扩展和累积	受压失效区域扩展至基本贯通	

8.2.2.3　剪切型失效

剪切型失效的损伤演化过程中，对墙肢性能劣化起控制作用的材料损伤为中部出现并发展的斜向分布的受拉和受压损伤，由于轴向和弯曲变形的存在墙肢边缘材料仍可能出现受压损伤，当墙肢产生剪切型失效时，损伤过程即失效演化过程经历如下五个阶段：

（1）基本完好阶段　墙肢基本处于弹性阶段，该阶段与弯曲型失效对应的材料损伤特点及构件宏观损坏状态相似。局部出现较小程度受拉损伤，混凝土材料处于带裂缝工作状态，这种细微裂缝不影响墙肢的性能，构件宏观的性能依然表现为完好状态，此时，对应构件的宏观状态为墙面仅出现少量细裂纹。

（2）轻微损坏阶段　随着水平作用的不断增大，墙肢混凝土材料受拉损伤程度不断发展，受拉损伤范围迅速扩展，除底部截面外，斜截面材料也出现一定程度受拉损伤，该阶段结束时刻受压损伤出现。墙肢宏观的性能有所下降，刚度出现轻微退化，此时，对应构件的宏观状态为墙肢底部出现明显的水平受拉裂缝，不断地向墙肢中部发展，且墙肢中部出现斜向裂缝。

（3）中度损坏阶段　随着水平作用的进一步增加，墙肢底部两侧边缘混凝土材料产生明显的受压损伤，且墙肢中部出现明显的斜向压损伤，斜向拉、压损伤不断累积和扩展，墙肢宏观性能发生较明显的下降，刚度退化较大，此时，对应构件的宏观状态为墙肢的受拉水平裂缝及中部斜裂缝不断扩展，墙肢底部两侧边缘的混凝土出现脱落。

（4）严重损坏阶段　墙肢底部两侧边缘的混凝土材料受压损伤和中部材料斜向受压损伤均不断累积，斜向受压损伤区域不断扩展，损伤程度不断增大，失效区域逐渐扩展，墙肢的底部截面高度及斜截面高度均降低。该阶段结束时刻墙肢底部边缘材料受压损伤达到极限值。此时，对应构件的宏观状态为墙肢底部截面裂缝贯通，斜向裂缝迅速扩展，裂缝宽度增大，角部混凝土压碎掉落。

（5）失效　墙肢底部截面及中部斜截面混凝土材料受压失效区域的不断扩展和贯通，使截面有效高度不断降低，最终导致刚度严重退化，墙肢基本丧失承载能力。此时，对应构件整体的宏观状态为墙面斜裂缝不断扩展，局部区域的钢筋外露屈曲。

各失效演化阶段的临界状态分别定义为：

1）弹性极限点　基本完好，无损坏阶段与轻微损坏阶段的临界点为混凝土材料开始出现较低水平向受拉损伤的时刻，对应的状态如图 8-13（a）所示。

图 8-13　墙肢剪切型失效对应各临界状态的损伤分布
（a）弹性极限点材料受拉损伤分布；（b）弹性极限点材料受压损伤分布；（c）屈服临界点材料受拉损伤分布；
（d）屈服临界点材料受压损伤分布；（e）承载力峰值点材料受拉损伤分布；（f）承载力峰值点材料受压损伤分布；
（g）承载力极限点材料受拉损伤分布；（h）承载力极限点材料受压损伤分布

2）屈服临界点　轻微损坏阶段与中度损坏阶段的临界点为墙肢底部截面两侧混凝土材料开始出现较小受压损伤的时刻，对应的状态如图 8-13（b）所示。

3）承载能力峰值点　中度损坏阶段与严重损坏阶段的临界点为墙肢底部边缘材料受拉损伤沿高度不再扩展且斜截面混凝土材料受拉损伤迅速扩张的时刻，对应的状态如图 8-13（c）所示。

4）承载能力极限点　严重损坏阶段与构件失效的临界点为墙肢斜截面混凝土材料受压失效区域扩展与底部截面边缘失去区域基本贯通，即墙肢材料受压损伤达到极限值的区域沿截面高度贯通的时刻，对应的状态如图 8-13（d）所示。

墙肢剪切型失效演化过程的各阶段失效状态，构件宏观损坏描述及各状态之间的临界点如表 8-6 所示。

墙肢剪切型失效各阶段对应的构件损伤描述及临界点　　　　表 8-6

构件失效状态	宏观损坏描述	材料受拉损伤	材料受压损伤	状态临界点
基本完好阶段	墙面仅有少量细微裂纹	零或接近于零	零	弹性极限点
轻微损坏阶段	墙肢底部出现明显的水平受拉裂缝，并向墙肢中部发展，墙肢中部出现斜裂缝	底部截面出现明显水平损伤并向周围扩展，斜向损伤在中部出现	零或接近于零	屈服临界点
中度损坏阶段	墙肢的受拉水平裂缝和斜裂缝不断扩展，墙纸角部的混凝土酥裂脱落	损伤沿构件高度向上部和中部扩展，斜向损伤在中部迅速发展	底部截面两侧出现水平向受压损伤，中部出现斜向受压损伤，损伤不断累积	承载能力峰值点
严重损坏阶段	水平受拉裂缝停止扩展，斜向受拉裂缝则快速发展，宽度明显增加，角部混凝土酥裂脱落	水平损伤不再扩展，斜向损伤不断扩展累积	受压损伤在底部截面边缘和中部均积累至出现受压失效区域	承载能力极限点
构件失效	混凝土大面积脱落，局部区域的钢筋和混凝土失去协同工作能力，钢筋外露	斜向损伤程度继续加剧	中部和边缘的受压损伤失效区迅速扩展并贯通	

8.2.3　失效演化过程各阶段的损伤指标标定

根据在墙肢失效演化过程中材料损伤阶段性的发展和累积对墙肢性能退化的影响规律，选取恰当的材料损伤指标来合理反映材料的损伤发展过程，并对所选取的不同性能阶段进行损伤指标标定，实现墙肢材料损伤发展与构件失效演化过程的量化描述。

墙肢发生弯曲型失效时，如前文描述，墙肢性能的劣化过程中材料损伤主要经历了边缘材料受拉损伤出现及扩展累积到底部截面边缘材料受压损伤出现及扩展累积直至全截面失效五个阶段，基于材料损伤信息定义了能够表征弯曲型失效构件损伤演化过程各阶段损伤发展及性能退化物理意义的三个损伤指标，将墙肢沿截面高度方向划分为若干材料纤维，具体指标如图 8-14 所示，各损伤指标的定义及物理意义描述如下：

（1）D_{tfh} 为墙肢边缘材料纤维受拉损伤相对高度。D_{tfh} 所代表的端部受拉损伤的出现及扩展是墙肢由第一阶段到第二阶段性能退化的原因。

（2）D_{cfm} 为墙肢端部截面边缘纤维材料受压损伤最大值。D_{cfm} 所代表的端部受压损伤的产生和累积是墙肢由第二性能阶段向第三阶性能阶段和第三阶段向第四阶段性能退化的原因。

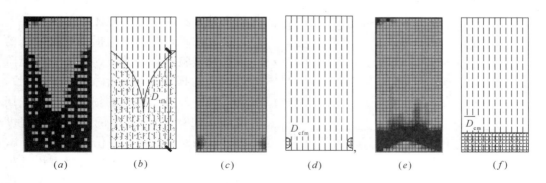

图 8-14 墙肢损伤指标示意图

(a) 受拉损伤分布;(b) D_{tfh};(c) 边缘受压损伤;

(d) D_{cfm};(e) 端部截面受压损伤;(f) $\overline{D_{cm}}$

(3) $\overline{D_{cm}}$ 为墙肢截面各材料纤维受压损伤最大值的平均值。各材料纤维受压损伤平均值达到损伤上限值对应的物理意义为墙肢失效区域沿截面贯通,有效截面高度为零,墙肢丧失承载能力,因此 $\overline{D_{cm}}$ 所代表的受压损伤的累积和失效区的扩展贯通是墙肢由第四性能阶段向第五性能阶段即失效演化的原因。

结合材料损伤发展演化过程及墙肢性能变化的物理意义及大量的有限元模拟结果,表 8-7 给出了本章提出的各损伤指标值对应的墙肢弯曲型失效演化过程中的各性能阶段及临界点的损伤值。

墙肢弯曲型失效各阶段构件损伤指标　　　　　　　　　表 8-7

性能临界点	弹性极限	屈服临界点	承载能力峰值	承载能力极限
损伤指标	D_{tfh}	D_{cfm}		$\overline{D_{cm}}$
损伤指标值	0.05	0.05	0.80	0.80
墙肢损伤指标 D	0.1	0.4	0.6	0.9

损伤等级	基本完好	轻微损坏	中度损坏	严重损坏	失效

表征第一阶段和第二阶段的临界状态的损伤指标为 D_{tfh},其物理意义为端部受拉损伤的出现及扩展,弹性极限点为出现损伤的临界时刻,而受拉损伤刚刚出现的时刻理论上存在,而实际上无法定义,选取代表较小受拉损伤水平的较小值 0.05 作为弹性极限点。表征第二阶段和第三阶段的临界状态为屈服点,构件的材料损伤发展特点统计分析表明,弯曲型失效墙肢端部受压损伤的出现表征构件进入屈服,因此表征屈服临界点的损伤指标为 D_{cfm},选取代表其较低水平的 0.05 表示受压损伤出现的初始时刻,该指标对应的屈服点在后文将会进一步验证。表征第三阶段和第四阶段材料损伤发展特点的损伤指标仍为 D_{cfm},当其所代表的端部受压损伤累积达到受压损伤极限值之后损伤继续累积将导致构件有效截面减小,承载力降低,定义受压损伤的极限值为 0.8,该指标表征的承载力峰值点将在后续进一步验证。表征第四阶段到失效临界状态的损伤指标为代表受压损伤累积和失

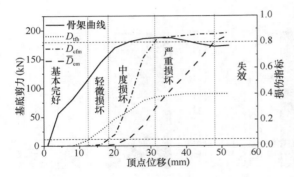

图 8-15 弯曲型失效模式下墙肢
性能及损伤指标演化过程

效区扩展贯通的 $\overline{D_{cm}}$，定义当 $\overline{D_{cm}}$ 为 0.8 时失效区贯通，构件失效。

以往研究者提出的损伤模型依据的震害及试验资料的差异，使同一性能阶段对应的损伤指标量值并不完全一致，为了统一各类型构件的损伤指标，选用文献［148］总结给出的不同损伤程度临界状态对应的构件损伤指标值，即 0，0.1，0.4，0.6 和 0.9 分别对应构件失效演化过程五个阶段的临界值。典型墙肢弯曲型失效过程中各性能阶段对应的损伤指标发展过程如图 8-15 所示。

墙肢产生剪切型失效时，如前文描述，墙肢失效演化过程中性能的劣化主要经历了边缘材料受拉损伤出现及扩展累积、斜截面损伤及端部截面边缘材料受压损伤出现并不断扩展到全截面及其程度累积直至全截面失效五个阶段，基于材料损伤信息定义了能够反映剪切型失效的墙肢损伤演化过程各阶段损伤发展及性能退化物理意义的两个损伤指标，具体指标及其物理意义描述如下：

（1）墙肢边缘材料纤维受力损伤相对高度 D_{tfh}，同弯曲型失效模式，剪切型失效的损伤演化过程中第一阶段到第二阶段性能退化过程也是由 D_{tfh} 所代表的端部受拉损伤的出现及扩展起决定作用。当 D_{tfh} 不再增加时构件性能退化开始由斜截面损伤发展控制，此时构件达到承载能力峰值点。

（2）墙肢端部截面边缘纤维材料受拉损伤最大值 D_{cfm}，D_{cfm} 所代表的端部受压损伤的产生和累积是墙肢由第二性能阶段向第三性能阶段退化的原因，同时，由于墙肢剪切型失效为脆性失效，当 D_{cfm} 达到损伤极限值后斜截面损伤迅速发展，失效区域贯通，因此定义 D_{cfm} 到达极限值时，构件失效。

结合材料损伤发展演化过程及墙肢性能变化的物理意义及大量的有限元模拟结果，表 8-8 给出了各损伤指标值对应的构件剪切型失效演化过程中的各性能阶段及临界点的损伤值。同弯曲型失效，选取代表受拉损伤开始出现的较低水平受拉损伤的较小值 0.05 作为弹性极限点。取较低水平受压损伤值 0.05 代表受压损伤出现，即屈服临界点。剪切型失效构件材料损伤发展特点表明，当边缘受拉损伤范围不再扩展时构件达到承载能力峰值点，之后构

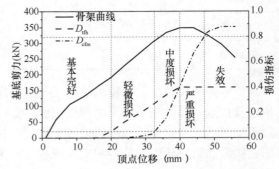

图 8-16 剪切型失效模式下墙
肢性能及损伤指标演化过程

件斜截面损伤导致构件承载力下降，但受拉损伤范围与轴压比相关性较大，在后文中将针对不同的轴压比给出承载力峰值点对应 D_{tfh} 值。由于墙肢剪切型失效为脆性失效，当代表端部受压损伤 D_{cfm} 达到损伤极限值 0.8 后斜截面损伤迅速发展，失效区域贯通，因此定义

D_{cfm} 到达极限值时，构件失效。墙肢剪切型失效过程中各性能阶段对应的损伤指标发展过程如图 8-16 所示。

墙肢剪切型失效各阶段损伤指标 表 8-8

性能临界点	弹性极限	屈服临界点	承载能力峰值	承载能力极限
损伤指标	D_{tfh}	D_{cfm}	D_{tfh}	D_{cfm}
损伤指标值	0.05	0.05	恒定	0.80
墙肢损伤指标 D	0.1	0.4	0.6	0.9
损伤等级	基本完好	轻微损坏	中度损坏	严重损坏	失效

8.2.4 失效演化过程各阶段内的损伤指标计算

在墙肢失效模式分类及不同失效模式下损伤演化过程的损伤指标描述和构件性能阶段临界状态的损伤指标标定的基础上，可以评估墙肢在预期地震作用所处的性能状态。确定构件最终的损伤状态后，可以明确简化的方法求解构件在失效演化过程中任意阶段内的损伤指标，实现构件损伤程度的量化。图 8-17 给出了不同失效模式构件性能退化阶段及相应的损伤指标演化过程，给出各临界状态的统一的整体损伤指标 $D_1 = 0.1$，$D_2 = 0.4$，$D_3 = 0.6$，$D_4 = 0.9$。由于损伤指标所表现的损伤发展过程的阶段性特征是构件性能阶段性劣化的原因，前文标定的各损伤指标值的增加在其对应性能临界点均有一定的突变，因此可近似认为在各性能阶段内起控制作用的损伤指标近似呈线性增长，已知各性能阶段起始阶段对应的损伤指标值，通过内插可以得到墙肢在各损伤阶段内任意损伤程度对应的损伤指标值。下面通过具体分析给出弯曲型及剪切型失效模式的墙肢失效演化过程中各阶段内损伤指标的计算方法。

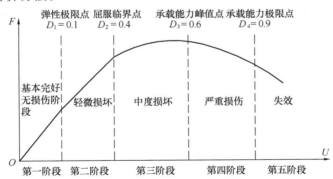

图 8-17 骨架曲线，损伤程度，性能劣化阶段及临界点之间的关系

8.2.4.1 弯曲型失效模式各阶段损伤指标值

对墙肢第一性能阶段由完好到边缘出现受拉损伤起控制作用的损伤指标为 D_{tfh}，其对应的该阶段初始和结束时刻的值为 0 和 0.05，定义该阶段的损伤指标 $D_{\text{w}-\text{b1}} \in [0，0.1)$，该阶段内损伤指标插值可得

$$D_{\text{w}-\text{b1}} = 2D_{\text{tfh}} \tag{8-1}$$

墙肢在轻微损坏阶段内，D_{tfh} 由 0.05 不断增大，D_{cfm} 在该阶段结束时刻开始出现，值为 0.05，因此对该阶段起控制作用的损伤指标仍为 D_{tfh}。但该阶段结束时刻相同失效模式

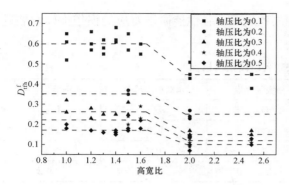

图 8-18　D_{tfh}^f 取值与设计参数之间的关系

的 D_{tfh} 值随轴压比及高宽比变化有所差别，如图 8-18 所示。定义轻微损坏阶段结束时刻 D_{tfh} 的取值为 D_{tfh}^f，通过对大量墙肢有限元分析得到第二阶段结束时刻 D_{tfh}^f 的取值，见表 8-9。定义轻微损坏阶段的损伤指标 $D_{w-b2} \in [0.1，0.4)$，该阶段内损伤指标在 0.05 和 D_{tfh}^f 内插值可得

$$D_{w-b2} = \frac{D_{tfh} - 0.05}{D_{tfh}^f - 0.05} \times 0.3 + 0.1$$

(8-2)

D_{tfh}^f 取值　　　　　　　　　　　　　　　表 8-9

高宽比	轴压比				
	$\leqslant 0.1$	0.2	0.3	0.4	$\geqslant 0.5$
$\leqslant 1.6$	0.6	0.35	0.26	0.22	0.17
$(1.6, 2.0)$	线性插值				
$\geqslant 2.0$	0.45	0.25	0.15	0.12	0.1

墙肢在中度损坏阶段内，D_{cfm} 的发展和累积是引起墙肢性能退化的原因，其对应的该阶段初始和结束时刻的值为 0.05 和 0.8，定义该阶段的损伤指标 $D_{w-b3} \in [0.4，0.6)$，该阶段内损伤指标为

$$D_{w-b3} = \frac{4(D_{cfm} - 0.05)}{15} + 0.4$$

(8-3)

墙肢在严重损坏阶段内，初始时刻 D_{cfm} 已达到极限值，$\overline{D_{cm}}$ 的累积是引起墙肢性能退化的原因，其对应的该阶段初始和结束时刻的值为 $\overline{D_{cm0}}$ 和 0.8，定义该阶段的损伤指标 $D_{w-b4} \in [0.6，0.9)$，该阶段内损伤指标为

$$D_{w-b4} = \frac{\overline{D_{cm}} - \overline{D_{cm0}}}{0.8 - \overline{D_{cm0}}} \times 0.3 + 0.6$$

(8-4)

墙肢损伤指标等于 0.9 时失效，因此

$$D_{w-b5} = 0.9$$

(8-5)

8.2.4.2　剪切型失效模式各阶段损伤指标值

与弯曲型失效模式类似，对墙肢第一性能阶段由完好到边缘出现受拉损伤起控制作用的损伤指标为 D_{tfh}，其对应的该阶段初始和结束时刻的值为 0 和 0.05，定义该阶段的损伤指标 $D_{w-s1} \in [0，0.1)$，该阶段内损伤指标插值可得

$$D_{w-s1} = 2D_{tfh}$$

(8-6)

墙肢在轻微损坏阶段内，D_{tfh} 由 0.05 不断增大，D_{cfm} 在该阶段结束时刻开始出现，值为 0.05，因此对该阶段其控制作用的损伤指标仍为 D_{tfh}。但该阶段结束时刻 D_{tfh} 的取值，见上表 8-9。定义轻微损坏阶段的损伤指标 $D_{w-s2} \in [0.1，0.4)$，该阶段内损伤指标在 0.05 和 D_{tfh}^f 内插值可得

$$D_{w-s2} = \frac{D_{tfh} - 0.05}{D_{tfh}^f - 0.05} \times 0.3 + 0.1$$

(8-7)

与弯曲型失效模式不同的是墙肢发生剪切型失效时，中度损坏阶段过后由于脆性破坏，严重损坏阶段位移相对较小，为了安全及简化计算，将剪切型失效的墙肢中度损坏和严重损坏阶段合并为中重度损坏阶段，该阶段内 D_{cfm} 的发展和累积是引起墙肢性能退化的原因，其对应的该阶段初始和结束时刻的值为 0.05 和 0.8，定义该阶段的损伤指标 $D_{\text{w}-\text{s3,4}} \in [0.4, 0.9)$，该阶段内损伤指标为

$$D_{\text{w}-\text{s3,4}} = \frac{2(D_{\text{cfm}} - 0.05)}{3} + 0.4 \tag{8-8}$$

墙肢损伤指标等于 0.9 时失效，因此

$$D_{\text{w}-\text{s5}} = 0.9 \tag{8-9}$$

8.2.4.3 失效演化过程各阶段损伤模型的验证

从材料损伤的产生、分布、发展及累积规律对构件性能影响的本质出发，建立墙肢失效演化过程中各损伤阶段的损伤模型，其中各性能阶段临界点的标定的正确性和合理性是该损伤模型的关键。因此本节通过对各性能阶段划分及性能状态变化的物理意义展开阐述和论证，验证损伤模型的正确性。

从基本完好、无损伤阶段到轻微损坏阶段构件性能变化的本质是损伤出现，因此定义的边缘受拉损伤出现时刻为两阶段的临界状态具有明确的物理意义。

轻微损坏阶段到中度损坏阶段的临界状态为构件屈服临界点，定义受压损伤出现为两阶段的临界状态。许多研究者给出了墙肢屈服点的求解方法，包括能量法、作图法等[155]，采用作图法求解墙肢骨架曲线的屈服点对应的屈

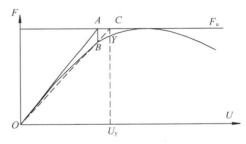

图 8-19　几何作图法确定屈服点

服位移，如图 8-19 所示。作图法与本章标定方法得到的屈服位移与极限位移比值比较，如图 8-20 所示，弯曲型失效和剪切型失效对应的损伤模型确定的屈服位移与作图法求得的屈服位移误差可接受。

中度损坏阶段到严重损坏阶段的临界状态对应的物理意义为构件达到承载能力峰值点，承载能力峰值点的位移与实际承载能力峰值点位移比较如图 8-21 所示，标定的承载力峰值点对应的承载力与构件实际承载力最大值比值如图 8-22 所示。两者差别较小，验证了选取损伤指标值的合理性。

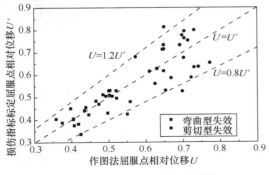

图 8-20　屈服临界点位移比较

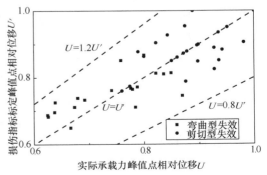

图 8-21　承载能力峰值点位移比较

严重损坏阶段到构件失效的临界状态对应的物理意义为构件达到承载能力极限点，不同失效模式构件失效时对应承载力下降幅度并不相同，墙肢发生弯曲型失效时，由于延性较好，随着位移的增加下降较缓慢，经历较长的位移才失效。发生剪切型失效时，承载能力达到峰值后经历较小的位移便出现明显下降，安全考虑发生剪切型失效时对应的承载力下降率应比弯曲型失效小，目前没有较好的标准验证失效，图 8-23 给出了弯曲型和剪切型失效临界状态对应的承载能力与承载能力峰值比值。

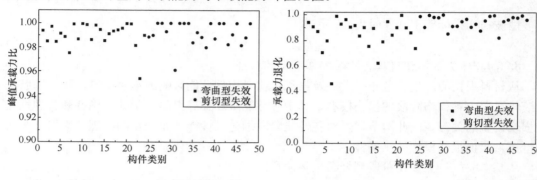

图 8-22　承载能力峰值与实际承载力峰值的比较　　图 8-23　承载能力极限值与承载力峰值之比

8.3　RC 柱的失效研究

　　RC 柱作为高层建筑结构典型的竖向抗侧力构件，在地震作用下主要的以弯剪变形的方式贡献水平刚度。由于 RC 柱截面两个方向的尺寸相近，材料损伤发展特点对应的失效模式不同于"二维"的墙肢构件，相应的损伤信息的选择和处理也不同。在相同的地震作用下由于剪跨比、轴压比、纵筋及箍筋配筋率等因素的影响，钢筋混凝土柱的损伤发展规律不同，本节拟通过影响因素分析确定基于材料损伤发展演化特点的失效模式分类方法，并建立不同失效模式构件失效演化过程的损伤模型。分析中采用通用有限元软件 ABAQUS 对 RC 柱的失效演化过程进行模拟，RC 柱采用实体单元，钢筋选用 Truss 单元，建模中将钢筋嵌入混凝土柱来考虑两者的相互作用，混凝土采用塑性损伤模型，钢筋采用理想弹塑性模型，RC 柱有限元模型示意图如图 8-24 所示，RC 柱下部端块底端固结，对上部端块施加不同的均布压力来模拟轴压比变化，通过对上部端块施加水平位移模拟 RC 柱的水平荷载。

图 8-24　RC 柱有限元模型示意图

8.3.1　失效影响因素分析

　　影响 RC 柱抗震性能的主要因素有剪跨比、轴压比、纵筋配筋率、体积配箍率等。以文献［156-158］中钢筋混凝土柱低周往复试验为依据，不同参数对柱材料损伤发展规律的影响如表 8-10 所示。

　　剪跨比是柱截面弯矩与剪力和截面有效高度乘积的比值，是一个无量纲的量，反映了构件计算截面正应力与剪应力的相对关系，是影响构件的材料损伤状态即失效模式的重要参数。剪跨比对钢筋混凝土柱的变形形态及失效模式有决定性的影响[159-163]，图 8-25 可以看出，剪跨比对柱性能影响较明显剪跨比增大，构件变形能力明显提高。

RC柱设计参数　　　　　　　　　　　表8-10

柱试件	轴压比	剪跨比	长×宽（mm）	纵筋配筋率	体积配箍率	柱高（mm）	失效模式
SC1	0.11	1.84	400×400	1.45%	2.01%	1400	弯曲失效
SC2	0.18	1.84	400×400	1.97%	3.14%	1400	弯曲失效
SC3	0.1	1.58	550×550	2.57%	4.52%	1650	弯曲失效
SC4	0.1	1.66	250×250	1.45%	2.01%	750	弯曲失效
SC5	0.3	1.66	250×250	1.97%	3.14%	750	弯剪失效
SC6	0.5	1.66	250×250	2.57%	2.01%	750	弯剪失效
SC7	0.5	3.89	250×250	1.45%	3.14%	1250	弯曲失效
SC8	0.8	1.14	160×160	1.97%	2.01%	320	剪切失效

　　轴压比对RC柱的延性及变形能力的影响较大，如图8-26所示。以建筑结构抗震设计规范对轴压比的规定为依据，研究轴压比对RC柱失效模式影响时考虑其取值范围为0.1~0.7。

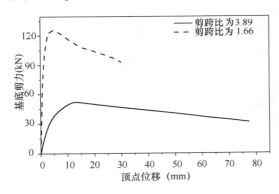

图8-25　不同剪跨比RC柱骨架曲线　　　　图8-26　不同轴压比柱骨架曲线

　　纵筋配筋率主要影响RC柱的抗震承载能力，合理配筋时，纵筋配筋率主要影响RC柱产生损伤的时刻，当分析RC柱基于材料损伤发展特点的失效模式时，所选取的纵筋配筋率取值范围1.45%~4.87%。

　　体积配箍率的合理配置是保证RC柱在大震中发挥较好变形能力的重要因素。当分析RC柱基于材料损伤发展特点的失效模式时，所选取的体积配箍率为2.01%、3.14%和4.52%。

　　基于材料损伤发展演化过程的RC柱失效模式包括三类：（1）弯曲型失效模式：损伤由柱根部出现并在根部一定高度区域内发展累积，图8-27给出弯曲型失效模式对应的试验现象及RC柱损伤分布，试验现象为柱根部混凝土压碎脱落，模拟现象为受压损伤集中在根部，根部纵筋屈服，箍筋未屈服，与试验结果吻合较好；（2）弯剪型失效模式：损伤由根部出现并在根部一定高度区域内沿斜截面发展、累积，图8-28给出弯剪型失效模式对应的试验现象及数值模拟得到的RC柱损伤分布，试验现象为纵筋屈服，根部箍筋屈服，混凝土压碎，模拟结果为受压损伤集中在柱根部，纵筋压屈，箍筋屈服，与试验结果

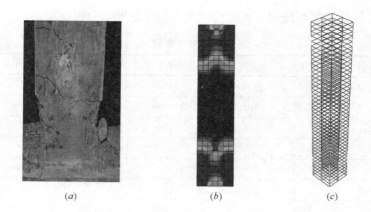

(a)　　　　　　　　　(b)　　　　　　　　　(c)

图 8-27　弯曲型失效模式对应的 RC 柱损伤状态
（a）试验破坏现象；（b）受压损伤分布；（c）钢筋塑性应变分布

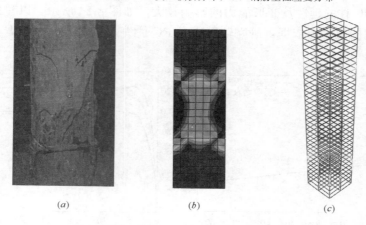

(a)　　　　　　　　　(b)　　　　　　　　　(c)

图 8-28　弯剪型失效模式对应的柱损伤状态
（a）试验破坏现象；（b）受压损伤分布；（c）钢筋塑性应变分布

吻合较好；（3）剪切型失效模式：损伤由中部出现沿斜截面向两端发展，图 8-29 给出剪切型失效模式对应的试验现象及数值模拟得到的 RC 柱损伤分布，试验破坏现象为柱中出

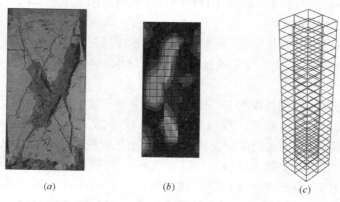

(a)　　　　　　　　　(b)　　　　　　　　　(c)

图 8-29　剪切型失效模式对应的柱损伤状态
（a）试验破坏现象；（b）受压损伤分布；（c）钢筋塑性应变分布

现明显斜裂缝，箍筋屈服，纵筋未屈服，模拟结果显示拉压损伤均集中于柱中部，斜截面损伤明显，箍筋屈服，与试验结果较吻合。

8.3.2　失效模式分类及失效演化过程描述

对不同参数的 109 根试验构件和设计构件失效演化过程中材料损伤发展规律与构件性能劣化关系的分析表明，RC 柱从完好到失效的损伤演化过程经历基本完好无损伤阶段、轻微损坏阶段、中度损坏阶段、严重损坏阶段和失效五个阶段。RC 柱性能的阶段性变化对应着材料损伤累积和扩展的阶段性特点，材料损伤阶段性的发展反映了构件性能阶段性变化的原因。

RC 柱材料损伤的发展受到剪跨比及轴压比等因素的影响，这些因素将使材料损伤和构件失效的过程表现出不同的特点。柱弯剪变形所包含的两种变形成分，即弯曲变形成分和剪切变形成分，将分别对构件造成不同的材料损伤，两种变形成分受剪跨比等参数的影响，在构件整体变形中所占的比重彼此消长，与之相对应的两种损伤成分在影响构件整体性能的过程中所占的比重也相应变化。其中弯曲型损伤成分以端部出现水平分布的拉、压损伤为特征，剪切损伤成分以中部出现的斜向分布的拉、压损伤为特征。当弯曲变形引起的损伤成分对构件性能的发展起控制作用时，定义此时的失效模式为弯曲型失效；当剪切变形引起的损伤成分对构件性能的发展起控制作用时，定义此时的失效模式为剪切型失效，介于两者之间的失效模式定义弯剪型失效。

8.3.2.1　失效模式分类

不同参数对材料损伤发展规律的影响及试验现象分析表明：剪跨比和轴压比是影响 RC 柱失效模式的关键因素，经合理设计的 RC 柱，纵筋配筋率，配箍率虽然对损伤出现时刻有一定的影响，但其对 RC 柱失效模式影响很小，可忽略，各参数对失效模式的影响如图 8-30 所示。不同失效模式对应的参数取值范围如表 8-11 所示。

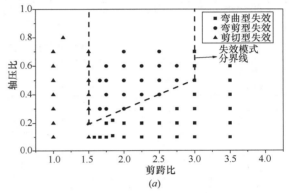

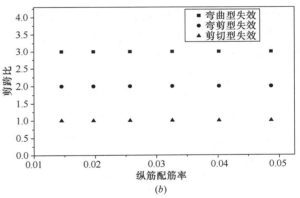

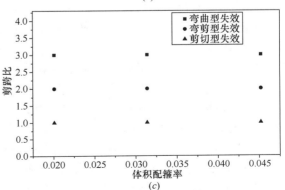

图 8-30　各参数与失效模式之间的关系

(a) 剪跨比与轴压比；(b) 纵筋配筋率；(c) 体积配箍率

剪跨比增大时，弯曲型损伤成分明显增加，剪跨比减小时，剪切型损伤成分明显增加。一般认为，在适当配筋情况下，当剪跨比大于2.0时，RC柱的失效模式由弯曲型损伤控制，但是RC柱的失效模式除了与剪跨比相关，轴压比也对失效模式有重要影响。轴压比均为0.1，且配筋相同时，对于剪跨比为3.0的RC柱，从端部产生水平分布的拉、压损伤在构件性能的发展中起主要作用，表现为弯曲型失效；对于剪跨比为1.0的RC柱，从中部产生斜向分布损伤在构件性能的发展中其主要作用，表现为剪切型失效。

剪切损伤成分还会随着轴压比的增大而增加。当剪跨比均为2.5，配筋相同时，对于轴压比为0.1的RC柱，当构件底部边缘出现受压损伤失效区域时，RC柱未出现明显的斜向受压损伤。RC柱失效模式表现为弯曲型。而对于轴压比为0.5的RC柱，由端部出现在端部一定高度范围沿斜截面发展的损伤在构件性能的发展中其主要作用，表现为剪切型失效。

RC柱失效模式分类　　　　　　　　　　　　　　　　　表8-11

失效模式	轴　压　比					
剪跨比	≤0.1	0.2	0.3	0.4	0.5	≥0.6
≤1.5	剪切型	剪切型	剪切型	剪切型	剪切型	剪切型
1.6	弯曲型	弯曲型	弯剪型	弯剪型	弯剪型	弯剪型
1.9	弯曲型	弯曲型	弯曲型	弯剪型	弯剪型	弯剪型
2.0	弯曲型	弯曲型	弯曲型	弯剪型	弯剪型	弯剪型
3.0	弯曲型	弯曲型	弯曲型	弯曲型	弯剪型	弯剪型
≥3.1	弯曲型	弯曲型	弯曲型	弯曲型	弯曲型	弯曲型

地震作用下，柱子的剪力一般较大，当剪跨比较小时容易形成短柱，产生剪切破坏，这种脆性破坏应该在设计中避免，应选取合适的剪跨比和设计轴压比保证RC柱发生具有足够耗能能力的弯曲型失效。

8.3.2.2　弯曲型失效

当RC柱产生弯曲型失效时，损伤过程是由于弯曲变形引起的柱端部一定区域水平分布的压损伤的产生、发展和累积过程，损伤过程即失效演化过程经历如下五个阶段：

（1）基本完好阶段　RC土柱基本处于弹性阶段，由于混凝土材料属于受拉敏感性材料，在较低水平的拉应力状态即出现受拉塑性变形，产生受拉损伤，RC柱处于带裂缝工作状态，这种细微裂缝不影响构件的性能，构件宏观的性能依然表现为弹性状态，此时，对应构件整体的宏观状态为RC柱仅出现少量细裂纹，受拉钢筋未屈服。

（2）轻微损坏阶段　在该阶段内，端部一定区域受压损伤开始出现，构件的性能有所下降，刚度出现轻微退化，此时，对应构件整体的宏观状态为RC柱端部出现明显的水平受拉裂缝，裂缝范围不断发展，该阶段结束时纵筋屈服。

（3）中度损坏阶段　端部一定区域混凝土材料受压损伤不断累积，RC柱损伤迅速发展，构件的性能发生较明显的下降，刚度退化较大，此时，对应构件整体的宏观状态为RC柱的受拉水平裂缝不断扩展，端部两侧边缘的混凝土出现脱落。

（4）严重损坏阶段　RC柱端部一定区域内两侧边缘的混凝土材料受压损伤不断累积达到损伤极限值，局部材料受压失效，材料的受压失效区域由截面边缘向中间扩展，损伤程度缓慢增大，相当于RC柱的截面有效高度减少，构件的承载能力出现明显的下降，刚度退化严重。对应构件整体的宏观状态为RC柱底部截面裂缝贯通，裂缝宽度增大，角部混凝土压碎掉落，钢筋压曲。

（5）失效　RC柱端部截面混凝土材料受压失效区域不断扩展，截面有效高度不断降低，最终导致刚度严重退化，RC柱近似丧失承载能力。此时，对应构件整体的宏观状态为混凝土大面积脱落，局部区域的钢筋和混凝土失去共同工作的能力，钢筋外露屈曲。

RC柱弯曲型失效演化过程的各阶段损伤状态，构件宏观损坏描述及各状态之间的临界点如表8-12所示。

各失效演化阶段的临界状态分别定义为：

1）弹性极限点　基本完好，无损坏阶段与轻微损坏阶段的临界点为柱端部截面边缘混凝土材料开始出现水平向受压损伤的时刻，对应的状态如图8-31（a）所示。

2）屈服临界点　轻微损坏阶段与中度损坏阶段的临界点为纵向受拉钢筋屈服，RC柱端部一定区域内截面混凝土材料受压损伤不断扩展，并迅速增长，对应的状态如图8-31（b）所示。

3）承载能力峰值点　中度损坏阶段与严重损坏阶段的临界点为端部一定区域内截面边缘混凝土材料受压失效，受压损伤开始缓慢累积，即边缘材料出现受压损伤达到极限值的时刻，对应的状态如图8-31（c）所示。

4）承载能力极限点　严重损坏阶段与构件失效的临界点为端部一定区域截面高度范围内混凝土材料失效区域基本贯通，即材料受压损伤达到极限值的区域沿截面高度贯通的时刻，受压损伤开始保持恒定，对应的状态如图8-31（d）所示。

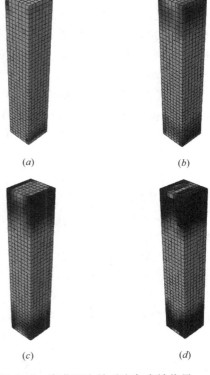

(a)　　　　　　(b)

(c)　　　　　　(d)

图 8-31　弯曲型失效对应各失效临界状态的损伤分布
（a）弹性极限点材料受压损伤分布；（b）屈服临界点材料的受压损伤分布；（c）承载能力峰值点材料的受压损伤分布；（d）承载能力极限点材料的受压损伤分布

RC柱弯曲失效过程各阶段对应的构件损伤描述及临界点　　　　表 8-12

构件损伤阶段	宏观损坏描述	端部一定区域受压损伤	状态临界点
基本完好阶段	柱仅出现少量细微裂纹，无破坏	近似为零	弹性极限点
轻微损坏阶段	柱端部出现明显的水平裂缝	受压损伤由端部边缘产生向截面内部扩展	屈服临界点
中度损坏阶段	柱端部两侧边缘的混凝土出现脱落，受拉纵筋屈服	不断累积，迅速增加	承载能力峰值点
严重损坏阶段	柱端部截面裂缝贯通，裂缝宽度增大，角部混凝土压碎掉落	端部截面边缘出现受压失效区域，缓慢增加	承载能力极限点
构件失效	混凝土大面积脱落，局部区域的钢筋和混凝土失去共同工作的能力，钢筋外露屈曲	受压失效区域沿截面高度基本贯通，损伤不再发展	

8.3.2.3 弯剪型失效

当 RC 柱产生弯剪型失效时，损伤过程即失效演化过程经历如下五个阶段：

（1）基本完好阶段 同弯曲型失效模式，RC 柱基本处于弹性阶段，产生一定的受拉损伤，不影响构件的整体性能，构件宏观的性能依然表现为弹性状态，此时，对应构件整体的宏观状态为柱根部出现少量细裂纹，受拉钢筋未屈服。该阶段结束时受压损伤开始出现。

（2）轻微损坏阶段 同弯曲型失效，该阶段内，端部一定区域截面受压损伤出现，构件的性能有所下降，刚度出现轻微退化，此时，对应构件整体的宏观状态为 RC 柱端部出现明显的水平受拉裂缝，裂缝范围不断发展，该阶段结束时受拉纵筋屈服。

（3）中度损坏阶段 该阶段内，与弯曲型失效不同的是柱端部一定区域截面受压损伤沿斜向迅速发展累积，损伤区域发展范围较弯曲型失效大，构件整体的承载能力开始退化，构件的性能发生较明显的下降，刚度退化较大，此时，对应构件整体的宏观状态为 RC 柱的端部一定区域箍筋屈服，导致斜裂缝不断扩展，该阶段结束时底部一定区域边缘的混凝土出现脱落。

（4）严重损坏阶段 RC 柱端部一定区域截面边缘的混凝土材料受压损伤不断累积达到损伤极限值，局部材料受压失效，材料的受压失效区域沿斜向由边缘向中间扩展，损伤缓慢增加，失效区域逐渐扩展，相当于钢筋混凝土柱的截面高度降低，构件的承载能力出现明显的下降，刚度退化严重，此时，对应构件整体的宏观状态为 RC 柱端部截面斜裂缝贯通，裂缝宽度增大，角部混凝土压碎掉落，钢筋压曲，箍筋屈服。

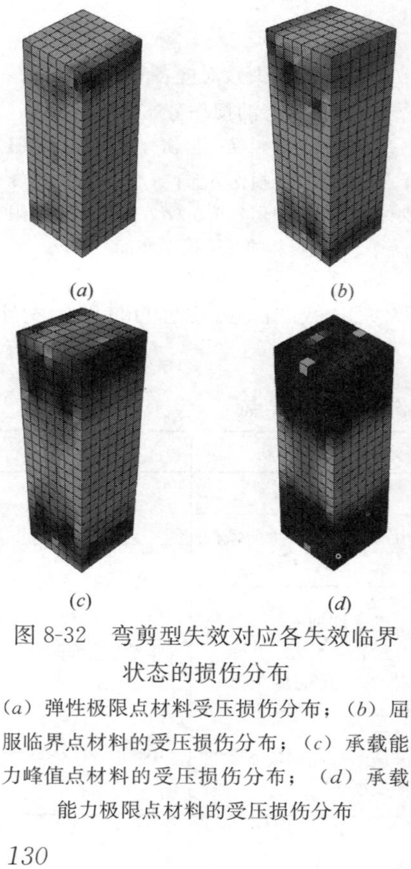

（5）失效 RC 柱端部一定区域截面混凝土材料失效区域沿斜截面不断扩展，截面有效高度不断降低，最终导致刚度严重退化，RC 柱近似丧失承载能力。此时，对应构件整体的宏观状态为端部一定区域混凝土大面积脱落，局部区域的钢筋和混凝土失去共同工作的能力，钢筋外露屈曲。

各失效演化阶段的临界状态分别定义为：

1）弹性极限点 基本完好，无损坏阶段与轻微损坏阶段的临界点为柱端部一定区域截面混凝土材料开始出现受压损伤的时刻，对应的状态如图 8-32（a）所示。

2）屈服临界点 轻微损坏阶段与中度损坏阶段的临界点为钢筋混凝土柱端截面混凝土材料受压损伤由两侧沿斜截面扩展，损伤开始迅速增长的时刻，对应的状态如图 8-32（b）所示。

3）承载能力峰值点 中度损坏阶段与严重损坏阶段的临界点为柱端截面混凝土材料受压损伤由两侧沿斜截面发展贯通且在边缘材料损伤累积达到极限值，损伤进入缓慢增长阶段的时刻，对应的状态如图

图 8-32 弯剪型失效对应各失效临界状态的损伤分布

（a）弹性极限点材料受压损伤分布；（b）屈服临界点材料的受压损伤分布；（c）承载能力峰值点材料的受压损伤分布；（d）承载能力极限点材料的受压损伤分布

8-32（c）所示。

4）承载能力极限点 严重损坏阶段与构件失效的临界点为柱端截面混凝土材料损伤失效区域由两侧沿斜截面发展贯通，即损伤达到极限值的区域沿端部斜截面贯通不再增长的时刻，对应的状态如图 8-32（d）所示。

RC 柱弯剪型失效演化过程的各阶段损伤状态，构件宏观损坏描述及各状态之间的临界点如表 8-13 所示。

RC 柱弯剪型失效各阶段对应的构件损伤描述及临界点　　　　表 8-13

构件失效状态	宏观损坏描述	端部一定区域受压损伤	状态临界点
基本完好阶段	柱仅出现少量细微裂纹	近似为零	弹性极限点
轻微损坏阶段	柱端部出现明显的受拉裂缝，并沿斜截面向中部发展	受压损伤由端部边缘产生并沿斜截面扩展	
中度损坏阶段	柱端部一定区域斜裂缝不断扩展，两侧边缘的混凝土出现脱落	受压损伤沿斜截面贯通，损伤迅速增长，边缘材料达到损伤极限值即出现受压失效区	屈服临界点
严重损坏阶段	柱端部一定区域斜截面裂缝贯通，裂缝宽度增大，角部混凝土压碎掉落	受压失效区由边缘沿斜截面扩展，损伤缓慢增长	承载能力峰值点
构件失效	混凝土大面积脱落，局部区域的钢筋和混凝土失去共同工作的能力，钢筋外露屈曲	受压失效区域沿斜截面基本贯通，损伤不再增长	承载力极限点

8.3.2.4　剪切型失效

与弯曲型和弯剪型失效模式不同，剪切型失效表现出明显的脆性，损伤由中部斜截面产生并扩展累积，且一旦出现就迅速增加，没有明显的屈服点，因此，当 RC 柱产生剪切型失效时，损伤过程即失效演化过程经历如下四个阶段：

（1）基本完好阶段 同弯曲型和弯剪型失效模式，RC 柱基本处于弹性阶段，产生一定的受拉损伤，不影响构件的整体性能，构件宏观性能依然表现为弹性状态，此时，对应构件整体的宏观状态为柱根部出现少量细裂纹，受拉钢筋未屈服。该阶段结束时受压损伤开始出现。

（2）轻中度损坏阶段 该阶段内，中部一定区域斜截面受压损伤出现并扩展累积，损伤迅速增长，构件的性能有所下降，刚度产生一定退化，此时，对应构件整体的宏观状态为柱中部斜截面产生裂缝，裂缝范围不断发展。

（3）严重损坏阶段 该阶段内，中部一定区域斜截面受压损伤不断累积达到损伤极限值，局部材料受压失效，材料的受压失效区域沿斜截面由中部向边缘扩展，构件的承载能力出现明显的下降，刚度退化严重，此时，对应构件整体的宏观状态为 RC 柱中部斜裂缝扩展，裂缝宽度增大，混凝土压碎掉落，箍筋屈服。

（4）失效 RC 柱中部一定区域截面混凝土材料失效区域沿斜截面不断扩展，截面有效高度不断降低，最终导致刚度严重退化，RC 柱近似丧失承载能力。此时，对应构件整体的宏观状态为中部一定区域混凝土大面积脱落，局部区域的钢筋和混凝土失去共同工作的能力，钢筋外露屈曲。

RC柱失效演化过程的各阶段损伤状态，构件宏观损坏描述及各状态之间的临界点如表 8-14 所示。

各失效演化阶段的临界状态分别定义为：

1）弹性极限点　基本完好，无损坏阶段与轻微损坏阶段的临界点为柱中部一定区域截面混凝土材料开始出现受压损伤的时刻，对应的状态如图 8-33（a）所示。

2）承载能力峰值点　中度损坏阶段与严重损坏阶段的临界点为柱中部截面混凝土材料受压损伤由中部沿斜截面向两边发展且中部材料损伤累积达到极限值，即中部出现失效区，对应的状态如图 8-33（b）所示。

3）承载能力极限点　严重损坏阶段与构件失效的临界点为柱中部截面混凝土材料受压损伤沿斜截面扩展贯通，失效区域在中部一定区域贯通，对应的状态如图 8-33（c）所示。

RC柱剪切型失效各阶段对应的构件损伤描述及临界点　　　　　　表 8-14

构件失效状态	宏观损坏描述	中部一定区域受压损伤	状态临界点
基本完好阶段	少量细微裂纹	近似为零	弹性极限点
轻中度损坏阶段	中部出现斜裂缝，并沿斜截面向两端发展	损伤由中部产生并沿斜截面向两端扩展	承载能力峰值点
严重损坏阶段	柱端部一定区域斜截面裂缝贯通，裂缝宽度增大，角部混凝土压碎掉落	受压损伤由中部沿斜截面向两端扩展贯通，中部受压损伤达到极限值	承载能力极限点
构件失效	中部开裂严重，混凝土破坏	受压失效区域沿斜截面向两端发展，在核心区贯通	

（a）　　　　　　　　　　　（b）　　　　　　　　　　　（c）

图 8-33　RC柱剪切型失效对应各失效临界状态的损伤分布
（a）弹性极限点材料受压损伤分布；（b）承载能力峰值点材料受压损伤分布；
（c）承载能力极限点材料受压损伤分布

8.3.3　失效演化过程各阶段损伤指标标定

通过对不同失效模式的 RC 柱失效演过程中损伤发展规律的研究，选择恰当的损伤指标，来反映 RC 柱损伤发展的特点；统计分析得到构件失效演化过程各性能临界状态的损伤指标值，标定 RC 柱损伤发展的不同阶段及相应的性能阶段。另外，损伤指标在某一阶段内发展的剧烈程度代表了该指标对于构件性能影响的重要性程度，通过对材料损伤与 RC 柱失效演化过程的关系，合理描述构件整体损伤状态的损伤指标，并对构件损伤指标进行量化分析。

对于弯曲型失效，对 RC 柱性能起控制作用的材料损伤为产生于构件端部、外侧并不断向构件内侧、中部一定区域发展的基本成水平向的拉、压材料损伤。弯曲型失效过程中，柱端部一定区域的受压损伤的发展和累积能够较好地反映构件失效演化过程中性能退化的阶段性变化。这些特点已经在 8.3.2 中进行了描述和分析。本节基于材料的损伤定义了能够反应构件损伤演化过程各阶段损伤发展特点及性能退化物理意义的损伤指标。图 8-34 (b) 所示为弯曲型失效柱的损伤指标 $D_{c-0.5h}$，其定义为：弯曲型失效柱端 0.5 倍截面高度范围内材料损伤的平均值。经过大量模拟分析并借鉴国内外学者对弯曲型失效 RC 柱破坏区域的描述[164, 165]，该指标可以较好地反映构件的损伤程度及损伤发展的阶段性变化。如图 8-35 所示。D_{c-h} 表示为由端部沿柱轴向 1 倍截面高度范围材料损伤平均值，其他指标意义相同，该范围从小到大损伤值由小变大，当取 0.5 倍截面高度范围时值最大，随后损伤值由大变小，$D_{c-0.5h}$ 值大小不仅合理反映了构件的损伤程度，且其阶段性变化规律较好地反映了构件性能的阶段性特点。

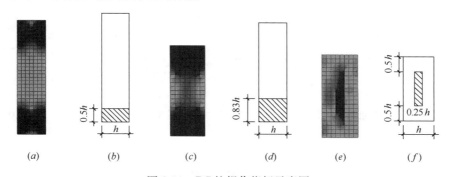

图 8-34 RC 柱损伤指标示意图

(a) 弯曲型失效损伤分布；(b) $D_{c-0.5h}$；(c) 弯剪型失效损伤分布；(d) $D_{c-0.83h}$；

(e) 剪切型失效损伤分布；(f) D_{c-cor}

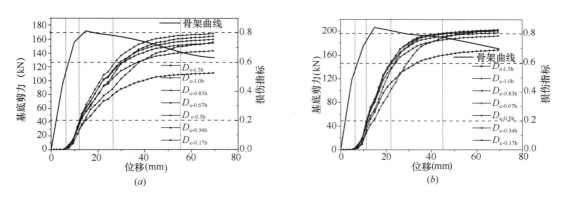

图 8-35 弯曲型失效 RC 柱不同损伤指标演化过程

(a) 试件 SC1；(b) 试件 SC2

由于混凝土的抗压性能远远超过抗拉性能，且在受力时主要提供抗压承载力，在结构设计时通常不考虑其抗拉贡献，同时结构设计时允许混凝土带裂缝工作，通过试验与模拟分析也得出，RC 柱的每个性能临界点同时对应着相应受压损伤的阶段性变化点，如图 8-36 所示。

而受拉损伤离散性较大，发展过于迅速，对性能变化不敏感，如图 8-37 所示。故选取柱端一定区域的受压损伤值为损伤指标，建立损伤模型。表 8-15 给出了不同参数的弯曲型失效柱各性能点对应的损伤指标值。对有限元分析结果进行统计最终得到的各性能点对应的损伤指标如表 8-16 所示。弹性极限点对应的损伤指标均值为 $D_1=0.005$，均方差为 0.001；屈服临界点处损伤指标均值为 $D_2=0.2$，均方差为 0.01；承载能力峰值点对应损伤指标均值为 $D_3=0.6$，标准差为 0.01；承载能力极限点对应的损伤指标均值为 $D_4=0.8$，均方差为 0.01。RC 柱弯曲型失效过程中各性能阶段对应的损伤指标发展过程如图 8-38 所示。

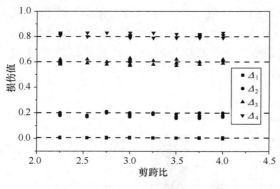

图 8-36　RC 柱弯曲型失效过程中各　　　图 8-37　RC 柱弯曲型失效过程中各
　　阶段性能点的受压损伤值　　　　　　　阶段性能点的受拉损伤值

RC 柱弯曲失效各阶段对应的构件损伤指标　　　　　　　　表 8-15

构件名称	剪跨比	D_1	D_2	D_3	D_4
FC-b1	2.25	0.006	0.18	0.59	0.83
FC-b2	2.25	0.006	0.19	0.6	0.83
FC-b3	2.25	0.005	0.19	0.61	0.83
FC-b4	2.75	0.004	0.21	0.58	0.83
FC-b5	2.75	0.007	0.2	0.6	0.83
FC-b6	2.75	0.008	0.2	0.58	0.83
FC-b7	3	0.008	0.2	0.57	0.79
FC-b8	3	0.006	0.2	0.58	0.79
FC-b9	3	0.007	0.2	0.6	0.83
FC-b10	3	0.007	0.17	0.58	0.83
FC-b11	3	0.007	0.19	0.62	0.81
FC-b12	3	0.007	0.18	0.63	0.83
FC-b13	3	0.009	0.19	0.61	0.8
FC-b14	3	0.005	0.19	0.6	0.81

构件名称	剪跨比	D_1	D_2	D_3	D_4
FC-b15	2.54	0.005	0.18	0.59	0.8
FC-b16	2.54	0.005	0.17	0.59	0.83
FC-b17	2.54	0.005	0.18	0.62	0.83
FC-b18	2.54	0.006	0.18	0.59	0.83
FC-b19	2.25	0.009	0.2	0.58	0.83
FC-b20	2.25	0.007	0.2	0.62	0.83
FC-b21	2.25	0.007	0.2	0.61	0.83
FC-b22	2.25	0.007	0.19	0.6	0.82
FC-b23	2.25	0.007	0.19	0.6	0.81
FC-b24	3.25	0.005	0.19	0.58	0.79
FC-b25	3.25	0.006	0.2	0.61	0.83
FC-b26	3.25	0.005	0.2	0.61	0.83
FC-b27	3.5	0.005	0.16	0.57	0.79
FC-b28	3.5	0.005	0.17	0.59	0.79
FC-b29	3.5	0.005	0.19	0.62	0.82
FC-b30	3.75	0.005	0.16	0.58	0.79
FC-b31	3.75	0.004	0.17	0.6	0.8
FC-b32	3.75	0.005	0.2	0.58	0.82
FC-b33	3.75	0.007	0.18	0.6	0.81
FC-b34	4	0.008	0.2	0.59	0.79
FC-b35	4	0.004	0.17	0.61	0.81
FC-b36	4	0	0.18	0.62	0.83

RC 柱弯曲失效各阶段对应的构件损伤值　　　　　　表 8-16

性能临界点	弹性极限	屈服临界点	承载能力峰值	承载能力极限
损伤指标	$D_{c\text{-}0.5h}$	$D_{c\text{-}0.5h}$	$D_{c\text{-}0.5h}$	$D_{c\text{-}0.5h}$
损伤指标值	0.005	0.2	0.6	0.80
RC 柱损伤指标 D	0.1	0.4	0.6	0.9
损伤等级	基本完好	轻微损坏	中度损坏	严重损坏	失效

对于弯剪型失效，对柱性能起控制作用的材料损伤为产生于构件端部、外侧并沿斜截面向中部发展的材料损伤。弯剪型失效过程中，柱端部一定区域的受压损伤的发展和累积能够较好地反映构件失效演化过程中性能退化的阶段性变化，这些特点已经在 8.3.2 中进

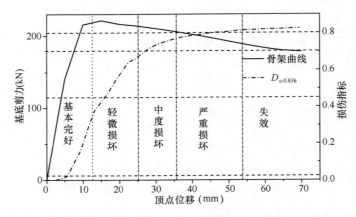

图 8-38 弯曲型失效模式下柱性能及损伤指标演化过程

行了描述和分析。由于端部损伤沿斜截面发展，因此弯剪型失效模式下柱损伤指标的选取范围大于弯曲型。基于材料损伤定义了能够反应构件损伤演化过程各阶段损伤发展及性能退化物理意义的损伤指标。图 8-34（d）所示为弯剪型失效柱的损伤指标 $D_{c-0.83h}$，其定义为：柱端 0.83 倍截面高度范围内材料受压损伤的平均值。该指标可以较好的反映柱发生弯剪型失效过程中损伤发展的阶段性变化和构件的损伤程度。如图 8-39 所示。D_{c-h} 表示为由端部沿柱轴向 1 倍截面高度范围材料损伤平均值，其他指标意义相同，该范围从小到大损伤值由小变大，当取 0.83 倍截面高度范围时值最大，随后损伤值由大变小，$D_{c-0.83h}$ 取值大小合理反映了构件的损伤程度，且其阶段性变化规律较好地反映了构件性能的阶段性特点。

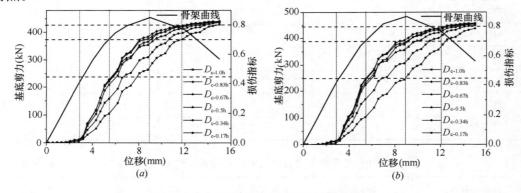

图 8-39 弯剪型失效柱损伤指标演化过程
（a）试件 SC5；（b）试件 SC6

表 8-17 给出了不同参数的弯剪型失效 RC 柱各性能点对应的损伤指标值。图 8-40 给出了 RC 柱弯剪型失效过程中各阶段性能点的损伤指标值，对有限元分析结果进行统计最终得到的各性能点对应的损伤指标如表 8-18 所示。弹性极限点对应的损伤指标均值为 $D_1=0.02$，均方差为 0.003；屈服临界点处损伤指标均值为 $D_2=0.45$，均方差为 0.008；承载能力峰值点对应损伤指标均值为 $D_3=0.7$，均方差为 0.02；承载能力极限点对应的损伤指标均值为 $D_4=0.8$，均方差为 0.01。RC 柱弯剪型失效演化过程中各性能阶段对应的损伤指标发展过程如图 8-41 所示。

RC 柱弯剪型失效各阶段对应的构件损伤指标　　　　　表 8-17

构件名称	剪跨比	轴压比	D_1	D_2	D_3	D_4
FC-bs1	1.75	0.3	0.024	0.45	0.73	0.82
FC-bs2	1.75	0.4	0.023	0.47	0.73	0.8
FC-bs3	1.75	0.5	0.021	0.46	0.72	0.8
FC-bs4	1.75	0.6	0.023	0.47	0.71	0.79
FC-bs5	1.85	0.3	0.027	0.45	0.7	0.79
FC-bs6	1.85	0.4	0.029	0.47	0.72	0.8
FC-bs7	1.85	0.5	0.025	0.47	0.71	0.79
FC-bs8	1.85	0.6	0.028	0.46	0.69	0.78
FC-bs9	2	0.3	0.027	0.45	0.7	0.79
FC-bs10	2	0.4	0.029	0.47	0.72	0.8
FC-bs11	2	0.5	0.025	0.47	0.71	0.79
FC-bs12	2	0.6	0.028	0.46	0.69	0.78
FC-bs13	2	0.7	0.028	0.46	0.67	0.77

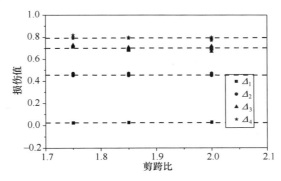

图 8-40　RC 柱弯剪型失效过程中各阶段性能点的损伤指标值

RC 柱弯剪型失效各阶段对应的构件损伤值　　　　　表 8-18

性能临界点	弹性极限	屈服临界点	承载能力峰值	承载能力极限
损伤指标	$D_{c\text{-}0.83h}$	$D_{c\text{-}0.83h}$		$D_{c\text{-}0.83h}$
损伤指标值	0.02	0.45	0.7	0.8
RC 柱损伤指标 D	0.1	0.4	0.6	0.9
损伤等级	基本完好	轻微损坏	中度损坏	严重损坏	失效

对于剪切型失效，对柱性能起控制作用的材料损伤为产生于构件中部并沿斜截面向两端发展的材料损伤。剪切型失效过程中，柱中部一定区域的受压损伤的发展和累积能够较好地反映构件失效演化过程中性能退化的阶段性变化，这些特点已经在 8.2.2 中进行了描述和分析。基于材料损伤定义了能够反应构件损伤演化过程各阶段损伤发展及性能退化物理意义的损伤指标。图 8-34（f）所示为剪切失效柱的损伤指标 $D_{c\text{-}cor}$，其定义为：核心区混凝土材料受压损伤的平均值。该指标可以较好地反映柱发生剪切型失效过程中损伤发展

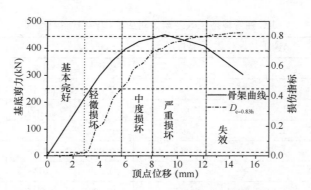

图 8-41 弯剪型失效模式下柱性能及损伤指标演化过程

的阶段性变化和构件的损伤程度。表 8-19 给出了不同参数的剪切型失效柱各性能点对应的损伤指标值。

RC柱剪切型失效各阶段对应的构件损伤指标 表 8-19

构件名称	剪跨比	轴压比	D_1	D_2	D_3	D_4
FC-s1	1	0.4	0.005	—	0.32	0.74
FC-s2	1	0.5	0.005	—	0.31	0.73
FC-s3	1	0.6	0.005	—	0.3	0.68
FC-s4	1	0.7	0.005	—	0.26	0.65
FC-s5	1.25	0.4	0.004	—	0.28	0.68
FC-s6	1.25	0.5	0.005	—	0.29	0.72
FC-s7	1.25	0.6	0.005	—	0.28	0.63
FC-s8	1.25	0.7	0.005	—	0.29	0.64
FC-s9	1.25	0.8	0.005	—	0.28	0.65
FC-s10	1.4	0.4	0.005	—	0.3	0.69
FC-s11	1.4	0.5	0.006	—	0.33	0.69
FC-s12	1.4	0.6	0.006	—	0.33	0.64
FC-s13	1.4	0.7	0.006	—	0.34	0.65
FC-s14	1.4	0.8	0.006	—	0.34	0.66
FC-s15	1.4	0.58	0.006	—	0.33	0.64

对结果进行统计最终得到的各性能点对应的损伤指标如表 8-20 所示。图 8-42 给出了柱剪切型失效过程中各阶段性能点的损伤指标值,弹性极限点对应的损伤指标均值为 $D_1=0.005$,均方差为 0.0006;承载能力峰值点对应损伤指标均值为 $D_3=0.3$,均方差为 0.02;承载能力极限点对应的损伤指标均值为 $D_4=0.65$,均方差为 0.030。RC 柱剪切型失效过程中各性能阶段对应的损伤指标发展过程如图 8-43 所示。

RC 柱剪切型失效各阶段对应的构件损伤值 **表 8-20**

<table>
<tr><td>性能临界点</td><td colspan="5">弹性极限</td><td colspan="5">屈服临界点</td><td colspan="5">承载能力峰值</td><td colspan="5">承载能力极限</td></tr>
<tr><td>损伤指标</td><td colspan="5">$D_{c\text{-}cor}$</td><td colspan="5">$D_{c\text{-}cor}$</td><td colspan="5">$D_{c\text{-}cor}$</td><td colspan="5">$D_{c\text{-}cor}$</td></tr>
<tr><td>损伤指标值</td><td colspan="5">0.005</td><td colspan="5">0.3</td><td colspan="5">0.3</td><td colspan="5">0.65</td></tr>
<tr><td>RC 柱损伤指标 D</td><td colspan="5">0.1</td><td colspan="5">0.4</td><td colspan="5">0.6</td><td colspan="5">0.9</td></tr>
<tr><td>损伤等级</td><td colspan="4">基本完好</td><td colspan="4">轻微损坏</td><td colspan="4">中度损坏</td><td colspan="4">严重损坏</td><td colspan="4">失效</td></tr>
</table>

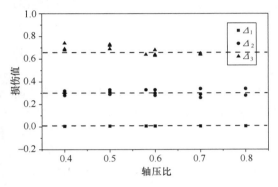

图 8-42 RC 柱剪切型失效过程中各阶段性能点的损伤指标值

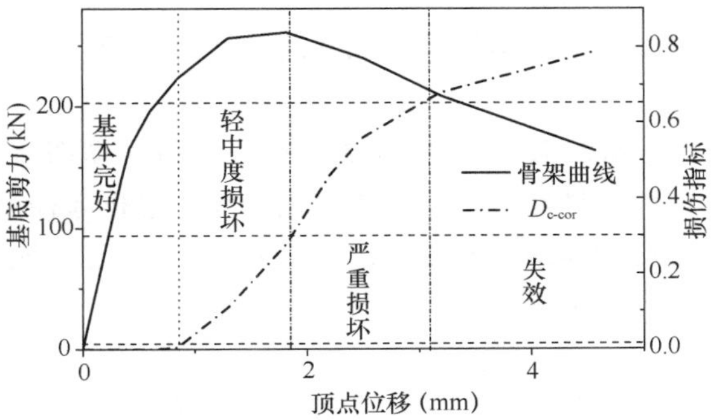

图 8-43 剪切型失效模式下柱性能及损伤指标演化过程

8.3.4 失效演化过程各阶段内的损伤指标计算

在 RC 柱失效模式分类及不同失效模式的损伤演化过程构件性能阶段临界状态性能指标的标定的基础上，可以得到构件在预期地震作用后所处的性能状态。以往研究者提出的损伤模型依据的震害及试验资料的差异，使同一性能阶段对应的损伤指标量值并不完全一致，本节为了统一各类型构件的损伤指标，选用章红梅[148]给出的不同损伤程度临界状态对应的构件损伤指标值。0，0.1，0.4，0.6 和 0.9 分别对应构件失效演化过程五个阶段的临界值，如图 8-17 所示。确定构件最终的损伤状态后，进一步提出简化的方法求解构件在失效演化过程中任意阶段内的损伤指标，实现构件损伤程度的量化。前文标定的各损伤指标值的增加在其对应性能临界点均有一定的突变，因此可近似认为在各性能阶段内起控制作用的损伤指标近似呈线性增长，已知各性能阶段起始阶段对应的损伤指标值，通过内插可以得到柱在各损伤阶段内任意损伤程度对应的损伤指标值。下面具体给出弯曲型、弯剪型及剪切型失效模式的梁失效演化过程中各阶段内损伤指标的计算方法。

8.3.4.1 弯曲型失效模式各阶段损伤指标值

对 RC 柱弯曲型失效模式损伤演化过程起控制作用的损伤指标为 $D_{c\text{-}0.5h}$，其对应的第一阶段初始和结束时刻的值为 0 和 0.005，定义该阶段的损伤指标 $D_{col\text{-}b1}\in[0,\ 0.1)$，该阶段内损伤指标插值可得

$$D_{col\text{-}b1}=20D_{c\text{-}0.5h} \tag{8-10}$$

柱在轻微损坏阶段内，损伤指标 D 在初始和结束时刻的值为 0.005 和 0.2，定义该阶段的损伤指标 $D_{col\text{-}b2}\in[0.1,\ 0.4)$，该阶段内损伤指标插值可得

$$D_{col\text{-}b2}=\frac{20(D_{c\text{-}0.5h}-0.005)}{13}+0.1 \tag{8-11}$$

柱在中度损坏阶段内，损伤指标 $D_{c-0.5h}$ 在初始和结束时刻的值为 0.2 和 0.6，定义该阶段的损伤指标 $D_{col-b3} \in [0.4，0.6)$，该阶段内损伤指标为

$$D_{col-b3} = \frac{D_{c-0.5h} - 0.2}{2} + 0.4 \tag{8-12}$$

柱在严重损坏阶段内，损伤指标 $D_{c-0.5h}$ 在初始和结束时刻的值为 0.6 和 0.8，定义该阶段的损伤指标 $D_{col-b4} \in [0.6，0.9)$，该阶段内损伤指标为

$$D_{col-b4} = \frac{3(D_{c-0.5h} - 0.6)}{2} + 0.6 \tag{8-13}$$

柱损伤指标等于 0.9 时失效，因此

$$D_{col-b5} = 0.9 \tag{8-14}$$

8.3.4.2 弯剪型失效模式各阶段损伤指标值

对柱弯剪型失效模式损伤演化过程起控制作用的损伤指标为 $D_{c-0.83h}$，其对应的第一阶段初始和结束时刻的值为 0 和 0.02，定义该阶段的损伤指标 $D_{col-bs1} \in [0，0.1)$，该阶段内损伤指标插值可得

$$D_{col-bs1} = 5D_{c-0.83h} \tag{8-15}$$

柱在轻微损坏阶段内，损伤指标 $D_{c-0.83h}$ 在初始和结束时刻的值为 0.02 和 0.45，定义该阶段的损伤指标 $D_{col-bs2} \in [0.1,0.4)$，该阶段内损伤指标插值可得

$$D_{col-bs2} = \frac{30(D_{c-0.83h} - 0.02)}{43} + 0.1 \tag{8-16}$$

柱在中度损坏阶段内，损伤指标 $D_{c-0.83h}$ 在初始和结束时刻的值为 0.45 和 0.7，定义该阶段的损伤指标 $D_{col-bs3} \in [0.4，0.6)$，该阶段内损伤指标为

$$D_{col-bs3} = \frac{4(D_{c-0.83h} - 0.45)}{5} + 0.4 \tag{8-17}$$

柱在严重损坏阶段内，损伤指标 $D_{c-0.83h}$ 在初始和结束时刻的值为 0.7 和 0.8，定义该阶段的损伤指标 $D_{col-bs4} \in [0.6，0.9)$，该阶段内损伤指标为

$$D_{col-bs4} = 3(D_{c-0.83h} - 0.7) + 0.6 \tag{8-18}$$

柱损伤指标等于 0.9 时失效，因此

$$D_{col-bs5} = 0.9 \tag{8-19}$$

8.3.4.3 剪切型失效模式各阶段损伤指标值

对柱剪切型失效模式损伤演化过程起控制作用的损伤指标为 D_{c-cor}，其对应的第一阶段初始和结束时刻的值为 0 和 0.005，定义该阶段的损伤指标 $D_{col-s1} \in [0，0.1)$，该阶段内损伤指标插值可得

$$D_{col-s1} = 20D_{c-cor} \tag{8-20}$$

柱在轻中度损坏阶段内，损伤指标 D_{c-cor} 在初始和结束时刻的值为 0.005 和 0.3，定义该阶段的损伤指标 $D_{col-s2} \in [0.1，0.4)$，该阶段内损伤指标插值可得

$$D_{col-s2,3} = \frac{60(D_{c-cor} - 0.005)}{59} + 0.1 \tag{8-21}$$

柱在严重损坏阶段内，损伤指标 D_{c-cor} 在初始和结束时刻的值为 0.3 和 0.65，定义该阶段的损伤指标 $D_{col-s4} \in [0.6，0.9)$，该阶段内损伤指标为

$$D_{col-s4} = \frac{6(D_{c-cor} - 0.3)}{7} + 0.6 \tag{8-22}$$

柱损伤指标等于 0.9 时失效，因此

$$D_{\text{col-s5}} = 0.9 \tag{8-23}$$

从以上分析可知，可以通过基于材料损伤信息对竖向构件失效演化过程进行量化描述。本章在选取代表性试验墙肢和 RC 柱进行有限元损伤演化模拟与试验破坏过程对比的基础上，给出了不同参数选取对剪力墙墙肢和 RC 柱的失效模式的影响，以及失效模式分类，并对不同失效模式的失效过程各阶段损伤指标进行了量化描述。通过大量试验及设计构件失效演化过程的有限元模拟分析可知，钢筋混凝土剪力墙墙肢构件损伤演化的主要影响因素为高宽比、轴压比及边缘约束构件设置；针对墙肢的不同失效模式，采用不同的材料损伤信息处理方法，以竖向损伤信息的发展规律为主，基于损伤随时间在构件两个维度方向的演化特点，定义了表征墙肢失效演化过程损伤特点的损伤指标，可以实现墙肢构件失效演化过程的损伤量化。RC 柱损伤演化的主要影响因素为剪跨比和轴压比，钢筋混凝土柱构件基于不同设计参数可分为：弯曲型失效、弯剪型失效和剪切型失效；结合 RC 柱失效模式分类，以沿轴向发展的损伤为主，选取端部一定高度区域受压损伤的平均值作为损伤指标表征弯曲型和弯剪型失效构件失效阶段性能变化，提取中部核心区域受压损伤平均值表征柱剪切型失效模式的损伤演化特点，据此可建立不同的损伤指标描述构件性能的阶段性变化；通过采用各失效阶段损伤指标取值统计分析方法，可以实现 RC 柱构件基于材料损伤信息的失效演化过程量化描述。

第9章　基于材料损伤的 RC 梁构件失效评价

9.1　概　　述

RC 梁是高层建筑结构比较典型的构件，主要包括联肢剪力墙的连梁和框架梁。在罕遇地震作用下，连梁是主要的耗能构件，框架梁通过弯剪变形传递荷载并消耗一定的地震能量。值得一提的是，联肢剪力墙的连梁剪跨比一般较小，除轴力可以忽略外，其他受力特点与墙肢相近。高层建筑结构中框架梁剪跨比一般较大，材料损伤发展特点对应的失效模式不同于"二维"的连梁构件，相应的损伤信息的选择和处理也不同。不同类型的构件地震失效机制不同，为保证其在抵抗预期地震时达到期望的性能水平，需对不同类型的 RC 梁构件的失效机制进行量化研究。本章通过不同设计参数对连梁和框架梁损伤发展特点的影响研究，建立基于材料损伤发展特点的失效模式分类方法；通过对材料损伤信息的提取和处理，明确能够表征不同类型构件性能退化过程阶段性特点的量化损伤指标，从本质上反映构件的失效演化过程。

9.2　连梁的失效研究

连梁作为高层建筑结构主要的耗能构件，在地震作用下主要以弯剪变形的方式耗散地震能量，从而避免墙肢及 RC 柱等关键受力构件过早出现损伤进而失效。不同的变形形态产生不同的损伤状态和不同的构件失效模式，在相同的变形形态下由于名义剪压比、剪跨比等因素的影响，连梁的材料损伤发展特点和失效模式也可能发生变化，其材料损伤信息的处理方式也有所不同。本节主要研究主要参数对基于材料损伤发展演化特点的连梁失效模式的影响，针对不同失效模式选取不同的损伤信息，得到反映构件失效本质的损伤模型。对连梁采用通用有限元软件 ABAQUS 进行失效分析，连梁采用实体单元，钢筋选用 Truss 单元，建模中将钢筋嵌入混凝土连梁来考虑两者的相互作用，混凝土采用塑性损伤模型，钢筋采用理想弹塑性模型，连梁的有限元模型及边界条件同墙肢构件，两者仅加载条件不同，分析中连梁未施加轴向荷载。

9.2.1　失效影响因素分析

影响连梁抗震性能的主要因素为名义剪压比、剪跨比和剪箍比等。对已有的试验现象总结出连梁的失效模式可分为弯曲滑移型、剪切型和弯剪型，并给出失效模式对应的构件破坏现象描述[148，166]。试验结果及有限元分析表明，连梁的名义剪压比较大时，其变形能力较差，易出现脆性破坏，反之，延性较好。选取文献[167]给出的连梁试验数据。试件 CB03，CB05 和 CB08 的具体参数如表 9-1 所示，0.06，0.13 和 0.2 三种名义剪压比连梁对应的数值模拟骨架曲线如图 9-1 所示。名义剪压比为

$$T_0 = Q_u / f_y b h_0 \tag{9-1}$$

其中 Q_u 为截面抗弯强度对应的剪力

$$Q_u = 2M_u / L \tag{9-2}$$

其中 M_u 为截面抗弯强度

$$M_u = f_y A_s \left(h_0 - \frac{x}{2} \right) \tag{9-3}$$

式中　　f_y——纵向受拉钢筋强度；

　　　　f_c——混凝土强度；

　　　　A_s——纵向受拉钢筋面积；

　　　　h_0——有效截面高度；

　　　　L——有效截面高度；

　　　　x——混凝土受压区高度。

连梁截面抗弯强度对应的剪箍比为

$$\xi = Q_u / Q_{kh} \tag{9-4}$$

其中抗剪强度 Q_{kh} 为

$$Q_{kh} = Q_h + Q_k = 0.7 f_c b h_0 + \frac{A_{sv} f_{yv}}{s} h_0 \tag{9-5}$$

式中　　A_{sv}——斜截面箍筋面积；

　　　　f_{yv}——箍筋强度；

　　　　s——箍筋间距。

连梁各设计参数　　　　　　　　　　　　　　　　表 9-1

试件编号	连梁尺寸（mm）（厚×高×长）	混凝土强度（MPa）	纵筋	屈服强度（MPa）	剪压比	箍筋	屈服强度（MPa）	剪箍比
CB03	90×350×500	46.6	4Φ12	306	0.06	Φ6.5@120	325	0.57
CB05	90×350×500	32.4	4Φ12	419	0.13	Φ8@70	285	0.58
CB08	90×350×500	40.7	4Φ16	352	0.2	Φ8@45	285	0.55

　　试验现象及有限元模拟结果表明，剪跨比是影响连梁抗震性能的重要因素。表 9-2 给出了剪跨比分别为 1.43 和 3.0 的试件 CB06 和 CB13 的具体参数，两种剪跨比连梁对应的数值模拟骨架曲线如图 9-2 所示。剪跨比的增加可以明显提高连梁的变形能力，减少连梁发生脆性破坏即剪切失效模式的可能。

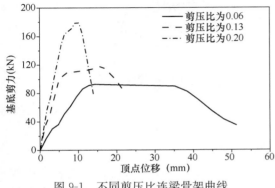

图 9-1　不同剪压比连梁骨架曲线

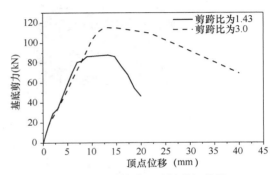

图 9-2　不同剪跨比连梁骨架曲线

试件编号	连梁尺寸（mm） （厚×高×长）	混凝土强度 （MPa）	纵筋	屈服强度 （MPa）	剪压比	箍筋	屈服强度 （MPa）	剪箍比
CB06	90×350×500	34.5	4Φ12	419	0.14	Φ8@90	285	0.73
CB13	90×250×750	32.1	4Φ16	352	0.15	Φ8@75	285	0.72

　　试验现象及有限元模拟结果表明，较小的剪箍比使连梁具有较大的延性，表 9-3 给出了剪箍比分别为 0.59 和 0.88 的试件 CB12 和 CB14 的具体参数，两种剪箍比连梁对应的数值模拟骨架曲线如图 9-3 所示。

试件编号	连梁尺寸（mm） （厚×高×长）	混凝土强度 （MPa）	纵筋	屈服强度 （MPa）	剪压比	箍筋	屈服强度 （MPa）	剪箍比
CB12	90×250×750	34.3	4Φ16	352	0.14	Φ8@55	285	0.59
CB14	90×250×750	40.3	4Φ16	352	0.13	Φ8@100	285	0.88

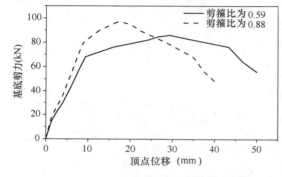

图 9-3 不同剪箍比连梁骨架曲线

　　受名义剪压比、剪跨比和剪箍比影响，连梁材料损伤发展表现出不同特点，其表征的构件性能演化特点也不同。其中弯曲滑移型失效表现为承载力变化平缓且延性较好。剪切型失效承载力与刚度同时发生显著的退化，表现为脆性破坏。弯剪型失效破坏的形态和性能变化介于以上两种破坏状态之间。

　　图 9-4 为弯曲滑移型失效的数值模拟材料损伤分布特点和试验现象对比。当剪跨比较大、名义剪压比和剪箍比均比较小时，易出现此类失效模式。这种失效模式的特点是弯曲产生的水平裂缝早于斜裂缝出现，并很快在端部贯通。斜裂缝的发展不明显，端部错动，混凝土酥裂脱落，导致钢筋失稳构件失效。

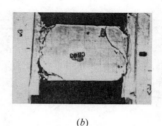

(a)   (b)

图 9-4 数值模拟与试验结果连梁弯曲型失效损伤状态

(a) 数值模拟连梁损伤分布；(b) 试验中连梁损伤状态

　　图 9-5 为剪切型失效的数值模拟损伤分布特点和试验现象对比。剪切型失效发生在剪跨比较小，名义剪压比和剪箍比都比较大的情况下。发生剪切型失效时斜裂缝先于水平裂

缝出现，之后不断扩展加宽，水平裂缝的发展则不明显。梁腹部形成斜向主裂缝导致连梁失效。

(a)　　　　　　　　　　　　　(b)

图 9-5　数值模拟与试验结果连梁剪切型失效损伤状态
(a) 数值模拟损伤分布；(b) 试验中连梁损伤状态

下图 9-6 为弯剪型失效的数值模拟损伤分布特点和试验现象对比。这种破坏状态介于前两种之间，斜裂缝与水平裂缝同时分别从梁腹和梁端出现。斜裂缝不断扩展与水平裂缝贯通两种裂缝同时发展。

(a)　　　　　　　　　　　　　(b)

图 9-6　数值模拟与试验结果连梁弯剪型失效损伤状态
(a) 数值模拟损伤分布；(b) 试验中连梁损伤状态

9.2.2　失效模式分类及失效演化过程

对已有的试验构件及设计的不同参数 82 个连梁数值模拟分析表明材料损伤的发展演化过程使构件失效演化过程一般经历基本完好阶段、轻微损坏阶段、中度损坏阶段、严重损坏阶段和失效五个阶段。连梁性能的阶段性变化对应着材料损伤累积和扩展的阶段性特点，材料损伤阶段性发展反映了构件性能阶段性变化的本质。

连梁材料损伤的发展和累积受到名义剪压比、剪跨比和剪箍比等因素的影响，这些因素将使材料损伤和构件失效发展过程表现出不同的特点。连梁端部出现水平分布的拉、压损伤为特征的弯曲型损伤成分和以中部出现的斜向分布的拉、压损伤为特征的剪切型损伤成分，将分别引起构件不同的材料损伤分布和发展规律。连梁与墙肢相比，受力特点相近，由于连梁轴向压力可以忽略，且两者在抗震中的作用不同，失效模式不完全相同，因此其受压损伤并非集中在两端。结合试验破坏现象根据有限元模拟得到的材料损伤分布发展规律，可将连梁的失效模式分为三类。当弯曲变形引起的损伤成分对构件性能的发展起控制作用时，定义为弯曲型失效；当剪切变形引起的损伤成分对构件性能的发展起控制作用时，定义为剪切型失效；两损伤成分对连梁性能的影响均不可忽略时，定义为弯剪型失效。

9.2.2.1　失效模式的分类

连梁的抗震性能和失效模式主要受名义剪压比、剪跨比和剪箍比三个因素影响。图

9-7 中横坐标为剪跨比，纵坐标为名义剪压比，图 9-8 中横坐标为名义剪压比，纵坐标为剪箍比，图中不同的点代表不同的失效模式。从材料损伤发展规律分析得到剪跨比和名义剪压比对不同失效模式的影响更显著且更具规律性。近似地用直线划定不同失效模式的界限，可以得到如下表 9-4 所示的连梁基于材料损伤信息的失效模式分类。

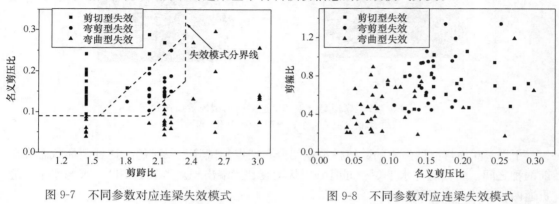

图 9-7　不同参数对应连梁失效模式　　　　图 9-8　不同参数对应连梁失效模式

连梁失效模式分类　　　　　　　　　　　　　　　　　　表 9-4

剪跨比	名义剪压比	失效模式
剪跨比＜1.6	$T_0 \geqslant 0.09$	剪切型
	$T_0 < 0.09$	弯曲型
剪跨比＝1.8	$T_0 \geqslant 0.15$	剪切型
	$0.15 > T_0 \geqslant 0.09$	弯剪型
	$T_0 < 0.09$	弯曲型
剪跨比＝2.0	$T_0 \geqslant 0.20$	剪切型
	$0.20 > T_0 \geqslant 0.09$	弯剪型
	$T_0 < 0.09$	弯曲型
剪跨比＝2.2	$T_0 \geqslant 0.25$	剪切型
	$0.25 > T_0 \geqslant 0.15$	弯剪型
	$T_0 < 0.15$	弯曲型
剪跨比≥2.4		弯曲型

9.2.2.2　弯曲型失效

连梁产生弯曲型失效演化过程中，材料损伤发展过程和构件性能劣化经历如下五个阶段：

（1）基本完好阶段　连梁边缘局部产生较小的受拉损伤，混凝土材料处于带裂缝工作状态，这种细微裂缝不影响连梁的性能，构件宏观的性能依然表现为弹性状态，此时，对应构件的宏观状态为连梁仅出现少量细裂纹。

（2）轻微损坏阶段　该阶段内混凝土材料受拉损伤程度不断发展，受拉损伤范围迅速扩展至整个边缘，该阶段结束时刻受压损伤开始出现，但程度较小，受拉损伤的发展累积是引起构件的性能略微下降的原因，刚度出现轻微退化，该阶段结束时对应连梁的宏观状态为受拉裂缝基本布满连梁边缘。

（3）中度损坏阶段　连梁两端边缘混凝土材料受压损伤并不断累积，受拉损伤在连梁两端累积，连梁的性能发生较明显的下降，刚度退化较大，此时，对应构件的宏观状态为端部的受拉水平裂缝不断扩展，端部两侧边缘的混凝土出现脱落。

（4）严重损坏阶段　连梁端部两侧边缘的混凝土材料受压损伤累积达到损伤极限值，材料的受压损伤范围由边缘向中间扩展，损伤程度不断增大，失效区域逐渐扩展，相当于连梁的截面高度降低，构件的承载能力出现明显的下降，刚度退化严重，此时，对应构件的宏观状态连梁两端角部混凝土酥裂脱落。

（5）失效　连梁端部截面混凝土材料受压失效区域不断扩展，截面有效高度不断降低，最终导致刚度严重退化，构件近似丧失承载能力。此时，对应构件整体的宏观状态为混凝土大面积脱落，局部区域的钢筋和混凝土失去共同工作的能力，钢筋外露屈曲。

连梁弯曲型失效演化过程的各阶段失效状态，构件宏观损坏描述及各状态之间的临界点如表9-5所示。

各失效演化阶段的临界状态分别定义为：

1）弹性极限点　将出现较明显水平向受拉损伤的时刻定义为弹性极限点，即无损坏阶段与轻微损坏阶段的临界点，对应的状态如图9-9（a）和图9-9（b）所示。

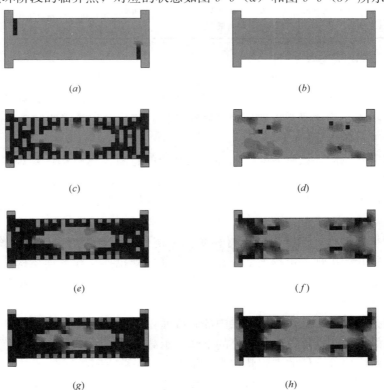

(a)　　　　　　　　　　　　　　(b)

(c)　　　　　　　　　　　　　　(d)

(e)　　　　　　　　　　　　　　(f)

(g)　　　　　　　　　　　　　　(h)

图 9-9　连梁弯曲型失效对应各失效临界状态的损伤分布

（a）弹性极限点材料受拉损伤分布；（b）弹性极限点材料受压损伤分布；（c）屈服临界点材料受拉损伤分布；（d）屈服临界点材料受压损伤分布；（e）承载能力峰值点材料受拉损伤分布；（f）承载能力峰值点材料受压损伤分布；（g）承载能力极限点受拉损伤分布；（h）承载能力极限点受压损伤分布

2）屈服临界点　把连梁角部出现明显受压损伤的时刻定义为屈服点，即轻微损坏和中度损坏两个阶段的临界点，对应的状态如图9-9（c）和图9-9（d）所示。

3）承载能力峰值点　将出现明显的受压损伤失效区域的时刻定义为承载力峰值点，即中度损坏和严重损坏两个阶段的临界点。对应的状态如图9-9（e）和图9-9（f）所示。

4）承载能力极限点　将失效区域扩展至在连梁端部基本贯通的时刻定义为承载能力极限点，即严重损伤阶段和失效的临界点。对应的状态如图9-9（g）和图9-9（h）所示。

连梁弯曲型失效各阶段对应的构件损伤描述及临界点 表9-5

构件失效状态	宏观损坏描述	材料受拉损伤	材料受压损伤	状态临界点
基本完好阶段	少量细微裂纹	零或接近于零	零	弹性极限点
轻微损坏阶段	水平受拉裂缝，遍布连梁两侧	水平损伤从两端出现并迅速扩展至整个边缘	零或接近于零	屈服临界点
中度损坏阶段	端部两侧边缘的混凝土出现脱落	扩展基本停止，开始在梁端累积	受压损伤在角部出现并不断累积	承载力峰值点
严重损坏阶段	连梁角部混凝土大面积脱落	损伤主要在梁端累积	角部出现受压失效区并不断扩展	承载能力极限点
构件失效	梁端钢筋和混凝土失去共同工作能力	梁端受拉损伤在较大面积内累积	受压失效区在梁端贯通	

9.2.2.3　剪切型失效

剪切型失效模式的损伤演化过程中，对连梁性能劣化起控制作用的为剪切变形成分产生的剪切型损伤，与墙肢失效特点不同的是由于连梁轴力可以忽略，其端部混凝土材料一般不出现受压损伤，当连梁产生剪切型失效时，失效演化过程对应的材料损伤和构件性能退化经历如下五个阶段：

（1）基本完好阶段　该阶段与弯曲型失效对应的材料损伤及构件宏观损坏状态相似。局部产生受拉损伤，混凝土材料处于带裂缝工作状态，这种细微裂缝不影响构件的性能，构件宏观的性能依然表现为完好状态，此时，对应构件的宏观状态为连梁表面仅出现少量细裂纹。

（2）轻微损坏阶段　连梁混凝土材料受拉损伤程度不断发展，受拉损伤范围迅速扩展，斜截面材料开始出现一定程度受压和受拉损伤，受拉损伤导致连梁构性能有所下降，刚度出现轻微退化，此时，对应构件整体的宏观状态为连梁边缘水平受拉裂缝分布较广，且中部出现斜向裂缝。

（3）中度损坏阶段　该阶段内连梁中部斜截面受压损伤的累积和斜向受拉损伤的累积和扩展导致连梁构件的性能发生较明显的下降，承载力在该阶段内变化较平缓，刚度退化较大，此时，对应构件整体的宏观状态为连梁中部斜裂缝不断扩展。

（4）严重损坏阶段　连梁中部材料受压损伤不断累积达到损伤极限值，局部材料受压失效，材料的受压损伤范围由中部向周围扩展，损伤程度不断增大，斜截面受拉损伤扩展和累积，构件的承载能力出现明显的下降，刚度退化严重，此时，对应构件整体的宏观状态为端部混凝土脱落，斜向裂缝迅速扩展，裂缝宽度增大。

（5）失效　连梁中部斜截面混凝土材料受压失效区域的不断扩展和贯通，使截面有效高度不断降低，最终导致刚度严重退化连梁基本丧失承载能力。此时，对应构件整体的宏观状态为连梁斜裂缝不断扩展贯通，连梁剪切破坏。

各失效演化阶段的临界状态分别定义为：

1）弹性极限点　把出现较明显水平向受拉损伤的时刻定义为弹性极限点，即基本完好阶段与轻微损坏阶段的临界点。对应的状态如图 9-10（a）和图 9-10（b）所示。

2）屈服临界点　把连梁中部出现明显受压损伤的时刻定义为屈服点，即轻微损坏和中度损坏两个阶段的临界点。对应的状态如图 9-10（c）和图 9-10（d）所示。

3）承载能力峰值点　将连梁中部受压损伤积累到损伤极限值的时刻定义为承载能力峰值点，即中度损坏和严重损坏两个阶段的临界点。对应的状态如图 9-10（e）和图 9-10（f）所示。

4）承载能力极限点　将连梁中部受压损伤在局部达到损伤极限值之后，开始向周围迅速扩展的时刻定义为承载能力极限状态，即严重损坏阶段和失效阶段的临界点。对应的状态如图 9-10（g）和图 9-10（h）所示。

连梁剪切型失效演化过程的各阶段失效状态，构件宏观损坏描述及各状态之间的临界点如表 9-6 所示。

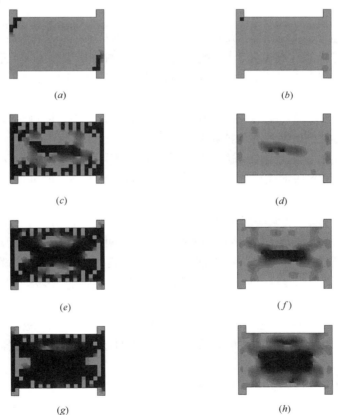

图 9-10　剪切型失效对应各失效临界状态的损伤分布

（a）弹性极限点材料受拉损伤分布；（b）弹性极限点材料受压损伤分布；（c）屈服临界点材料受拉损伤分布；（d）屈服临界点材料受压损伤分布；（e）承载能力峰值点材料受拉损伤分布；（f）承载能力峰值点材料受压损伤分布；（g）承载能力极限点受拉损伤分布；（h）承载能力极限点受压损伤分布

构件失效状态	宏观损坏描述	材料受拉损伤	材料受压损伤	状态临界点
基本完好阶段	连梁仅有少量细微裂纹	零或接近于零	零	弹性极限点
轻微损坏阶段	水平裂缝从梁端出现并扩展至整个边缘，梁腹出现斜裂缝	沿梁两侧出现水平受拉损伤，梁腹出现受拉损伤	零或接近于零	
中度损坏阶段	连梁表面斜裂缝不断延伸，角部混凝土酥裂脱落	梁腹出现的受拉损伤向梁端扩展	梁腹出现受压损伤并不断扩展	屈服临界点
严重损坏阶段	斜裂缝迅速发展，宽度增加	向两端扩展的同时范围不断扩宽	梁腹受压损伤在一定范围内达到损伤上限	承载力峰值点
构件失效	形成主要斜裂缝	受拉损伤继续累积扩展	受压失效区开始向周围扩展	承载能力极限点

9.2.2.4　弯剪型失效

弯剪型失效模式的损伤演化过程中，剪切变形成分和弯曲变形成分均对连梁性能劣化起重要作用。当连梁产生弯剪型失效时，失效演化过程中材料损伤和构件性能退化经历如下五个阶段：

（1）基本完好阶段　该阶段与弯曲型失效类型对应的材料损伤及构件宏观损坏状态相似。局部产生受拉损伤，混凝土材料处于带裂缝工作状态，这种细微裂缝不影响连梁的性能，构件宏观的性能依然表现为完好状态，此时，对应构件的宏观状态为连梁表面仅出现少量细裂纹。

（2）轻微损坏阶段　该阶段内连梁边缘受拉损伤的大量出现和扩展，角部开始出现程度较小的受压损伤，边缘产生的受拉损伤使连梁性能略微下降，刚度出现轻微退化，该阶段结束时对应连梁的宏观状态为受拉裂缝基本不满连梁边缘。

（3）中度损坏阶段　连梁两端边缘混凝土材料出现明显受压损伤并在两端不断累积，中部开始出现受拉和受压损伤。连梁的性能发生较明显的下降，刚度退化较大，此时，对应构件的宏观状态为连梁端部的混凝土开始酥裂脱落。

（4）严重损坏阶段　连梁端部两侧边缘的混凝土材料受压损伤不断累积且中部出现明显的受压损伤，损伤程度不断增大，构件的承载能力出现明显的下降，刚度退化严重，此时，对应构件整体的宏观状态为连梁中部出现明显裂缝，连梁两端角部混凝土严重酥裂脱落。

（5）失效　连梁中部混凝土材料受压损伤达到极限值出现受压失效区域，该区域迅速向周围扩展，角部也出现受压失效区，截面有效高度不断降低，最终导致刚度严重退化，构件近似丧失承载能力。此时，对应构件整体的宏观状态为混凝土大面积脱落，斜裂缝贯通。

连梁弯剪型失效演化过程的各阶段失效状态，构件宏观损坏描述及各状态之间的临界点如表 9-7 所示。

各失效演化阶段的临界状态分别定义为：

1）弹性极限点　在弯剪型损伤状态下，把出现较明显水平向受拉损伤的时刻定义为弹性极限点，即基本完好阶段与轻微损伤阶段的临界点。对应的状态如图 9-11（a）和图 9-11（b）所示。

2）屈服临界点　连梁角部出现明显受压损伤的时刻定义为屈服临界点，即轻微损伤和中度损伤两个阶段的临界点。对应的状态如图 9-11（c）和图 9-11（d）所示。

3）承载能力峰值点　将连梁中部受压损伤明显出现的时刻定义为承载力极限点，即中度损伤和严重损伤两个阶段的临界点。对应的状态如图 9-11（e）和图 9-11（f）所示。

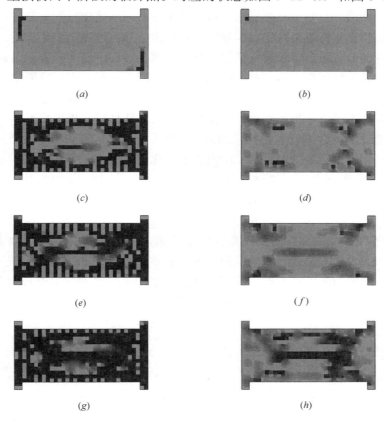

图 9-11　弯剪型失效对应各失效临界状态的损伤分布
（a）弹性极限点材料受拉损伤分布；（b）弹性极限点材料受压损伤分布；（c）屈服临界点材料受拉损伤分布；（d）屈服临界点材料受压损伤分布；（e）承载能力峰值点材料受拉损伤分布；（f）承载能力峰值点材料受压损伤分布；（g）承载能力极限点材料受拉损伤分布；（h）承载能力极限点材料受压损伤分布

4）承载能力极限点　将连梁角部受压损伤达到损伤值上限的时刻定义为承载能力极限点，即严重损伤阶段和失效阶段的临界点。对应的状态如图 9-11（g）和图 9-11（h）所示。

连梁弯剪型失效各阶段对应的构件损伤描述及临界点　　　　表 9-7

构件失效状态	宏观损坏描述	材料受拉损伤	材料受压损伤	状态临界点
基本完好阶段	连梁仅有少量细微裂纹	零或接近于零	零	弹性极限点
轻微损坏阶段	水平裂缝从梁端出现并扩展至整个边缘	沿梁两侧出现水平受拉损伤	零或接近于零	屈服临界点
中度损坏阶段	连梁角部出现较明显的混凝土酥裂脱落，腹部出现斜裂缝	梁边缘水平损伤继续发展，梁腹出现受拉损伤	梁角部出现明显的受压损伤	承载力峰值点
严重损坏阶段	梁腹出现明显的斜裂缝，角部混凝土的酥裂也趋于严重	梁腹受拉损伤向两端延伸，端部水平受拉损伤不断累积	梁腹部出现明显的受压损伤并不断积累	承载能力极限点
构件失效	梁腹斜裂缝开始向两端延伸并很快贯通	两类受拉损伤继续累积扩展	梁腹受压损伤在局部达到损伤值上限后开始向周围扩展	

9.2.3　失效过程各阶段的损伤指标标定

通过对连梁失效演化过程中材料损伤发展和累积的阶段性变化对连梁性能退化的影响规律研究，选取恰当的材料损伤指标来合理反映构件的损伤演化过程，并对所选取的不同性能阶段对应的损伤指标进行标定，实现连梁构件失效演化过程的量化描述。

连梁发生弯曲型失效时，如前文描述，其失效演化过程中性能的劣化主要经历边缘材料受拉损伤出现及扩展累积、两端截面边缘材料受压损伤出现并不断发展累积直至全截面失五个阶段，基于材料的损伤定义能够反映弯曲型失效构件损伤演化过程各阶段损伤发展及性能退化物理意义的三个损伤指标，各指标的定义和物理意义描述如下：

（1）$\overline{D_{tf}}$ 为连梁边缘材料受拉损伤平均值，如图 9-12（a）所示。$\overline{D_{tf}}$ 所代表的受拉损伤的产生和累积是连梁由第一阶段到第二阶段性能退化的原因。

（2）$\overline{D_{cco}}$ 为连梁端部截面边缘材料受压损伤平均值，如图 9-12（b）所示。$\overline{D_{cco}}$ 所代表的受压损伤的产生和累积是连梁由第二性能阶段向第三阶性能阶段和第三阶段向第四阶段性能退化的原因。

（3）$\overline{D_{ce}}$ 为连梁端部截面材料受压损伤的平均值，如图 9-12（c）所示。$\overline{D_{ce}}$ 达到上限值对应的物理意义为端部失效区域沿截面贯通，有效截面高度为零，连梁丧失承载能力，由于实际连梁两端的边界条件不同，损伤向薄弱端集中，最终两端的受压损伤存在差异，$\overline{D_{ce}}$ 的累积和失效贯通是连梁由第四性能阶段向第五性能阶段即失效演化的原因。

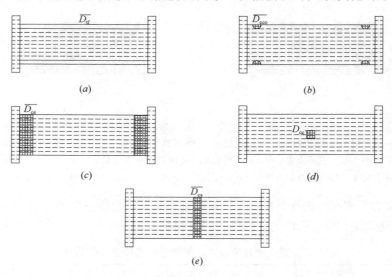

图 9-12　连梁损伤指标示意图
（a）$\overline{D_{tf}}$；（b）$\overline{D_{cco}}$；（c）$\overline{D_{ce}}$；（d）$\overline{D_{cc}}$；（e）$\overline{D_{cs}}$

结合损伤发展演化过程及连梁性能变化的物理意义及大量的有限元模拟结果，连梁弯曲型失效过程中各性能阶段对应的损伤指标发展过程如图 9-13 所示。表 9-8 给出了各损伤指标值对应的构件失效演化过程中的各性能阶段及临界点的损伤值。

表征第一阶段和第二阶段的临界状态的损伤指标为 $\overline{D_{tf}}$，其物理意义为边缘受拉损伤的出现及扩展，弹性极限点为出现损伤的临界时刻，而连梁受拉损伤出现并迅速沿边缘发展，选取代表较低受拉损伤水平的较小值 0.1 作为连梁弹性极限点；第二阶段和第三阶段的临界状态为屈服点，构件材料损伤发展特点统计分析表明，表征屈服临界点的损伤指标为代表边缘受压损伤出现和发展的 $\overline{D_{cco}}$，选取代表其较低水平的 0.2 表示受压损伤出现的初始时刻，该指标对应的屈服点在后文将会进一步验证；表征第三阶段和第四阶段材料损伤发展特点的损伤指标仍为 $\overline{D_{cco}}$，当受压损伤累积达到极限值之后损伤继续累积将导致构件有效截面减小，承载力降低，定义受压损伤的极限值为 0.8，该指标表征的承载

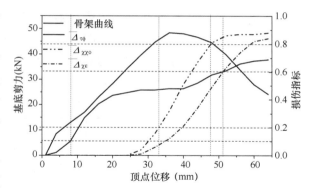

图 9-13　弯曲型失效模式下连梁性能及
损伤指标演化过程

力峰值点将在后续进一步验证；表征第四阶段和失效的临界状态的损伤指标为代表的受压损伤的累积和失效区的扩展贯通的 $\overline{D_{ce}}$，由于连梁两端边界条件的差异，损伤会在薄弱端集中，因此，依据损伤统计，定义连梁两端截面受压损伤平均 $\overline{D_{ce}}$ 为 0.6 时失效区贯通，构件失效。

连梁弯曲型失效各阶段构件损伤指标　　　　　　　　　　　　　　　　　表 9-8

性能临界点	弹性极限	屈服临界点	承载能力峰值	承载能力极限
损伤指标	$\overline{D_{tf}}$	$\overline{D_{cco}}$		$\overline{D_{ce}}$
损伤指标值	0.10	0.20	0.80	0.60
连梁损伤指标 D	0.1	0.4	0.6	0.9
损伤等级	基本完好	轻微损坏	中度损坏	严重损坏	失效

连梁产生剪切型失效时，如前所述，其失效演化过程中性能的劣化主要经历了边缘材料受拉损伤出现及扩展累积、中部斜截面损伤、跨中截面中部材料受压损伤出现并不断发展累积直至全截面失效五个阶段，基于材料的损伤定义能够反映剪切型失效的连梁损伤演化过程各阶段损伤发展及性能退化物理意义的三个损伤指标如上图 9-12 所示，具体指标及物理意义描述如下：

（1）$\overline{D_{tf}}$ 为连梁边缘材料受拉损伤平均值。同弯曲型失效模式，剪切型失效的损伤演化过程中 $\overline{D_{tf}}$ 的出现及扩展是第一阶段到第二阶段性能退化的原因。

（2）D_{cc} 为连梁跨中截面中部受压损伤最大值，如图 9-12（d）所示。D_{cc} 的产生和累积是连梁由第二性能阶段向第三性能阶段和第三阶段向第四阶段性能退化的原因。

（3）$\overline{D_{cs}}$ 为连梁跨中截面各材料受压损伤的平均值，如图 9-12（e）所示。$\overline{D_{cs}}$ 达到上限值对应的物理意义为连梁跨中截面失效区域出现并沿截面扩展直至连梁丧失承载能力，$\overline{D_{cs}}$ 的累积和失效区的贯通是连梁由第四性能阶段向第五性能阶段即失效演化的原因。

结合损伤发展演化过程及连梁性能变化的物理意义及大量的有限元模拟结果，表 9-9 给出了本章提出的各损伤指标值对应的构件剪切型失效演化过程中的各性能阶段及临界点的损伤值。

与弯曲型失效类似，依据材料损伤发展与构件性能阶段性变化的对应关系，给出表征各损伤程度阶段性变化的临界状态的损伤指标值分别为：表征第一阶段和第二阶段临界状

态的边缘受拉损伤平均值$\overline{D_{\text{tf}}}$为0.1；表征第二阶段和第三阶段临界状态的跨中截面中部材料受压损伤D_{cc}为0.01；D_{cc}为0.8，即中部出现受压失效区对应承载能力峰值点；跨中截面失效区域的扩展对应承载能力极限点，$\overline{D_{\text{cs}}}$取0.25。各指标对应的临界状态将在下文进一步验证。连梁剪切型失效过程中各性能阶段对应的损伤指标发展过程如图9-14所示。

连梁剪切型失效各阶段损伤指标 表9-9

性能临界点	弹性极限	屈服临界点	承载能力峰值	承载能力极限
损伤指标	$\overline{D_{\text{tf}}}$	D_{cc}		$\overline{D_{\text{cs}}}$
损伤指标值	0.10	0.01	0.80	0.25
连梁损伤指标D	0.1	0.4	0.6	0.9
损伤等级	基本完好	轻微损坏	中度损坏	严重损坏	失效

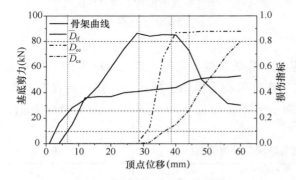

图9-14 剪切型失效模式下连梁性能及
损伤指标演化过程

连梁发生弯剪型失效时，如前文描述，其失效演化过程中性能的劣化主要经历了边缘材料受拉损伤出现及扩展累积、两端截面边缘材料受压损伤出现及跨中截面中部受压损伤出现和累积几个阶段，基于材料的损伤定义能够反映弯剪型失效构件损伤演化过程各阶段损伤发展及性能退化物理意义的三个损伤指标，具体指标定义和物理意义如下：

（1）$\overline{D_{\text{tf}}}$为连梁边缘材料受拉损伤平均值。$\overline{D_{\text{tf}}}$的产生和累积是连梁由第一阶段到第二阶段性能退化的原因。

（2）$\overline{D_{\text{cco}}}$为连梁端部截面边缘材料受压损伤平均值。$\overline{D_{\text{cco}}}$的产生和累积是连梁由第二性能阶段向第三性能阶段退化的原因。

（3）D_{cc}为连梁跨中截面中部受压损伤最大值。D_{cc}的产生和累积是连梁由第三性能阶段向第四性能阶段和第四阶段向第五性能阶段退化的原因。

结合损伤发展演化过程及连梁性能变化的物理意义及大量的有限元模拟结果，表9-10给出了各损伤指标值对应的构件失效演化过程中的各性能阶段及临界点的损伤指标值。表征第一阶段和第二阶段临界状态的边缘受拉损伤平均值$\overline{D_{\text{tf}}}$为0.1；表征第二阶段和第三阶段临界状态的连梁端部截面边缘材料受压损伤平均值$\overline{D_{\text{cco}}}$为0.20；表征第三阶段和第四阶段临界状态的跨中截面中部受压损伤最大值D_{cc}为0.10；表征第四阶段和失效临界状态的跨中截面中部受压损伤最大值D_{cc}为0.80，即中部出现受压失效区对应承载能力极限。连梁弯剪型失效过程中各性能阶段对应的损伤指标发展过程如图9-15所示。

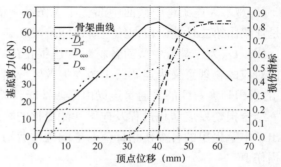

图9-15 弯剪型失效模式下连梁性能
及损伤指标演化过程

连梁弯剪型失效各阶段损伤指标   表 9-10

性能临界点	弹性极限	屈服临界点	承载能力峰值	承载能力极限
损伤指标	$\overline{D_{\mathrm{tf}}}$	$\overline{D_{\mathrm{cco}}}$	D_{cc}	D_{cc}
损伤指标值	0.10	0.20	0.10	0.80
连梁损伤指标 D	0.1	0.4	0.6	0.9
损伤等级	基本完好	轻微损坏	中度损坏	严重损坏 失效

9.2.4 失效演化过程各阶段内的损伤指标计算

与墙肢相同，在连梁失效模式分类及不同失效模式的损伤演化过程构件性能阶段临界状态性能指标的标定的基础上，可以得到连梁在预期地震作用后所处的性能状态。0，0.1，0.4，0.6 和 0.9 分别对应构件失效演化过程五个阶段的损伤临界值，如图 8-16 所示。确定构件最终的损伤状态后，可求解构件在失效演化过程中任意阶段内的损伤指标，实现构件损伤程度的量化。前述标定的各损伤指标值的增加在其对应性能临界点均有一定的突变，因此可近似认为在各性能阶段内起控制作用的损伤指标近似呈线性增长，已知各性能阶段起始阶段对应的损伤指标值，通过内插可以得到连梁在各损伤阶段内任意损伤程度对应的损伤指标值。下面通过具体分析给出弯曲型、剪切型及弯剪型失效模式的连梁失效演化过程中各阶段内损伤指标的计算方法。

9.2.4.1 弯曲型失效模式各阶段损伤指标值

对连梁第一性能阶段由完好到边缘出现受拉损伤起控制作用的损伤指标为 $\overline{D_{\mathrm{tf}}}$，其对应的该阶段初始和结束时刻的值为 0 和 0.1，定义该阶段的损伤指标 $D_{\mathrm{cb\text{-}b1}} \in [0, 0.1)$，连梁该阶段内损伤指标插值可得

$$D_{\mathrm{cb\text{-}b1}} = \overline{D_{\mathrm{tf}}} \tag{9-6}$$

连梁在轻微损坏阶段内，$\overline{D_{\mathrm{tf}}}$ 由 0.1 不断增大到某值是保持稳定，$\overline{D_{\mathrm{cco}}}$ 在此时刻开始出现，该阶段结束时值为 0.2，因此对该阶段其控制作用的损伤指标为 $\overline{D_{\mathrm{tf}}}$ 和 D_{cco}。但该阶段结束时刻不同失效模式的 $\overline{D_{\mathrm{tf}}}$ 值相近，如图 9-16 所示。定义轻微损坏阶段结束时刻 $\overline{D_{\mathrm{tf}}}$ 的取值为 $\overline{D_{\mathrm{tf}}^{\mathrm{f}}}$，通过对大量连梁有限元分析建议第二阶段结束时刻 $\overline{D_{\mathrm{tf}}^{\mathrm{f}}}$ 的取值为 0.45。定义轻微损坏阶段的损伤指标 $D_{\mathrm{cb\text{-}b2}} \in [0.1, 0.4)$，连

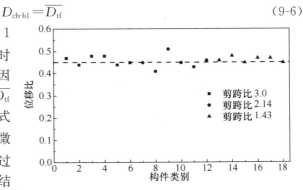

图 9-16 不同失效模式下 $\overline{D_{\mathrm{tf}}}$ 的取值

梁该阶段内损伤指标通过 $\overline{D_{\mathrm{tf}}}$ 在 0.1 和 $\overline{D_{\mathrm{tf}}^{\mathrm{f}}}$ 及指标 $\overline{D_{\mathrm{cco}}}$ 在 0 和 0.2 内插值可得

$$D_{\mathrm{cb\text{-}b2}} = \frac{\overline{D_{\mathrm{cco}}} + \overline{D_{\mathrm{tf}}} - 0.1}{0.55} \times 0.3 + 0.1 \tag{9-7}$$

连梁在中度损坏阶段内，$\overline{D_{\mathrm{cco}}}$ 的发展和累积是引起连梁性能退化的原因，其对应的该阶段初始和结束时刻的值为 0.2 和 0.8，定义该阶段的损伤指标 $D_{\mathrm{w\text{-}b3}} \in [0.4, 0.6)$，该阶段内损伤指标为

$$D_{\text{cb-b3}} = \frac{\overline{D_{\text{cco}}} - 0.2}{3} + 0.4 \tag{9-8}$$

连梁在严重损坏阶段内，初始时刻 $\overline{D_{\text{cco}}}$ 已达到极限值，$\overline{D_{\text{ce}}}$ 的累积是引起连梁性能退化的原因，其对应的该阶段初始和结束时刻的值为 $\overline{D_{\text{ce0}}}$ 和 0.6，定义该阶段的损伤指标 $D_{\text{cb-b4}} \in [0.6，0.9)$，该阶段内损伤指标为

$$D_{\text{cb-b4}} = \frac{\overline{D_{\text{ce}}} - \overline{D_{\text{ce0}}}}{0.6 - \overline{D_{\text{ce0}}}} \times 0.3 + 0.6 \tag{9-9}$$

连梁损伤指标等于 0.9 时失效，因此

$$D_{\text{cb-b5}} = 0.9 \tag{9-10}$$

9.2.4.2 剪切型失效模式各阶段损伤指标值

与弯曲型失效模式类似，对连梁第一性能阶段由完好到边缘出现受拉损伤起控制作用的损伤指标为 $\overline{D_{\text{tf}}}$，其对应的该阶段初始和结束时刻的值为 0 和 0.1，定义该阶段的损伤指标 $D_{\text{cb-s1}} \in [0，0.1)$，连梁该阶段内损伤指标插值可得

$$D_{\text{cb-s1}} = \overline{D_{\text{tf}}} \tag{9-11}$$

连梁在轻微损坏阶段内，$\overline{D_{\text{tf}}}$ 由 0.1 不断增大到某值是保持稳定，$\overline{D_{\text{cc}}}$ 在此时刻开始出现，该阶段结束时值为 0.01，值相对 $\overline{D_{\text{tf}}}$ 很小，因此对该阶段起控制作用的损伤指标为 $\overline{D_{\text{tf}}}$。同弯曲型失效，定义轻微损坏阶段结束时刻 $\overline{D_{\text{tf}}}$ 的值 $\overline{D_{\text{tf}}^{\text{f}}}$ 取 0.45。定义轻微损坏阶段的损伤指标 $D_{\text{cb-s2}} \in [0.1，0.4)$，连梁该阶段内损伤指标通过 $\overline{D_{\text{tf}}}$ 在 0.1 和 $\overline{D_{\text{tf}}^{\text{f}}}$ 内插值可得

$$D_{\text{cb-s2}} = \frac{\overline{D_{\text{tf}}} - 0.1}{0.35} \times 0.3 + 0.1 \tag{9-12}$$

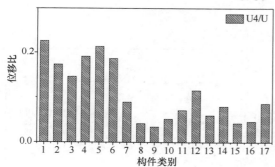

图 9-17　第四性能阶段位移与总位移的比值

连梁中度损坏阶段过后由于脆性破坏，严重损坏阶段位移相对较小，如图 9-17 所示。

为了安全及简化计算，将剪切型失效的中度损坏和严重损坏阶段合并为中重度损坏阶段，该阶段内 D_{cc} 的发展和累积是引起连梁性能退化的原因，其对应的该阶段初始和结束时刻的值为 0.01 和 0.8，定义该阶段的损伤指标 $D_{\text{cb-s3,4}} \in [0.4，0.9)$，该阶段内损伤指标为

$$D_{\text{cb-s3,4}} = \frac{50(D_{\text{cc}} - 0.01)}{79} + 0.4 \tag{9-13}$$

连梁损伤指标等于 0.9 时失效，因此

$$D_{\text{cb-s5}} = 0.9 \tag{9-14}$$

9.2.4.3 弯剪型失效模式各阶段损伤指标值

对连梁第一性能阶段由完好到边缘出现受拉损伤起控制作用的损伤指标为 $\overline{D_{\text{tf}}}$，其对应的该阶段初始和结束时刻的值为 0 和 0.1，定义该阶段的损伤指标 $\overline{D_{\text{cb-bs1}}} \in [0，0.1)$，连梁该阶段内损伤指标插值可得

$$D_{\text{cb-bs1}} = D_{\text{tf}} \tag{9-15}$$

连梁在轻微损坏阶段内，与弯曲型失效模式类似，$\overline{D_{tf}}$由 0.1 不断增大到某值是保持稳定，$\overline{D_{cco}}$在此时刻开始出现，该阶段结束时值为 0.2，因此，对该阶段起控制作用的损伤指标为$\overline{D_{tf}}$和$\overline{D_{cco}}$。第二阶段结束时刻$\overline{D_{tf}}$的值$\overline{D_{tf}^f}$的取为 0.45。定义轻微损坏阶段的损伤指标 $D_{cb-bs2} \in [0.1, 0.4)$，连梁在该阶段内损伤指标通过$\overline{D_{tf}}$在 0.1 和$\overline{D_{tf}^f}$及指标$\overline{D_{cco}}$在 0 和 0.2 内插值可得

$$D_{cb-bs2} = \frac{\overline{D_{cco}} + \overline{D_{tf}} - 0.1}{0.55} \times 0.3 + 0.1 \qquad (9-16)$$

连梁发生弯剪型失效时，中等损伤和严重损伤阶段经历的位移相对较短，因此，安全考虑和简化计算，将剪切型失效模式的第三阶段和第四阶段合并。$\overline{D_{cco}}$ 和 $\overline{D_{cc}}$ 第三的发展和累积是引起墙肢性能退化的原因。该阶段内初始时刻 $\overline{D_{cco}}$ 为 0.2，如图 9-18 所示，阶段结束时刻得到$\overline{D_{cco}}$建议值 0.7，初始时刻认为 D_{cc} 近似为 0，结束时刻为 0.8，定义连梁该阶段的损伤指标 $D_{cb-bs3,4} \in [0.4, 0.9)$，在该阶段内损伤指标通过$\overline{D_{cco}}$在 0.2 和 0.7 及指标$\overline{D_{cco}}$在 0 和 0.8 内插值可得

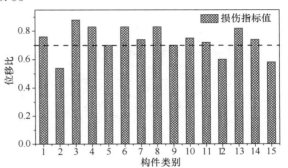

图 9-18　$\overline{D_{cco}}$在第三性能阶段结束时的值

$$D_{cb-bs3,4} = \frac{D_{cc} + \overline{D_{cco}} - 0.2}{1.3} \times 0.5 + 0.4 \qquad (9-17)$$

连梁损伤指标等于 0.9 时失效，因此

$$D_{cb-bs5} = 0.9 \qquad (9-18)$$

9.2.4.4　失效演化过程各阶段损伤模型的验证

本节从材料损伤的产生、分布、发展及累积规律对构件性能影响的本质出发，阐述了连梁失效演化过程中各损伤阶段的损伤模型建立方法，其中各性能阶段临界点的标定的正确性和合理性是该损伤模型的关键。因此本节通过对各性能阶段划分及性能状态变化的物理意义阐述和论证，明确提出损伤模型的正确性。

从基本完好、无损伤阶段到轻微损坏阶段构件性能变化的本质是损伤出现，因此定义的边缘受拉损伤出现时刻为两阶段的临界状态具有明确的物理意义。

轻微损坏阶段到中度损坏阶段的临界状态为构件屈服临界点，可以定义受压损伤出现为两阶段的临界状态。采用作图法求解连梁骨架曲线的屈服点对应的屈服位移。作图法与本节标定的方法得到的屈服位移与极限位移比值比较，如图 9-19 所示，弯曲型失效、剪切型失效及弯剪型失效对应的损伤模型确定的屈服位移与作图法求得的屈服位移误差可接受，表明选取的损伤指标值合理且符合物理意义。

中度损坏阶段到严重损坏阶段的临界状态对应的物理意义为构件达到承载能力峰值点，定义的承载力最大点的位移与实际峰值承载力点位移比较如图 9-20 所示，三种失效模式损伤指标标定的承载力峰值点与实际承载能力相近，说明了指标值选取的合理性。

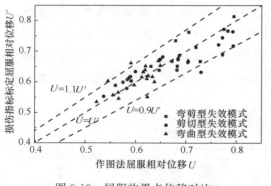

图 9-19　屈服临界点位移对比

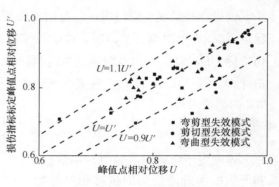

图 9-20　承载能力峰值点位移比较

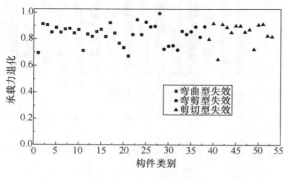

图 9-21　承载能力极限值与承载力峰值之比

严重损坏阶段到构件失效的临界状态对应的物理意义为构件达到承载能力极限点，图 9-21 给出了弯曲型和剪切型失效临界状态对应的承载能力与承载能力最大值比值。不同失效模式构件失效时对应承载力下降幅度并不相同，发生弯曲型失效时，由于延性较好，承载力随位移下降较缓慢，经历较长位移才失效；发生剪切型失效时，承载能力达到峰值后经历较小的位移便出现明显下降，安全考虑发生剪切型失效时对应的承载力下降率应比弯曲型失效小，目前没有较好的标准验证失效。

9.3　框架梁的失效研究

框架梁作为高层建筑结构重要构件，在地震作用下主要以弯剪变形传递水平作用并消耗一定地震能量。由于剪跨比等因素的影响，框架梁的损伤状态和失效模式发生变化。框架梁的有限元模拟分析的建模方法及边界条件与 RC 柱相同，与 RC 柱的受力特点不同的是其轴力可以忽略，因此其损伤范围较 RC 柱分布广。与连梁不同的是，其剪跨比较大，损伤沿同一截面发展较快，因此，其损伤主要沿轴向发展。

9.3.1　失效影响因素分析

影响框架梁抗震性能的主要因素除了剪跨比和纵筋配筋率外，还有一个重要的参数 K 值。以文献[168]中框架梁低周往复试验为依据，构件参数如表 9-11 所示。剪跨比是影响框架梁失效破坏模式的重要参数，与连梁不同的是，框架梁的剪跨比一般较大，本节设计的梁剪跨比范围为 $\lambda=2.0\sim6.0$，从图 9-22 可以看出剪跨比对框架梁性能影响显著，剪跨比增大，构件延性提高。

K 值表示框架梁在合理配筋情况下，钢筋合力与混凝土界限压力的比值，K 值越大表明弯曲成分越大，构件延性越好，如图 9-23 所示。其范围为 $0\sim0.8$，K 值的具体表达

式为

$$K = \frac{f_{\text{y}} (A_{\text{s}} - A_{\text{s}}')}{f_{\text{c}} b h_0 \xi_{\text{b}}}$$ (9-19)

式中　f_{y}——钢筋抗拉强度设计值；

A_{s}——受拉纵筋截面面积；

A_{s}'——受压纵筋截面面积；

f_{c}——混凝土抗压强度设计值；

h_0——有效截面高度；

b——截面宽度；

ξ_{b}——界限受压区高度。

纵筋配筋率主要影响框架梁的抗震承载能力，合理的纵筋配筋率对失效模式的影响相对不明显，如图 9-24 所示。对框架梁失效模式的研究中纵筋配筋率取值范围可取 0.36%～2.23%。

框架梁设计参数　表 9-11

试件编号	剪跨比	K 值	受拉纵筋	试件编号	剪跨比	K 值	受拉纵筋
FB-1	2	0	2Φ16	FB-22	4	0.2	2Φ40
FB-2	2	0	2Φ20	FB-23	4	0.3	2Φ40
FB-3	2	0	2Φ22	FB-24	4	0.4	2Φ40
FB-4	2	0	2Φ28	FB-25	4	0.5	2Φ40
FB-5	2	0.1	2Φ28	FB-26	4	0.6	2Φ40
FB-6	2	0.2	2Φ28	FB-27	4	0.7	2Φ40
FB-7	2	0.3	2Φ28	FB-28	4	0.8	2Φ40
FB-8	2	0.2	2Φ40	FB-29	6	0	2Φ16
FB-9	2	0.3	2Φ40	FB-30	6	0	2Φ20
FB-10	2	0.4	2Φ40	FB-31	6	0	2Φ22
FB-11	2	0.5	2Φ40	FB-32	6	0	2Φ28
FB-12	2	0.6	2Φ40	FB-33	6	0.1	2Φ28
FB-13	2	0.7	2Φ40	FB-34	6	0.2	2Φ28
FB-14	2	0.8	2Φ40	FB-35	6	0.3	2Φ28
FB-15	4	0	2Φ16	FB-36	6	0.2	2Φ40
FB-16	4	0	2Φ20	FB-37	6	0.3	2Φ40
FB-17	4	0	2Φ22	FB-38	6	0.4	2Φ40
FB-18	4	0	2Φ28	FB-39	6	0.5	2Φ40
FB-19	4	0.1	2Φ28	FB-40	6	0.6	2Φ40
FB-20	4	0.2	2Φ28	FB-41	6	0.7	2Φ40
FB-21	4	0.3	2Φ28	FB-42	6	0.8	2Φ40

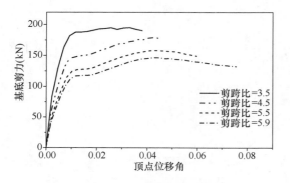

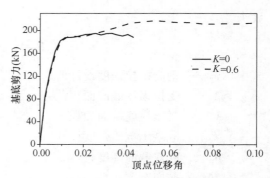

图 9-22 不同剪跨比框架梁骨架曲线

图 9-23 不同 K 值框架梁骨架曲线

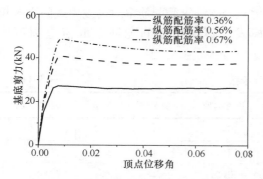

图 9-24 不同纵筋配筋率框架梁骨架曲线

通过有限元模拟分析框架梁损伤发展演化过程及总结文献试验破坏现象将剪跨比较大的框架梁失效模式分为弯曲型失效和弯剪型失效两类（剪跨比很小的梁则归类为连梁在前文中已研究）。图 9-25 给出弯曲型失效模式对应的框架梁损伤状态的分布，受压损伤集中在根部，根部纵筋屈服，箍筋未屈服，符合弯曲破坏的特点，与试验结果吻合较好。图 9-26 给出弯剪型失效模式对应框架梁损伤状态的分布，受压损伤集中在柱根部一定区域，斜截面损伤的发展使损伤范围较弯曲型失效大，纵筋压屈，箍筋屈服，与试验结果吻合较好。

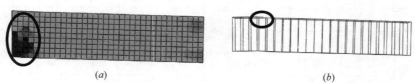

(a)　　　　　　　　　　　　　(b)

图 9-25 弯曲型失效模式对应的框架梁损伤状态

(a) 受压损伤分布；(b) 钢筋塑性应变分布

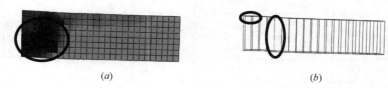

(a)　　　　　　　　　　　　　(b)

图 9-26 弯剪型失效模式对应的框架梁损伤状态

(a) 受压损伤分布；(b) 钢筋塑性应变分布

9.3.2 失效模式分类及失效演化过程描述

对 103 根框架梁的材料损伤演化分析表明，框架梁从完好到失效演化过程可划分为基本完好阶段、轻微损坏阶段、中度损坏阶段、严重损坏阶段和失效五个阶段。框架梁性能的阶段性变化对应着材料损伤累积和扩展的阶段性特点，材料损伤阶段性的发展反映了构件性能阶段性变化的原因。

材料损伤的发展受到剪跨比等因素的影响，这些因素将使材料损伤和构件失效的过程表现出不同的特点。由于框架梁的剪跨比较大，其剪切型损伤由端部沿斜截面发展，损伤范围主要集中在端部，区域相对弯曲损伤引起是损伤范围大，当弯曲引起的损伤成分对构件性能的发展起控制作用时，定义此时的损伤状态为弯曲型失效；当端部剪切变形引起的损伤成分对构件性能的发展起控制作用时，定义此时的损伤状态定义为弯剪型失效。

9.3.2.1 失效模式分类

不同参数对框架梁失效模式的影响分析表明：剪跨比和 K 值是影响框架梁失效模式的关键因素，纵筋配筋率对损伤出现时刻有一定的影响，对损伤发展规律对应的失效模式影响不明显，各参数对失效模式的影响如图 9-27 所示。剪跨比增大时，弯曲型损伤成分明显增加，剪跨比减小时，剪切型损伤成分明显增加。另外，剪切型损伤成分还会随着 K 值的增大而减小，图 9-27（a）给出了剪跨比与 K 值对框架梁失效模式的影响；合理配筋率范围内配筋率的变化主要影响构件的整体承载能力，对框架梁变形能力的影响较小，图 9-27（b）为纵筋配筋率对框架梁失效模式的影响。不同失效模式对应的参数取值范围如表 9-12 所示。

由于高层建筑结构柱距较大，框架梁的剪跨比较大，地震作用下框架梁通常发生弯曲型失效，因此基于材料损伤的失效模式分类基础上建议选取合适的剪跨比和 K 值保证框架梁发生具有足够变形和耗能能力的弯曲型失效，本节仅在对框架梁弯曲型失效演化过程的材料

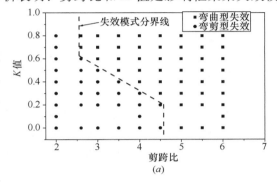

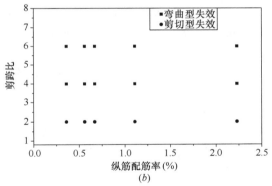

图 9-27　各参数与框架梁失效模式之间的关系
(a) 剪跨比与 K 值；(b) 纵筋配筋率

损伤发展规律展开分析，将不满足弯曲型失效的框架梁按连梁相应的失效模式考虑。

框架梁失效模式分类

表 9-12

失效模式	K 值					
剪跨比	≤0.1	0.2	0.3	0.4	0.5	≥0.6
2.5	弯剪型	弯剪型	弯剪型	弯剪型	弯剪型	弯曲型
3.0	弯剪型	弯剪型	弯剪型	弯剪型	弯剪型	弯曲型
3.5	弯剪型	弯剪型	弯剪型	弯剪型	弯曲型	弯曲型
4.0	弯剪型	弯剪型	弯剪型	弯曲型	弯曲型	弯曲型
4.5	弯剪型	弯剪型	弯曲型	弯曲型	弯曲型	弯曲型
≥4.6	弯曲型	弯曲型	弯曲型	弯曲型	弯曲型	弯曲型

9.3.2.2 弯曲型失效

当框架梁产生弯曲型失效时，损伤过程即失效演化过程经历如下五个阶段：

（1）基本完好阶段　框架梁基本处于弹性阶段，由于混凝土材料属于受拉敏感性材料，在较低水平的拉应力状态即出现受拉塑性变形，产生受拉损伤，混凝土材料处于带裂缝工作状态，这种细微裂缝不影响构件的性能，构件宏观性能依然表现为弹性状态，此时，对应构件整体的宏观状态为梁表面仅出现少量细裂纹。

（2）轻微损坏阶段　该阶段内，端部混凝土材料受压损伤开始出现，构件性能有所下降，刚度出现轻微退化，此时，对应构件整体的宏观状态为框架梁端部出现明显的水平受拉裂缝，裂缝范围不断发展，该阶段结束时纵筋屈服。

（3）中度损坏阶段　该阶段内，梁端部一定区域混凝土材料受压损伤累积，边缘混凝土材料受压损伤达到极限值，构件性能发生较明显的下降，刚度退化较大，此时，对应构件整体的宏观状态为框架梁的受拉水平裂缝不断扩展，端部两侧边缘的混凝土出现脱落。

（4）严重损坏阶段　梁端部边缘材料受压失效区域不断向截面中部扩展，损伤程度不断增大，框架梁端部截面有效高度降低，构件的承载能力出现下降，刚度退化严重，此时，对应构件整体的宏观状态为框架梁端部截面裂缝贯通，裂缝宽度增大，角部混凝土压碎掉落。

（5）失效　端部一定区域截面混凝土材料受压失效区域不断扩展，截面有效高度不断降低，最终导致刚度严重退化。此时，对应构件整体的宏观状态为混凝土大面积脱落，局部区域的钢筋和混凝土失去共同工作的能力，钢筋外露屈曲。

钢筋混凝土梁弯曲型失效演化过程的各阶段损伤状态，构件宏观损坏描述及各状态之间的临界点如表9-13所示。

各失效演化阶段的临界状态分别定义为：

1）弹性极限点　基本完好，无损坏阶段与轻微损坏阶段的临界点为端部混凝土材料开始出现受压损伤的时刻，对应的状态如图9-28（a）所示。

2）屈服临界点　轻微损坏阶段与中度损坏阶段的临界点为纵向受拉钢筋屈服，钢筋混凝土梁端部一定区域内截面混凝土材料受压损伤不断扩展，并迅速增长，对应的状态如图9-28（b）所示。

3）承载能力峰值点　中度损坏阶段与严重损坏阶段的临界点为端部一定区域内截面边缘混凝土材料受压失效，受压损伤开始缓慢累积，即边缘材料出现受压损伤达到极限值的时刻，对应的状态如图9-28（c）所示。

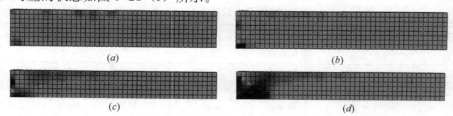

图9-28　弯曲型失效对应各失效临界状态的损伤分布

（a）弹性极限点材料受压损伤分布；（b）屈服临界点材料的受压损伤分布；

（c）承载能力峰值点材料的受压损伤分布；（d）承载能力极限点材料的受压损伤分布

4）承载能力极限点　严重损坏阶段与构件失效的临界点为端部一定区域截面高度范围内混凝土材料失效区域基本贯通，即材料受压损伤达到极限值的区域沿截面高度贯通的时刻，受压损伤基本保持恒定，对应的状态如图 9-28（d）所示。

框架梁弯曲失效各阶段对应的构件损伤描述及临界点　　　　表 9-13

构件损伤阶段	宏观损坏描述	端部一定区域受压损伤	状态临界点
基本完好阶段	仅出现少量细微裂纹，无破坏	近似为零	弹性极限点
轻微损坏阶段	端部出现明显的水平裂缝	受压损伤由端部边缘产生并向截面内部扩展	
			屈服临界点
中度损坏阶段	端部边缘的混凝土出现脱落，受拉纵筋屈服	不断累积，迅速增加	
			承载能力峰值点
严重损坏阶段	端部截面裂缝贯通，裂缝宽度增大，角部混凝土压碎掉落	端部截面边缘出现受压失效区域，缓慢增加	
			承载能力极限点
构件失效	混凝土大面积脱落，局部区域的钢筋和混凝土失去共同工作的能力，钢筋外露屈曲	受压失效区域沿截面高度基本贯通，损伤不再发展	

9.3.3　失效演化过程各阶段损伤指标标定

通过对弯曲型失效模式的 RC 框架梁失效演过程中材料损伤发展规律的研究，选择恰当的损伤指标，来反映构件损伤发展的特点；通过定义比较合理的损伤指标值，来标定框架梁损伤发展的不同阶段及相应的性能阶段。通过对材料损伤与框架梁整体失效演化过程的关系，合理描述构件整体损伤状态的损伤指标，并对构件损伤指标进行量化分析。

对弯曲型失效框架梁性能起控制作用的材料损伤为产生于构件端部、外侧并不断向构件内侧、中部一定区域发展的基本成水平向的拉、压材料损伤。弯曲型失效过程中，端部一定区域的受压损伤的发展和累积能够较好地反映构件失效演化过程中性能退化的阶段性变化。这些特点已经在 9.3.2 中进行了描述和分析。本节基于材料损伤定义了能够反应构件损伤演化过程各阶段损伤发展特点及性能退化物理意义的损伤指标。图 9-29 所示为弯曲型失效框架梁的损伤指标 $D_{c-0.67h}$，其定义为：弯曲型失效柱端 0.67 倍截面高度范围内材料损伤的平均值。经过大量模拟分析并借鉴国内外学者对弯曲型失效框架梁破坏区域的描述[169，170]，$D_{c-0.67h}$ 值大小可以合理反映构件的损伤程度，且其阶段性变化规律较好地反映了构件性能的阶段性特点。图 9-30 给出不同参数框架梁弯曲型失效时各阶段临界点的损伤指标值，从图中可以看出，各临界状态损伤指标值具有较好的一致性。

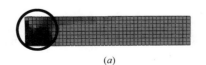
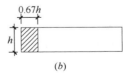

（a）　　　　　　　　　　　　　　　　　　　（b）

图 9-29　梁损伤指标 $D_{c-0.67h}$ 示意图

（a）梁损伤分布；（b）梁损伤指标

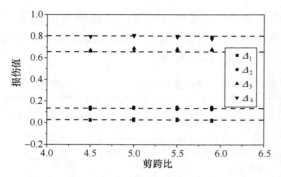

图 9-30 框架梁弯曲型失效过程中
各阶段性能点的受压损伤值

不同参数的弯曲型失效梁各阶段性能临界点对应的损伤指标值如表 9-14 所示。对分析结果进行统计得到各性能点对应的损伤指标如表 9-15 所示。弹性极限点对应的损伤指标均值为 $D_1 = 0.02$，均方差为 0.007；屈服临界点处损伤指标均值为 $D_2 = 0.13$，均方差为 0.008；承载能力峰值点对应损伤指标均值为 $D_3 = 0.6$，标准差为 0.010；承载能力极限点对应的损伤指标均值为 $D_4 = 0.8$，均方差为 0.010。RC 梁弯曲型失效过程中各性能阶段对应的损伤指标如图 9-31 所示。

框架梁弯曲型失效各阶段对应的构件损伤指标　　　　表 9-14

构件名称	剪跨比	K 值	D_1	D_2	D_3	D_4
FB-b1	4.5	0.6	0.028	0.144	0.66	0.793
FB-b2	4.5	0.7	0.029	0.132	0.67	0.798
FB-b3	4.5	0.8	0.023	0.125	0.673	0.799
FB-b4	5	0.6	0.022	0.145	0.691	0.801
FB-b5	5	0.7	0.031	0.144	0.687	0.811
FB-b6	5	0.8	0.037	0.134	0.664	0.806
FB-b7	5.5	0.6	0.026	0.146	0.663	0.79
FB-b8	5.5	0.7	0.038	0.127	0.675	0.804
FB-b9	5.5	0.8	0.023	0.132	0.686	0.801
FB-b10	5.9	0.6	0.017	0.146	0.682	0.774
FB-b11	5.9	0.7	0.017	0.124	0.678	0.788
FB-b12	5.9	0.8	0.027	0.14	0.67	0.797

框架梁弯曲型失效各阶段对应的构件损伤值　　　　表 9-15

性能临界点	弹性极限	屈服临界点	承载能力峰值	承载能力极限
损伤指标	$D_{c\text{-}0.67h}$	$D_{c\text{-}0.67h}$	$D_{c\text{-}0.67h}$	$D_{c\text{-}0.67h}$
损伤指标值	0.02	0.13	0.65	0.80
框架梁损伤指标 D	0.1	0.4	0.6	0.9
损伤等级	基本完好	轻微损坏　　中度损坏	严重损坏	失效

9.3.4　失效演化过程各阶段内的损伤指标计算

在梁弯曲型失效损伤演化过程构件性能临界状态损伤指标标定的基础上，可以得到构件在预期地震作用后所处的性能状态。为了统一各类型构件的损伤指标，同柱，0，0.1，0.4，0.6 和 0.9 分别对应构件失效演化过程五个阶段的临界值，如图 8-17 所示。确定构件最终的损伤状态后，进一步提出简化的方法求解构件在失效演化过程中任意阶段内的损伤指标，实现构件损伤程度的量化。标定的各损伤指标值的增加在其对应性能临界点均有一定的突变，因此可近似认为在各性能阶段内起控制作用的损伤指标近似呈线性增长，已知各性能阶段起始阶段对应的损伤指标值，通过内插可以得到框架梁在各损伤阶段内任意损伤程度对应的损伤指标值。下面具体给出发生弯曲型失效的框架梁失效演化过程中各阶段内损伤指标的计算方法。

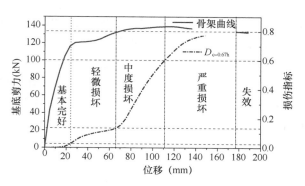

图 9-31　弯曲型失效模式下框架梁性能及
损伤指标演化过程

对框架梁弯曲型失效模式损伤演化过程起控制作用的损伤指标为 $D_{c\text{-}0.67h}$，其对应的第一阶段初始和结束时刻的值为 0 和 0.02，定义该阶段的损伤指标 $D_{b\text{-}b1} \in [0,0.1)$，该阶段内损伤指标插值可得

$$D_{b\text{-}b1} = 5D_{c\text{-}0.67h} \tag{9-20}$$

在轻微损坏阶段内，损伤指标 $D_{c\text{-}0.67h}$ 在初始和结束时刻的值为 0.02 和 0.13，定义该阶段的损伤指标 $D_{b\text{-}b2} \in [0.1,0.4)$，该阶段内损伤指标插值可得

$$D_{b\text{-}b2} = \frac{30(D_{c\text{-}0.67h} - 0.02)}{11} + 0.1 \tag{9-21}$$

在中度损坏阶段内，损伤指标 $D_{c\text{-}0.67h}$ 在初始和结束时刻的值为 0.13 和 0.6，定义该阶段的损伤指标 $D_{b\text{-}b3} \in [0.4,0.6)$，该阶段内损伤指标为

$$D_{b\text{-}b3} = \frac{20(D_{c\text{-}0.67h} - 0.2)}{47} + 0.4 \tag{9-22}$$

在严重损坏阶段内，损伤指标 $D_{c\text{-}0.67h}$ 在初始和结束时刻的值为 0.6 和 0.8，定义该阶段的损伤指标 $D_{b\text{-}b4} \in [0.6,0.9)$，该阶段内损伤指标为

$$D_{b\text{-}b4} = \frac{3(D_{c\text{-}0.67h} - 0.6)}{2} + 0.6 \tag{9-23}$$

损伤指标等于 0.9 时失效，因此

$$D_{b\text{-}b5} = 0.9 \tag{9-24}$$

从以上分析可知，可以通过基于材料损伤信息对 RC 梁构件失效演化过程进行量化描述，本章在选取代表性试验构件进行有限元损伤演化模拟与试验破坏过程对比的基础上，给出了不同参数选取对 RC 连梁及框架梁失效模式影响，以及失效模式分类，并对失效过程各阶段损伤指标进行量化。通过大量试验构件及设计构件失效演化过程的有限元模拟分析可知，连梁损伤演化的主要影响因素为名义剪压比、剪跨比及剪箍比，连梁失效模式为弯曲型失效、弯剪型失效和剪切型；针对连梁的不同失效模式，以水平向损伤发展为主，依据损伤信息在时间和空间上的发展演化规律，定义了表征连梁失效演化过程损伤特点的

损伤指标，可以实现连梁构件失效演化过程的量化描述；框架梁损伤演化的主要影响参数为剪跨比、K 值，其失效模式为弯曲型失效和弯剪型失效；结合框架梁失效模式分类，将构件失效演化过程划分为不同的性能阶段，以沿轴向发展的损伤为主，选取端部一定高度区域受压损伤的平均值作为损伤指标表征弯曲型失效框架梁性能的阶段性变化，通过各失效阶段损伤指标取值的统计分析，可以实现基于材料损伤信息的框架梁失效演化过程量化描述。

第 10 章　基于构件损伤的结构整体大震失效描述

10.1　概　　述

在第 8、9 章中，对基于材料损伤信息的构件失效演化过程的损伤量化，但构件失效过程的损伤量化目的是为了能够较为准确地反映结构整体的大震失效演化过程。本章以构件的损伤模型为基础，基于损伤信息传递、处理和表征的思路，考虑构件损伤位置及损伤程度等反映构件对结构整体的性能劣化过程的影响，探讨合理的构件损伤信息表征系数的选取，以实现整体结构中同类型构件整体失效演化过程的量化，最后考虑构件的重要性等因素来确定从各类型构件整体到结构整体的损伤传递系数，实现结构整体的失效过程量化描述。

10.2　各类型构件失效过程的损伤模型

基于材料损伤信息的构件失效演化过程的损伤模型是结构整体损伤大震失效描述的基础。常见的高层建筑结构构件类型包括剪力墙、RC 柱、连梁和 RC 框架梁及楼板。

（1）墙肢　联肢剪力墙是高层建筑结构的重要构件之一。在地震作用下，受高宽比和轴压比的影响，墙肢失效演化过程表现出不同的材料损伤状态，依据损伤信息随时间在空间上的发展特点将墙肢的失效模式分为弯曲型失效和剪切型失效。针对不同失效模式的损伤发展特点定义反应构件性能阶段性变化的损伤指标，剪力墙平面内为"二维"构件，不能用单一损伤指标反映墙肢性能的阶段性变化：1）选取墙肢边缘材料受拉损伤相对高度、底部边缘材料最大受压损伤和底部截面各纤维最大受压损伤平均值三个损伤指标表征弯曲型失效各阶段损伤状态，损伤指标 D_{w-bi} 的具体计算公式见式（8-1）～式（8-5）；2）选取墙肢边缘材料受拉损伤相对高度和底部边缘材料最大受压损伤两个损伤指标表征剪切型失效各阶段损伤状态，损伤指标 D_{w-bi} 的具体计算公式见式（8-6）～式（8-9）。

（2）RC 柱　RC 柱是高层建筑结构主要竖向构件之一。在地震作用下，受剪跨比和轴压比的影响，RC 柱失效演化过程中材料损伤发生不同的阶段性变化，依据不同的损伤发展特点，将 RC 柱的失效模式分为弯曲型失效、弯剪型失效和剪切型失效。针对不同失效模式的损伤发展特点定义反应构件性能阶段性变化的损伤指标：选取 RC 柱底部 0.5 倍截面高度区域内的材料受压损伤平均值作为弯曲型失效各阶段的损伤指标 D_{col-bi}，具体公式见式（8-10）～式（8-14）；选取 RC 柱底部 0.83 倍截面高度区域内的材料受压损伤平均值作为弯剪型失效各阶段的损伤指标 $D_{col-bsi}$，具体公式见式（8-15）～式（8-19）；选取 RC 柱中部核心区域内的材料受压损伤平均值作为剪切型失效各阶段的损伤指标 D_{col-si}，具体公式见式（8-20）～式（8-23）。

（3）连梁　联肢剪力墙的连梁是高层建筑结构的主要耗能构件。在地震作用下，受剪跨比和名义剪压比的影响，连梁失效模式不同，依据损伤信息随时间在空间上的发展特点将连梁的失效模式分为弯曲型失效、剪切型失效和弯剪型失效。针对不同失效模式的损伤发展特点定义反映构件性能阶段性变化的损伤指标，连梁平面内为"二维"构件，需选取多个损伤指标表征构件同一失效模式的不同阶段的损伤状态：选取连梁边缘材料受拉损伤平均值、两端边缘材料最大受压损伤平均值和端部截面受压损伤平均值三个损伤指标表征弯曲型失效各阶段损伤状态，各失效阶段损伤指标 D_{cb-bi} 的具体计算公式见式（9-6）~式（9-10）；选取连梁边缘材料受拉损伤平均值、跨中截面中部受压损伤最大值和跨中截面材料受压损伤平均值三个损伤指标表征剪切型失效各阶段损伤状态，各失效阶段损伤指标 D_{cb-si} 的具体计算公式见式（9-11）~式（9-14）；选取连梁边缘材料受拉损伤平均值、端部截面边缘材料受压损伤平均值和跨中截面中部受压损伤最大值三个损伤指标表征弯剪型失效各阶段损伤状态，各失效阶段损伤指标 D_{cb-bsi} 的具体计算公式见式（9-15）~式（9-18）。

（4）RC框架梁　在地震作用下，依据受剪跨比和 K 值的不同，RC框架梁失效模式可分为弯曲型失效和弯剪型失效。高层建筑结构RC框架梁的剪跨比一般较大，以弯曲型失效为主。截面尺寸相对跨度较小，损伤沿同一截面发展较快，以沿轴向发展为主。因此，选取RC梁端部 0.67 倍截面高度区域内的材料受压损伤平均值作为弯曲型失效各阶段的损伤指标 D_{b-bi}，具体公式见式（9-20）~式（9-24）。

（5）楼板　楼板通过平面外弯曲变形传递水平作用，保证高层建筑结构同一楼层变形协调。由于建筑功能需要，楼板局部开洞。地震作用下洞口周围局部应力集中可能出现一定程度的损伤，定义楼板损伤指标为所有材料受拉和受压平均值，受拉损伤和受压损伤的权重分别取 0.04 和 0.96[171]。

10.3　构件整体失效演化过程分析

从构件损伤到结构整体的损伤传递需通过结构层损伤过渡。可将同一结构层的损伤指标按构件类型分类，定义同类构件任意时刻损伤平均值为该类型构件在结构整体层的层损伤指标，即

$$D_{ms,i}(t) = \frac{\sum\limits_{j=1}^{m_i} D_{j,i}(t)}{m_i}$$ (10-1)

式中　$D_{j,i}(t)$——同类型构件中构件 j 任意 t 时刻在第 i 层的损伤指标；

$D_{ms,i}(t)$——同类型构件任意 t 时刻在第 i 层的层损伤指标；

m_i——该类型构件在第 i 层的总数。

10.3.1　构件到整体损伤信息表征系数的确定

提取所有楼层各类型构件损伤，代入式（10-1）即可得到构件在结构层的损伤分布模式及损伤分布模式随时间的变化。已有研究提出选取不同的权系数建立构件层损伤到构件整体损伤之间的联系。Park 等人[172]和欧进萍等人[173]用楼层耗能或损伤指标的相对大小表征层损伤权系数，耗能或层损伤指标较大的楼层具有较大的表征系数

$$\zeta_{\mathrm{m}i}(t) = D_{\mathrm{ms},i}(t) \Big/ \sum_{i=1}^{N_{\mathrm{m}}} D_{\mathrm{ms},i}(t) \tag{10-2}$$

式中　N_{m}——总楼层数。

考虑到构件所在的位置对结构整体损伤性能的影响，欧进萍等[174]将楼层相对位置引入到构件表征系数中

$$\zeta_{\mathrm{m}i}(t) = \frac{(N_{\mathrm{m}} - i + 1) D_{\mathrm{ms},i}(t)}{\sum\limits_{i=1}^{N_{\mathrm{m}}} (N_{\mathrm{m}} - i + 1) D_{\mathrm{ms},i}(t)} \tag{10-3}$$

文献[154]为使得到的各类型构件整体损伤演化过程中随时间累积增加，对式（10-3）进行修正得

$$\zeta_{\mathrm{m}i}(t) = \frac{(N_{\mathrm{m}} - i + 1) D_{\mathrm{ms},i}(t)}{\sum\limits_{i=1}^{N_{\mathrm{m}}} (N_{\mathrm{m}} - i + 1) D_{\mathrm{ms,max}}(t)} \tag{10-4}$$

式中　$D_{\mathrm{ms,max}}(t)$——某类型构件各楼层损伤最大值。

构件损伤到构件整体损伤信息表征系数的选取应满足三个准则：（1）各类构件每层的损伤都是随时间累积的，即下一时刻的损伤大于等于前一时刻的值；（2）各类构件整体失效演化过程不可逆，即构件整体的损伤值是随时间累积增加的；（3）同一时刻表征系数之和等于1。而上述提出的三种表征系数得到的构件整体损伤演化过程如图10-1所示，方法一和方法二并不能使构件整体损伤随时间累积增加，方法三虽一定程度上保证了构件整体损伤虽时间增加，但表征系数未归一化，使得到整体损伤偏低。

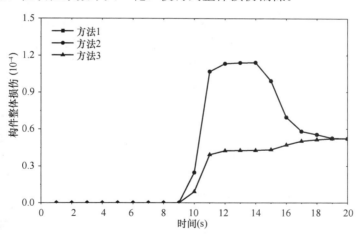

图 10-1　不同表征系数得到的构件整体的损伤演化过程

在地震作用下，结构构件损伤随时间演化且不可逆，体现构件在结构中损伤的表征系数理论上也应是随时间变化的。但若选取变化的损伤分布表征系数将使得到的构件整体损伤出现负增长，因此需选取层间位移角最大时刻的表征系数表征构件的损伤分布演化规律。

考虑水平构件对结构性能的影响主要与其自身的损伤程度相关，给出水平构件的损伤

信息表征系数 ζ_{hi} 为

$$\zeta_{hi}(t) = D_{hs,i}(t_m) \Big/ \sum_{i=1}^{N_m} D_{hs,i}(t_m) \qquad (10\text{-}5)$$

式中　$D_{hs,i}(t_m)$——某类型水平构件在层间位移角最大时刻第 i 层的损伤指标。

竖向受力构件作为结构抗侧力构件,其在结构中的相对位置及损伤程度均对结构性能的劣化起着重要的作用。损伤信息表征系数需考虑构件损伤程度及损伤发生位置的重要程度两个因素的影响,竖向构件的损伤信息表征系数 ζ_{vi} 为

$$\zeta_{vi}(t) = \frac{(N_m - i + 1)D_{vs,i}(t_m)}{\sum\limits_{i=1}^{N_m} (N_m - i + 1)D_{vs,i}(t_m)} \qquad (10\text{-}6)$$

式中　$D_{vs,i}(t_m)$——某类型竖向构件在层间位移角最大时刻第 i 层的损伤指标。

10.3.2　构件整体失效演化过程描述

在高层建筑混凝土结构技术规程和建筑抗震设计规范中,明确了结构抗震性能设计目标,并针对关键构件、普通竖向构件和耗能构件给出了不同预期震后的性能水准要求。因此不同类型构件及构件整体的失效演化过程是基于性能抗震设计的重要内容。由构件的损伤信息表征系数和构件失效演化过程的损伤模型便可得到各类型构件在结构整体的损伤分布和发展规律以及构件整体的损伤演化过程。即各类型水平构件整体失效演化过程中任意时刻的损伤指标为

$$D_h(t) = \sum_{i=1}^{N_m} \zeta_{hi}(t)D_{hs,i}(t) \qquad (10\text{-}7)$$

式中　$D_{hs,i}(t)$——某类型水平构件在地震作用任意时刻第 i 层的损伤指标;
　　　$D_h(t)$——该类型水平构件在地震作用任意时刻的整体损伤指标。

相应的竖向构件整体失效演化过程中任意时刻的损伤指标为

$$D_v(t) = \sum_{i=1}^{N_m} \zeta_{vi}(t)D_{vs,i}(t) \qquad (10\text{-}8)$$

式中　$D_{vs,i}(t)$——某类型竖向构件在地震作用任意时刻第 i 层的损伤指标;
　　　$D_v(t)$——该类型竖向构件在地震作用任意时刻的整体损伤指标。

运用通用有限元软件 ABAQUS 建立不同高度、不同截面参数及不用刚度特征值的 10 个框架—核心筒结构有限元模型,并对其进行罕遇地震作用下的弹塑性动力分析,运用上述方法得到构件整体失效演化过程中任意时刻的损伤指标,并分析不同类型构件对结构整体性能的影响程度,明确结构整体的失效演化过程。典型有限元模型如图 10-2 所示,结构宽度为 28.8m,内筒宽度为 14.4m,结构参数如下表 10-1 至表 10-3 所示。

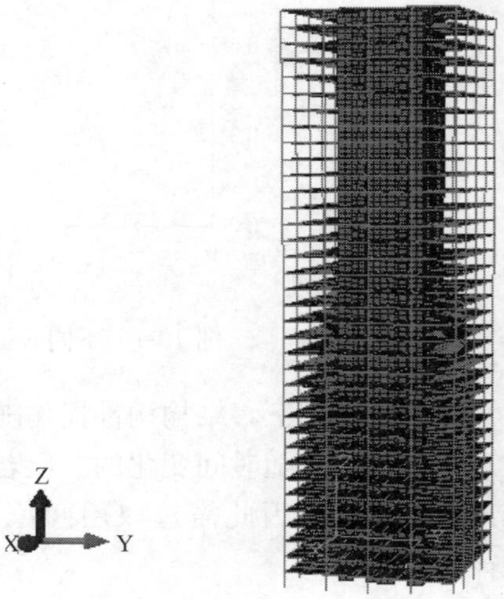

图 10-2　有限元模型示意图

30 层结构设计参数   表 10-1

结构参数	30 层（层高 3.6m）		
结构编号	10D4W-30(30a)	14D4W-30(30b)	10D6W-30(30c)
柱子尺寸(mm) （长×宽）	1000×1000 800×800	1400×1400 1200×1200	1000×1000 800×800
框梁尺寸(mm) （宽×高）	500×700	500×1000	500×700
墙肢厚度(mm)	400/300	400/300	600/500/400
刚度特征值	1.51	2.48	1.2

36 层结构设计参数   表 10-2

结构参数	36 层（层高 3.6m）			
结构编号	11D4W-36(36a)	15D4W-36(36b)	11D6W-36(36c)	14D6W-36(36d)
柱子尺寸（mm） （长×宽）	1100×1100 900×900	1500×1500 1300×1300	1100×1100 900×900	1400×1400 1200×1200
框梁尺寸（mm） （宽×高）	500×1000	500×1000	500×1000	500×1000
墙肢厚度（mm）	400/300	400/300	600/500/400	600/500/400
刚度特征值	2.67	3.05	2.18	2.42

42 层结构设计参数   表 10-3

结构参数	42 层（层高 3.6m）		
结构编号	12D4W-42(42a)	16D4W-42(42b)	12D6W-42(42c)
柱子尺寸（mm） （长×宽）	1200×1200 1000×1000	1600×1600 1400×1400	1200×1200 1000×1000
框梁尺寸（mm） （宽×高）	500×1000	500×1000	500×1000
墙肢厚度（mm）	400/300	400/300	600/500/400
刚度特征值	3.25	3.63	2.67

图 10-3 给出了 10 个模型倒三角荷载作用下的推覆曲线，求得的结构初始等效刚重比如表 10-4 所示。30 种罕遇地震作用弹塑性时程分析工况见下表 10-5，得到的各结构不同工况下最大层间位移角如图 10-4 所示。

结构初始等效刚重比   表 10-4

结构编号	初始等效刚重比	结构编号	初始等效刚重比
30a	8.33	36c	7.03
30b	9.61	36d	8.03
30c	9.06	42a	5.68
36a	6.55	42b	6.65
36b	8.02	42c	6.02

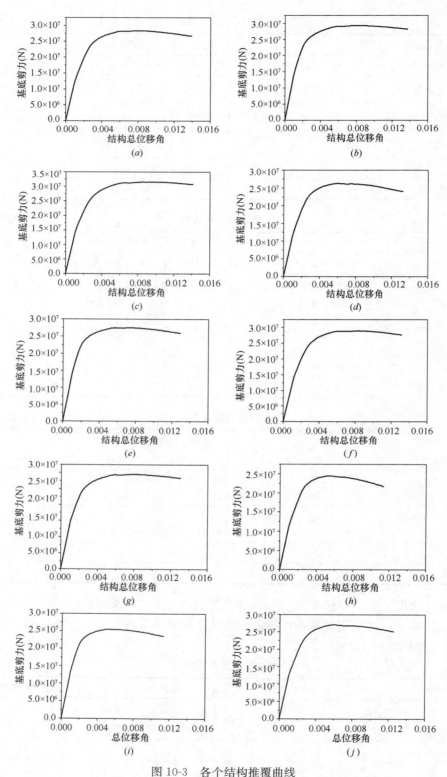

图 10-3　各个结构推覆曲线

(a) 30a；(b) 30b；(c) 30c；(d) 36a；(e) 36b；(f) 36c；(g) 36d；(h) 42a；(i) 42b；(j) 42c

地震波编号及峰值	工况编号	地震波编号及峰值	工况编号	地震波编号及峰值	工况编号
E2(400gal)	30a1	E19(400gal)	36a2	E20(400gal)	42a3
E19(400gal)	30a2	E20(400gal)	36a3	E2(400gal)	42b1
E20(400gal)	30a3	E2(400gal)	36b1	E19(400gal)	42b2
E2(400gal)	30b1	E19(400gal)	36b2	E20(400gal)	42b3
E19(400gal)	30b2	E20(400gal)	36b3	E2(400gal)	42c1
E20(400gal)	30b3	E2(400gal)	36c1	E19(400gal)	42c2
E2(400gal)	30c1	E19(400gal)	36c2	E20(400gal)	42c3
E19(400gal)	30c2	E20(400gal)	36c3	E3(220gal)	36d
E20(400gal)	30c3	E2(400gal)	42a1	E4(220gal)	36d
E2(400gal)	36a1	E19(400gal)	42a2	E5(220gal)	36d

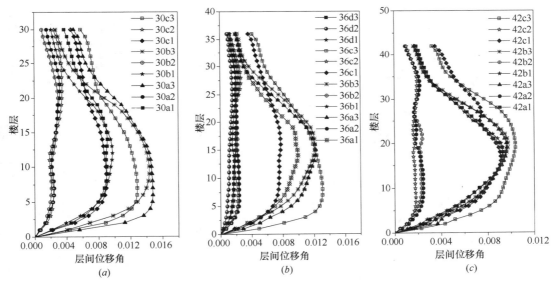

图 10-4　各结构不同工况下的最大层间位移角
(a) 30 层；(b) 36 层；(c) 42 层

　　提取罕遇地震作用下结构各类型构件材料损伤信息，代入相应的各类型构件的损伤模型得到构件损伤指标，楼层各构件损伤指标代入式（10-1）即可得到各类型构件在结构整体的损伤分布及演化规律。图 10-5 至图 10-7 给出了表 10-5 中 3 个典型工况下各类型构件的损伤分布及演化过程。从图中可以看出各类型构件的损伤程度随时间不断累积，构件损伤在结构整体中的分布和发展规律随时间演化过程。不同工况下不同类型构件损伤发展的先后顺序不同，且损伤分布和累积程度也不同。连梁作为重要的耗能构件损伤出现较早，且损伤相对较大，沿楼层分布相对均匀。框架梁和楼板损伤一般在连梁出现损伤之后，损伤程度相对连梁小很多，而其分布规律与地震作用的相关性较大，即不同地震作用损伤在结构整体中的分布差别较大，相对竖向受力构件分布较均匀且程度较大。竖向受力构件损

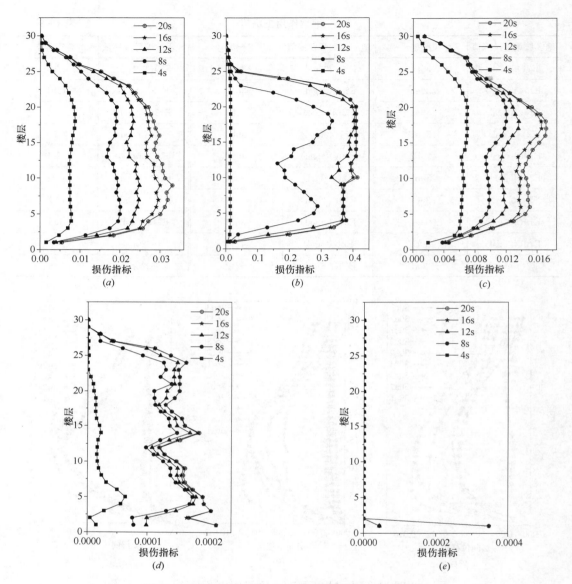

图 10-5 工况 30b2 下各类型构件损伤分布及演化过程

（a）楼板损伤分布及演化；（b）连梁损伤分布及演化；（c）框梁损伤分布及演化；

（d）墙肢损伤分布及演化；（e）柱损伤分布及演化

伤相对水平构件小，但损伤范围一般相对集中，其分布与地震作用的相关性明显，不同地震作用损伤发展和集中的区域差别较大。损伤发展到一定阶段，竖向构件的损伤在一定范围内累积较明显，局部范围内的损伤累积引起结构整体性能的劣化。

将各楼层内各类型水平构件和竖向构件的损伤指标分别代入式（10-7）和式（10-8）即可得到各类型构件的整体损伤演化过程及各类型构件损伤产生和发展的规律。

图 10-8 至图 10-13 给出了 6 个工况各类型构件整体的损伤演化过程，对不同工况结果进行分析可以发现：（1）罕遇地震作用下，通常水平构件先于竖向构件出现损伤，且损伤指标相对较大，连梁作为高层建筑结构主要的耗能构件，其损伤指标一般较大；（2）由于

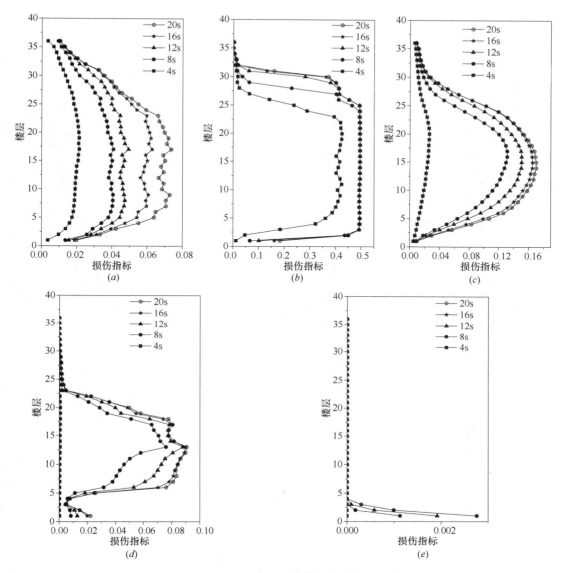

图 10-6　工况 36b3 下各类型构件损伤分布及演化过程
（a）楼板损伤分布及演化；（b）连梁损伤分布及演化；（c）框梁损伤分布及演化；
（d）墙肢损伤分布及演化；（e）柱损伤分布及演化

楼板的开洞等导致楼板也出现一定程度的损伤，起到一定的耗能作用；（3）框梁传递水平作用的同时也起到一定的耗能作用；（4）相比水平构件，竖向受力构件损伤程度相对较小；（5）随着地震峰值加速度的增加，结构的各类型构件的损伤指标均明显增大，且不同类型水平构件损伤指标差异较大，连梁的损伤随着地震作用的增大迅速累积，而框梁和楼板的损伤累积程度相对连梁低，连梁为结构贡献更多的耗能能力，竖向构件随着地震作用的增加出现一定程度的损伤发展及累积，个别工况下损伤指标较大，损伤程度较严重；（6）各类型构件出现损伤的先后顺序及损伤累积发展规律反映了结构在罕遇地震作用下构件的失效顺序及结构整体的失效演化过程。

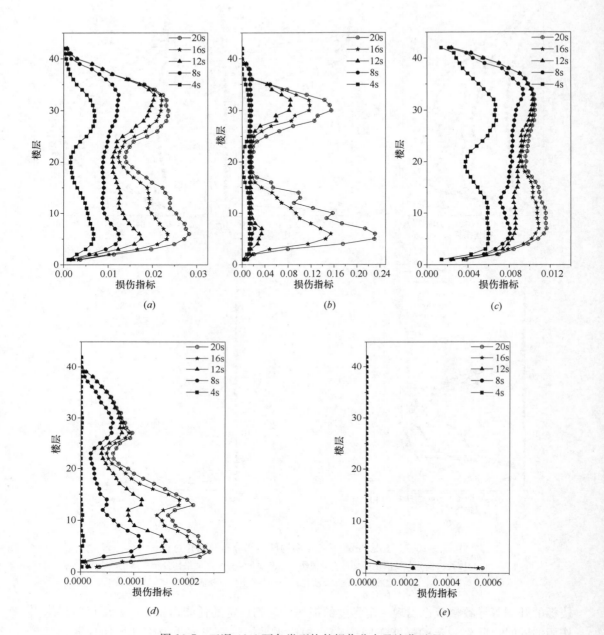

图 10-7　工况 42c2 下各类型构件损伤分布及演化过程

(a) 楼板损伤分布及演化；(b) 连梁损伤分布及演化；(c) 框梁损伤分布及演化；

(d) 墙肢损伤分布及演化；(e) 柱损伤分布及演化

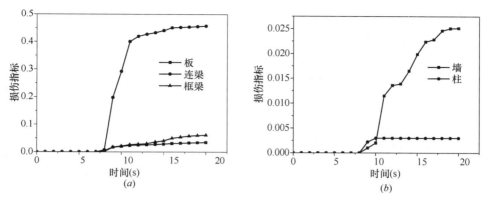

图 10-8　工况 30a1 下构件整体损伤演化过程

（*a*）连梁、楼板和框梁；（*b*）柱和剪力墙

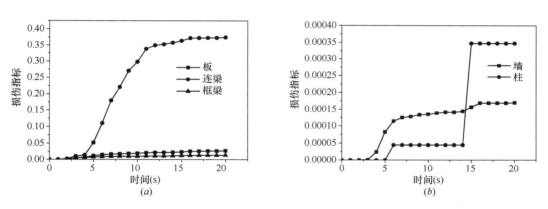

图 10-9　工况 30b2 下构件整体损伤演化过程

（*a*）连梁、楼板和框梁；（*b*）柱和剪力墙

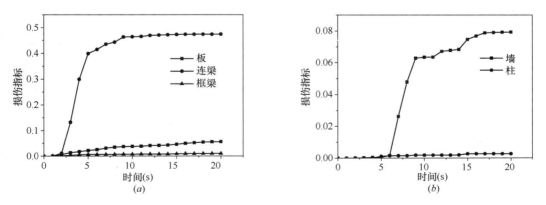

图 10-10　工况 36a2 下构件整体损伤演化过程

（*a*）连梁、楼板和框梁；（*b*）柱和剪力墙

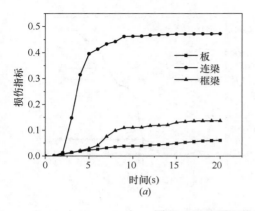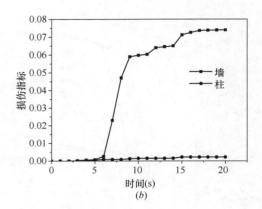

图 10-11　工况 36b3 下构件整体损伤演化过程

（a）连梁、楼板和框梁；（b）柱和剪力墙

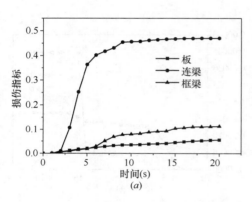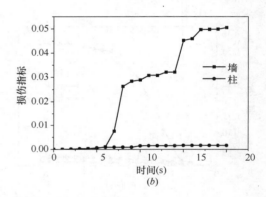

图 10-12　工况 42a3 下构件整体损伤演化过程

（a）连梁、楼板和框梁；（b）柱和剪力墙

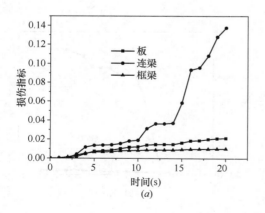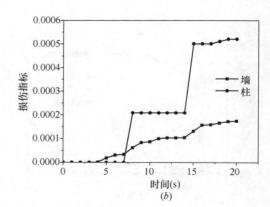

图 10-13　工况 42c2 下构件整体损伤演化过程

（a）连梁、楼板和框梁；（b）柱和剪力墙

10.4 结构整体的失效演化过程

第7章基于结构整体稳定分析了基于瞬时等效刚重比退化的整体失效判别指标，及结构整体不同损伤阶段对应的失效判别指标的取值范围，从整体角度实现了结构失效演化过程的量化描述。本章在得到基于材料损伤的构件整体损伤指标的基础上，分析结构各类型构件对结构性能的贡献，给出构件重要型分类。依据结构基于瞬时等效刚重比退化的失效判别方法得到的结构最终损伤等级与结构整体基于损伤评价方法一致的原则，确定构件整体损伤到结构整体损伤的损伤传递系数，最终实现基于损伤的结构整体失效演化过程的量化描述。

10.4.1 构件损伤传递系数及结构整体失效演化的损伤分析

不同类型的构件在地震作用下发挥各自作用保证结构整体的抗震性能。高层建筑结构在罕遇地震作用下通过耗能构件吸收和耗散地震能量和竖向受力构件提供足够的水平抗侧刚度保持允许变形下的整体稳定，由于不同类型构件在结构中发挥的作用不同，其损伤程度对结构整体的损伤程度影响不同。以高层建筑框架—核心筒结构为例，如图 10-14 所示，罕遇地震作用下，连梁先出现损伤，其一定程度的损伤对结构整体刚度影响较小，随着水平地震作用的增大，墙肢出现损伤，墙肢轻微损伤引起的结构整体性能的退化较明显，墙肢轻微损坏时对应着结构整体的中等破坏，而墙肢中度损坏时对应着结构整体的严重破坏。因此确定构件到结构整体的损伤传递系数时，必须考虑结构中不同类型构件对结构整体性能影响的重要程度。我国《高层建筑混凝土结构技术规程》JGJ—2010[34]对高层建筑结构基于性能的抗震设计做出了相应规定，将结构抗震性能分为五个水准。各性能水准对应的结构预期震后性能见表 10-6。其明确规定了"关键构件"指其失效可能引起严重破坏的构件，"关键构件"之外的竖向构件为"普通竖向构件"，"耗能构件"为连梁、框架梁等。对于实际工程结构，关键构件的类型则需根据设计师的要求定义，分析中将关键构件和普通竖向构件统一定义为竖向构件。总体上把高层建筑结构构件分为竖向构件和耗能构件两类。

不同类型构件损伤程度对结构整体性能影响不同，其损伤传递系数也应该有所不同。

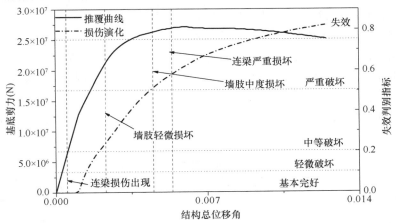

图 10-14 不同类型构件损伤与结构整体损伤演化过程

竖向构件的损伤传递系数定义为 S_l，耗能构件的损伤传递系数定义为 S_e。以高层建筑框架-核心筒为例，核心筒的墙肢和外框架筒的柱为竖向构件，连梁、框架梁及楼板为耗能构件。在此基础上，通过各类型构件在结构整体损伤演化过程可得到结构整体的损伤演化过程，结构整体任意时刻的损伤为

$$D_t(t) = \sum_{j=1}^{n_l} S_l D_{l,j}(t) + \sum_{j=1}^{n_e} S_e D_{e,j}(t) \tag{10-9}$$

式中　$D_{l,j}(t)$——某类型竖向构件在地震作用任意时刻的整体损伤指标；
　　　　n_l——结构中竖向构件的种类；
　　　　$D_{e,j}(t)$——某类型耗能构件在地震作用任意时刻的整体损伤指标；
　　　　n_e——结构中耗能构件的种类。

各性能水准结构预期的损伤情况[2]　　　　　　　　　　表 10-6

结构抗震性能水准	结构宏观损坏程度	关键构件	普通竖向构件	耗能构件
1	完好、无损坏	无损坏	无损坏	无损坏
2	基本完好、轻微损伤	无损坏	无损坏	轻微损坏
3	轻度损坏	轻微损坏	轻微损坏	轻度损坏、部分中度损伤
4	中度损坏	轻度损坏	部分中度破坏	中度损坏、部分比较严重损坏
5	比较严重损坏	中度损坏	部分比较严重损坏	比较严重损坏

10.4.2　结构整体损伤程度及损伤传递系数的确定

由基于材料损伤信息的构件损伤模型得到的结构整体的损伤指标的取值范围应与构件各损伤阶段的取值范围具有一致性，不同类型构件的损伤程度对应的损伤指标在第 8、9 章中已给出，构件五个损伤阶段临界状态对应的损伤指标分别为 0.1、0.4、0.6 和 0.9，构件失效时统一取损伤指标为 0.9，如表 8-7 所示。当由构件损伤模型得到结构整体损伤时，对应损伤指标大于 0.9 时结构失效，此时损伤指标统一取 0.9。表 7-6 已经给出了结构整体损伤程度及对应的失效判别指标范围。因此，结构不同损伤程度对应的整体稳定失效判别指标范围及基于损伤的结构整体失效指标范围见表 10-7。

不同类型构件损伤传递系数的选取应满足：

（1）耗能构件的损伤传递系数应小于竖向构件的损伤传递系数；

（2）基于损伤的结构整体失效评价方法与基于整体稳定失效判别指标的评价方法得到相同的损伤评价结果；

（3）基于损伤的结构整体失效指标对应结构无损伤时，损伤指数为 0，结构失效时损伤指数为 0.9。

不同损伤程度对应的各损伤指标范围　　　　　　　　　　表 10-7

损伤程度	基本完好	轻微破坏	中等破坏	严重破坏	失效
失效判别指标	0.0～0.10	0.10～0.20	0.20～0.50	0.50～0.75	≥0.75
基于损伤的结构整体失效指标	0.0～0.10	0.10～0.40	0.40～0.60	0.60～0.90	≥0.90

基于上述原则，罕遇地震作用下的弹塑性分析得到各个工况下结构基于整体指标的损伤程度及各工况下结构各类型构件整体损伤指标，通过统计分析可以确定损伤传递系数。构件损伤传递系数求解过程如图 10-15 所示。设定初始的构件损伤传递系数 $S_l = 1.0$，$S_e = 1.0$，求得基于损伤的结构整体损伤程度并与基于失效判别指标的结构整体损伤程度比较，得到评价结果不同的工况数 M，若 $M \geqslant 1$，修改传递系数，重新计算，传递系数变化幅值均为 0.5。如表 10-8 所示，$S_e = 1.0$，增大 S_l，评价结果不同的工况数减小，$S_l \geqslant 5.0$，评价结果不同的工况数开始逐渐增大，因此，取 $S_l \leqslant 6.0$。固定 S_l，增大 S_e，若 $S_e \geqslant 1.5$，评价结果不一致工况增多，因此，取 $S_e \leqslant 1.0$。固定 S_l，减小 S_e，继续分析，通过上述方法不断缩小损伤传递系数的取值范围。最终得到构件的损伤传递系数保证了绝大多数工况的基于损伤的结构整体评价结果与整体指标的评价结果一致，个别工况有所出入。这样的传递系数不唯一，综合考虑取竖向构件的损伤传递系数 S_l 取 4.5，耗能构件的损伤传递系数 S_e 取 0.95。

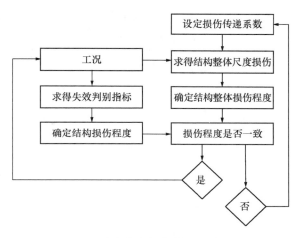

图 10-15　确定构件损伤传递系数流程图

损伤传递系数确定过程　　　　　　　　　　　　　　　　　　　　表 10-8

S_e	S_l	M	S_e	S_l	M
1.0	1.0	11	0.95	6.0	5
1.0	1.5	9	0.95	5.5	3
1.0	2.0	9	0.95	5.0	3
1.0	2.5	6	0.95	4.5	3
1.0	3.0	6	0.95	4.0	4
1.0	3.5	4	0.95	3.5	5
1.0	4.0	3	0.95	3.0	7
1.0	4.5	3	0.9	6.0	4
1.0	5.0	3	0.9	5.5	4
1.0	5.5	4	0.9	5.0	5
1.0	6.0	5	0.9	4.5	7
1.5	1.5	17	0.85	6.0	5

10.4.3 结构整体大震失效评价

将竖向构件及耗能构件的整体演化过程的损伤指标及损伤传递系数代入式（10-9）可得到结构整体的失效演化过程损伤指标。罕遇地震作用下结构失效演化过程中最终时刻的损伤指标反映了结构最终的损伤程度。各工况下基于损伤的结构整体失效演化指标与失效判别指标及最终软化指标的整体评价方法的评价结果对比情况见表10-9，多数工况三者的评价结果一致，个别工况略有差别。对各类型构件的整体损伤分析发现用失效判别指标及最终软化指标等结构整体信息来评价结构损伤程度是基本可行，但是其忽略了结构中构件的局部损伤信息，以工况编号36c3为例，基于损伤的结构整体评价结果对应的结构损伤程度为失效，而基于整体指标对应的损伤程度为严重破坏。该工况下虽然结构的整体损伤指标没有达到失效临界值，但是关键构件的损伤程度已经为严重损坏，依据基于性能的抗震设计理论，这种情况出现时结构应定义为失效。所以从材料损伤出发的结构整体失效演化过程的损伤评价方法可以较准确的描述结构在大震作用下的失效演化过程及最终结构的损伤状态。图10-16给出了表10-5中9个典型结构罕遇地震作用下整体损伤演化过程。

各工况结构的损伤状况 表 10-9

工况	结构编号	最大层间位移角	结构整体损伤	失效判别指标	最终软化指标	结构震后性能阶段
E2 (400gal)	30a1	0.0091	0.65	0.58	0.55	4
E19 (400gal)	30a2	0.0032	0.36	0.19	0.18	2
E20 (400gal)	30a3	0.0148	0.9	0.75	0.81	5
E2 (400gal)	30b1	0.0097	0.74	0.64	0.54	4
E19 (400gal)	30b2	0.0030	0.40	0.16	0.10	2
E20 (400gal)	30b3	0.0144	0.9	0.75	0.76	5
E2 (400gal)	30c1	0.0090	0.62	0.60	0.56	4
E19 (400gal)	30c2	0.0035	0.27	0.20	0.22	2
E20 (400gal)	30c3	0.0129	0.62	0.71	0.74	4
E2 (400gal)	36a1	0.0100	0.73	0.63	0.54	4
E19 (400gal)	36a2	0.0024	0.52	0.17	0.03	3
E20 (400gal)	36a3	0.0122	0.70	0.70	0.66	4
E2 (400gal)	36b1	0.0105	0.78	0.70	0.55	4
E19 (400gal)	36b2	0.0024	0.37	0.17	0.00	2
E20 (400gal)	36b3	0.0121	0.9	0.75	0.64	5
E2 (400gal)	36c1	0.0078	0.60	0.55	0.44	4
E19 (400gal)	36c2	0.0027	0.32	0.19	0.09	2
E20 (400gal)	36c3	0.0131	0.9	0.71	0.71	5
E2 (400gal)	42a1	0.0093	0.65	0.63	0.63	4
E19 (400gal)	42a2	0.0025	0.33	0.18	0.14	2
E20 (400gal)	42a3	0.0097	0.84	0.64	0.65	4
E2 (400gal)	42b1	0.0093	0.61	0.67	0.61	4
E19 (400gal)	42b2	0.0024	0.35	0.17	0.10	2
E20 (400gal)	42b3	0.0098	0.82	0.69	0.63	4
E2 (400gal)	42c1	0.0091	0.60	0.61	0.64	4

工况	结构编号	最大层间位移角	结构整体损伤	失效判别指标	最终软化指标	结构震后性能阶段
E19（400gal）	42c2	0.0020	0.10	0.08	0.14	2
E20（400gal）	42c3	0.0104	0.66	0.65	0.71	4
E3（400gal）	36d	0.0025	0.04	0.09	0.06	1
E4（400gal）	36d	0.0016	0.02	0.00	0.02	1
E5（400gal）	36d	0.0022	0.04	0.01	0.04	1

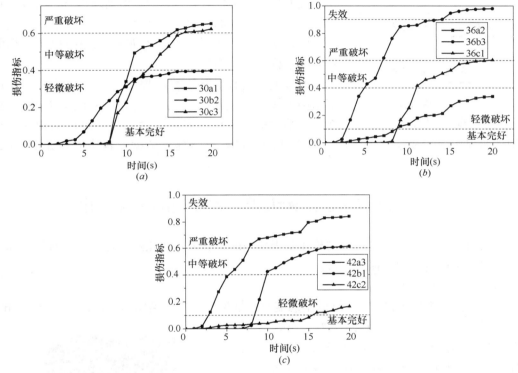

图 10-16 结构整体损伤演化过程

（a）30 层；（b）36 层；（c）42 层

10.4.4 结构大震失效描述流程

基于损伤的结构整体大震失效演化过程描述可以反映结构损伤的内在本质，体现不同类型构件损伤发展的先后顺序及损伤程度及其对结构整体性能的影响程度，明确各类型构件损伤分布及演化过程，量化高层建筑结构在罕遇地震作用下失效演化过程中整体损伤演化及损伤程度，实现高层建筑结构整体基于损伤的大震失效演化过程量化描述。总结前述研究给出结构大震失效描述过程如下：

（1）依据各类型构件的失效模式影响因素确定构件的失效模式类型，对不同失效模式选取相应的损伤模型，提取罕遇地震作用下表征各类型构件损伤的材料损伤指标时程，代入相应的构件损伤模型求得各类型构件失效演化过程中任意时刻的损伤指标值。

（2）将（1）得到的各类型构件任意时刻的损伤代入式（10-1）可得到各类型构件沿结构层的损伤分布及演化过程，如图 10-5 至 10-7 所示。

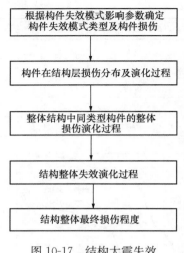

根据构件失效模式影响参数确定
构件失效模式类型及构件损伤

↓

构件在结构层损伤分布及演化过程

↓

整体结构中同类型构件的整体
损伤演化过程

↓

结构整体失效演化过程

↓

结构整体最终损伤程度

图 10-17　结构大震失效
描述流程图

（3）将（2）得到的各类型水平构件层损伤代入式（10-5）和竖向构件层损伤分别代入式（10-6）求得相应的损伤表征系数，然后将水平构件和竖向构件损伤及损伤表征系数分别代入式（10-7）和式（10-8）得到整体结构中同类型构件整体损伤演化过程，如图 10-8 至图 10-13 所示。

（4）将（3）得到的竖向构件和耗能构件整体损伤演化过程的损伤指标代入式（10-9）得到结构整体失效演化过程的损伤指标，如图 10-16 所示。

（5）结构整体失效演化过程最终时刻的损伤指标值对应着结构整体损伤程度。

通过上述过程，基于材料损伤实现了罕遇地震作用下结构整体基于损伤的失效演化过程量化描述，该方法在描述结构整体损伤程度的同时体现了组成结构的各类型构件的损伤分布及演化过程，为基于性能的抗震设计提供依据。具体流程如图 10-17 所示。

10.5　高层建筑结构大震失效描述的工程应用

运用前述提出的高层建筑结构整体基于损伤的大震失效演化过程描述方法对某实际工程高层建筑结构进行大震损伤评价。

10.5.1　工程概况

深圳某商务大厦为高 136.7m 的钢筋混凝土框架—核心筒结构体系，地上 37 层地下 4 层。首层层高为 6.5m，二到四层为 4.5m，5 层以上层高为 3.25m。第 5 层设转换层。有限元模型如图 10-18 所示。该工程所在场地类别为 Ⅱ 类场地，抗震设防烈度为 7 度。结构高度为 136.7m 且存在高位转换，根据建设部 220 号文件《超限高层建筑工程建筑设防审查技术要点》，该结构高度超限，且有高位转换及楼板局部不连续两个不规则项目，属超限高层，需对其进行罕遇地震作用下的动力弹塑性时程分析，确定是否满足"大震不倒"的设防水准要求。其抗震性能目标为 C 类，结构罕遇地震作用下的抗震性能水准为 4，根据表 10-6，结构震后预期的损伤程度应为中度损伤：关键构件轻度损坏，部分普通竖向构件中度损坏，耗能构件中度损伤、部分比较严重损伤，修复或加固后可继续使用。

选取安评报告提供的两条天然波 TH2TG035

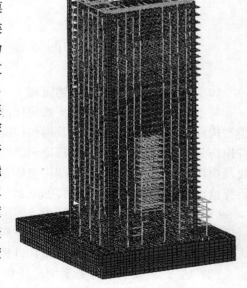

图 10-18　有限元模型

（D1）、Mammoth Lakes-01（D2），及一条人工波 RG 进行 7 度（220gal）罕遇地震作用下的动力弹塑性分析。地震波加速度时程如图 10-19 所示。

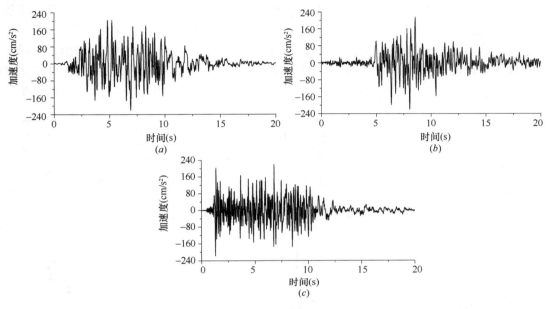

图 10-19　选取的地震波加速度时程

（a）人工波 RG；（b）TH2TG035（D1）；（c）Mammoth Lakes-01（D2）

10.5.2　构件整体失效演化过程

运用 10.4.4 给出的大震失效描述流程，提取结构在三条地震波输入下各类型构件对应的损伤指标代入公式（10-1）得到各类型构件层损伤分布及损伤演化过程如图 10-20 至图 10-24 所示。从图中可以看出，各类型构件损伤均随时间发展出现不同程度的损伤累积，

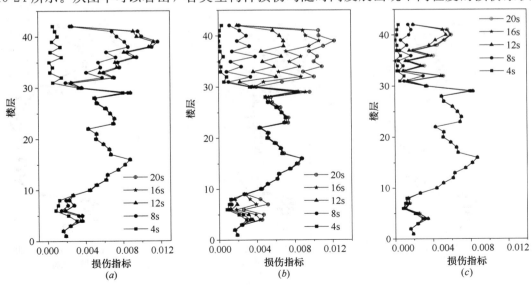

图 10-20　不同地震作用下楼板损伤分布及演化过程

（a）人工波（RG）；（b）天然波（D1）；（c）天然波（D2）

不同地震作用下构件的损伤分布及发展规律差异较明显，总体来说耗能构件的损伤程度大于竖向构件的损伤程度。楼板、连梁及框架梁层损伤代入式(10-5)和墙肢及柱的层损伤分别代入式(10-6)得到各自相应的损伤表征系数，再将水平构件和竖向构件的损伤及表征系数分别代入式(10-7)和式(10-8)得到整体结构中同类型构件整体损伤演化过程，图 10-25 给出了结构中同类型构件在不同地震作用下整体损伤演化过程。从图中可以看出，不同地震作用下构件损伤在结构整体中分布和发展规律差异明显，结构中同类型构件整体损伤累积过程各不相同，可以根据构件损伤在结构整体空间和时间上的变化把握构件的性能水准。

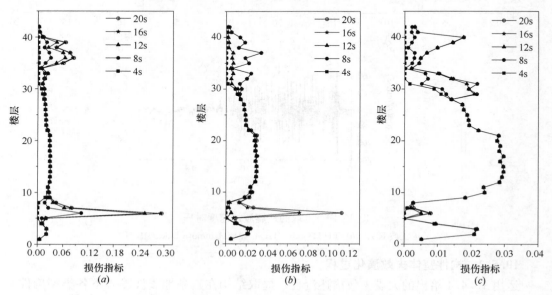

图 10-21　不同地震作用下连梁损伤分布及演化过程
(*a*) 人工波（RG）；(*b*) 天然波（D1）；(*c*) 天然波（D2）

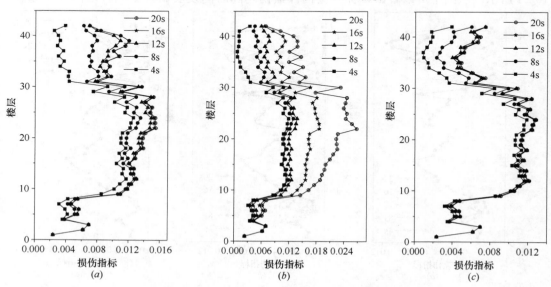

图 10-22　不同地震作用下框架梁损伤分布及演化过程
(*a*) 人工波（RG）；(*b*) 天然波（D1）；(*c*) 天然波（D2）

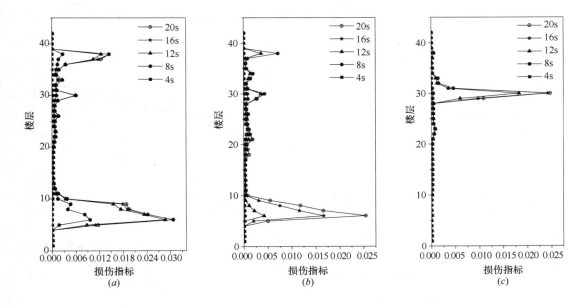

图 10-23 不同地震作用下墙肢损伤分布及演化过程

（*a*）人工波（RG）；（*b*）天然波（D1）；（*c*）天然波（D2）

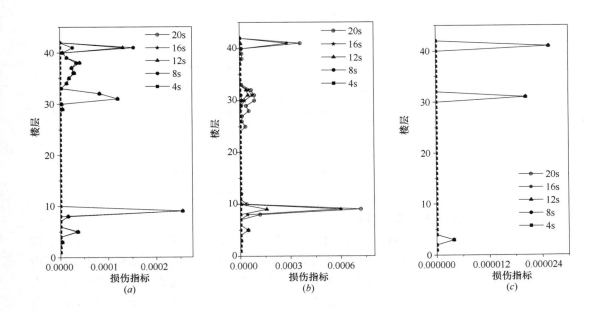

图 10-24 不同地震作用下柱损伤分布及演化过程

（*a*）人工波（RG）；（*b*）天然波（D1）；（*c*）天然波（D2）

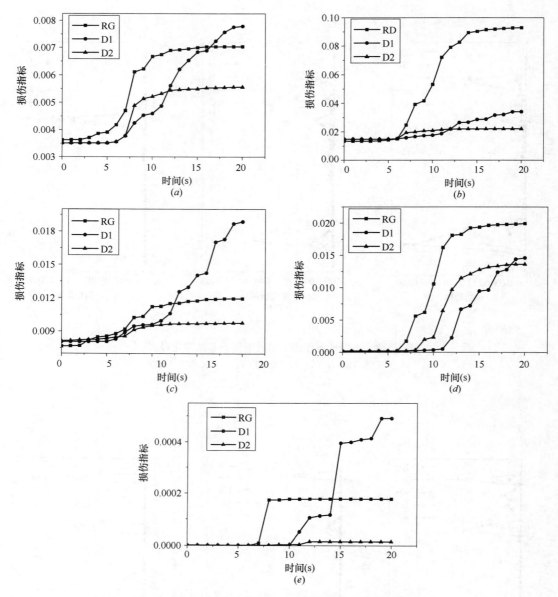

图 10-25　不同地震作用下各类型构件整体损伤演化过程

(a) 楼板；(b) 连梁；(c) 框架梁；(d) 墙肢；(e) 柱

10.5.3　结构整体失效演化过程

将得到的竖向构件和耗能构件整体损伤演化过程的损伤指标代入式（10-9）得到结构整体失效演化过程的损伤指标，结构整体失效演化过程最终时刻的损伤指标值对应着结构整体损伤程度。三条地震波罕遇地震作用下，结构整体失效演化过程如图 10-26 所示，人工波作用下损伤程度最严重，但预期地震作用后结构的整体损伤指标小于 0.1 属于基本完好，结构的抗震性能满足期望的性能水准要求。从图中可以看出，两条天然波作用下结构整体损伤程度差别不大，但是从图 10-25 结构中同类型构件损伤演化过程可以看出，组成结构的各类型构件损伤出现顺序及损伤演化过程存在较大的差异。该方法在得到结构整体损伤演化过程及损伤程度的同时，也能明确组成结构的不同类型构件损伤产生、分布及发展规律，为结构大震设计中失效模式的优选提供基础。

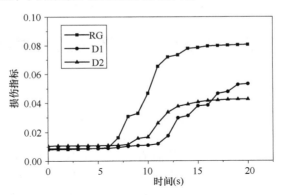

图 10-26　不同地震作用下结构整体失效演化过程

　　本章系统分析了符合物理意义的构件层损伤到构件整体损伤的表征系数和构件整体损伤到结构整体损伤的损伤传递系数，建立了高层建筑结构整体基于损伤的大震失效描述方法。考虑构件在结构中位置和损伤程度，以及在结构中的重要性可分为竖向构件和耗能构件，采用损伤表征系数实现了从基于材料损伤的构件损伤到构件整体损伤的量化描述。以高层建筑结构框架－核心筒为例，通过系统分析得到竖向构件和耗能构件的损伤传递系数分别为4.5和0.95，可供设计人员参考使用。基于本章建议的高层建筑结构整体大震失效描述方法的流程，在对构件失效模式分类的基础上，采用构件损伤表征系数可以得到结构中同类型构件整体损伤及其失效演化过程。结构整体基于损伤的大震失效演化描述方法，较全方面地展现结构在地震作用整个过程中的性能状态，可以得到结构大震过程中各类型构件的损伤出现顺序、损伤分布特点及损伤随时间发展演化过程，实现了结构整体失效演化过程的损伤程度量化和结构的最终损伤状态，可以有效地指导实际工程抗震设计。

第 11 章 高层建筑结构大震失效模式控制技术

11.1 引　言

高层建筑结构性能抗震设计要求结构具有合理的地震失效模式，具有好的耗能能力和延性机制，结构损伤后仍能保证整体性和抗倒塌能力。连梁作为高层建筑结构抗震设防的第一道防线，是重要的抗震耗能构件。在连梁设计上，各种配筋形式连梁的耗能能力和塑性强度不足，钢板连梁的塑性开展受限，国内外学者做了大量研究，提出了一些耗能连梁形式，但仍缺乏工程适用性。因此，开发适用于实际工程的高层建筑结构大震失效模式控制技术至关重要。针对上述问题，本章将从连梁对高层建筑结构最优失效模式的调控机制出发，探讨新型附着式钢板连梁阻尼器和模块化的新型内嵌式连梁阻尼器对高层建筑结构最优失效模式的影响，并将其应用于提高结构体系的延性、降低关键构件的塑性发展等失效调控机制的实际工程中。

11.2 新型附着式连梁钢板阻尼器

11.2.1 连梁阻尼器的设计方法

本节提出的阻尼器构造和使用方法已申请国家发明专利（申请号：2007 1 0124547.2），该专利包括：一种用于连肢剪力墙连梁耗能的阻尼器，阻尼器包括相互连接的塑性屈服耗能的工作区和保持近似刚性的嵌固区，工作区沿着长边方向开有长条形孔洞，孔洞长方向平行于工作区长边；一种用于连肢剪力墙连梁耗能的阻尼器的使用方法，该方法为将一个或一个以上的阻尼器替换钢筋混凝土连梁或附着在钢筋混凝土连梁上安装于连肢剪力墙的连梁位置。

连梁阻尼器的构造示意见图 11-1 所示。为保证耗能效果，并且满足工程施工需要，

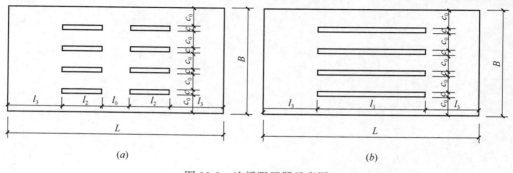

图 11-1　连梁阻尼器示意图

（a）双列孔；（b）单列孔

将阻尼器的耗能工作区域和与结构连接的嵌固区分开设置，嵌固区采用加腋、加劲肋或增加板厚的方式保证近似刚性工作，同时布置连接构造，见图 11-2 所示。为达到抗侧刚度和耗能要求，该阻尼器也可以使用多层构造，双（多）层形式的阻尼器构造见图 11-3 所示。连梁阻尼器设计包括连梁阻尼器的选型、最优参数设计、耗能连梁设计和连梁阻尼器布置位置设计。耗能连梁设计包括连梁阻尼器的数量设计与原结构连梁厚度设计两部分。

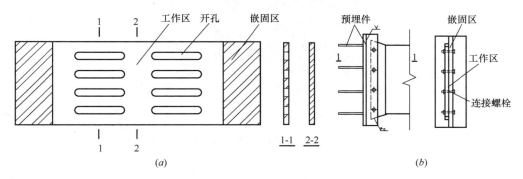

图 11-2　一种单层连梁阻尼器构造及嵌固区的构造方式
（*a*）构造图；（*b*）连接详图

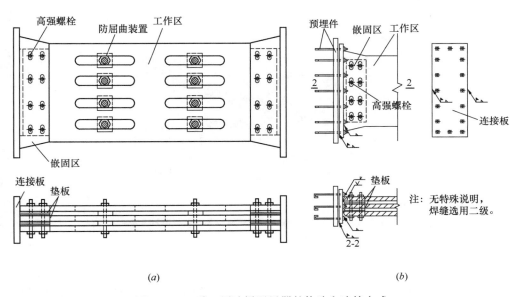

图 11-3　一种双层连梁阻尼器的构造和连接方式
（*a*）构造图；（*b*）连接详图

（1）连梁阻尼器的选型　阻尼器的选型基于 ANSYS 的拓扑优化模块（Topological Opt）进行。选定该连梁阻尼器的外轮廓形状为平面矩形，长宽比为 2∶1。拓扑优化选型过程中以试件的抗侧刚度为优化目标，明确阻尼器的主要部位与次要部位。对 800mm× 400mm 平面钢板进行拓扑优化，去除面积 50% 的拓扑优化结果见图 11-4。

双列孔阻尼器保留了中间部分的主要区域，在主、次要交界位置（"对角斜撑"的肢位置）开孔，既能保证高应力使钢材屈服，又能重构传力路径保证抗侧力。双列孔阻尼器的拓扑优化结果见图 11-5。

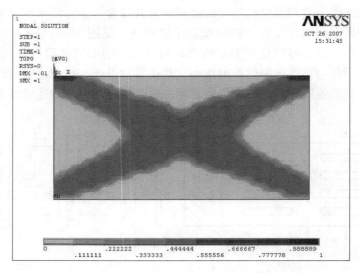

图 11-4　长宽比 2∶1 拓扑优化结果

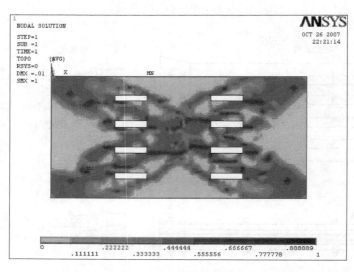

图 11-5　长宽比 2∶1 试件开孔后的拓扑优化结果

（2）连梁阻尼器的参数优化　伪静力试验进行连梁阻尼器参数优化的讨论见 11.2.2 节，在此仅给出初步参数优化的分析方法。

设计优化的目标函数取为

$$\min - \xi$$

$$s.t.:$$

$$0 \leqslant l_0 \leqslant l/2,\ 0 \leqslant l_2 \leqslant l/2,\ l_2/20 \leqslant c \leqslant l_2/5$$
$$0.1 \leqslant l_3 \leqslant l/2,\ 0 \leqslant c_0 \leqslant b/5 \tag{11-1}$$
$$p_1 V_0 \leqslant V \leqslant p_2 V_0$$

式中　　l_0, l_2, l_3, c, c_0 ——尺寸参数，见图 11-1；

p_1，p_2——开孔率的下限和上限；

V_0——试件初始体积；

ξ——等效阻尼比。

以开孔率 10% 举例，得到的优化结果为 $l_0 = 100\text{mm}$，$l_2 = 240\text{mm}$，$c = 16\text{mm}$。

（3）耗能连梁参数设计　耗能连梁的参数主要有两个：一个是连梁的厚度，另一个是连梁阻尼器的厚度。

结构模型中共有两类位置需要布置连梁阻尼器，结构参数见图 11-6。材料为 C60 混凝土，墙厚 600mm，层高 3.3m。第一类局部结构主要出现在结构环向，该方向开洞很大，刚度较弱，连梁刚度相对墙肢刚度较大。第二类局部结构主要出现在结构径向，墙肢截面相对连梁截面很大。结合实际工况选择加载方法，在模型中的 A、B 面施加竖向位移而 C、D 面竖向固定，模拟联肢剪力墙两墙肢弯曲造成的该层连梁两端竖向位移差；在该层模型 A、C 面施加水平位移而 B、D 水平固定，模拟该层的楼层剪切变形；释放 A、B、C、D 四面的转动自由度，使之能够刚性转动，模拟该层的整体转动。边界条件见图 11-7，加载后变形示意见图 11-8。

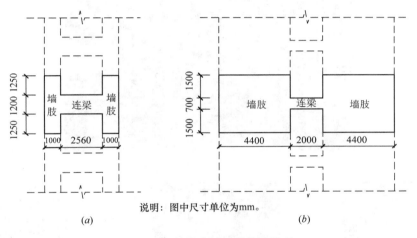

说明：图中尺寸单位为mm。

(a)　　　　　　　　　　　　　　　　*(b)*

图 11-6　结构中的两种连梁类型

(a) 类型 1；*(b)* 类型 2

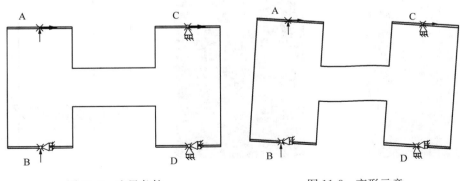

图 11-7　边界条件　　　　　　　图 11-8　变形示意

耗能连梁参数设计方法为：（1）从整体剪力墙结构中提出分析单元，分析单元包括需要附着连梁阻尼器的连梁和与之相连的两侧墙肢，墙肢取上下各半层。（2）依据连梁尺寸对连梁阻尼器按照相似关系进行尺寸调整，计算连梁阻尼器的抗弯刚度和实截面抗剪刚度，以此估算需要削薄的混凝土连梁厚度。估算过程中，以连梁阻尼器抗弯刚度不大于削薄的混凝土连梁抗弯刚度为主，验算实截面抗剪刚度为辅。（3）采用估算的削薄后的混凝土连梁附着连梁阻尼器，对分析单元进行有限元分析，以附着连梁阻尼器后墙肢应力与原结构墙肢应力相比不增大为原则，再次调整需要削薄的混凝土连梁厚度。

11.2.2 连梁阻尼器的性能指标试验研究

对连梁阻尼器施加法向剪切荷载用于模拟该类阻尼器在剪力墙结构连梁位置的实际受力工况。试验整体构成如图11-9所示，试件类型如图11-10所示。试件工作区长度 $L=0.81\mathrm{m}$，宽度 $B=0.4\mathrm{m}$，具体尺寸见表11-1。末位编号不同的试件表示型号相同但加载制度不同的试件。

图 11-9　试验整体构成图

  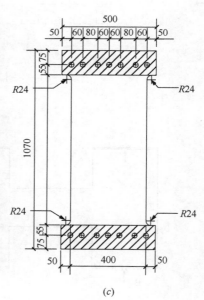

| (a) | (b) | (c) |

图 11-10　典型试件照片及外轮廓尺寸

(a) 不带肋；(b) 带肋；(c) 外轮廓尺寸

编号	$p^{(1)}$	l_3 (mm)	l_2 ($l_1^{(2)}$) (mm)	l_0 (mm)	c (mm)	$h^{(3)}$ (mm)
H10A1	9.98%	107	256	84	16	11.63
H10A2	9.98%	107	256	84	16	11.59
H10A3	9.98%	107	256	84	16	11.60
H10L1$^{(4)}$	9.98%	107	256	84	16	11.58
H10B1	9.96%	134	206	130	20	11.70
H10B2	9.96%	134	206	130	20	11.60
H20A1	19.75%	92	273	80	30	11.66
H20A2	19.75%	92	273	80	30	11.59
H10C1	9.14%	152	506	—	16	11.64
H5C1	4.59%	277	256	—	16	11.68
H0	0.00%	—	—	—	—	—

注：(1) p 表示开孔率，为开孔总面积与外轮廓面积的比值，此处参数及 l_3 基于试件工作区长度为810mm、宽度为400mm；

(2) 对于双列孔阻尼器，此处参数为 l_2，对于单列孔阻尼器，此处参数为 l_1；

(3) h 为实测试件厚度；

(4) 本试件在工作区两侧焊接770mm×88mm×10mm肋板。

伪静力试验采用四种加载制度，遵循弹性阶段力控制加载，非线性阶段位移控制加载。第一种加载制度是变位移幅值加载；第二种是±10mm等位移幅值多周循环加载；第三种是±27mm等位移幅值多周循环加载；上述三种加载制度考查试件性能对加载幅值的敏感性和循环周数的敏感性。最后进行＋80mm单调加载的破坏试验，观察其破坏形态。绘制出每个型号试件在不同工况下的滞回曲线，见图11-11～图11-17。

通过试验现象及试验曲线结果可见：(1) 平面钢板阻尼器 H0 的耗能能力强，但是出平面屈曲严重，较大加载位移工况下，试件易破坏，难于指定和控制耗能区域和破坏形态。(2) 单列孔阻尼器 H10C 系列和 H5C 系列易发生小柱扭曲，屈曲后强度下降较多，耗能能力下降。(3) 双列孔阻尼器 H20A 系列由于开孔率大，小柱两端钢板的嵌固作用不明显，出现了不合理的出平面变形方式。(4) 对比双列孔阻尼器 H10A 系列和 H10B 系列，由滞回曲线可见，H10A 系列更为合理，滞回性能良好，屈曲后强度降低较小，通过试验现象观察，其屈曲形式较为合理。(5) 所有试件在幅值±10mm（层间位移角接近1/100）循环加载过程中承载力下降很小，滞回环面积基本没有改变；在幅值±27mm（层间位移角接近1/30）循环加载过程中的前几个循环承载力有较明显下降，随后趋于稳定。(6) 为了改善该平面内屈服双列孔阻尼器的屈曲状况，提高试件大位移加载工况的滞回性能（即较大加载位移工况的滞回性能），可在试件工作区两侧焊接肋板，如 H10L 系列，阻尼器工作区没有明显屈曲。但是该试件在肋板端部出现了应力集中现象，实际应用时应将肋板贯通试件全长，以减小局部应力集中。

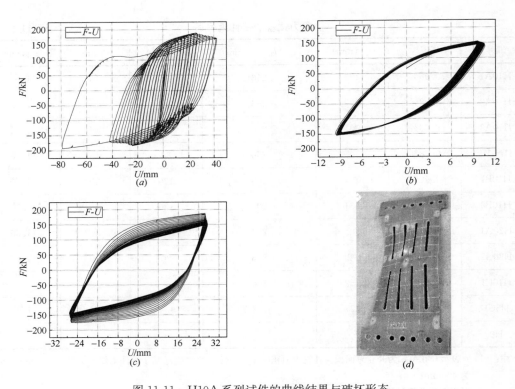

图 11-11　H10A 系列试件的曲线结果与破坏形态

（a）变幅值加载；（b）幅值±10mm 加载；（c）幅值±27mm 加载；（d）破坏形态

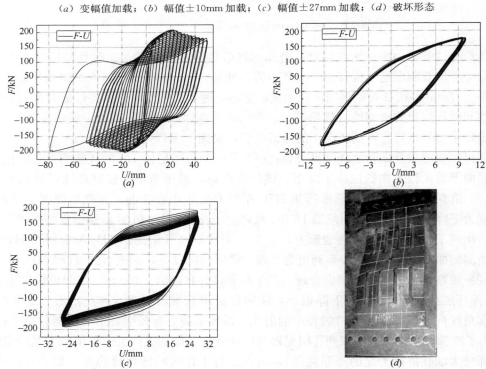

图 11-12　H10B 系列试件的曲线结果与破坏形态

（a）变幅值加载；（b）幅值±10mm 加载；（c）幅值±27mm 加载；（d）破坏形态

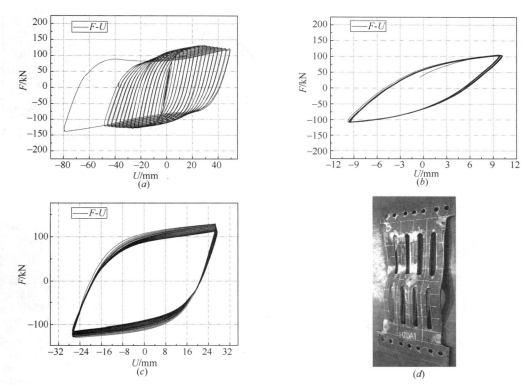

图 11-13　H20A 系列试件的曲线结果与破坏形态

（a）变幅值加载；（b）幅值±10mm 加载；（c）幅值±27mm 加载；（d）破坏形态

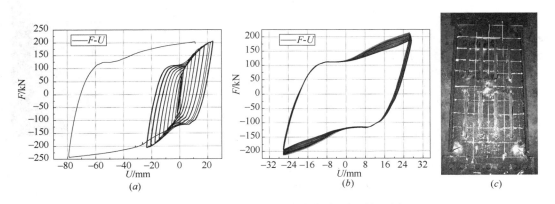

图 11-14　H10L 系列试件的曲线结果与破坏形态

（a）变幅值加载；（b）幅值±27mm 加载；（c）破坏形态

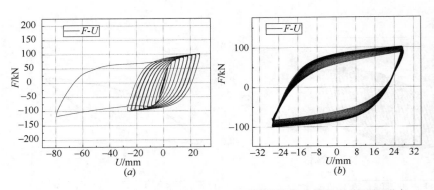

图 11-15　H10C 系列试件的曲线结果与破坏形态

(a) 变幅值加载；(b) 幅值±27mm 加载；(c) 破坏形态

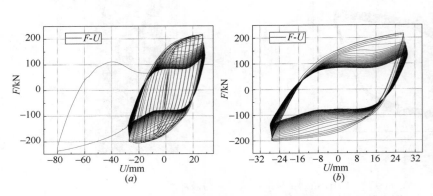

图 11-16　H5C 系列试件的曲线结果与破坏形态

(a) 变幅值加载；(b) 幅值±27mm 加载；(c) 破坏形态

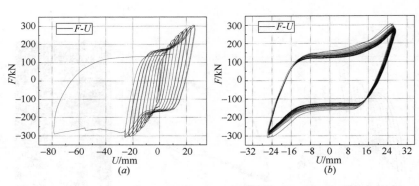

图 11-17　H0 系列试件的曲线结果与破坏形态

(a) 变幅值加载；(b) 幅值±27mm 加载；(c) 破坏形态

11.2.2.1　初始刚度分析

采用最小二乘拟合方法，用加载第 1 圈的数据点拟合每个试件的初始刚度。选用二次薄壳单元建立双列孔阻尼器的有限元模型。各双列孔试件试验拟合的初始刚度与有限元模拟初始刚度结果对比见表 11-2。表中可见，有限元计算试件初始刚度与试验数据拟合出来的初始刚度差别控制在 5% 以内。

	H10A[2]	H10B	H20A	H10L
试验拟合值 $K_{y1(t)}$	43.2	52.9	26.2	49.8
有限元模拟 $K_{y1(FE)}$	42.9	55.2	25.0	48.9
模拟与试验偏差[3]	−0.70%	4.17%	−4.80%	−1.84%

注：（1）利用加载第 1 圈数据点进行拟合；（2）H10A 系列有 H10A1、H10A2、H10A3 三个相同尺寸的试件，初始刚度取三者均值；同理 H10B 和 H20A；（3）偏差计算公式为：（"有限元"−"试验"）/"有限元"。

对于双列孔阻尼器，抗侧初始刚度可以用如图 11-18 所示的串并联弹簧表达。理论抗侧刚度 $K_{y1(th)}$ 可表达成式如下形式。

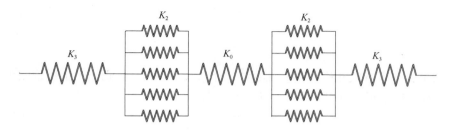

图 11-18　双列孔阻尼器理论模型

$$K_{y1(th)} = \cfrac{1}{\cfrac{2}{K_3} + \cfrac{2}{K_2} + \cfrac{1}{K_0}} \tag{11-2}$$

其中

$$K_3 = \frac{GtB}{k_1 l_3} \tag{11-3}$$

$$K_0 = \frac{GtB}{k_1 l_0} \tag{11-4}$$

$$K_2 = \cfrac{1}{\cfrac{1}{5\widetilde{K}_{cb}} + \cfrac{1}{5K_{cs}}} = \frac{5\widetilde{K}_{cb} + K_{cs}}{\widetilde{K}_{cb} + K_{cs}} \tag{11-5}$$

$$K_{cb} = \frac{12E(tc_0^3/12)}{l_2^3} = \frac{Etc_0^3}{l_2^3} \tag{11-6}$$

$$\widetilde{K}_{cb} = \kappa K_{cb} = \kappa \frac{Etc_0^3}{l_2^3} \tag{11-7}$$

$$K_{cs} = \frac{Gtc_0}{k_1 l_2} \tag{11-8}$$

式中　　B、l_3、l_2、l_0、c_0——尺寸参数；

　　　　　G、E——材料的剪切模量和弹性模量；

　　　　　t——阻尼器钢板厚度；

k_1——截面剪切不均匀系数，对于矩形截面，取 1.2；

K_2、K_{cb}、K_{cs}——柱状段 l_2 的总刚度、弯曲刚度和剪切刚度，该段总刚度为弯曲和剪切变形的并联组合；

κ——小柱两端的嵌固修正系数，小柱两端与剪切板段固定连接情况为 1，小柱两端与剪切板铰接的极限情况时为 0；

$\widetilde{K}_{cb}$——考虑嵌固端影响的小柱抗弯刚度；

K_3 和 K_0——l_3 段和 l_0 段刚度。

为考虑小柱长宽比对小柱抗剪、抗弯性能的影响，剪切板区域大小对小柱端部约束性能的影响，分别定义参数 α 和 γ。小柱两端分别受 l_3 段剪切板和 l_0 段剪切板约束，由于 l_3 段单边嵌固小柱，另端固接，其嵌固效果比 l_0 段好，故在此仅考虑 l_0 段剪切板对小柱的嵌固。

$$\alpha = \frac{l_2}{c_0} \tag{11-9}$$

$$\gamma = \frac{l_2}{c_0} \tag{11-10}$$

试验结果验证了有限元模型的正确性，令由式（11-2）得到的试件初始刚度理论解 $K_{y1(th)}$ 等于试件初始刚度有限元模拟解 $K_{y1(FE)}$，即

$$K_{y1(th)} = K_{y1(FE)} \tag{11-11}$$

可得

$$\kappa = \frac{\dfrac{2K_{cs}}{1/K_{y1(FE)} - 2K_3 - 1/K_0}}{5K_{cb}K_{cs} - \dfrac{2K_{cb}}{1/K_{y1(FE)} - 2/K_3 - 1/K_0}} \tag{11-12}$$

采用最小二乘法，拟选用一个 E 指数形式的 3 参数非线性表达式拟合 κ 与 α 的关系，关系式的基本形式为

$$\kappa = ae^{(-\alpha/b)} + c \tag{11-13}$$

式中 a，b，c——待定参数。

由迭代算法求得三参数分别为 $a = -1.28045$，$b = 3.06147$ 和 $c = 0.85532$。拟合公式（11-13）可表达成

$$\kappa = -1.28045e^{(-\alpha/3.06147)} + 0.85532 \tag{11-14}$$

故理论的初始刚度公式为

$$K_{y1(th)} = \frac{1}{\dfrac{2}{K_3} + \dfrac{2}{5} \dfrac{(-1.28045e^{(-\alpha/30.06147)} + 0.85532)K_{cb} + K_{cs}}{(1.28045e^{(-\alpha/3.06147)} + 0.85532)K_{cb}K_{cs}} + \dfrac{1}{K_0}} \tag{11-15}$$

11.2.2.2 非线性刚度分析

（1）双线性刚度分析 为深入研究连梁阻尼器的耗能能力，需研究其弹塑性状态下的刚度。为便于分析和有限元模拟，工程中通常将金属阻尼器的本构关系简化成双线性模型来表达。下面通过两种方法确定连梁阻尼器的双线性本构模型，这两种方法均在试件没有发生较明显屈服后强化（或屈曲后强化）的工况下适用。

方法一，双线性滞回环方法求解每圈滞回环的第一刚度 K_{y1} 和第二刚度 K_{y2}。该方法简化原则是：①试验环与等效环的位移区间和力区间相等（即："正峰值"－"负峰值"

相等）；②环的包络面积相等；③等效的双线性滞回环为一个平行四边形。滞回环示意见图 11-19。计算方法程序见图 11-20。

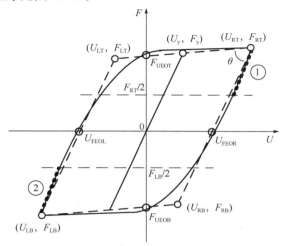

图中：F_{UEOT}，F_{UEOB} 分别表示滞回环中位移为 0 的上点和下点的反力值；U_{FEOL}，U_{FEOR} 分别表示滞回环中反力为 0 的左点和右点的位移值。

图 11-19　滞回环示意图

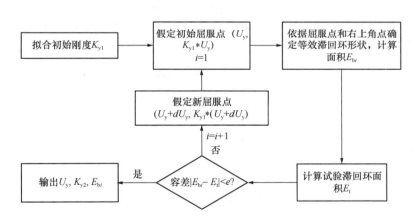

图 11-20　双线性滞回环方法程序框图

方法二，幂指数方法求解每圈滞回环的非线性刚度。幂指数方法简化原则是：①试验环与等效环的位移区间和力区间相等（即："正峰值" － "负峰值" 相等）；②环的包络面积相等；③曲线关于中心对称。计算方法程序框图见图 11-21。图中：ds 表示形状参数 s 的增量步；K_{y2} 表示试件的第二刚度；E_p 表示按 E 指数法求得的滞回环面积。

按照上述两种方法，对双列孔试件的滞回模型进行等效，由滞回环模拟结果来看，按照第二种方法模拟的等效滞回环与试验滞回环的误差主要在加载（卸载）的中间部位，取接近峰值点处的刚度作为第二刚度，误差很小。第一种方法由于在上升段和下降段存在尖角，造成滞回面积计算误差比较大，影响第二刚度的计算。

（2）带强化段等效刚度分析　带强化段曲线的模拟方法（简称"强化曲线模拟方法"），基于如下假定：①等效滞回环正负位移峰值与试验滞回环相同，力区间可能不等；

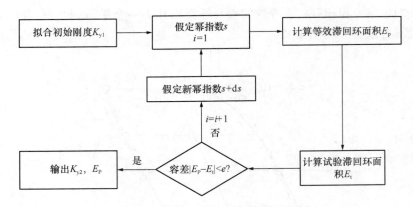

图 11-21 幂指数滞回环方法程序框图

②环的包络面积相等；③等效的双线性滞回环为一个平行四边形；④情况 a：如果加载第 $i+1$ 圈等效出的 K_{y2} 不大于加载第 i 圈等效出的 K_{y2}，等效滞回环在位移等于 0 处的两个反力点的差值等于试验滞回环上位移等于 0 处两个反力点的差值；情况 b：反之，取第 $i+1$ 圈等效出的 K_{y2} 等于加载第 i 圈等效出的 K_{y2}，重新确定等效滞回环形状。

求解过程用框图表示见图 11-22。

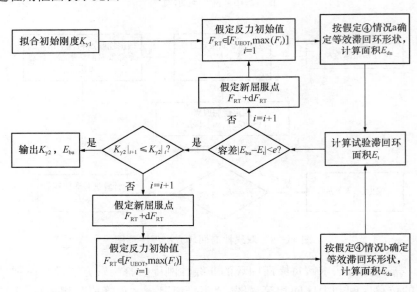

图中：$\max(F_i)$ 为第 i 圈反力最大值；$K_{y2}|_{i+1}$ 和 $K_{y2}|_i$ 分别表示第 $i+1$ 步和第 i 步计算的 K_{y2} 值。

图 11-22　程序框图

由试验曲线可知，H10L1 试件曲线、H10B1 系列试件和 H20A1 试件加载后期曲线均出现了较明显的强化段。等效滞回环见图 11-23。

11.2.2.3　极限承载力与骨架曲线分析

取试验滞回环的峰值反力作为试件的极限承载力。采用式（11-16）及其修正系数[175,176]计算各试件极限承载力，并假设屈服力为极限承载力的 2/3。理论计算结果与试验数据对比见表 11-3。由表中对比结果可见，H10A3 为小位移多周循环后一次加载至破

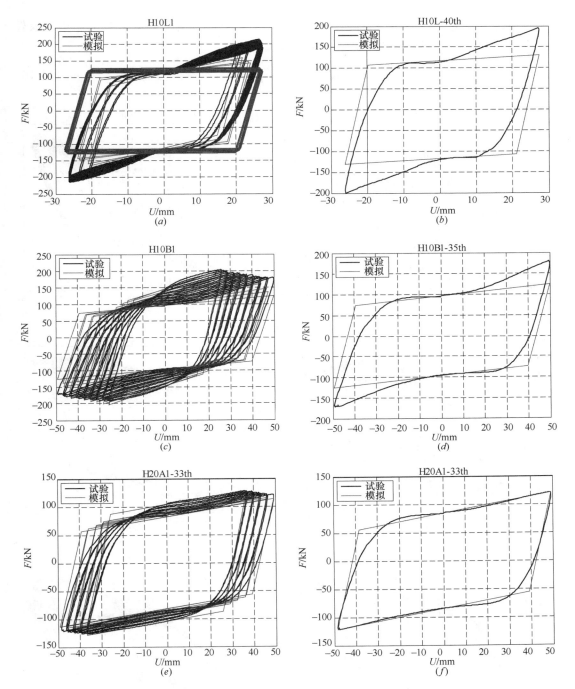

图 11-23 带强化段滞回环模拟

(a) H10L1 多周；(b) H10L1 第 40 周；(c) H10B1 多周；(d) H10B1 第 35 周；
(e) H20A1 多周；(f) H20A1 第 33 周

坏加载方式，与 H10A1 循序渐进增大位移加载至破坏、H10A2 大位移多周循环后加载至
破坏的工况相比，极限承载力要稍高一点。同理，其他试件也有如此规律。表中可见，
H10A 系列与 H5C 系列的 α 相同，即孔形状相同，二者虽然一个为双列孔一个为单列孔，

但极限承载力接近，说明塑性开展较完全；H10C1 与 H5C1 相比，孔长变为 2 倍，承载力下降到一半左右。试件的骨架曲线，见图 11-24。

$$Q_u = \beta_{Qu} \frac{2n\sigma_y W_p}{l_2} \tag{11-16}$$

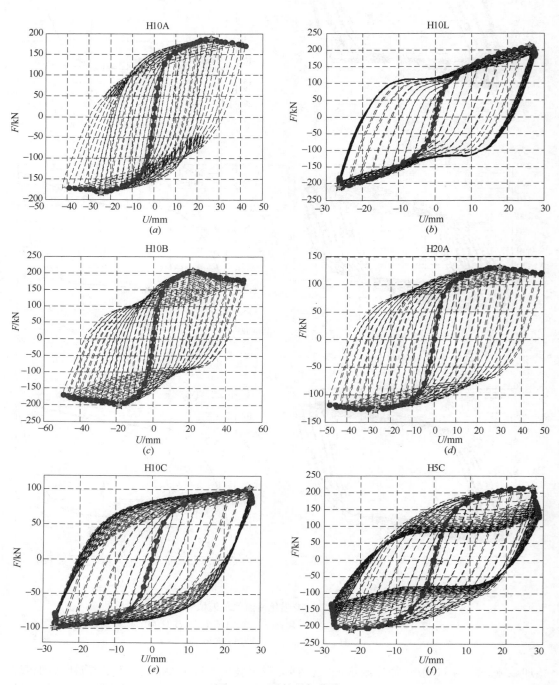

图 11-24　试件骨架曲线

(a) H10A；(b) H10L；(c) H10B；(d) H20A；(e) H10C；(f) H5C

$$Q_y = \frac{2}{3}Q_u \qquad\qquad (11\text{-}17)$$

式中　σ_y——材料屈服强度，本批次试验钢材屈服强度 302MPa；

Q_u、Q_y——试件的极限承载力、屈服承载力（或称之为等效屈服力）；

β_{Qu}——极限承载力修正系数，取 $\beta_{Qu} = 1.2358 - 0.0103c_0/t$；

n——每排小柱（孔间、孔边）的个数；

W_p——单个小柱截面塑性弯曲抵抗矩，$W_p = tc_0^2/4$。

极限承载力结果 表 11-3

编号	α	c_0/t	试验 Q_u（kN）	理论 Q_u（kN）	偏差[1]（%）
H10A1	3.81	5.79	189.02	188.29	0.39%
H10A2	3.81	5.79	186.96	188.29	−0.71%
H10A3	3.81	5.79	198.91	188.29	5.34%
H10L1	3.81	5.79	214.57	188.29	12.25%
H10B1	3.22	5.52	208.91	212.73	−1.83%
H10B2	3.22	5.52	203.70	212.73	−4.43%
H20A1	4.88	4.83	132.45	123.61	6.67%
H20A2	4.88	4.83	129.60	123.61	4.62%
H10C1	7.53	5.79	102.29	95.26	6.87%
H5C1	3.81	5.79	217.80	188.29	13.55%

注：（1）偏差计算公式为：（"试验" − "理论"）/ "试验"。

11.2.3　连梁阻尼器的结构地震模拟试验与仿真研究

选取某附加连梁阻尼器的单片剪力墙结构作为试验结构，将连梁阻尼器作为试验子结构放到试验台上进行试验，将其他部分作为数值子结构编写动力学程序在软件中实现，通过试验的方法验证连梁阻尼器对结构耗能减振的贡献，研究连梁阻尼器在小震、中震、大震下的工作性态。

11.2.3.1　试验概述与试验模型建立

（1）试验概述　本试验在哈尔滨工业大学结构与抗震建设部重点实验室的大型结构试验厅进行。试验采用的主要硬件设备有 SCHENCK 伺服作动筒（极限出力 630kN，极限行程±250mm），伺服控制器（FlexTest GT），位移传感器（LVDT，1 个±100mm 量程，1 个±20mm 量程），力传感器（SCHENCK 伺服作动筒自带）和计算机（装有 MTS 793.10 软件）。计算机利用 MTS 软件控制 FlexTest GT（模拟数值子结构），由 FlexTest GT 计算并发出目标命令给伺服作动器。由伺服作动器自带力传感器采集试验子结构状态，由外接位移传感器控制加载位移，这些信息都反馈到 FlexTest GT 中，实现 PID 反馈控制。整个过程通过 D/A、A/D 转换器实现计算机和伺服作动筒及传感器相互通信，如图 11-25 所示。

（2）模型等效过程　取一个 12 层单片双肢剪力墙模型，层高 3.3m，板厚 0.1m。两个墙肢宽度均为 2m，连梁截面高度 0.7m，跨度 2m。将所有墙体厚度及连梁宽度均取为 0.2m，该墙片承载楼板宽度取为 3m。考虑结构荷载转换为质量，墙体材料密度取为

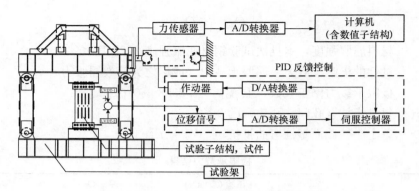

图 11-25　试验系统主要硬件及控制流程

$3290kg/m^3$，楼板密度取为 $5000kg/m^3$。以上述双肢剪力墙模型为目标，布置阻尼器，为使试验容易实现，将上述结构简化为单自由度结构，且将所有阻尼器的功用"集成"后附加到单自由度简化结构上，见图 11-26。

　　简化单自由度体系中，结构质量取为原结构质量的一半，质心位于第 9 层位置。拟动力试验中选取混凝土结构的阻尼比为 5%。

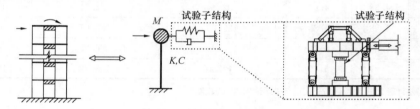

图 11-26　模型等效过程及试验原理

　　考虑每层附加 1 个连梁阻尼器。假设结构变形以第一振型为主，那么，按照阻尼器的功用估算，单自由度体系的附加阻尼器个数约 5 个。拟动力子结构试验模拟 12 层单片双肢剪力墙结构最终采纳的结构模型为：单自由度体系，质量 75 吨，等效刚度为 24.9kN/mm，阻尼比为 5%，数值子结构由 MTS 自带的 MPT 编程实现，地震波在 MTS 软件通道中输入；试验子结构采用 1 个由伪静力试验优选出的 H10A 系列连梁阻尼器。

　　（3）地震波与试验工况　　选用伪静力试验测试得到的性能良好的 H10A 系列试件进行拟动力子结构试验。选用 El Centro 地震波进行试验（分别进行了 7 度小震 35Gal、7 度大震 220Gal、9 度小震 140Gal 和 9 度大震 620Gal 试验）。

　　一次地震记录中较长时间内地震能量很小，对建筑结构影响很小，为节省计算机时，分析模拟时一般去除该部分时间。参考肖明葵等研究，选用 Trifunac 和 Brady 提出的能量持时 T_d 表述强震记录持续时间，取总持续时间中截去记录中前 10% 总能量和后 20% 总能量后所对应的时间段（$T_d = T_{0.8} - T_{0.1}$）作为强震持续时间，即 70% 能量持时。能量计算采用 Arias 提出的 Arias 强度公式。

11. 2. 3. 2　仿真程序设计

　　构建动力学模型时，单自由度结构体系按照线弹性模型进行模拟，附加的双列孔阻尼器采用双线性恢复力模型模拟（见图 11-27）。MATLAB 仿真程序中应用的双线性恢复力模型的屈服位移、第一刚度和第二刚度均为试验理论分析得出的结果，三者计算公式分别见式（11-18）、式（11-19）和式（11-20），公式中物理量单位均取 mm、kN 制。屈服位移 x_y 公式表达了屈服位移与滞回环单圈峰值位移的关系，当单圈峰值小于 4mm 区间时为常数，大于 4mm 区间为单圈峰值的线性函数。等效第一刚度公式仅与试件型号相关，与单圈峰值位移无关。等效第二刚度与单圈峰值位移和试件型号相关。等效第一、第二刚度均为在未发生较明显屈曲现象工况适用。弹塑性状态转换关系见图 11-28。

$$x_y = \begin{cases} \dfrac{5.0 - 2.5}{20.0 - 4.0}(U_{\max} - 2.5) & U_{\max} \geqslant 4.0 \\ 2.5 & U_{\max} < 4.0 \end{cases} \tag{11-18}$$

$$K_{y1e} = \cfrac{1}{\dfrac{2}{K_3} + \dfrac{2}{5}\dfrac{(0.0657 + 0.01203\alpha)K_{cb} + K_{cs}}{(0.0657 + 0.01203\alpha)K_{cb}K_{cs}} + \dfrac{1}{K_0}} \tag{11-19}$$

$$K_{y2e} = \min\left\{\dfrac{1}{\alpha}(144.66e^{(-U_{\max}/4.26)} + 4.75), \ 3\left[\dfrac{1}{\alpha}(144.66e^{(-\infty/4.26)} + 4.75)\right]\right\} \tag{11-20}$$

式中　$U_{\max} = \max(x_p, x_n)$。

仿真程序选用 Wilson-θ 法进行动力学方程求解，取 $\theta = 1.4$。

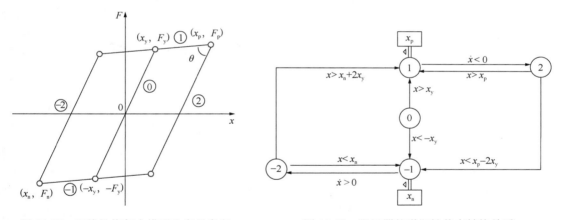

图 11-27　双线性恢复力模型和字母定义　　　　图 11-28　阻尼器的弹塑性状态转换关系

11.2.3.3　试验结果分析

提取的拟动力子结构试验结果主要有：结构响应时程结果，地震过程中的 F-U 滞回特性，能量参数。

通过编写的仿真程序，得到"附加阻尼器结构"和"无阻尼器原结构"仿真分析结构位移响应结果，与拟动力试验得到的附加阻尼器结构位移响应做对比，得出附加阻尼器结构仿真计算与试验结果的误差百分比，以及附加阻尼器对减小结构位移响应的贡献，结果统计见表 11-4。计算 30s 地震波时程作用下，结构总输入能 E_{in}、阻尼器耗能 E_d、结构阻尼耗能 E_c 和结构弹性应变能 E_s，汇总结果见表 11-5。各工况的结构位移响应、F-U 轨迹曲线及能量曲线见图 11-29～图 11-32。其中，位移响应图中对比了仿真附加阻尼器结构、仿真无阻尼器原结构和试验附加阻尼器结构的位移响应；能量曲线对比了结构总输入能 E_{in}、阻尼器耗能 E_d、结构阻尼耗能 E_c 和结构弹性应变能 E_s。

由数据分析可见，附加阻尼器结构的仿真结果与试验结果相差较小；附加阻尼器后，增加了结构刚度和阻尼，结构减振效果变好；El Centro 波作用下结构中布置的阻尼器的耗能能力随着地震输入的增大而增大。可见，阻尼器耗能减振是一种很好的抵御地震、保护主结构的结构设计方法。

拟动力试验位移响应结果统计 表 11-4

编号	试验峰值位移（mm）	仿真峰值位移（mm）	无阻尼器仿真峰值位移（mm）	仿真误差[1]（%）	位移减振[2]（%）
E035	0.920	0.944	1.906	2.56	51.71
E140	4.251	4.011	7.625	5.63	44.25
E220	7.551	6.909	11.982	8.51	36.98
E620	21.668	21.739	33.769	−0.32	35.83

注：(1) 仿真误差为"仿真峰值位移"相对于"试验峰值位移"的误差；
(2) 位移减振为"试验峰值位移"相对于"无阻尼器仿真峰值位移"的减小百分比。

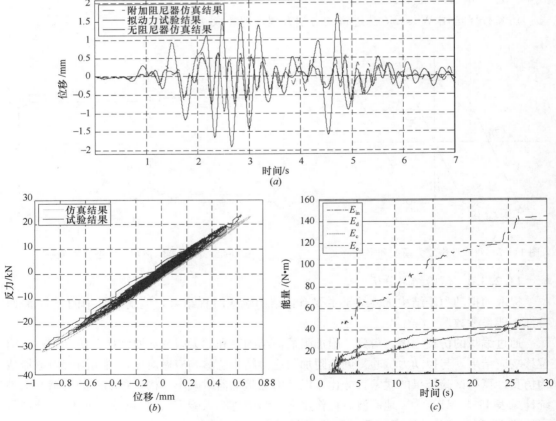

图 11-29 E035 工况试验结果
(a) 位移时程；(b) F-U 轨迹曲线；(c) 能量时程

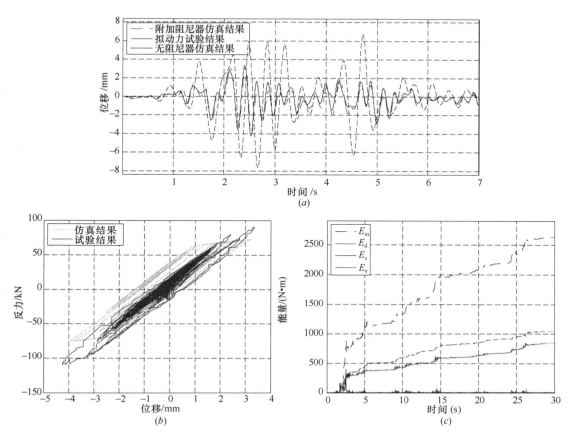

图 11-30 E140 工况试验结果

（a）位移时程；（b）F-U 轨迹曲线；（c）能量时程

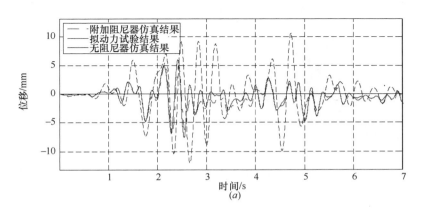

图 11-31 E220 工况试验结果（一）

（a）位移时程

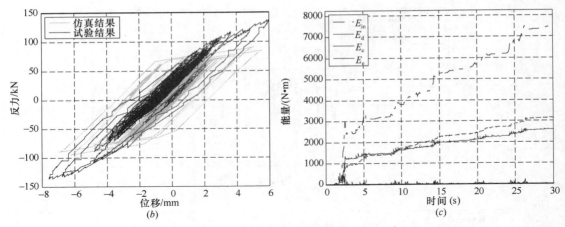

图 11-31 E220 工况试验结果（二）

(b) F-U 轨迹曲线；(c) 能量时程

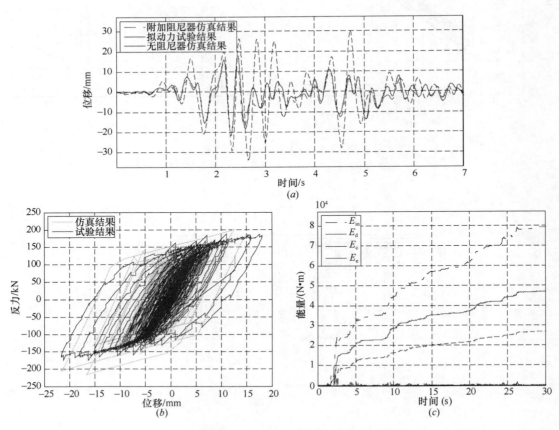

图 11-32 E620 工况试验结果

(a) 位移时程；(b) F-U 轨迹曲线；(c) 能量时程

拟动力试验能量结果统计（单位：N·m）　　　　表 11-5

编号	总输入能 E_{in}	阻尼器耗能 E_d	结构阻尼耗能 E_c	结构弹性应变能 E_s	阻尼器耗能比（%）
E035	134.4	44.8	43.8	0.00	33.30
E140	2439.9	846.1	939.1	0.01	34.68
E220	6921.0	2600.4	2872.1	1.56	37.57
E620	68315.1	46989.6	24214.2	2.23	68.78

注：各项总能量积分时间为 30s。

11.3　实施内嵌式连梁钢板阻尼器复合连梁设计方法及分析

11.3.1　内嵌式连梁钢板阻尼器复合连梁设计方法

11.3.1.1　内嵌式连梁钢板阻尼器简化计算模型

（1）计算模型提出　通过对比阻尼器开孔率、开孔长度及孔隙尺寸等因素对阻尼器的滞回性能影响，可知 H10A 型阻尼器性能更为优异。因此，本节将选择 H10A 型阻尼器作为研究对象，其尺寸参数如表 11-6 所示。对 H10A 型阻尼器进行 10mm 多周反复加载模拟，如图 11-33 所示，可以看出阻尼器每根小柱的端部截面都受到拉应力及压应力的共同作用，且对于单根小柱，其总受到等大反向的力，导致阻尼器在剪切荷载下，其塑性分布如图 11-34 所示。

阻尼器型号　　　　表 11-6

命名	开孔率（%）	l_3（mm）	l_2（mm）	l_0（mm）	c（mm）	h（mm）
H10A1	9.98	115	240	100	16	12

图 11-33　H10A 型阻尼器 S11 应力云图

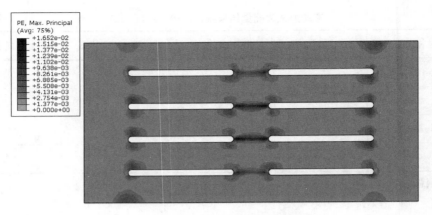

图 11-34　H10A 型阻尼器塑性应变云图

结合阻尼器应力云图及塑性应变云图，可知阻尼器在水平荷载作用下符合平截面假定，因此该阻尼器可简化成类似两层框架结构，即十根小柱与三根刚性梁。阻尼器受弯矩情况进一步简化为十根小柱每根端部都受到相同的弯矩 M_0，且在弯矩 M_0 的作用下十根钢柱端部都同时进入屈服。因此，H10A 型阻尼器可以简化为如图 11-35 的计算模型。

由《高层建筑钢-混凝土混合结构设计规程》CECS230：2008 对钢板混凝土复合连梁受弯承载力的计算公式可知，钢板复合连梁的抗弯承载力设计值可以看作由两部分组成，第一部分为为连梁的钢筋与混凝土共同作用抗弯，第二部分为内置的钢板抗弯。钢板的抗弯承载力取决于钢板端部所能承受的极限弯矩，同尺寸的钢板与阻尼器对比，钢板的抗弯及抗剪能力远大于耗能连梁钢板阻尼器。对于耗能连梁钢板阻尼器，通过试验与模拟可知，其抗弯承载力取决于阻尼器的十根小柱端部所能承受的极限弯矩。在水平荷载作用下，单根小钢柱的抗弯承载力设为 M_0，则其简化模型的弯矩图如图 11-36 所示。

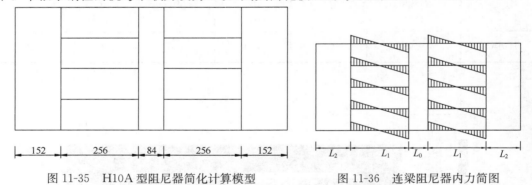

图 11-35　H10A 型阻尼器简化计算模型　　　　图 11-36　连梁阻尼器内力简图

对于耗能连梁钢板阻尼器，小柱两端截面属性相同，经过模拟验证，小柱两端几乎是同时进入塑性，通过应力云图可以看出，基本上每根小柱两端都是受到了等大反向的弯矩。可以推断，每根小柱的反弯点都位于柱中点位置，因此可认为耗能连梁钢板阻尼器的屈服弯矩为 $5M_0$。基于该简化模型，将规范中钢板复合连梁设计方法应用于连梁阻尼器型复合连梁成为可能。

（2）初始刚度分析　当采用如图 11-36 的连梁阻尼器简化计算模型进行设计时，连梁阻尼器的刚度在弹性阶段可看做由小柱控制。

小柱截面惯性矩可表示为

$$L_y = \frac{t_w h_{w0}^3}{12} \tag{11-21}$$

式中　t_w——板厚度；

　　　h_{w0}——高度。

对于 H10A 型连梁阻尼器，由于其工作机理是小柱端部受弯进入塑性，因此可根据小柱端部的 Y 向截面惯性矩求得小柱的屈服弯矩。

$$M = \frac{1}{6} t_w h_{w0}^2 f_{ssy} \tag{11-22}$$

式中　f_{ssy}——钢板钢材的抗拉、抗压、抗弯强度设计值，可按现行国家标准《钢结构设计规范》GB 50017 的规定采用。

对于该简化模型，在有限元软件 ABAQUS 建立其有限元模型，如图 11-37 所示。小柱截面高度 $h_{w0}=67.2\text{mm}$，小柱长度 $L_1=256\text{mm}$，阻尼器厚度 $t_w=12\text{mm}$，其中与小柱相连的三个壳作为刚性体。对该简化模型进行弹性阶段的有限元模拟，由表 11-7 可得，采用该简化模型基本上能反映 H10A 型连梁阻尼器在弹性阶段的刚

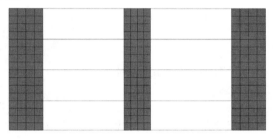

图 11-37　H10A 型阻尼器简化模型

度。因此，可以采用该简化计算模型作为复合连梁中连梁阻尼器的设计依据。

H10A 阻尼器初始刚度　　　　　　　　　　　　　　　　　　表 11-7

H10A 型连梁阻尼器初始刚度	H10A 型连梁阻尼器
试验拟合值	43.2
有限元模拟	44.2
模拟与试验偏差	2.3%

11.3.1.2　阻尼器型复合连梁设计公式

通过对阻尼器的模拟分析结果显示，耗能连梁钢板阻尼器的性能与普通软钢钢板有所差异，所以有必要对这种阻尼器提出适当的设计方法。为了与《高层建筑钢-混凝土混合结构设计规程》中对钢板混凝土复合连梁的设计相结合，将根据现有相关规范，对规范中钢板连梁的设计公式进行一定的修改，使之能应用能够到耗能连梁钢板阻尼器复合连梁的设计当中。

对比规范中对与钢板复合连梁的设计公式，可以看出，公式由两部分组成，即为钢筋混凝土部分与钢板部分的抗弯及抗剪承载力的叠加。其中钢板的抗弯承载力为

$$M_{plate} = 0.1 t_w h_w^2 f_{ssy} \tag{11-23}$$

钢板的抗剪承载力为

$$V_{plate} = 0.35 f_{ssv} t_w h_w \tag{11-24}$$

式中　f_{ssv}——钢板的抗剪强度设计值。

通过分析可知，钢板复合连梁的一般模式为钢板端部进入塑性，故钢板复合连梁需要对其端部承载力进行设计。而耗能连梁钢板阻尼器的屈服模式是阻尼器中小柱端部出现弯

曲型塑性铰，由此可知耗能连梁钢板阻尼器的承载力由小柱的承载力控制。

可知连梁阻尼器的抗弯承载力为

$$M_{\text{damper}} = \frac{5}{6} t_w h_{w0}^2 f_{ssy} \tag{11-25}$$

连梁阻尼器的抗剪承载力为

$$V_{\text{damper}} = 0.35 f_{ssv} t_w h_{w1} \tag{11-26}$$

式中　h_{w0}——耗能连梁钢板阻尼器中小柱截面高度，对于原比例尺寸的阻尼器，取 $h_{w0} =$ 67.2mm，对于扩大比例阻尼器可根据实际情况取值；

h_{w1}——耗能连梁钢板阻尼器的实际高度，可取钢板高度减去开缝高度。

由此可以提出应用于耗能连梁钢板阻尼器数量的设计公式，对于钢板混凝土复合连梁，其受弯承载力应按下列公式计算：

（1）无地震组合时

$$M_b \leqslant A_s f_{sy} \gamma h_{b0} + \frac{5}{6} t_w h_{w0}^2 f_{ssy} \tag{11-27}$$

（2）有地震作用组合时

$$M_b \leqslant \frac{1}{\gamma_{RE}} \left[A_s f_{sy} \gamma h_{b0} + \frac{5}{6} t_w h_{w0}^2 f_{ssy} \right] \tag{11-28}$$

钢板混凝土连梁的斜截面收件承载力应符合下列规定：

（1）无地震作用组合时

$$V_b \leqslant 0.7 f_t b h_{b0} + f_{yv} \frac{A_{sv}}{s} h_{b0} + 0.35 f_{ssv} t_w h_{w1} \tag{11-29}$$

同时要求

$$V_b \leqslant f_{yv} \frac{A_{sv}}{s} h_{b0} + f_{ssv} t_w h_{w1} \tag{11-30}$$

（2）有地震作用组合时

$$V_b \leqslant \frac{1}{\gamma_{RE}} \left[0.42 f_t b h_{b0} + f_{yv} \frac{A_{sv}}{s} h_{b0} + 0.35 f_{ssv} t_w h_{w1} \right] \tag{11-31}$$

关于复合连梁截面尺寸的选择可按照规范中对于钢板复合连梁的相关内容取值：

（1）无地震作用组合时

$$V_b \leqslant 0.30 \beta_c f_c b h_{b0} \tag{11-32}$$

（2）有地震作用组合时

$$V_b \leqslant \frac{1}{\gamma_{RE}} 0.2 \beta_c f_c b h_{b0} \tag{11-33}$$

式中　V_b——连梁剪力设计值；

β_c——混凝土强度影响系数。当混凝土强度等级不超过C50，取 $\beta_c = 1.0$；当混凝土强度等级为C80，取 $\beta_c = 0.8$；其间按线性内插法确定；

f_c——混凝土轴心抗压强度设计值，按现行国家标准《混凝土设计规范》GB 50010 的规定采用。

11.3.1.3　内嵌式连梁钢板阻尼器连接构造方案设计

（1）连接构造　由内嵌式耗能模块组成的连梁阻尼器可看作由三部分构成，阻尼器沿长度方向可划分为嵌固区、主要耗能区和非主要耗能区。其中，耗能区和非耗能区组成了连梁阻尼器的工作区。当连梁阻尼器正常工作时，嵌固区不进入塑性，为阻尼器提供可靠的端部嵌固，非主要耗能区基本不进入塑性或少量进入塑性，主要耗能区大量进入塑性，消耗地震动能量。连梁阻尼器的区域划分如图 11-38 所示。

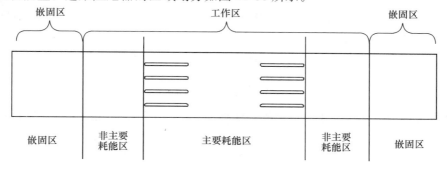

图 11-38　连梁阻尼器区域划分

通常，在类似的内嵌钢板式复合连梁中，其端部嵌固区往往采用整张钢板，这显然会大大增加施工的难度和复杂程度。在此提出一种新型的端部连接构造方案，用于内嵌式连梁阻尼器的施工。做法是在阻尼器端部嵌固区开若干条水平缝，水平缝间距根据边缘约束构件箍筋间距确定，依靠阻尼器端部嵌固区所开水平缝，使剪力墙边缘约束构件的箍筋能顺利穿过阻尼器，典型构造见图 11-39。

图 11-39　连梁阻尼器端部构造示意图

（2）非主要耗能区长度控制方法　对于耗能连梁钢板阻尼器，小柱两端截面属性相同，经过模拟验证，小柱两端是同时进入塑性，并且通过应力云图可以看出，基本上每根小柱两端都是受到了等大反向的弯矩。所以可以推断，每根小柱的反弯点都位于柱中点位置，根据这一结果，可以绘制出整个阻尼器的弯矩示意图，如图 11-40 所示。

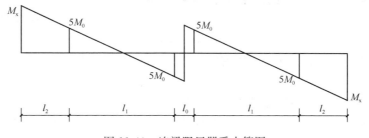

图 11-40　连梁阻尼器受力简图

经过有限元模拟验证，可以认为阻尼器中小柱端部的弯矩为 $5M_0$，如图 11-40 所示。可推导出阻尼器端部所受的弯矩 M_x

$$M_x = 5\left(1 + \frac{2L_2}{L_1}\right)M_0 \tag{11-34}$$

式中　M_x——耗能连梁钢板阻尼器端部受到的弯矩；

M_0 ——耗能连梁钢板阻尼器中单根小柱端部受到的弯矩；

L_1 ——H10A 型耗能连梁钢板阻尼器的本身耗能区长度，对于该型号阻尼器 $L_1 = 256mm$；

L_2 ——H10A 型耗能连梁钢板阻尼器的本身非耗能区长度，对于该型号阻尼器 $L_2 = 107mm$。

在此，令

$$\varphi = \frac{L_1}{L_1 + 2L_2} \tag{11-35}$$

在弹性范围内，对于连梁阻尼器的小柱端部弯矩和阻尼器非主要耗能区端部弯矩可由公式（11-36）求得

$$M_{xu} = \frac{1}{6} t_w h_{w1}^2 \sigma \tag{11-36}$$

$$M_0 = \frac{1}{6} t_w h_{w0}^2 \sigma \tag{11-37}$$

通过受力图可得阻尼器小柱所受弯矩与端部所受弯矩的关系可表示为

$$M_x = 5M_0 / \varphi \tag{11-38}$$

若要使阻尼器正常工作，则应保证阻尼器小柱比阻尼器端部先进入塑性，即应保证

$$M_x < M_{xu} = \frac{1}{6} t_w h_{w1}^2 \sigma \tag{11-39}$$

小柱屈服弯矩可表示为

$$M_{0u} = \frac{1}{6} t_w h_{w0}^2 \sigma \tag{11-40}$$

由此可求出阻尼器非耗能区长度的取值范围

$$L_2 < 0.1 L_1 \frac{h_{w1}^2}{h_{w0}^2} - 0.5 L_1 \tag{11-41}$$

在这个范围内，阻尼器耗能能力由阻尼器的主要耗能区控制，端部几乎不进入塑性，是阻尼器的非主要耗能区。故在端部嵌固端开若干水平缝将不影响阻尼器性能。

11.3.2 内嵌式连梁钢板阻尼器复合连梁破坏模式

结构中连梁的破坏模式与多种影响因素有关，主要的破坏模式有剪切破坏、弯曲破坏、弯曲剪切破坏。在抗震设计中要求连梁先于墙肢发生破坏，在连梁端部产生塑性铰耗散地震能量，同时也要求塑性铰能够继续传递一定的弯矩和剪力，对墙肢起到很好的约束作用。

钢板阻尼器复合连梁很好地利用了钢板阻尼器的塑性变形和耗能能力，由钢筋混凝土和钢板阻尼器共同抵抗剪力，提高了复合连梁的抗剪承载力，防止了复合连梁发生剪切破坏。钢板阻尼器是一个刚度较大的连续体，与钢筋混凝土形成一个整体时能够有效地控制连梁的斜裂缝的发展，嵌固区的开缝也给施工带来了很大的便利。研究过程中发现，钢板阻尼器复合连梁的破坏模式和耗能能力与钢板阻尼器和混凝土的粘结区域有很大关系，为得出粘结区域对复合连梁协同工作机制的影响，对四种粘结方案复合连梁进有限元模拟。

（1）钢板阻尼器与混凝土完全粘结（NJ-1） 在荷载作用下模型的破坏形式与模型的应变相对应，应变又反映了混凝土的开裂分布，所以在分析复合连梁的裂缝分布和构件

破坏形态时是通 ABAQUS 中输出塑性应变矢量云图来表现。

初期单向加载，模型处于弹性阶段，当正向荷载加到 60kN 时，模型在连梁、墙肢交界处开始出现细小的水平裂缝，是最大受拉塑性应变集中的区域，即裂缝分布的区域，随着荷载的增加，裂缝开始向连梁内延伸，同时裂缝也会向墙肢内有微小发展。随着模型上部水平位移的不断增大，已有的裂缝不断地扩展，新的裂缝也在不断地出现，如图 11-41 所示。

当正向荷载加到 270kN 时钢板阻尼器开始出现塑性，塑性区域首先出现在嵌固区与非主要耗能区交界处，随着荷载的增大，塑性区域逐渐向两侧不断发展，此时模型顶部的位移达到 9.4mm。由塑性应变图可以看出，在 NJ-1 粘结情况下，钢板阻尼器的塑性区域主要集中在了嵌固区附近，而设计的钢板阻尼器中部主要耗能开缝区基本没有进入塑性，与同种跨高比钢板复合连梁中钢板的工作状态基本一致，此种工作状态耗能钢板阻尼器只有部分进入塑性工作，大部分区域仍处于弹性状态。经模拟分析得知，即使再加大荷载直至模型破坏，主要耗能区依然没有进入塑性，依然只有嵌固区附近塑性工作并不断向两侧扩展，如图 11-42 所示。

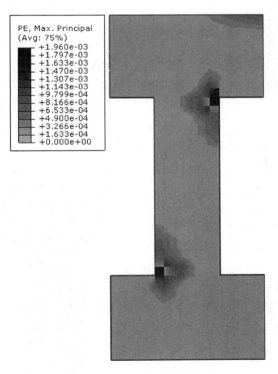 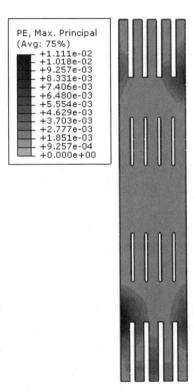

图 11-41　NJ-1 初期塑性应变　　　　　图 11-42　NJ-1 阻尼器塑性应变云图

在剪力和弯矩的共同作用下，由于钢板阻尼器的存在，模型没有出现明显的退化阶段，也阻止了复合连梁斜裂缝的产生，随着位移的不断增大，斜裂缝开始向连梁中部延伸，钢板阻尼器与钢筋混凝土形成牢固的整体使复合连梁具有较强的刚度，随着荷载的不断增大，连梁开始带动墙肢产生裂缝，使墙体结构发生损伤破坏。当荷载达到为 160kN 时，连梁中的纵筋达到屈服应力，屈服位置为嵌固区上端，如图 11-43 所示，此时加载位

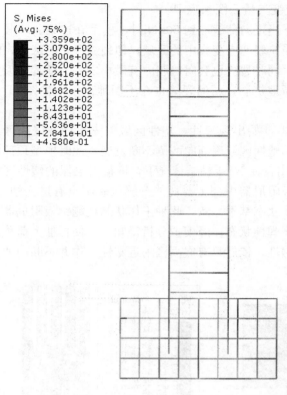

图 11-43　钢筋应力云图

移为 5.5mm，由此可知，在破坏过程中混凝土、钢板阻尼器和钢筋三者的破坏顺序为，混凝土首先出现开裂，然后连梁纵筋屈服，最后钢板阻尼器屈服。

在地震作用下，连梁在结构中受到的是往复荷载作用，在模拟中施加往复荷载来模拟连梁受到地震荷载作用，采用施加 0～20mm 变幅值位移荷载作用，分析钢板阻尼器与混凝土的协同工作，得出复合连梁的破坏形式。

在往复荷载作用下，随着水平位移的增大和往复作用，连梁中弯曲裂缝和剪切裂缝不断地延伸发展，两边的裂缝交替受拉受压，几个周期过后墙梁交界处裂缝逐渐贯通，沿连梁方向出现两条主斜裂缝，在墙肢中也出现了两个方向的斜裂缝，如图 11-44 所示，在钢板阻尼器与混凝土完全粘结方案中，复合连梁的破坏形式为弯曲剪切破坏，连梁破坏的同时也导致了

墙肢发生损伤，所以在较大地震作用下，此种粘结区域的复合连梁可能会导致主要承重构件墙肢的损伤面积较大，导致结构的承载力下降。

随着荷载的往复作用，钢板阻尼器两侧的塑性区成对称分布，并不断向中部扩展，但中部主要耗能区开缝两端没有进入塑性工作，未能充分发挥钢板阻尼器的耗能作用，钢板阻尼器的嵌固区开缝使钢板阻尼器和墙肢很好地粘结在一起，在荷载作用下，嵌固区开缝没有大面积进入塑性，也没有出现局部的应力集中，可以说明开缝并没有削弱钢板阻尼器与墙肢的锚固，如图 11-45 所示。模拟得出，增大荷载只能增大钢板阻尼器塑性工作的面积，而不能改变其耗能分布形式。

（2）钢板阻尼器开孔区与混凝土不粘结（NJ-2）　NJ-2 粘结区域复合连梁在单向荷载作用下的破坏形式与 NJ-1 基本一样，在加载过程中，NJ-2 复合连梁在墙梁交界处的裂缝

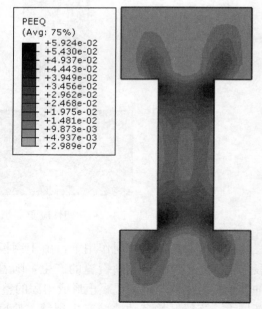

图 11-44　NJ-1 模型塑性应变云图

发展更快，裂缝向横向和纵向的发展也较快，随着混凝土的逐渐破坏，钢板阻尼器的主要耗能区首先进入塑性耗能，并且是开缝的纵向两侧先进入塑性，随后在开缝圆弧端部和两侧同时发展，如图 11-46 及图 11-47 所示。

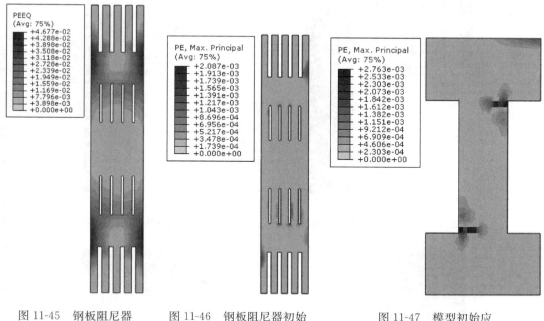

图 11-45　钢板阻尼器　　　　图 11-46　钢板阻尼器初始　　　　图 11-47　模型初始应
　　塑性应变云图　　　　　　　　　应变云图　　　　　　　　　　　变云图

　　随着荷载的增大，混凝土和钢板阻尼器的塑性逐步发展，在往复荷载作用下，混凝土横向裂缝首先布满墙梁交界处并逐渐贯通纵向，形成较大弯曲裂缝，弯曲裂缝形成后裂缝开始向梁身一侧发展，钢板阻尼器开孔区对应梁身位置开始出现较大纵横向裂缝，且进一步向两方向发展，纵向形成较大的剪切裂缝并贯通整个模型，剪切裂缝由开孔附近的混凝土区域开始产生，最后形成片区贯通的交错裂缝，如图 11-48 所示。与 NJ-1 方案的复合连梁相比，在相同荷载作用下复合连梁对墙肢的损伤有所减少，往复荷载作用下连梁的耗能区更多地集中在了连梁上，对墙肢起到了一定的保护作用。针对开缝钢板阻尼器，可以看到，与 NJ-1 相比，钢板阻尼器的塑性区域不只集中在嵌固区上端位置，而是主要集中在了开缝区的两侧和端部，这样的耗能分布充分发挥了钢板阻尼器的作用，增大了耗能的区域，进而增大了复合连梁的耗能能力，在地震荷载作用下能够很好地耗散地震能量，如图 11-49 所示。

　　取 NJ-1 和 NJ-2 钢板阻尼器主要耗能区对比，如图 11-50 所示，在 NJ-1 复合连梁中，钢板阻尼器主要耗能区的塑性分布是由两端逐渐发展，开缝没有起到增大钢板阻尼器耗能的作用，NJ-1 复合连梁是耗能区开缝处充满了混凝土，当有荷载作用时，钢板阻尼器与混凝土形成了一个较为牢固的整体，两者位移变化基本同步。当 NJ-2 把开缝区混凝土挖出时，在混凝土与钢板阻尼器间摩擦力相互作用下，钢板阻尼器开缝间的钢板小柱不再承受空隙间混凝土的平衡力作用，使小柱能够产生较大的相对位移，在较大荷载作用下进入塑性耗能，形成一个很好的耗能区域，减小了 NJ-1 钢板阻尼器端部的应力集中现象，使钢板阻尼器的破坏形式更合理。

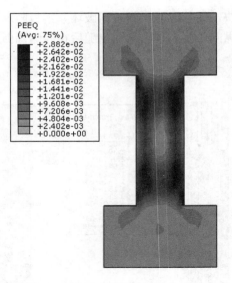
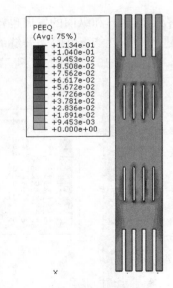

图 11-48　NJ-2 模型塑性应变云图　　　　图 11-49　钢板阻尼器塑性应变云图

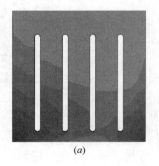
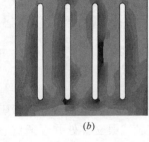

(a)　　　　　　　　　　　　(b)

图 11-50　NJ-1 与 NJ-2 钢板阻尼器主要耗能区对比
(a) NJ-1；(b) NJ-2

（3）钢板阻尼器主要耗能区与混凝土不粘结（NJ-3）　为进一步研究粘结区域对复合连梁破坏模式及协同工作的影响，继续加大了钢板阻尼器与混凝土的不粘结区域，在初始阶段整个模型的破坏和 NJ-1、NJ-2 基本一样。在较大往复荷载作用下，模型从未粘结区域开始产生横向水平裂缝，并向四周扩展，由于混凝土与钢板阻尼器没有粘结在一起形成很好的整体，连梁未粘结区域比较薄弱，在多周往复荷载作用下此区域混凝土首先破坏，过程中基本没有产生剪切斜裂缝，如图 11-51 所示。连梁中的钢板阻尼器只在开缝端部发生塑性耗能，在开缝小柱侧面和钢板阻尼器嵌固区上端均没有进入塑性，加大荷载钢板阻尼器的耗能区域只在开缝端部小范围内向外扩展，如图 11-52 所示。

对比 NJ-2 与 NJ-3 形式的钢板阻尼器主要耗能区如图 11-53 所示，从图可以明显看出来，在复合连梁中，整个主要耗能区均不与混凝土粘结，钢板阻尼器的耗能发展区域比较集中，发展不够充分，多周往复荷载作用下，钢板阻尼器容易在塑性集中的区域发生剪断破坏，对整个复合连梁承载能力有不利影响。与 NJ-3 复合连梁钢板阻尼器相比，NJ-2 复合连梁的钢板阻尼器塑性发展比较充分，在主要耗能区横向和纵向同时发展，不但耗能开缝的两端进入塑性，开缝间小柱也进入塑性工作，增大了钢板阻尼器的耗能能力和承载能力。

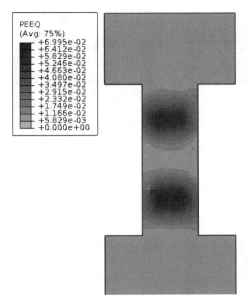

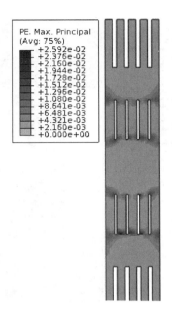

图 11-51　NJ-3 模型塑性应变云图

图 11-52　NJ-3 钢板阻尼器塑性
应变云图

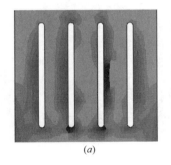

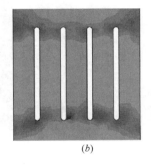

(a)　　　　　　　　　　　(b)

图 11-53　NJ-2 与 NJ-3 钢板阻尼器主要耗能区对比
(a) NJ-2；(b) NJ-3

　　(4) 钢板阻尼器完全不粘结（模型 NJ-4）　　NJ-4 复合连梁方案是整个连梁区域钢板阻尼器与混凝土均没有面内相互作用，与其余三种方案破坏过程对比可得，当荷载加到一定程度时，连梁的跨中首先发生剪切裂缝，往复荷载作用下混凝土裂缝迅速布满整个连梁，最终被连梁被剪切破坏，如图 11-54 所示。由于钢板阻尼器与混凝土未能很好地协同工作，当连梁破坏时钢板阻尼器还没能充分发挥作用，NJ-4 方案钢板阻尼器的耗能形式与 NJ-3 类似，塑性区主要集中在主要耗能区开缝的两端部分，当连梁破坏时，钢板阻尼器的塑性发展也不明显，如图 11-55 所示。

　　在相同条件下，四种粘结区域钢板阻尼器主要耗能区域分布对比如图 11-56 所示，由图可以看出，选择不同的钢板阻尼器与混凝土粘结区域对钢板阻尼器的耗能和破坏有明显影响，从耗能位置的分布和破坏形式来看，NJ-2 复合连梁的粘结区域更为合理。

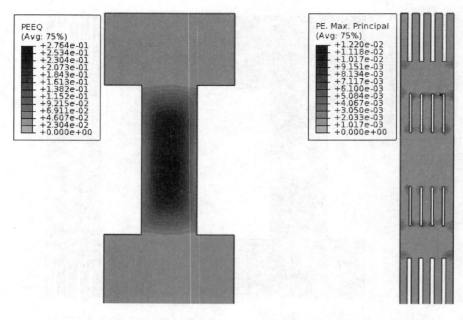

图 11-54　NJ-4 模型塑性应变云图　　　　图 11-55　NJ-4 阻尼器塑性应变云图

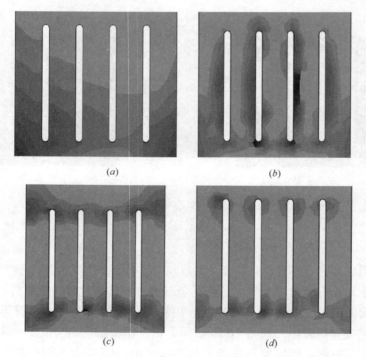

(a)　　　　　　　　　　　　　(b)

(c)　　　　　　　　　　　　　(d)

图 11-56　四种粘结区域钢板阻尼器主要耗能区对比
(a) NJ-1；(b) NJ-2；(c) NJ-3；(d) NJ-4

11.3.3　内嵌式连梁钢板阻尼器复合连梁性能分析

11.3.3.1　承载力分析

连梁除了为结构在大震作用下提供足够的耗能外，在小震作用下需要具有足够的抗侧刚度。因此连梁的承载能力大小也是连梁设计时需要考虑的重要因素。本节分析中，对四种粘结区域复合连梁和钢筋混凝土连梁施加单向位移荷载，荷载幅值为 50mm，从 ABAQUS 有限元软件中提取荷载位移曲线如下图 11-57 所示。

分析结果可知，粘结区域的改变对复合连梁的承载力影响较明显。当施加的位移荷载小于 4mm 时，四种粘结区域复合连梁的荷载位移曲线基本重合，说明在初始弹性阶段粘结区域对复合连梁影响较小。从荷载的极限承载力可以看出，粘结区域的不同改变了钢板阻尼器与混凝土的协同工作机制，不同的协同工作机制促使连梁承载发生变化，随着复合连梁中钢板阻尼器被释放区域的增大，两者的协同作用逐渐减弱，导致连梁的承载能力随之降低。四种复合连梁的极限承载力

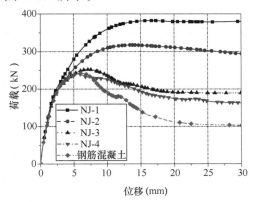

图 11-57 荷载-位移曲线

与 NJ-1 复合连梁相比，NJ-2、NJ-3、NJ-4 的最大承载力分别下降了 12.5%、28.9%、34.2%。可见，随着荷载的增加，NJ-4 连梁首先进入屈服阶段，NJ-1 复合连梁最后进入屈服，相比于 NJ-3、NJ-4 复合连梁，NJ-1、NJ-2 复合连梁的塑性发展过程更长。

钢筋混凝土连梁的荷载位移曲线变化趋势与 NJ-3、NJ-4 复合连梁类似，可知，随着复合连梁中钢板阻尼器与混凝土粘结区域减小，复合连梁荷载位移曲线的变化趋势向钢筋混凝土连梁靠拢。与钢板阻尼器复合连梁的相比，当在连梁中嵌入钢板阻尼器时，连梁的承载能力明显提高，NJ-1、NJ-2 提高的最为明显，屈服位移也比较大。在弹性阶段时，钢筋混凝土连梁与 NJ-3、NJ-4 复合连梁基本一致，当达到屈服以后，钢筋混凝土连梁承载能力下降明显大于 NJ-3、NJ-4 复合连梁。相比于钢筋混凝土连梁，前两种复合连梁的屈服位移约提高了一倍，达到屈服后 NJ-1、NJ-2 复合连梁能保持较长的屈服平台，保证了连梁具有很好的延性性能和变形能力。在复合连梁中钢板阻尼器与混凝土的粘结力对复合连梁的承载能力有明显影响，粘结力能够使钢板阻尼器与混凝土很好的协同作用，充分发挥二者各自的优点。

11.3.3.2 耗能能力分析

耗能性能是指构件在往复荷载作用下吸收能量多少的能力，体现了构件的滞回特性及力学性能，耗能性能的好坏又是评价抗震性能的重要指标，评价一个构件耗能性能的指标有很多，本算例选用等效阻尼比（ξ_{eq}）、累计耗能系数（ψ）和滞回面积（E_t）来评价钢筋混凝土连梁及钢板阻尼器复合连梁的耗能能力。

采用两种往复加载工况计算其耗能系数，分别对构件施加变幅值 0～20mm 和恒幅值 25 mm 往复荷载。复合连梁等效阻尼比分别取两种加载工况的第 10 个周期，分别记为 ξ_{eq20} 和 ξ_{eq25}，根据不同的加载工况，耗能系数 ψ_t 的取值方法为：对于第一种加载工况 0～20mm 的变幅值荷载，取滞回曲线的 10 圈来计算耗能系数，记为 ψ_{t20}；第二种加载工况 25mm 恒幅值荷载，同样取其滞回曲线 10 个周期计算耗能系数，记为 ψ_{t25}。滞回面积参数是滞回曲线与坐标轴围成的实际面积，仍取第 10 个周期，即为 E_{t20} 和 E_{t25}，将各种粘结区域复合连梁滞回面积 E_t 与 NJ-1 钢板阻尼器复合连梁的滞回面积比值作为相对耗能比较。

耗能参数计算表见表 11-8。

耗能参数对照表　　　　　　　　　　表 11-8

	ξ_{eq20}	ψ_{t20}	E_{t20} (mJ)	$E_{t20/*}/E_{t20/NJ\text{-}1}$ (mJ/mJ)	ξ_{eq25}	ψ_{t25}	ΣE_{t25} (mJ)	$\Sigma E_{t25/*}/\Sigma E_{t25/NJ\text{-}1}$ (mJ/mJ)
NJ-1	50.3%	43.4	6.9	100%	57.8%	90.5	182.6	100%
NJ-2	40.8%	41.8	6.6	95.7%	52.6%	91.6	193.8	106.2%
NJ-3	32.5%	30.5	5.2	75.4%	38.7%	88.3	178.4	97.7%
NJ-4	27.4%	26.9	4.5	65.3%	28.3%	70.8	148.9	81.6%
RC 连梁	25.6%	24.7	4.1	58.9%	27.4%	65.8	128.6	70.4%

分析表明，不同粘结区域复合连梁的滞回曲线存在一定差别，NJ-2、NJ-3 形式复合连梁的滞回曲线比较饱满，说明两种连梁在往复荷载作用下具有较好的稳定性和延性。由表 11-8 可以看出，在第一种加载工况取第 10 周荷载时，四种粘结区域复合连梁处在小于 10 mm 的弹性工作阶段，随着钢板阻尼器在复合连梁中释放区域的增大等效阻尼比逐渐减小，耗能系数和一周的耗能面积也随之减小，在 25 mm 恒幅值往复荷载的第 10 周，复合连梁已经进入屈服阶段，可以看出四种复合连梁的等效阻尼比依然呈减小的趋势，耗能系数和耗能面积 NJ-2 复合连梁略大于其他三种复合连梁。

针对耗能系数和等效阻尼比两个耗能参数，仅上述两个参数较大不能充分说明连梁的耗能能力，必须同时考虑滞回面积的大小的影响，滞回面积较大，但耗能系数和等效阻尼比较小，说明连梁的滞回曲线不够饱满，往复荷载作用下连梁的塑性发展不够理想。综合上述内容，等效阻尼比更多的表达了滞回环曲线的形状；滞回面积的大小表达了构件的实际耗能能力。综合考虑上表中的各种粘结区域耗能连梁的性能可以得出，NJ-2 符合连梁的耗能能力要优于其他三种粘结区域复合连梁。

11.3.4　结构地震作用耗能分析

在复合连梁构件性能系统分析的基础上，以一工程结构为实例，通过对原结构的分析，在相应的层高设置不同形式的复合连梁，用以改善结构的抗震性能。在地震作用下，通过对比实施不同粘结区域复合连梁结构的性能参数，评其对整体结构的贡献，验证 NJ-2 复合连梁在结构中抗震耗能性能的优越性。

以深圳市某建筑结构为实例，主体结构由内筒和外框架柱组成，基于建筑与结构的考虑，采用的是稀疏混合外框架和钢筋混凝土内筒体系。地上共 49 层，建筑结构主体高度为 224.8m，超过规范的 B 类限制。沿结构 Y 向，43、44、45 层东侧框架柱被抽空，上至建筑屋面层（第 48 层）后，屋顶建筑结构高度为 12.3 m，在此层设置外挑桁架，下挂 48、47、46 层，竖向抗侧力构件不连续，如图 11-58 所示。根据本节提出的内嵌式连梁钢板阻尼器设计方法和构造措施，设计了适用于该工程的两种类型阻尼器，其示意图如图 11-59 所示。在此基础上，对阻尼器进行加工安装，如图 11-60 所示。在大震弹塑性时程分析时，选取了一条人工波和两条天然波。

11.3.4.1　模态对比分析

分别对实施 NJ-1、NJ-2 复合连梁结构的进行前六阶模态信息提取，如表 11-9 所示。与原结构相比，施加钢板阻尼器的复合连梁结构固有频率改变较小，实施 NJ-1 复合连梁

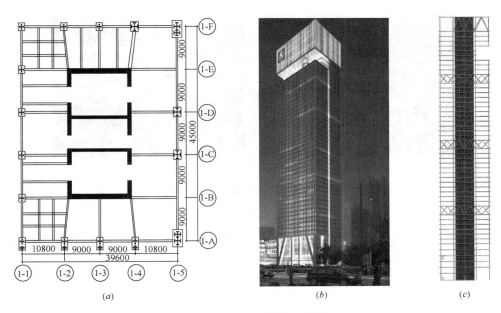

图 11-58 建筑结构示意图

(a) 结构平面布置图；(b) 结构效果图；(c) 主结构 X 向

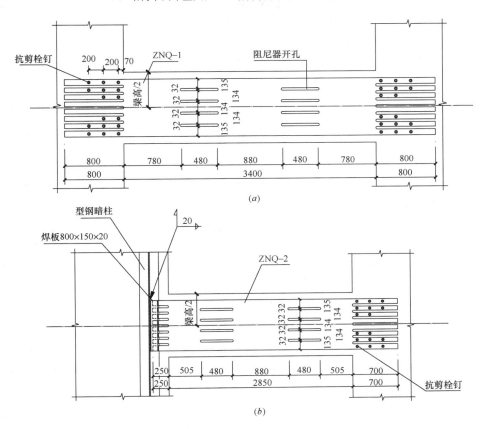

图 11-59 阻尼器示意图

(a) ZNQ-1 型阻尼器示意图；(b) ZNQ-2 型阻尼器示意图

(a)   (b)

图 11-60　阻尼器现场加工安装图
（a）阻尼器现场加工图；（b）阻尼器现场安装图

的结构，前六阶频率最大变化值为约 0.37%，NJ-2 复合连梁的结构频率最大变化值约为 0.71%，两种不同粘结区域复合连梁结构频率的最大变化值约为 0.47%。针对实施 NJ-1、NJ-2 两种不同粘结区域复合连梁，由其结构频率可以看出，粘结区域对整个结构的固有特性影响也较小，施加不同粘结区域的钢板阻尼器后，结构前六阶振型依然表现为一阶 Y 向平动、一阶 X 向平动和一阶扭转，四、五和六阶均出现了多方向的耦合振型。

实施钢板阻尼器结构模态信息　　　　　　　　　　　表 11-9

阶数	原结构 频率（Hz）/周期（s）	NJ-1 连梁结构 频率（Hz）/周期（s）	NJ-2 连梁结构 频率（Hz）/周期（s）	模态描述
1	0.272/3.681	0.271/3.682	0.271/3.682	X 向一弯为主
2	0.273/3.660	0.274/3.654	0.274/3.654	Y 向一弯为主
3	0.421/2.373	0.422/2.364	0.424/2.358	一阶扭转
4	0.888/1.126	0.889/1.124	0.887/1.127	Y 向二弯为主
5	1.023/0.977	1.023/0.977	1.022/0.978	X 向二弯扭转掺杂
6	1.135/0.881	1.136/0.880	1.137/0.879	二阶扭转

11.3.4.2　基底剪力

结构内嵌 NJ-1、NJ-2 钢板阻尼器复合连梁结构的基底剪力时程如图 11-61 所示，与原结构相比，复合连梁结构的基底剪力都略有提高。对比两种具有不同连梁的结构可以得出，相比 NJ-1 复合连梁结构实施 NJ-2 复合连梁结构的基底剪力有所减小。可见，结构采用 NJ-2 钢板阻尼器复合连梁时，可以减小结构的基底剪力作用，耗散相对较多的地震能量，能够有效地保护结构底部墙肢的损伤。

11.3.4.3　层间位移角

内嵌 NJ-1、NJ-2 连梁阻尼器的结构层间位移角如图 11-62 所示，NJ-1 结构的最大层间位移角发生在人工波下的第 28 层，最大值约为 1/104。NJ-2 结构，最大层间位移角也发生在人工波下的第 28 层，最大值约为 1/114。结构实施钢板阻尼器复合连梁后，与原结构相比，层间位移角最大值分别降低了 7.8% 和 8.6%。可见，具有 NJ-2 粘结区域复合连梁的结构能够在一定程度上降低结构的最大层间位移角，使结构更好地满足其稳定性和使用要求。

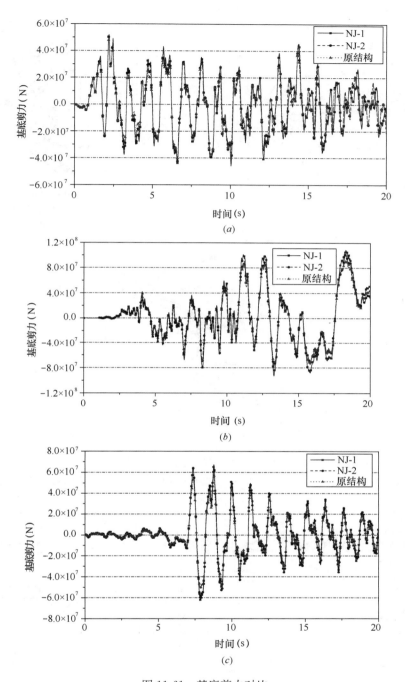

图 11-61 基底剪力对比

(*a*) El Centro 波基底剪力对比曲线；(*b*) 人工波基底剪力；(*c*) 天津波基底剪力

11. 3. 4. 4 耗能性能

通过对比核心筒内连梁及剪力墙的耗能情况，如图 11-63～图 11-65 所示。在地震作用初期，两种连梁结构的连梁构件和墙肢构件耗能情况基本相同，随着地震作用持续增加，可以明显地看出核心筒中 NJ-2 连梁的塑性耗能要明显大于 NJ-1 连梁的耗能。相反，

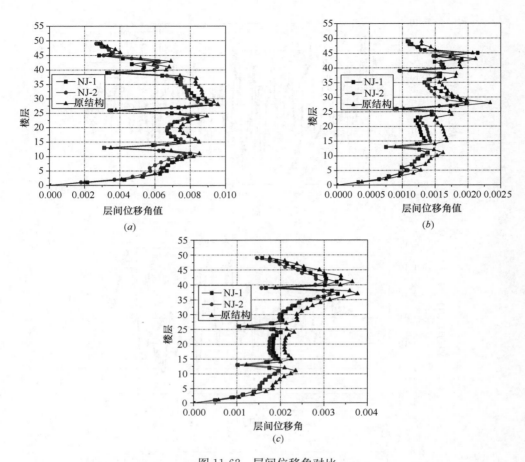

图 11-62 层间位移角对比

（a）人工波层间位移角对比；（b）El Centro 波层间位移角包络线；（c）天津波层间位移角对比

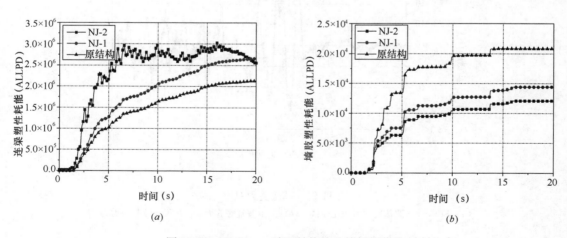

图 11-63 El Centro 波下结构核心筒耗能曲线

（a）连梁塑性耗能对比；（b）墙肢塑性耗能对比

NJ-2 核心筒墙肢的塑性耗能最小，起到了保护墙肢的作用。总体上，复合连梁的耗能均明显大于原结构钢筋混凝土连梁的耗能。

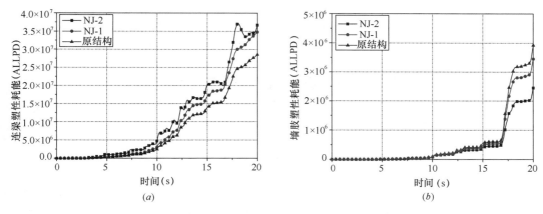

图 11-64　人工波下结构核心筒耗能曲线

（a）连梁塑性耗能对比；（b）墙肢塑性耗能对比

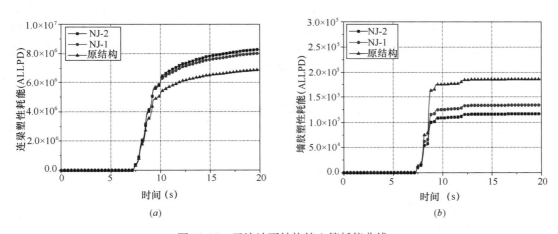

图 11-65　天津波下结构核心筒耗能曲线

（a）连梁塑性耗能对比；（b）墙肢塑性耗能对比

　　本章系统阐述了利用连梁在多遇地震下保证结构可靠的抗侧刚度，在罕遇地震下的塑性变形耗散地震能量，通过改变结构特有频率避开地震的卓越周期，揭示了结构最优失效模式的调控机制。在新型附着式连梁阻尼器方面，通过系列理论和试验研究，给出了连梁阻尼器的最优设计参数、本构模型及具体构造和使用方法，并验证了连梁阻尼器对结构的耗能减振贡献。并通过对附着式连梁阻尼器的参数拓展，发明了模块化的新型内嵌式连梁阻尼器。提出了由耗能模块组合而成的连梁阻尼器区域划分方法、粘结形式，揭示了各形式钢板阻尼器复合连梁的协同工作机制及破坏模式，给出了有利于耗能的钢板阻尼器复合连梁构造。并结合实际工程应用中的对比分析，验证了耗能连梁阻尼器高效的大震失效控制能力。

第 12 章　斜交网格筒受力特点分析

12.1　概　　述

斜交网格筒新型结构体系因其强大的抗侧刚度，为建造高层和超高建筑提供了有利条件，目前已在国内外有多例成功实践。然而斜交网格筒作为该体系的重要受力组成部分，力学特性尚不清晰。本章以高层建筑斜交网格筒结构体系的重要受力元素——斜交网格筒为研究对象，分析五种形式的斜交网格筒，总结竖向和侧向荷载下斜交网格柱、主、次结构层梁的受力特点和规律；推导了矩形斜交网格筒模块腹板立面抗弯刚度，修正斜交网格筒模块抗弯刚度简化计算公式，给出三种典型侧向荷载下矩形斜交网格筒顶点侧移的简化计算方法；并明确斜交网格筒侧向刚度主要影响参数的敏感性排序。

12.2　斜交网格筒受力特点

12.2.1　分析模型

为便于阐述，如图 12-1 所示，定义一个交叉斜柱高度范围所包含的楼层为一个斜交网格筒模块，斜柱交点所在楼层称为模块的节点层（一个斜交网格筒模块中顶、底部斜柱相交的楼层称为主节点层；中间斜柱相交的楼层称为次节点层），其余非斜柱交点所在楼层称为非节点层。则斜交网格筒可视为由若干斜交网格筒模块沿竖向组合而成。本章以斜交网格筒模块包含 6 个楼层情况为例，建立网筒平面形状分别为等边三角形、正四边形、正六边形、正八边形、圆形等五种类型的三维斜交网格筒算例模型，斜柱间节点，及水平环梁与斜柱相交节点均采用刚性连接，斜交网格筒层高 4m，60 层，总高度 240m，算例模型如图 12-2 所示。不同平面形状的斜交网格筒可视为是由相同的斜交网格平面（斜柱柱距为 9m，共 24 跨）根据不同网筒平面形状弯折而成，因而各算例模型的材料用量，构件截面及构件分布，斜柱角度等均相同，模型主要参数如表 12-1 所示，斜交网格筒各层环梁均采用工字钢 $800 \times 300 \times 20 \times 40$。

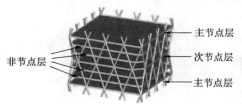

图 12-1　斜交网格筒模块示意图

主节点层
次节点层
主节点层
非节点层

各工况结构的损伤状况斜柱几何参数　　　　　　　　　　表 12-1

网筒模块	斜柱外径（mm）	斜柱壁厚（mm）	网筒模块	斜柱外径（mm）	斜柱壁厚（mm）
1	1200	30	3	1100	30
2	1150	30	4	1050	30

网筒模块	斜柱外径（mm）	斜柱壁厚（mm）	网筒模块	斜柱外径（mm）	斜柱壁厚（mm）
5	1000	30	8	850	30
6	950	30	9	800	30
7	900	30	10	750	30

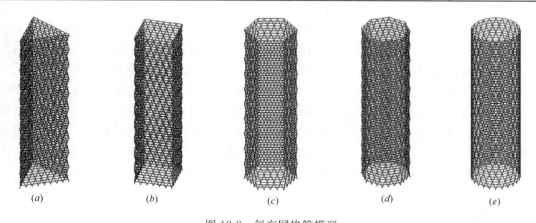

(a)　　　　*(b)*　　　　　*(c)*　　　　　*(d)*　　　　　*(e)*

图 12-2　斜交网格筒模型

（*a*）正三角形；（*b*）正四边形；（*c*）正六边形；（*d*）正八边形；（*e*）圆形

12.2.2　竖向荷载作用下的受力特点

12.2.2.1　变形规律

在水平环梁上施加竖向均布线荷载，结构变形如图 12-3 所示，斜柱以轴向变形为主，斜交网格筒整体产生向外鼓出的变形趋势，该外鼓趋势在网筒下部区域相对较大。对于多边形平面形状的网筒，角部斜柱向外鼓出的变形趋势相对明显，这主要是由于角部的斜柱所受的平面内约束相对较小，而斜柱较大的轴向内力导致其变形相对较大，但随着多边形边数的增多，这种局部区域变形突出的现象逐渐减小，直至平面形状为圆形时，由于不存在角部斜柱约束偏小的问题，楼层斜柱变形均匀，避免了角部斜柱明显的外凸现象。

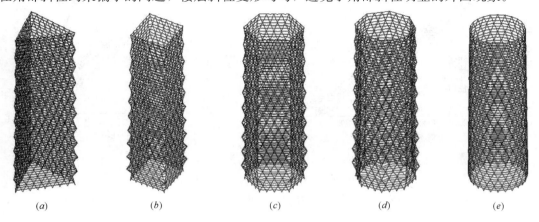

(a)　　　　*(b)*　　　　　*(c)*　　　　　*(d)*　　　　　*(e)*

图 12-3　斜交网格筒变形图

（*a*）正三角形；（*b*）正四边形；（*c*）正六边形；（*d*）正八边形；（*e*）圆形

12.2.2.2 斜柱内力特点

网筒斜柱以轴向受压为主，由于多边形网筒各立面均相同，仅探讨不同多边形平面形状网筒一个立面中斜柱轴力的分布曲线（归一化）如图 12-4 所示。以四边形网筒为例进行说明，其余多边形网筒斜柱内力的分布特点类似，如图 12-4（b）所示，各列斜柱轴向内力的总体分布趋势随楼层的降低而增加，这符合竖向荷载自上而下逐渐增大的规律，但在结构底部附近，由于柱脚处的约束作用使靠近边缘的斜柱内力发生相对集中的变化。与内部斜柱相比，第一列即边缘斜柱轴力偏小，这主要是由于与边缘斜柱相连的约束构件少，约束作用偏弱，内力得以释放，同时由于斜柱在相邻楼层模块呈折线变化，斜柱内力也相应地存在局部的起伏变化，但随楼层的降低斜柱内力整体变化趋势仍是增大的。第二列斜柱轴力偏大，与第一列斜柱轴力差最大约 30%，出现在底部模块，而从第三列开始向内的各列斜柱，轴力差别除底部模块最大处为 10%外其余均较小，且相邻楼层模块斜柱内力变化趋势趋于平滑，这主要是由于与内部斜柱相连的约束构件较多，较强的约束作用避免了内部斜柱出现类似边缘斜柱的局部内力起伏变化。对于圆形平面形状筒，由于不存在角部边缘斜柱，各列斜柱内力相同且随楼层的降低而线性增大。

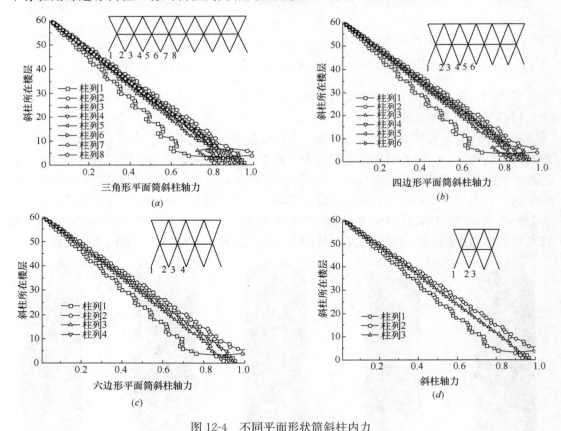

图 12-4　不同平面形状筒斜柱内力

（a）三角形筒；（b）四边形筒斜柱内力；（c）六边形筒斜柱内力；（d）八边形筒斜柱内力

12.2.2.3 环梁内力特点

结构中节点层梁是斜交网格柱的主要约束构件，其轴向受拉内力较为显著，内力值随楼层的降低而增大，但与该梁所在楼层斜柱的轴向内力值基本保持同一数量级。以四边形筒为例，对于各主节点层梁，其最大轴力值约为该层斜柱最大轴力值的 25%～30%；对于各次节点层梁，其最大轴力值约为该层斜柱最大轴力值的 10%。主节点层梁最大内力值明显大于次节点层梁最大内力值，这主要有两方面原因：如图 12-5 所示，第一，在边缘角柱区域，主节点层梁处缺少了部分面内的交叉斜柱，主要依靠与其连接的主节点层梁平衡剩余斜柱的内力，而次节点层仍然存在相互平衡的交叉斜柱，减小了次节点层梁的约束负担；第二，由于主、次节点层梁的内力实质上都是由累积的斜柱内力差的分量导致的，而主节点层梁对应的柱列比次节点层梁多 1 列，累积斜柱差值也相对较大。

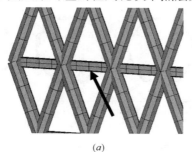 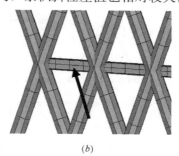

(a)　(b)

图 12-5　节点层梁局部图

(a) 主节点层梁；(b) 次节点层梁

节点层梁最大轴向内力与该层斜柱最大轴力的比值如表 12-2 所示，随多边形边数的增多，斜柱在竖向荷载作用下的内力基本保持不变，而节点层梁最大轴向内力逐渐减小，当平面形状为圆形时，不区分主、次节点层梁，其轴向内力均相同。竖向荷载作用下，不同类型梁的内力分布规律并不相同。以四边形网筒为例，一个立面中的主节点层梁在接近立面边缘处内力值最大，而在立面中部内力值最小，差别最大时约为 2.7 倍，发生在底部模块。次节点层梁在接近立面边缘处内力值最小，在立面中部内力值最大，差别最大时约 1.5 倍，也发生在底部模块。各非节点层梁的内力起伏稍大，对于同一非节点层的梁，其最大、最小内力值及内力分布规律均介于与其相邻的主、次节点层梁之间，且与距离其较近的节点层梁的分布规律更接近。

竖向荷载下梁柱内力比　　　　　　　　　　　　　　表 12-2

最大内力比	三角形	四边形	六边形	八边形	圆形
主节点层梁/该层斜柱	26%～30%	25%～30%	23%～28%	22%～26%	12%
次节点层梁 / 该层斜柱	10%	10%	8%	5%	12%

如表 12-3 所示为不同平面形状网筒节点层梁内力分布，随着网筒平面形状边数的增多，同一立面内节点层梁的内力分布趋于均匀，最大与最小内力值的比值逐渐趋于 1，当平面形状为圆形时，该比值为 1。导致该现象主要有两方面原因：第一，当相邻网格平面夹角较小时，角部区域斜柱内力主要由该立面内的梁平衡，相邻立面内斜柱间的约束作用较小，空间协同工作性能较弱，因而斜交网格立面内边缘的梁和中部的梁内力差别较大，随着相邻立面夹角的增大，斜柱间的约束作用增大，空间协同工作性能增强，有效减小了

立面边缘的梁对边缘斜柱的约束负担，使立面边缘处的梁和中部的梁内力趋于一致，当平面形状为圆形时，梁内力分布差别为0；第二，立面内边缘和中部梁的内力差别是相邻交叉斜柱间不平衡内力差的累积结果，立面内柱列越多，该差值越大。由于算例各平面形状网筒所含总的斜柱列数相同，平面形状越趋圆形，一个立面的斜柱列越少，梁内力的分布差别越小。

节点层梁内力分布 表 12-3

平面形状	三角形	四边形	六边形	八边形	圆形
主节点层梁内力分布					
max轴力/min轴力	3.5	2.7	1.7	1.4	1.0
次节点层梁内力分布					
max轴力/min轴力	1.5	1.5	1.3	1.0	1.0

12.2.3 侧向荷载作用下的受力特点

12.2.3.1 斜柱内力特点

以四边形斜交网格筒为例，各立面分布及水平力方向如图12-6所示，水平荷载方向

图 12-6 四边形筒立面分布图

平行于腹板立面并由受拉翼缘立面指向受压翼缘立面。各立面受拉、受压构件的分布如表12-4所示，在受拉翼缘立面中，斜向分布的杆件能够有效地将边缘斜柱的内力传递至平面中部，有效地弱化了翼缘平面的剪力滞后问题，使立面整体较均匀地受拉，其中斜柱均受拉，内力值从顶层到底层逐渐增加，该立面中的梁均受压，内力值也随楼层的降低而增大，受拉的斜柱存在向内收进的变形趋势，而水平梁约束了该变形。受压翼缘立面与受拉翼缘立面类似，但构件内力状态分布和变形趋势相反。在腹板立面中从受拉翼缘立面一侧起向受压翼缘立面斜上方布置的斜柱受拉，内力值随楼层降低而增大，且受拉的斜柱贯穿整个平面，从受压翼缘立面一侧起向受拉翼缘立面斜上方布置的斜柱受压，内力值随楼层的降低而增大，受压斜柱也贯穿了整个平面，同样平面剪力滞后效应也不明显。腹板立面中梁的内力分布界限比较清晰，基本将该立面均分成左右两部分，靠近受压翼缘立面一侧梁受拉，靠近受拉翼缘立面一侧梁受压。综上所述，在斜交网格筒结构中，斜柱内力以轴向的拉、压力为主，水平梁具有轴向拉、压内力显著的特点，且同一区域中的斜柱内力总体与该区域中水平梁的内力符号相反。

234

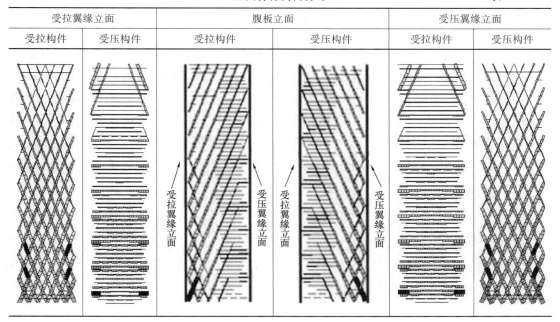

受拉翼缘立面		腹板立面		受压翼缘立面	
受拉构件	受压构件	受拉构件	受压构件	受拉构件	受压构件

12. 2. 3. 2 环梁内力特点

在侧向荷载作用下，除底部和顶部节点层梁的轴向内力较小外，绝大多数节点层梁的最大轴向内力仍与该层斜柱的轴力为同一数量级，如表 12-5 所示，其中主节点层梁的轴向内力仍较次节点层梁显著，各平面形状网筒节点层梁的内力分布如表 12-6 所示。

侧向荷载下梁柱内力比 表 12-5

最大内力比	三角形	四边形	六边形	八边形	圆形
主节点层梁/该层斜柱	26%～30%	10%～23%	10%～22%	10%～21%	8%～11%
次节点层梁/该层斜柱	7%	7%	7%	5%	8%～11%

侧向荷载下节点层梁内力分布 表 12-6

平面形状	三角形	四边形	六边形	八边形	圆形
主节点层梁					
次节点层梁					

12.2.4 环梁与斜柱连接形式的影响

以上述六边形网筒中的一个立面为例，分析斜交网格结构中环梁与斜柱间连接方式对斜柱受力的影响，分别建立环梁与斜柱刚性连接和铰接连接两种情况的算例，在环梁上施加竖向均布线荷载，如图 12-7 所示，将两个算例斜柱轴向内力差与刚性连接的情况进行比较，由于算例网格平面具有对称性，因此图中仅给出 1 至 4 斜柱柱列沿算例高度的斜柱轴向内力变化。可见除顶部的两个斜柱轴向内力差约为 10％外，其余斜柱轴向内力差别并不明显，均小于 5％。这表明，在斜交网格筒结构中，斜柱以轴向内力为主，环梁与斜柱采用刚性连接或铰接对斜交网格结构的受力及其分布影响相对较小。

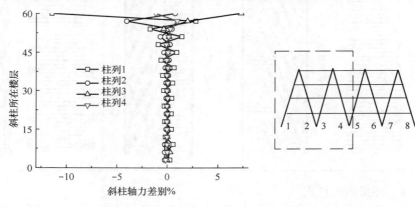

图 12-7　梁柱连接方式影响

12.2.5 非节点层环梁对斜柱受力的影响

以上述六边形网筒中的一个网格立面为例，分析斜交网格筒中非节点层环梁对斜柱受力的影响程度，算例中保持立面网格形式及斜柱参数不变，分别建立了有无非节点层梁的网格平面模型，在各节点层梁上施加竖向均布线荷载，对于有非节点层梁的算例，不对非节点层梁施加荷载以保证两个算例荷载情况一致。将两个算例中斜柱轴向内力差与有非节点层时的结果进行比较如图 12-8 所示，由于竖向荷载下算例网格平面具有对称性，因此图中仅给出 1 至 4 斜柱柱列沿结构高度的斜柱内力变化。可见忽略非节点层梁使斜柱内力呈减小趋势，其中边缘斜柱内力减小除顶部楼层约为 20％外，其余楼层均约为 10％，而

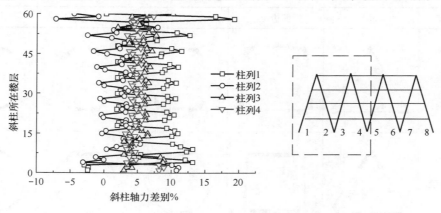

图 12-8　非节点层梁影响

其余列的斜柱轴向内力变化程度均小于 5%，这说明有无非节点层梁对斜交网格结构中斜柱的受力大小及分布影响不大，对斜交网格筒整体受力特点的影响较小。

12.3 侧向刚度影响因素分析

12.3.1 主要影响因素探讨

在斜交网格筒中，节点层、非节点层梁对斜柱的变形起到不同程度的协调约束作用，但作为水平构件，其对网筒侧向刚度影响较小。斜柱是关键的竖向构件，同时承受竖向和侧向荷载，与其相关的因素可能成为影响网筒整体侧向刚度的主要因素。相关研究提出了矩形平面形状斜交网格筒模块剪切刚度和弯曲刚度的简化计算方法为

$$K_v = 2n \frac{AE}{L} \cos^2 \theta \tag{12-1}$$

$$K_m = n \frac{B^2 AE}{L} \sin^2 \theta \tag{12-2}$$

式中　A——斜柱截面积；

L——斜柱长度；

θ——斜柱与水平向夹角；

B——立面宽度；

n——立面跨数；

E 为斜柱材料弹性模量。

可见 A、L、θ、B、n 是斜交网格筒模块侧向刚度的主要影响因素，然而对于实际结构，探讨筒的整体侧向刚度更具意义，假设结构总高度为 H、沿竖向划分成 m 个斜交网格筒模块，在实际工程中 H、B 往往为定值，m、n 为正整数，则 θ 和 L 均可通过 m、n 表示。因此选择 A、m、n 为筒整体侧向刚度的主要影响因素更为直观合理。

然而，已有研究没有给出腹板平面的抗弯刚度，仅通过将翼缘平面增加一个交叉斜柱单元来近似考虑腹板抗弯刚度的做法缺乏依据。本章首先补充给出腹板平面的抗弯刚度公式，并对文献中的抗弯刚度进行修正，如图 12-9 所示为斜交网格筒模块腹板平面的计算简图，由于斜交网格筒剪力滞后效应不明显，假定筒变形遵循平截面假定，其中 $h = H/m$，$\Delta h = \Delta \beta B$，$\theta = \arctan (Hn/Bm)$，$L = H/m \sin \theta$。

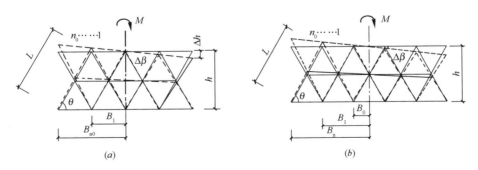

图 12-9　腹板立面计算简图

（a）n 为偶数；（b）n 为奇数

根据构件的应力应变关系可知斜柱的轴向内力 F 为

$$F = A\sigma = AE\varepsilon = AE\frac{e}{L} = AE\frac{\Delta h\sin\theta}{L} \tag{12-3}$$

当 n 为偶数时，斜交网格立面弯矩为

$$\frac{M}{2} = F_1\sin\theta B_1 \times 2 + \cdots\cdots + F_{n_0-1}\sin\theta B_{n_0-1} \times 2 + F_{n_0}\sin\theta B_{n_0}$$

$$= AE\frac{\Delta h_1\sin^2\theta}{L}B_1 \times 2 + \cdots\cdots + AE\frac{\Delta h_{n_0-1}\sin^2\theta}{L}B_{n_0-1} \times 2 +$$

$$+ AE\frac{\Delta h_{n_0}\sin^2\theta}{L}B_{n_0} \tag{12-4}$$

$$= AE\frac{\sin^2\theta}{L}[2B_1^2\Delta\beta + 2B_2^2\Delta\beta + \cdots\cdots + 2B_{n_0-1}^2\Delta\beta + B_{n_0}^2\Delta\beta]$$

$$= AE\frac{\sin^2\theta b^2\Delta\beta}{L}\frac{2n_0^3 + n_0}{3}$$

式中　M——截面弯矩；

　　　　B_i——斜柱柱脚距平面对称轴距离。

则

$$M = \frac{2AE\sin^3\theta b^2(2n_0^3 + n_0)}{3h}\Delta\beta = K_M \cdot \Delta\beta \tag{12-5}$$

可得腹板平面抗弯刚度

$$K_{Mweb} = \frac{2AE\sin^3\theta b^2(2n_0^3 + n_0)}{3h} \tag{12-6a}$$

将 $n_0 = \frac{n}{2}$ 代入上式中，可得

$$K_{Mweb} = \frac{AE\sin^3\theta B^2\left(n + \dfrac{2}{n}\right)}{6h} \tag{12-6b}$$

当 n 为奇数时，斜交网格立面弯矩为

$$\frac{M}{2} = F_0\sin\theta B_0 \times 2 + \cdots\cdots + F_{n_0-1}\sin\theta B_{n_0-1} \times 2 + F_{n_0}\sin\theta B_{n_0}$$

$$= AE\frac{\Delta h_0\sin^2\theta}{L}B_0 \times 2 + \cdots\cdots + AE\frac{\Delta h_{n_0-1}\sin^2\theta}{L}B_{n_0-1} \times 2 + AE\frac{\Delta h_{n_0}\sin^2\theta}{L}B_{n_0}$$

$$= AE\frac{\sin^2\theta}{L}[2B_0\Delta h_0 + 2B_1\Delta h_1 + \cdots\cdots + 2B_{n_0-1}\Delta h_{n_0-1} + B_{n_0}\Delta h_{n_0}]$$

$$= AE\frac{\sin^2\theta}{L}[2B_0^2\Delta\beta + 2B_1^2\Delta\beta + \cdots\cdots + 2B_{n_0-1}^2\Delta\beta + B_{n_0}^2\Delta\beta]$$

$$= AE\frac{\sin^2\theta\Delta\beta}{L}\frac{8n_0^3 + 12n_0^2 + 10n_0 + 5}{12}b^2$$

$$\tag{12-7}$$

则可得

$$M = AE\frac{\sin^3\theta b^2}{h}\frac{8n_0^3 + 12n_0^2 + 10n_0 + 5}{6}\Delta\beta = K_{Mweb} \cdot \Delta\beta \tag{12-8}$$

则腹板平面抗弯刚度为

$$K_{\text{Mweb}} = AE \frac{\sin^3\theta b^2}{h} \frac{8n_0^3 + 12n_0^2 + 10n_0 + 5}{6} \tag{12-9a}$$

将 $n_0 = \dfrac{n}{2}$ 代入上式可得

$$K_{\text{Mweb}} = AE \frac{\sin^3\theta B^2}{h} \frac{n + \dfrac{2}{n} + \dfrac{2}{n^2}}{6} \tag{12-9b}$$

修改后的斜交网格筒模块抗弯刚度为

$$K_{\text{M}} = \frac{AEB^2}{h}\sin^2\theta + 2K_{\text{Mweb}} \tag{12-10}$$

以上述四边形斜交网格筒参数为例，根据本章方法计算的斜交网格筒模块抗弯刚度较已有研究方法计算结果大 16%，且腹板抗弯刚度占筒总抗弯刚度的 26%，可见对于斜交网格筒结构，腹板对结构抗弯刚度的贡献是显著的。

由于斜交网格筒模块和整体筒的侧向刚度都是参数 A、m、n 的非线性函数，而整体筒侧向刚度同时又是模块侧向刚度的非线性函数，因而无法通过模块侧向刚度的参数敏感性和变化规律来说明整体筒侧向刚度的参数敏感性和变化规律。为此进一步推导了工程中三种典型侧向荷载（顶部集中侧向荷载、均布侧向荷载、三角形侧向荷载）作用下的结构顶点侧移公式，计算简图如图 12-10 所示。

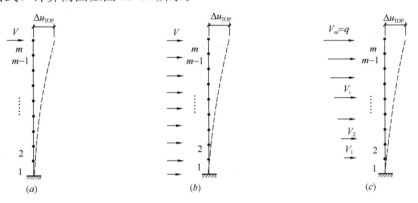

图 12-10 顶点侧移计算简图

(a) 顶部集中荷载；(b) 均布侧向荷载；(c) 侧向三角荷载

当结构作用顶部集中侧向荷载 V 时，顶点侧移包括剪切变形 Δu_{TopV} 和弯曲变形 Δu_{TopM} 分别为

$$\Delta u_{\text{TopV}} = \frac{V}{K_{\text{V}}}m \tag{12-11}$$

$$\begin{aligned}
\Delta u_{\text{TopM}} &= \theta_1 hm + \theta_2 h(m-1) + \cdots\cdots + \theta_m h \times 1 \\
&= \frac{Vhm}{K_{\text{M}}}hm + \frac{Vh(m-1)}{K_{\text{M}}}h(m-1) + \cdots\cdots + \frac{Vh \times 1}{K_{\text{M}}} \times 1 \\
&= \frac{Vh^2}{K_{\text{M}}} \frac{2m^3 + 3m^2 + m}{6}
\end{aligned} \tag{12-12}$$

则可得结构顶点侧移 Δu_{Top} 为

$$\Delta u_{\text{Top}} = \Delta u_{\text{TopV}} + \Delta u_{\text{topM}}$$

$$= \frac{V}{K_{\text{V}}}m + \frac{Vh^2}{K_{\text{M}}} \frac{2m^3 + 3m^2 + m}{6} \tag{12-13}$$

当结构作用均布侧向荷载时，顶点侧移包括剪切变形 Δu_{TopV} 和弯曲变形 Δu_{TopM} 分别为

$$\Delta u_{\text{TopV}} = \sum_i^m \Delta u_{\text{V}i} = \frac{Vm}{K_{\text{V}}} + \frac{V(m-1)}{K_{\text{V}}} + \cdots\cdots + \frac{V \times 1}{K_{\text{V}}}$$

$$= \frac{V}{K_{\text{V}}}[m + (m-1) + \cdots\cdots +] = \frac{V}{K_{\text{V}}} \frac{m(m+1)}{2} \tag{12-14}$$

$$\Delta u_{\text{TopM}} = \sum_i^m \Delta u_{\text{M}i} = \frac{Vh^2}{K_{\text{M}}}\{[1 + 2 + \cdots\cdots + m]m + \cdots\cdots + (1+2) \times 2 + 1 \times 1\}$$

$$= \frac{Vh^2}{2K_{\text{M}}}\{m^2(m+1) + \cdots\cdots + 2^2(2+1) + 1^2(1+1)\}$$

$$= \frac{Vh^2}{2K_{\text{M}}} \frac{3m^4 + 10m^3 + 9m^2 + 2m}{12}$$

$$\tag{12-15}$$

则可得结构顶点侧移 Δu_{Top} 为

$$\Delta u_{\text{Top}} = \Delta u_{\text{TopV}} + \Delta u_{\text{TopM}}$$

$$= \frac{V}{K_{\text{V}}} \frac{m(m+1)}{2} + \frac{Vh^2}{2K_{\text{M}}} \frac{3m^4 + 10m^3 + 9m^2 + 2m}{12} \tag{12-16}$$

当结构作用三角形分布侧向荷载时，顶点侧移包括剪切变形 Δu_{TopV} 和弯曲变形 Δu_{TopM} 分别为

$$\Delta u_{\text{TopV}} = \sum_i^m \Delta u_{\text{V}i} = \sum_i^m \frac{V}{2K_{\text{V}}m}[m(m+1) - i(i-1)]$$

$$= \frac{V}{K_{\text{V}}} \frac{2m^2 + 3m + 1}{6} \tag{12-17}$$

$$\Delta u_{\text{TopM}} = \sum_i^m \Delta u_{\text{M}i} = \sum_i^m \frac{Vh^2}{K_{\text{M}}}\left(\frac{i^3 + i}{2} - \frac{i^4 - i^2}{6m}\right)$$

$$= \frac{Vh^2}{K_{\text{M}}} \frac{11m^4 + 10m^3 + 45m^2 + 20m + 4}{120} \tag{12-18}$$

则可得结构顶点侧移 Δu_{Top} 为

$$\Delta u_{\text{Top}} = \Delta u_{\text{TopV}} + \Delta u_{\text{TopM}}$$

$$= \frac{V}{K_{\text{V}}} \frac{2m^2 + 3m + 1}{6} + \frac{Vh^2}{K_{\text{M}}} \frac{11m^4 + 40m^3 + 45m^2 + 20m + 4}{120} \tag{12-19}$$

基于式（12-1）、（12-10）、（12-13）、（12-16）和（12-19），可进行楼层侧移计算，在三种侧向荷载下的楼层侧移曲线如图 12-11 所示，与有限元计算结果吻合较好，能够方便地用于初步判断整体斜交网格筒的侧向刚度和楼层侧移分布。

12.3.2 主要影响因素敏感性分析

实际上，参数 A、m、n 对结构顶点侧移 Δu_{Top} 的影响是交叉、综合、非线性的，参数 n 的不同选择将导致 Δu_{Top} 随 m 的变化规律相差甚远，不能通过单一参数的变化说明影响因素的敏感性和规律，为此本章引入正交试验方法[177]。该方法由田口玄一等于 1949 年

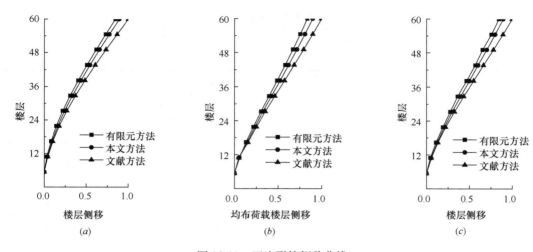

图 12-11 四边形筒侧移曲线

（a）顶部集中侧向荷载；（b）均布侧向荷载；（c）侧向三角荷载

提出，是多因素分析的有力工具，利用规格化的正交表安排多因素试验，并对结果进行统计分析，能够分清因素的主次顺序及各因素对结果的影响规律，被广泛应用于生物、医药、化工等领域。

本章选择 A、m、n 等 3 个因素进行敏感性分析，由正交设计的思想选择正交表 L_{25}（5^6），因素水平如表 12-7 所示。根据正交表设计计算方案，利用本章方法式（12-16）计算结构顶点侧移，归一化计算结果如表 12-8 所示。进行 Δu_{Top} 的极差分析并将结果归一化列入表 12-9，可见 Δu_{Top} 对立面跨数 n 最为敏感，其次是结构竖向斜交网格筒模块数 m，再次是斜柱截面积 A。各水平因素对 Δu_{Top} 的影响规律如图 12-12 所示，

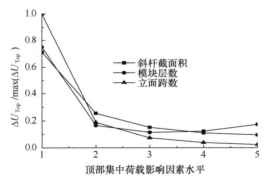

图 12-12 ΔU_{top} 各因素影响规律

Δu_{Top} 随各参数水平的增大呈迅速减小并于水平 2 之后趋于平稳。对本算例，各参数的选择范围在水平 2 和水平 5 之间均能使斜交网格筒具有较好的侧向刚度。

影响因素及水平　　　　　　　　　　　　　　　　　　　　　表 12-7

影响因素水平	影响因素		
	斜柱截面积 A	竖向模块数 m	立面跨数 n
1	A1＝A	2	2
2	A2＝2A	4	4
3	A3＝3A	6	6
4	A4＝4A	8	8
5	A5＝5A	10	10

编号	因素			结构顶点侧移	编号	因素			结构顶点侧移
	A	m	n	$\Delta U_{top}/\max(\Delta U_{top})$		A	m	n	$\Delta U_{top}/\max(\Delta U_{top})$
1	A1	2	2	1.000	14	A3	8	8	0.159
2	A1	4	4	0.114	15	A3	10	10	0.024
3	A1	6	6	0.033	16	A4	2	2	0.026
4	A1	8	8	0.014	17	A4	4	4	0.006
5	A1	10	10	0.008	18	A4	6	6	0.124
6	A2	2	2	0.136	19	A4	8	8	0.019
7	A2	4	4	0.026	20	A4	10	10	0.006
8	A2	6	6	0.009	21	A5	2	2	0.016
9	A2	8	8	0.005	22	A5	4	4	0.115
10	A2	10	10	0.242	23	A5	6	6	0.017
11	A3	2	2	0.050	24	A5	8	8	0.005
12	A3	4	4	0.011	25	A5	10	10	0.003
13	A3	6	6	0.004					

ΔU_{top} 的极差分析　　　　　　　　　　　表 12-9

因素水平	斜杆面积 A	模块层数 m	立面跨数 n
Ⅰ j/k	0.713	0.750	1.000
Ⅱ j/k	0.255	0.166	0.189
Ⅲ j/k	0.151	0.114	0.074
Ⅳ j/k	0.110	0.123	0.039
Ⅴ j/k	0.095	0.172	0.024
Dj	0.618	0.635	0.976
敏感性排序	$n > m > A$		

注：Ⅰj—Ⅴj：第 j 因素 1—5 水平所对应的试验结果数值之和 $j=1，2，3$；

　　kj：第 j 因素同一水平出现的次数 $j=1，2，3$；

　　Dj：第 j 因素各对应试验结果平均值中的最大值减最小值 $j=1，2，3$。

　　本章系统分析了高层建筑斜交网格筒结构受力性能。斜交网格柱以轴向内力承受竖向和侧向荷载，能够有效地将角柱内力传递至立面中部，降低了剪力滞后效应，梁以轴向内力约束斜柱协同工作，且网筒立面同一区域中的斜柱内力总体与该区域中梁的内力符号相反。斜交网格筒平面形状愈趋近圆形，斜柱、环梁的内力分布愈均匀，当平面形状为多边形时，斜柱内力在立面边缘处小、中部大且分布均匀；不同类型梁内力分布特点不同，主节点层梁内力在立面边缘处大中部小，次节点层梁反之，且前者较后者内力值大，非节点层梁介于两者之间。环梁与斜柱的连接方式（刚接或铰接）以及非节点层环梁的有无对斜交网格筒中斜柱的轴向内力大小和分布特点影响相对较小。补充推导了矩形平面形状斜交网格筒模块腹板抗弯刚度简化计算公式，对斜交网格筒模块整体抗弯刚度进行了修正。推导了整体筒在三种典型侧向荷载下的侧移计算方法，应用简便，易于初步设计估算，编制了楼层变形曲线计算程序，计算快速准确。斜柱面积 A、斜交网格筒模块数 m 和立面跨数 n 是斜交网格筒侧向刚度的主要影响因素，引入正交试验方法分析相互耦合的影响因素，得到刚度随各因素水平的增大而迅速增大并随后变得平稳的规律，获得了 3 因素的敏感性排序为 $n > m > A$。

第 13 章 斜交网格筒-核心筒协同工作性能分析

13.1 概　　述

目前典型的高层斜交网格筒结构体系通常是由斜交网格筒与内部核心筒共同组成的筒中筒结构体系，在内外筒间梁板的约束和协调作用下内外筒协同工作共同抵抗侧向荷载。然而该类型体系的结构形式和受力机理与传统结构体系相比存在较大差异，在传统的框架（框筒）-核心筒结构中，外框架（框筒）通过梁柱的弯剪变形传递楼层侧向荷载，仅提供有限的结构抗侧刚度。而在斜交网格筒中，楼层的水平剪力主要以斜柱轴向内力向下层传递，传力路径直接，空间协同工作性强，扭转刚度大，剪力滞后效应弱，外筒甚至可以提供大于内筒的结构侧向刚度，因此该体系内外筒间协同工作性能与传统的框架（框筒）-核心筒结构相比发生了较大变化。

在传统的框架（框筒）-核心筒结构内外筒协同工作性能的分析中，通常将核心筒简化为仅产生弯曲变形的悬臂构件，而框架（框筒）则简化为考虑剪切（弯剪）变形的悬臂构件，这样的简化导致了基底处框架的剪力为零，全部基底剪力由核心筒承担，这对于外框架（框筒）仅承担有限基底剪力的结构体系来说是基本适用的[178]，但在斜交网格筒-核心筒结构体系中，外筒的基底剪力可与核心筒相当甚至超过核心筒，这样的简化就不够合理了。在斜交网格筒中，以轴向内力为主的斜向构件使外筒同时产生弯曲变形和剪切变形，并且随斜柱布置形式的变化，弯剪变形比例也随之改变，因此在分析该类型体系的内外筒协同工作性能时，应同时考虑内外筒的弯曲和剪切变形以及外筒的结构布置形式。

本章对典型的高层斜交网格筒-核心筒结构在侧向荷载作用下的内外筒线弹性协同工作性能进行了简化分析，同时考虑了内外筒的弯曲变形和剪切变形，基于内外筒平衡微分方程给出了体系在工程常见的三种侧向荷载作用下的结构侧移以及内外筒楼层内力的解析解，算例表明该方法与有限元方法结果吻合较好。总结内外筒协同工作性能，阐述斜交网格筒立面布置形式的主要影响因素，分析不同斜交网格筒网格形式对其弯剪变形比例和内外筒楼层内力分配特点的影响，探讨不同斜交网格筒网格形式以及不同网筒高宽比对结构整体侧移和外筒斜柱材料用量的影响以及相关参数选取的合理区间。

13.2 协同工作机理分析

13.2.1 基本假定及方程

如图 13-1 所示为典型的斜交网格筒-核心筒结构计算简图。本章的分析采用如下基本假定进行分析：

（1）结构材料均为线弹性，结构平面布置规则，刚度分布均匀，无扭转效应；

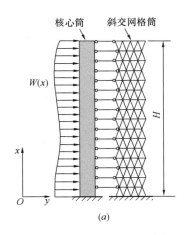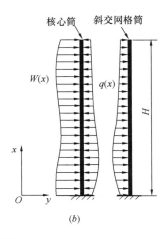

图 13-1　计算简图

（a）结构计算简图；（b）等效结构计算简图

（2）核心筒与斜交网格筒均考虑弯曲变形和剪切变形，分别由两根均匀连续的悬臂构件代替；

（3）楼板面内刚度无限大，面外刚度忽略不计，内外筒通过端部铰接的刚性连杆连接，两者水平变形协调；

（4）核心筒与斜交网格筒各层刚度分别相等，实际应用中如各层刚度变化不大则可取加权平均值，如变化太大则本方法不适用。

核心筒和斜交网格筒结构隔离体的等效计算简图如图 13-1（b）所示，把连接内外筒的连杆切开并将各层连杆中的未知力连续化，$W(x)$ 和 $q(x)$ 分别是水平分布外荷载和内外筒间相互作用力，均为沿结构高度变化的函数。同时考虑内外筒的弯曲和剪切变形，对内外筒分别建立平衡微分方程，其中 EI_i、K_{vi}、M_i、V_i、y_{mi}、y_{vi} 分别为内筒（$i=1$）和外筒（$i=2$）的抗弯刚度、抗剪刚度、楼层弯矩、楼层剪力、弯曲变形引起的侧移（以下简称弯曲侧移）和剪切变形引起的侧移（以下简称剪切侧移），则内外筒的变形与内力有如下关系

$$M_1 = EI_1 y''_{m1} \tag{13-1a}$$

$$M_2 = EI_2 y''_{m2} \tag{13-1b}$$

$$V_1 = -EI_1 y'''_{m1} = K_{v1} y'_{v1} \tag{13-2a}$$

$$V_2 = -EI_2 y'''_{m2} = K_{v2} y'_{v2} \tag{13-2b}$$

结构总楼层剪力为

$$V = V_1 + V_2 = -(EI_1 y'''_{m1} + EI_2 y'''_{m2}) = K_{v1} y'_{v1} + K_{v2} y'_{v2} \tag{13-2c}$$

对式（13-2c）微分一次，由剪力与荷载集度的微分关系可得：

$$V' = V'_1 + V'_2 = -(EI_1 y''''_{m1} + EI_2 y''''_{m2}) = K_{v1} y''_{v1} + K_{v2} y''_{v2} = -w(x) \tag{13-3}$$

结构整体楼层侧移为

$$y = y_{m1} + y_{v1} = y_{m2} + y_{v2} \tag{13-4}$$

13.2.2　均布侧向荷载作用

当外荷载为均布荷载（集度为 w），由式（13-3）可得

$$EI_1 y_{m1}'''' + EI_2 y_{m2}'''' = w(x) = w \tag{13-5a}$$

对式（13-5a）积分可得

$$EI_1 y_{m1}''' + EI_2 y_{m2}''' = wx + A \tag{13-5b}$$

$$EI_1 y_{m1}'' + EI_2 y_{m2}'' = \frac{1}{2}wx^2 + Ax + B \tag{13-5c}$$

$$EI_1 y_{m1}' + EI_2 y_{m2}' = \frac{1}{6}wx^3 + \frac{1}{2}Ax^2 + Bx + C \tag{13-5d}$$

$$EI_1 y_{m1} + EI_2 y_{m2} = \frac{1}{24}wx^4 + \frac{1}{6}Ax^3 + \frac{1}{2}Bx^2 + Cx + D \tag{13-5e}$$

同理由式（13-3）可得

$$K_{v1} y_{v1}'' + K_{v2} y_{v2}'' = -w(x) = -w \tag{13-6a}$$

对式（13-6a）积分可得

$$K_{v1} y_{v1}' + K_{v2} y_{v2}' = -wx + E \tag{13-6b}$$

$$K_{v1} y_{v1} + K_{v2} y_{v2} = -\frac{1}{2}wx^2 + Ex + F \tag{13-6c}$$

在均布侧向荷载作用下结构有如下边界条件：

当 $x=0$ 时，

$$y_{m1} = y_{m2} = y_{v1} = y_{v2} = 0$$
$$y_{m1}' = y_{m2}' = 0$$

当 $x=H$ 时，

$$y_{m1}'' = y_{m2}'' = 0$$
$$V(H) = -(EI_1 y_{m1}''' + EI_2 y_{m2}''') = K_{v1} y_{v1}' + K_{v2} y_{v2}' = 0$$

将上述边界条件分别代入式（13-5）和式（13-6）可得系数 $A \sim F$ 为

$$A = -wH; B = \frac{1}{2}wH^2; C = 0; D = 0; E = wH; F = 0$$

则式（13-5e）为

$$EI_1 y_{m1} + EI_2 y_{m2} = \frac{1}{24}wx^4 - \frac{1}{6}wHx^3 + \frac{1}{4}wH^2 x^2$$

式（13-6c）为

$$K_{v1} y_{v1} + K_{v2} y_{v2} = -\frac{1}{2}wx^2 + wHx$$

由式（13-4）、式（13-5e）和式（13-6c）可得

$$
\left.
\begin{aligned}
y_{v2} &= \frac{1}{24}\frac{K_{v1} w}{EI_1(K_{v1}+K_{v2})}x^4 - \frac{1}{6}\frac{K_{v1} wH}{EI_1(K_{v1}+K_{v2})}x^3 \\
&\quad + \left(\frac{1}{4}\frac{K_{v1} wH^2}{EI_1(K_{v1}+K_{v2})} - \frac{1}{2}\frac{w}{K_{v1}+K_{v2}}\right)x^2 \\
&\quad + \frac{wH}{K_{v1}+K_{v2}}x - \frac{K_{v1}(EI_1+EI_2)}{EI_1(K_{v1}+K_{v2})}y_{m2}
\end{aligned}
\right\} \tag{13-7}
$$

$$
\left.
\begin{aligned}
y_{m2}''' - \alpha^2 y_{m2}' &= -\frac{1}{6}\frac{\alpha^2 w}{EI_1+EI_2}x^3 + \frac{1}{2}\frac{\alpha^2 wH}{EI_1+EI_2}x^2 \\
&\quad - \left(\frac{1}{2}\frac{\alpha^2 wH^2}{EI_1+EI_2} - \frac{\alpha^2 wEI_1}{K_{v1}(EI_1+EI_2)}\right)x \\
&\quad - \frac{\alpha^2 wHEI_1}{K_{v1}(EI_1+EI_2)}
\end{aligned}
\right\} \tag{13-8}
$$

其中

$$\alpha^2 = \frac{K_{v1}K_{v2}(EI_1 + EI_2)}{EI_1 EI_2(K_{v1} + K_{v2})}$$

式（13-8）的解可表示为

$$y_{m2} = C1 + C2ch\alpha x + C3sh\alpha x + B1x^4 + B2x^3 + B3x^2 + B4x \qquad (13\text{-}9)$$

代入边界条件可得

$$B1 = \frac{1}{24}\frac{w}{EI_1 + EI_2}; B2 = -\frac{1}{6}\frac{wH}{EI_1 + EI_2}; B3 = -\frac{1}{4}\frac{w(2\alpha^2 EI_1 - \alpha^2 H^2 K_{v1} - 2K_{v1})}{\alpha^2 K_{v1}(EI_1 + EI_2)}$$

$$B4 = \frac{wH(\alpha^2 EI_1 - K_{v1})}{\alpha^2 K_{v1}(EI_1 + EI_2)}; C1 = -\frac{w(\alpha^3 HEI_1 sh\alpha H + \alpha^2 EI_1 - \alpha HK_{v1} sh\alpha H - K_{v1})}{\alpha^4 K_{v1}(EI_1 + EI_2)ch\alpha H}$$

$$C2 = -C1; C3 = -\frac{wH(\alpha^2 EI_1 - K_{v1})}{\alpha^3 K_{v1}(EI_1 + EI_2)}$$

代入系数 $C1 \sim C3$ 和 $B1 \sim B5$ 可得 y_{m2}、y_{v2} 和结构整体侧移 y，由式（13-5e）、（13-6c）可得内筒弯曲和剪切侧移 y_{m1} 和 y_{v1} 为

$$y_{m1} = -\frac{EI_2 y_{m2}}{EI_1} + \frac{w}{EI_1}\left(\frac{1}{24}x^4 - \frac{1}{6}Hx^3 + \frac{1}{4}H^2 x^2\right) \qquad (13\text{-}10a)$$

$$y_{v1} = -\frac{K_{v1}y_{v2}}{K_{v1}} + \frac{w}{K_{v1}}\left(-\frac{1}{2}x^2 + Hx\right) \qquad (13\text{-}10b)$$

则代入式（13-1）、式（13-2）可得内外筒的楼层弯矩和剪力。

13.2.3 三角形侧向荷载作用

当侧向荷载为倒三角形荷载时（w 为 $x = H$ 处的荷载集度），由式（13-3）可得

$$EI_1 y''''_{m1} + EI_2 y''''_{m2} = w(x) = \frac{w}{H}x \qquad (13\text{-}11a)$$

$$K_{v1} y''_{v1} + K_{v2} y''_{v2} = -w(x) = -\frac{w}{H}x \qquad (13\text{-}11b)$$

积分并代入相应边界条件可得

$$EI_1 y_{m1} + EI_2 y_{m2} = \frac{1}{120}\frac{w}{H}x^5 - \frac{1}{12}wHx^3 + \frac{1}{6}wH^2 x^2 \qquad (13\text{-}12a)$$

$$K_{v1} y_{v1} + K_{v2} y_{v2} = -\frac{1}{6}\frac{w}{H}x^3 + \frac{1}{2}wHx \qquad (13\text{-}12b)$$

由式（13-4）、（13-12）可得

$$y_{v2} = -\frac{K_{v1}(EI_1 + EI_2)}{EI_1(K_{v1} + K_{v2})}y_{m2} + \frac{1}{120}\frac{wK_{v1}}{HEI_1(K_{v1} + K_{v2})}x^5 - \frac{1}{12}\frac{w(2EI_1 + K_{v1}H^2)}{HEI_1(K_{v1} + K_{v2})}x^3$$

$$\qquad + \frac{1}{6}\frac{wH^2 K_{v1}}{EI_1(K_{v1} + K_{v2})}x^2 + \frac{1}{2}\frac{wH}{K_{v1} + K_{v2}}x \qquad (13\text{-}13a)$$

$$y'''_{m2} - \alpha^2 y'_{m2} = -\frac{1}{24}\frac{\alpha^2 w}{H(EI_1 + EI_2)}x^4 + \frac{1}{4}\frac{\alpha^2 wH}{EI_1 + EI_2}x^2$$

$$\qquad + \frac{1}{2}\frac{\alpha^2 wEI_1}{K_{v1}H(EI_1 + EI_2)}x^2 - \frac{1}{3}\frac{\alpha^2 wH^2}{EI_1 + EI_2}x$$

$$\qquad - \frac{1}{2}\frac{\alpha^2 wHEI_1}{K_{v1}(EI_1 + EI_2)} \qquad (13\text{-}13b)$$

式（13-13b）的解可表示为

$$y_{m2} = C1 + C2ch\alpha x + C3sh\alpha x + B1x^5 + B2x^4 + B3x^3 + B4x^2 + B5x \tag{13-14}$$

由式（13-13b）、式（13-14）以及相应边界条件可得系数

$$B1 = \frac{1}{120} \frac{w}{H(EI_1 + EI_2)}; B2 = 0; B3 = -\frac{1}{12} \frac{w(-2K_{v1} + \alpha^2 H^2 K_{v1} + 2\alpha^2 EI_1)}{\alpha^2 HK_{v1}(EI_1 + EI_2)}$$

$$B4 = \frac{1}{6} \frac{wH^2}{(EI_1 + EI_2)}; B5 = \frac{1}{2} \frac{w(2K_{v1} - \alpha^2 H^2 K_{v1} - 2\alpha^2 EI_1 + \alpha^4 H^2 EI_1)}{\alpha^4 HK_{v1}(EI_1 + EI_2)}$$

$$C1 = -\frac{1}{2} \frac{w(\alpha^2 EI_1 - K_{v1})(-2 + \alpha^2 H^2)(sh\alpha H + 2\alpha H)}{\alpha^3 HK_{v1}(EI_1 + EI_2)ch\alpha H}; C2 = -C1$$

$$C3 = -\frac{1}{2} \frac{w(2K_{v1} - \alpha^2 H^2 K_{v1} - 2\alpha^2 EI_1 + \alpha^4 H^2 EI_1)}{\alpha^5 HK_{v1}(EI_1 + EI_2)}$$

代入上述系数可得 y_{m2}、y_{v2} 和结构整体侧移 y，由式（13-12）可得内筒侧移 y_{m1} 和 y_{v1} 为

$$y_{m1} = -\frac{EI_2 y_{m2}}{EI_1} + \frac{w}{EI_1}\left(\frac{1}{120}x^5 - \frac{1}{12}Hx^3 + \frac{1}{6}H^2 x^2\right) \tag{13-15a}$$

$$y_{v1} = -\frac{K_{v2} y_{v2}}{K_{v1}} + \frac{w}{K_{v1}}\left(-\frac{1}{6H}x^3 + \frac{1}{2}Hx\right) \tag{13-15b}$$

则将上式代入式（13-1）、式（13-2）可得内外筒的楼层弯矩和剪力。

13.2.4 顶部集中侧向荷载作用

当外荷载为顶点集中荷载 w，由式（13-3）可得

$$EI_1 y_{m1}'''' + EI_2 y_{m2}'''' = w(x) = 0 \tag{13-16a}$$

$$K_{v1} y_{v1}'' + K_{v2} y_{v2}'' = -w(x) = 0 \tag{13-16b}$$

积分并代入相应边界条件可得

$$EI_1 y_{m1} + EI_2 y_{m2} = -\frac{1}{6}wx^3 + \frac{1}{2}wHx^2 \tag{13-17a}$$

$$K_{v1} y_{v1} + K_{v2} y_{v2} = wx \tag{13-17b}$$

由式（13-4）、式（13-17）可得

$$y_{v2} = -\frac{K_{v1}(EI_1 + EI_2)}{EI_1(K_{v1} + K_{v2})}y_{m2} - \frac{1}{6}\frac{wK_{v1}}{EI_1(K_{v1} + K_{v2})}x^3$$

$$+ \frac{1}{2}\frac{wHK_{v1}}{EI_1(K_{v1} + K_{v2})}x^2 + \frac{w}{K_{v1} + K_{v2}}x \tag{13-18a}$$

$$y_{m2}''' - \alpha^2 y_{m2}' = \frac{1}{2}\frac{\alpha^2 w}{EI_1 + EI_2}x^2$$

$$- \frac{\alpha^2 wH}{EI_1 + EI_2}x - \frac{\alpha^2 wEI_1}{K_{v1}(EI_1 + EI_2)} \tag{13-18b}$$

式（13-18b）的解可表示为

$$y_{m2} = C1 + C2ch\alpha x + C3sh\alpha x + B1x^3 + B2x^2 + B3x \tag{13-19}$$

由式（13-18b）、式（13-19）以及边界条件可得系数

$$B1 = -\frac{1}{6}\frac{w}{EI_1 + EI_2}; B2 = \frac{1}{2}\frac{wH}{EI_1 + EI_2}; B3 = \frac{w(\alpha^2 EI_1 - K_{v1})}{\alpha^2 K_{v1}(EI_1 + EI_2)}$$

$$C1 = -C2 = -\frac{w(\alpha^2 EI_1 - K_{v1}) sh\alpha H}{\alpha^3 K_{v1}(EI_1 + EI_2) ch\alpha H} ; C3 = -\frac{w(\alpha^2 EI_1 - K_{v1})}{\alpha^3 K_{v1}(EI_1 + EI_2)}$$

代入上述系数可得 y_{m2}、y_{v2} 和结构整体侧移 y，由式（13-17）可得内筒侧移 y_{m1} 和 y_{v1} 为

$$y_{m1} = -\frac{EI_2 y_{m2}}{EI_1} + \frac{w}{EI_1}\left(-\frac{1}{6}x^3 + \frac{1}{2}Hx^2\right) \tag{13-20a}$$

$$y_{v1} = -\frac{K_{v2} y_{v2}}{K_{v1}} + \frac{w}{K_{v1}}x \tag{13-20b}$$

则将上式代入式（13-1）、式（13-2）可得内外筒的楼层弯矩和剪力。

以上给出了三种工程常见的典型侧向荷载作用下斜交网格筒-核心筒结构的侧移及楼层内力的解析解，在不考虑结构扭转效应，结构平面及竖向布置规则，刚度分布均匀的情况下，无需建立复杂的有限元模型即可快速便捷地对内外筒协同工作性能及斜交网格筒结构方案做出初步评估和把握。

13.2.5 结构算例

在第 12 章中给出了斜交网格筒模块抗弯刚度和抗剪刚度的简化计算方法如式（12-1）和式（12-10）所示，则外筒的抗弯刚度 EI_2 和抗剪刚度 K_{v2} 可分别表示为 $EI_2 = hK_m$，$K_{v2} = hK_v$。以如图 13-2 所示的斜交网格筒-核心筒结构为例对内外筒协同工作机理分析进

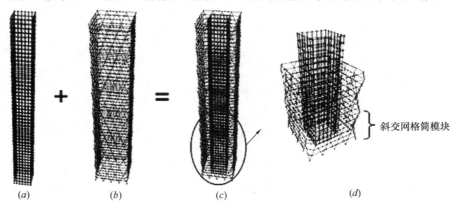

图 13-2　算例模型
(a) 核心筒；(b) 外网筒；(c) 整体结构；(d) 结构模块

行验证，结构层高 4m 共 48 层，总高度为 192m，每 6 层为一个斜交网格筒模块。外筒为边长 36m 的正方形，各立面均为 4 跨，内筒为边长 18m 的正方形。剪力墙厚度 400mm，斜柱为直径 850mm 壁厚 20mm 的钢管混凝土截面，外筒环梁采用工字钢 800×300×20×40，混凝土为 C60，钢材为 Q345。对结构施加集度为 10^5N/m 的均布侧向荷载，结构侧移如图 13-3 所示，本章方法与有限元方法分析结果最大差别约为 5%，两者吻合较好。结构内外筒楼层剪力分布如图 13-4 所示，由于斜交网格筒沿结构竖向具有模块化的结构特点，其楼层剪力存在相应的起伏变化，内筒在楼板的约束下与外筒协同变形，导致内筒楼层剪力也存在起伏波动。本书中将外筒等效为均匀刚度的悬臂杆件，因此内外筒内力均没有起伏现象，对比可见，有限元分析结果始终以本章分析结果为基准上下起伏，两种分析方法结果吻合较好。其中内筒的最大剪力发生在基底处，随楼层的增高而减小。外筒楼层

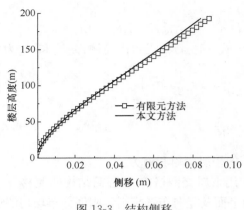

图 13-3　结构侧移

剪力随楼层的增高先增大再减小，最大值发生在基底附近的模块内，除底部少数模块外，大部分楼层中外筒楼层剪力超过内筒成为结构的主要抗剪力构件。结构内外筒楼层弯矩分布如图 13-5 所示，弯矩最大值均发生在基底处且随楼层的增高而减小，各楼层外筒弯矩均明显大于内筒，为结构的主要抗弯构件。与有限元方法分析结果在结构底部楼层差别最大约为 7％，可见两种方法计算结果吻合较好。该简化分析方法能够在结构初步设计阶段快速准确地对该类型结构进行侧向荷载作用下的结构受力变形及内外筒协同工作性能求解，避免了通过建立高层斜交网格筒结构的有限元模型来进行求解的复杂工作。

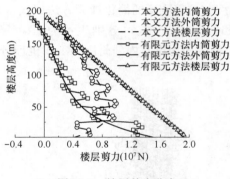

图 13-4　楼层剪力分布

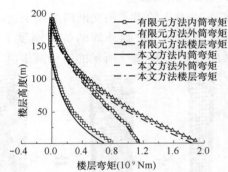

图 13-5　楼层弯矩分布

通过对典型算例在均布侧向荷载作用下的内外筒受力和变形的分析可见，在斜交网格筒-核心筒结构中，内核心筒顶部附近楼层的剪力和弯矩均存在变为负值的现象，而斜交网格筒的楼层内力始终保持正值，这表明斜交网格筒对核心筒存在一定的约束作用，导致核心筒的侧向变形小于单独核心筒的情况，这种现象与传统框架（框筒）-核心筒结构的协同工作性能较为相似，但由于斜交网格筒的立面网格形式对其抗弯刚度和抗剪刚度都有较大影响，导致在斜交网格筒-核心筒结构体系中，内外筒间的协同受力和变形更为复杂，因此在该类型结构体系中斜交网格筒对核心筒的约束作用应结合外网筒网格形式进行系统的探讨。

13.3　体系协同工作性能

13.3.1　主要影响因素分析

本章中所探讨的斜交网格筒网格形式主要是指外筒各立面中斜柱的布置形式。在实际工程中，往往以给定结构的高度 H 和立面宽度 B 为前提，则斜交网格筒的网格形式通常与结构沿高度划分的模块数 m，立面跨数 n 以及斜柱与水平向夹角 θ 等因素相关。如图

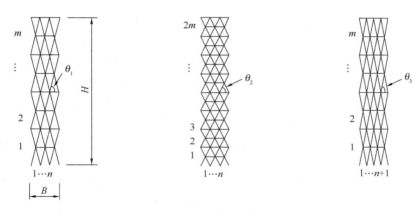

图 13-6　斜交网格筒立面示意图

13-6 所示为选取不同的参数 m、n、θ 对斜交网格筒网格形式的影响,由于结构高度 H、宽度 B 均为确定值,则根据网格的几何关系可知 m、n、θ 三个参数中的任意一个都可由其他两个参数表示,但为恰好能够构成满足给定 H、B 的交叉网格,θ 值的选取往往不是任意和连续的,需要经过计算得到,不够直观,而斜交网格筒模块数 m 和网格立面 n 均为正整数,因此选取参数 m、n 探讨斜交网格筒的网格形式更为便捷和直观,则 θ 可表示为

$$\theta = \arctan(Hn/Bm) \tag{13-21}$$

对算例结构中斜交网格筒的模块数 m 和立面网格跨数 n 进行变参数分析,具体取值如表 13-1、13-2 所示,则所构成的外筒网格形式基本涵盖了工程常见的斜交网格筒网格形式。

模块数及模块包含楼层数　　　　　　　　　　　　　　　　　　表 13-1

m	2	3	4	6	8	12	16	24
模块所含楼层数	24	16	12	8	6	4	3	2

网格立面跨数及斜柱柱距　　　　　　　　　　　　　　　　　　表 13-2

n	2	3	4	5	6	7	8
斜柱柱距(m)	18	12	9	7.2	6	5.1	4.5

13.3.2　协同工作性能分析

如图 13-7 (a) 所示为斜交网格筒模块数 m 对外筒弯曲侧移 y_{m2} 及剪切侧移 y_{v2} 的影响。当 m 较小时斜交网格筒以剪切侧移为主而弯曲侧移相对较小,斜交网格筒侧移变形特点比较接近于剪切型构件。随 m 的增大斜交网格筒弯曲侧移比例迅速增大而剪切侧移比例迅速减小,当 $m>4$ 时其弯曲侧移 y_{m2} 超过剪切侧移 y_{v2},斜交网格筒侧移变形特点逐渐接近弯曲型构件,但结构基底附近楼层始终以剪切侧移 y_{v2} 为主。可见参数 m 对斜交网格筒侧移变形中弯曲侧移分量 y_{m2} 和剪切侧移分量 y_{v2} 的相对比例存在较显著的影响,因此可以通过适当选取参数 m 值实现对斜交网格筒侧移曲线变形特点的控制。

如图 13-7 (b) 和 13-7 (c) 所示为参数 m 对核心筒和斜交网格筒楼层剪力 V_1、V_2 以

及楼层弯矩 M_1、M_2 的影响，为便于判断楼层内力的方向，图中均给出了楼层内力为零的情况（$V=0$，$M=0$）。如图 13-7（b）所示，当 m 较小时（如 $m=2$），在下部楼层中核心筒楼层剪力 V_1 较外筒楼层剪力 V_2 大，但随着楼层的增高核心筒楼层剪力 V_1 对整体楼层剪力的贡献逐渐减小，当楼层高于 30 层后，斜交网格筒楼层剪力 V_2 超过核心筒楼层剪力 V_1，并且当楼层超过 41 层后，核心筒楼层剪力 V_1 变为负值，这意味着核心筒楼层剪力方向发生了改变，而斜交网格筒楼层剪力 V_2 始终保持正值。随参数 m 的增大（如当 $m=24$，楼层高于 3 层）斜交网格筒楼层剪力 V_2 超过核心筒楼层剪力 V_1，并且在较少的上部楼层中核心筒楼层剪力 V_1 变为负值（如当 $m=24$ 时，在所有楼层中 $V_1>0$）。如图 13-7（c）所示，当 m 较小时在底部附近楼层中核心筒楼层弯矩 M_1 较斜交网格筒楼层弯矩 M_2 大（如当 $m=2$ 时，楼层 1 到 14）。随楼层的增高斜交网格筒楼层弯矩 M_1 有所减小，当楼层高于 14 层时 M_1 小于 M_2，并且当楼层高于 32 层时 M_1 变为负值，而 M_2 始终保持正值。随着 m 的增大，楼层弯矩中 M_2 所占的比例逐渐增大，当 $m>4$ 时在所有楼层中 M_2 均超过 M_1，并且在结构中存在较少的楼层中核心筒楼层弯矩 M_1 变为负值（如当 $m=24$，46 层以上楼层）。

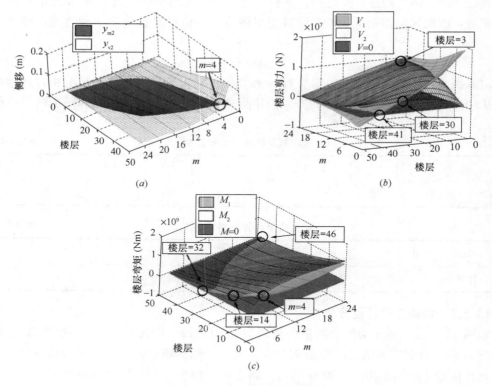

图 13-7　斜交网格筒模块数影响

（a）斜交网格筒弯剪侧移；（b）内外筒楼层剪力分布；（c）内外筒楼层弯矩分布

由图 13-7（a）、13-7（b）和 13-7（c）可见，当斜交网格筒模块数 m 较小时（如算例中 $m \leqslant 4$），斜交网格筒的受力和变形与传统的剪切型构件更为接近，此时斜交网格筒对核心筒的变形存在较明显的约束作用，尤其是对上部楼层的约束作用更为明显。但随着参

数 m 的增大（如算例中 $m>4$），斜交网格筒的受力和变形与传统的弯曲型构件更为相似，此时斜交网格筒对核心筒的约束作用明显减小。综上所述，斜交网格筒模块数 m 的取值对筒体的侧向受力和变形性能以及斜交网格筒与核心筒间的协同工作性能都存在较显著的影响。

斜交网格筒立面跨数 n 对筒体侧移变形中弯曲侧移 y_{m2} 和剪切侧移 y_{v2} 比例的影响如图 13-8（a）所示。随 n 的增大，斜交网格筒弯曲侧移 y_{m2} 对楼层总侧移的贡献逐渐减小而斜交网格筒剪切侧移 y_{v2} 所占的比例明显增加，如当 $n=2$ 时，结构中 4 到 48 层中 $y_{m2}>y_{v2}$，而当 $n=8$ 时，在所有的楼层中 $y_{m2}<y_{v2}$。

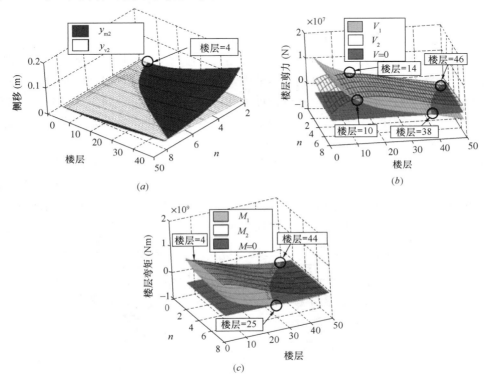

图 13-8　斜交网格筒立面跨数影响
（a）斜交网格筒弯剪侧移；（b）内外筒楼层剪力分布；（c）内外筒楼层弯矩分布

参数 n 对斜交网格筒与核心筒间楼层剪力和楼层弯矩分布的影响如图 13-8（b）和 13-8（c）所示，为便于区别楼层内力的方向，各图中同时给出了楼层内力为零的情况。由图 13-8（b）可见参数 n 对斜交网格筒与核心筒楼层剪力分布的影响较参数 m 小（当 $n=2$ 时，在 14 层以上的楼层中 $V_1<V_2$，当 $n=8$ 时在 10 层以上的楼层中 $V_1<V_2$）。但随着 n 的增大，在更多的楼层中 V_1 变为负值（当 $n=2$ 时，46 层以上楼层中 $V_1<0$；当 $n=8$ 时，38 层以上楼层中 $V_1<0$）。

由图 13-8（c）可见，当参数 n 较小时（如 $n=2$），在结构底部附近的楼层中（1 到 4 层）M_1 大于 M_2，并且随楼层的增高 M_1 逐渐减小，当楼层高于 4 层时 M_1 小于 M_2，当楼层高于 44 层时 M_1 变为负值，这意味着核心筒楼层弯矩 M_1 的方向发生了改变，而斜交网格筒楼层弯曲 M_2 始终保持正值。随着 n 的增大，楼层弯矩中 M_2 所占的比例迅速增大，

当 $n>2$ 时在所有楼层中斜交网格筒楼层弯矩 M_2 均超过核心筒楼层弯矩 M_1，并且在更多的楼层中出现核心筒楼层弯矩 M_1 变为负值（如当 $n=8$ 时 25 层以上的楼层）。

由图 13-8（a）、图 13-8（b）和 13-8（c）可见，当斜交网格筒立面跨数 n 较小时，斜交网格筒的受力和变形与传统弯曲型构件较为相似，此时斜交网格筒对核心筒上部楼层的约束作用相对较小。随着参数 n 的增大，斜交网格筒的受力和变形与传统的剪切型构件较为相似，此时斜交网格筒对核心筒上部楼层存在较为明显的约束作用。

13.4　斜交网格筒网格形式探讨

13.4.1　刚度及经济性分析

在高层建筑结构的初步设计阶段，结构的侧向位移以及材料用量通常是评价结构体系整体刚度和经济性的重要指标。因此在本节中，利用结构侧向位移以及斜交网格柱材料用量对高层建筑斜交网格筒的网格形式进行评价和探讨。由于高层建筑斜交网格筒结构通常具有较大的结构高宽比，因此在保持结构平面形式不变的前提下，分别考虑了结构高度为 192m、288m 和 384m（相应的斜交网格筒高宽比分别为 5.3、8.0、10.7）的情况。

如图 13-9 和图 13-10 所示分别为在相同侧向荷载作用下，斜交网格筒模块数 m 和网格立面跨数 n 对结构顶点侧移 U_{Top} 和斜交网格筒斜柱相对材料用量 U_{coL} 的影响。当探讨结构顶点侧移 U_{Top} 时，每种结构高宽比情况均通过调整斜柱截面参数保持斜交网格筒中斜柱材料总用量相同。而当探讨斜交网格筒斜柱相对材料用量 V_{col} 时，每种结构高宽比情况均

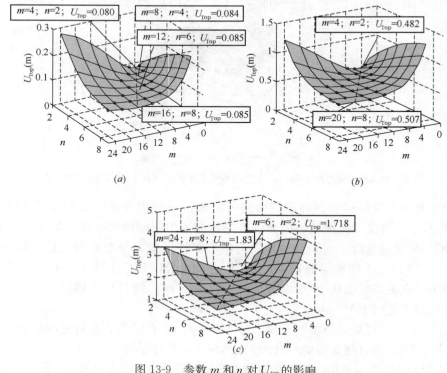

图 13-9　参数 m 和 n 对 U_{top} 的影响

（a）$H=192\mathrm{m}$；（b）$H=288\mathrm{m}$；（c）$H=384\mathrm{m}$

通过调整斜柱截面保持结构顶点侧移 U_{Top} 相同。这里斜柱材料用量为斜柱截面积 A 与斜交网格筒中斜柱总长度的乘积，而斜柱相对材料用量 V_{col} 为结构高宽比确定的情况下斜柱材料用量的相对值（结构高宽比确定后，不同斜交网格筒模块数 m 和立面跨数 n 的算例对应的斜柱材料用量值与其中最小斜柱材料用量的比值）。

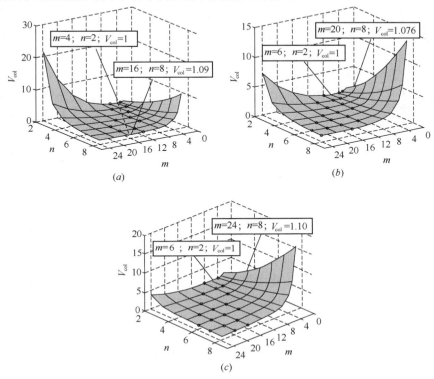

图 13-10　参数 m 和 n 对 V_{col} 的影响
(a) $H=192\text{m}$；(b) $H=288\text{m}$；(c) $H=384\text{m}$

　　随着斜交网格筒模块数 m 的增大，结构顶点侧移 U_{Top} 和斜柱相对材料用量 V_{col} 均随之先减小后增大。而斜交网格筒立面跨数 n 影响根据参数 m 取值的不同分为三种情况。第一，随 n 的增大，U_{Top} 和 V_{col} 也有所增大（当 $H=192$ 时，$m<6$；当 $H=288$ 时，$m<8$；当 $H=384$ 时，$m<8$）；第二，随 n 的增大 U_{Top} 和 V_{col} 先减小后增大（当 $H=192$ 时，$6\leqslant m\leqslant12$；当 $H=288$ 时，$8\leqslant m\leqslant16$；当 $H=384$ 时，$8\leqslant m\leqslant20$）；第三，随 n 的增大 U_{Top} 和 V_{col} 减小（当 $H=192$ 时，$m>12$；当 $H=288$ 时，$m>16$；当 $H=384$ 时，$m>20$）。对于每种情况图中均用虚线标出了最小 U_{Top} 和 V_{col} 对应的 m 和 n 的取值，同时也将最小值 1.2 倍范围内的情况用圆圈标出，我们发现在最小值对应的 m 和 n 取值组合中，参数 m 和 n 的比值基本保持不变（当 $H=192$ 时，$m/n\approx2$；当 $H=288$ 时，$m/n\approx2.5$，当 $H=384$ 时，$m/n\approx3$），为便于阐述，称这种与 U_{Top} 和 V_{col} 最小值对应的 m 和 n 的比值为“优选参数”用 R_{mn} 表示。可见，在斜交网格筒结构中，从斜交网格筒结构顶点侧移 U_{Top} 和斜柱材料用量 V_{col} 的角度出发，当参数 m 和 n 的取值满足或接近“优选参数” R_{mn} 时，对应的外筒网格形式相对较优。但斜交网格筒“优选参数” R_{mn} 随着斜交网格筒高宽比的增大也有所变化。

13.4.2 网格形式评价指标探讨

从表达式（13-21）可知，对于给定高度 H 和宽度 B 的斜交网格筒，当参数 m 和 n 的比值确定后，斜柱的倾斜角度 θ 即为确定值，如图 13-11 所示，当 m 和 n 的取值按比例变化时，斜交网格筒的网格形式仍存在多种选择的余地。将上述斜交网格筒 m 和 n 的优选参数 R_{mn} 代入到表达式（13-21）可得结构高度为 192m、288m 和 384m 时，斜交网格筒的最佳斜柱角度分别为 69.44°、72.65°和 74.29°。当斜柱角度 θ 为确定值时，不同斜交网格筒网格形式对结构顶点侧移 U_{Top} 和斜柱材料用量 V_{col} 的影响如表 13-3 所示。可见不论斜柱角度 θ 是否为优选角度，对于同一斜柱角度而网格形式不同的斜交网格筒，在相同侧向荷载作用下的结构顶点侧移 U_{Top} 和斜柱材料用量 V_{col} 的差别均小于 8.7%，这说明在线弹性阶段，斜交网格筒的顶点侧移 U_{Top} 和斜柱材料用量 V_{col} 主要由斜柱角度 θ 决定，当斜柱角度确定后，斜交网格筒的网格形式的影响相对较小。因此，从斜交网格筒侧向刚度和经济性的角度考虑，斜柱角度 θ 可以作为评价网格形式优劣的重要参数指标，并且在斜柱角度确定后，依然可以通过同比例改变参数 m 和 n 对网格形式适当调整。

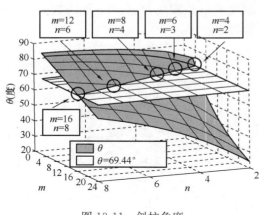

图 13-11　斜柱角度

相同斜柱角度时不同网格形式的影响（H＝192m）　　　　表 13-3

θ（度）	m	n	U_{top}（m）	V_{col}
41.6°	12	2	0.160	3.096
	24	4	0.170	3.365
69.4°	8	4	0.084	1.070
	12	6	0.085	1.086
76°	4	3	0.087	1.135
	8	6	0.090	1.178
82°	3	4	0.121	1.883
	6	8	0.121	1.900

13.4.3 网格形式优选分析

基于上述分析，从斜交网格筒顶点侧移 U_{Top} 和斜柱材料用量 V_{col} 的角度出发，对斜交网格筒不同高宽比情况下的最优斜柱角度进行了参数化分析，不同结构算例对应的最优斜柱角度如表 13-4 所示。

不同高宽比斜交网格筒对应的最优斜柱角度　　　　表 13-4

H(m)	B(m)	H/B	m	n	m/n	层数	层高(m)	最优 θ(度)
58	36	1.61	3	3	1.00	15	3.87	58.22

H(m)	B(m)	H/B	m	n	m/n	层数	层高(m)	最优 θ(度)
96	36	2.67	4	3	1.33	28	3.43	63.48
160	36	4.44	7	4	1.75	42	3.81	68.51
206	36	5.72	8	4	2.00	56	3.68	70.75
258	36	7.17	9	4	2.25	72	3.58	72.58
316	36	8.78	10	4	2.50	100	3.16	74.11
358	36	9.94	8	3	2.67	104	3.44	74.99
449	36	12.47	9	3	3.00	117	3.84	76.47
523	36	14.53	13	4	3.25	143	3.66	77.40
604	36	16.78	14	4	3.50	168	3.60	78.21

斜交网格筒高宽比范围（$H/B=1.61\sim16.78$），基本涵盖了工程常见的斜交网格筒形式。为便于实际应用，对斜交网格筒斜柱角度进行优选，对表 13-4 中的结果拟合得到表达式

$$\theta = -47.08\left(\frac{H}{B}\right)^{-0.29} + 99.13 \tag{13-22}$$

拟合结果与算例结果的比较如图 13-12 所示。为进一步验证拟合结果，对本章中高度分别为 192m、288m 和 384m 的算例采用式（13-22）进行计算，得到三个算例对应的斜柱最佳角度分别为 70.13°，73.34° 和 75.40°，该结果与数值模拟分析结果最大差别约为 1.5%，可见拟合表达式计算较为有效准确，能够为斜交网格筒初步设计时对网格形式特别是斜柱角度的优选提供有益参考。

根据上述分析可知，对于体系的"最优"斜柱角度，基于结构的侧向刚度和基于外筒斜柱的材料用量的分析结果是基本一致的。但对于实际工程应用，由于具体的情况和要求未必能够实现外筒斜柱角度为最优情况，因此给出斜柱角度相对最优斜柱角度偏差对体系侧向刚度和斜柱材料用量的影响规律，以便明确斜柱角度选取对体系刚度和斜柱材料用量的影响。如图 13-13 和 13-14 所示，为体系顶点侧移和外筒斜柱材料用量受到斜柱角度的影响规律，可见对于不同网筒高宽比情况，斜柱角度的影响程度也有所不同，为便于应用

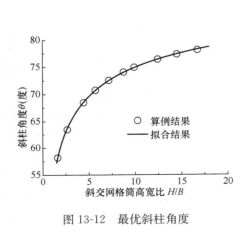

图 13-12　最优斜柱角度

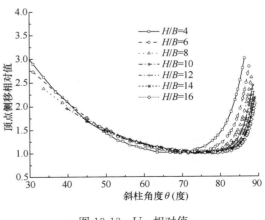

图 13-13　U_{top} 相对值

257

分别给出了结构顶点侧移和外筒斜柱材料用量增加 5％，10％，15％，20％时斜柱角度的变化区间如表 13-5 和表 13-6 所示，对于表中未列出的外筒高宽比情况可以通过对表格进行插值得到。

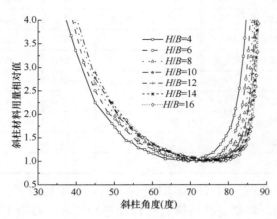

图 13-14　V_{col} 相对值

斜柱角度选取区域（度）　　　　　　　　　　　　　　　　　　表 13-5

相对最小顶点侧移	斜柱角度						
	$H/B=4$	$H/B=6$	$H/B=8$	$H/B=10$	$H/B=12$	$H/B=14$	$H/B=16$
1.00	67.61	71.10	73.34	74.96	76.20	77.20	78.03
1.05	63.43～71.57	66.04～75.96	68.20～77.91	68.20～78.69	71.57～80.54	69.15～81.87	69.44～82.88
1.10	60.26～74.05	63.43～77.47	66.80～79.38	68.20～81.47	66.04～82.41	66.80～83.02	67.38～83.88
1.15	59.04～75.96	61.93～78.69	63.43～80.54	63.43～82.40	63.43～82.87	64.54～83.88	63.64～84.64
1.20	56.31～75.96	60.26～79.22	63.43～81.87	61.93～83.16	60.95～83.66	60.26～84.56	63.43～85.24

斜柱角度选取区域（度）　　　　　　　　　　　　　　　　　　表 13-6

相对最小斜柱用量	斜柱角度						
	$H/B=4$	$H/B=6$	$H/B=8$	$H/B=10$	$H/B=12$	$H/B=14$	$H/B=16$
1.00	67.61	71.10	73.34	74.96	76.20	77.20	78.03
1.05	63.43～71.57	68.20～74.05	69.44～75.96	71.57～76.50	71.57～77.47	74.05～79.22	71.57～80.54
1.10	63.43～73.30	66.03～75.96	66.80～77.91	68.20～78.69	71.57～80.54	69.15～80.73	69.44～81.47
1.15	63.43～74.05	63.43～77.47	63.43～79.38	68.20～78.69	66.04～80.54	66.80～81.87	67.38～82.88
1.20	59.04～75.96	61.93～77.47	63.43～79.38	68.20～80.91	66.04～80.54	66.80～81.87	67.38～82.88

　　本章对典型的高层斜交网格筒-核心筒结构在侧向荷载作用下的内外筒线弹性协同工作机理以及协同工作性能进行了分析。考虑了斜交网格筒与核心筒的弯曲变形和剪切变形对结构整体侧移的贡献，给出了三种典型侧向荷载作用下斜交网格筒-核心筒结构的侧移及楼层内力的解析解，求解快速准确，便于对结构内外筒协同工作性能及斜交网格筒形式做出快速评估和把握。总结内外筒协同工作性能，阐述斜交网格筒立面布置形式的主要影响因素，发现当模块数 m 较小时，斜交网格筒的受力和变形特点与传统剪切型结构较为接近，此时斜交网格筒对核心筒存在较强的约束作用，特别是在结构的上部楼层中。随模

块数 m 的增大，斜交网格筒的受力和变形特点逐渐接近于传统弯曲型结构，此时斜交网格筒对核心筒的约束作用逐渐减小。参数立面跨数 n 对斜交网格筒受力和变形特点的影响与模块数 m 相反，当立面跨数 n 较小时，斜交网格筒受力和变形与弯曲型结构接近，随着立面跨数 n 的增加，斜交网格筒的受力和变形逐渐接近于剪切型结构，并且与立面跨数 n 相比，模块数 m 对斜交网格筒的受力和变形的影响程度更大。当给定斜交网格筒结构的高度和宽度时，对于模块数 m 和立面跨数 n 的比值相同的不同网格形式斜交网格筒结构，其顶点侧移和斜柱材料用量基本相同，即斜柱角度能够有效地评价网筒的网格形式。给出了斜交网格筒高宽比从 1.61 到 16.78 范围内的最优斜柱角度，提出了根据斜交网格筒高宽比计算最优斜柱角度的方法，并给出了斜柱角度相对最优值的偏差对顶点侧移和斜柱材料用量的影响，为该结构体系的斜交网格筒模块设计优选提供了依据。

第 14 章　斜交网格筒-核心筒结构抗震性能分析

14.1　概　　述

我国抗震规范中明确指出结构体宜具有多道抗震防线。因此传统高层建筑结构体系中应用较多的框架（框筒）-核心筒结构通常被设计成双重结构体系。通过核心筒与外框架（框筒）协同工作来承担地震剪力。其中内筒承担了体系绝大部分的水平剪力，是体系主要的水平抗侧力构件，也是体系的第一道抗震防线。外框架（外筒）依靠梁柱的弯剪刚度向下层传递楼层剪力，仅能提供有限的刚度，主要作为内筒墙肢屈服后体系抗侧力的储备，是体系的第二道抗震防线，而内筒中最先屈服的连梁通常被认为是结构的一道附加抗震防线[179]。与之相比，斜交网格筒体系的结构形式，受力机理及传力路径等与传统结构相比存在显著的差异。外筒将楼层竖向荷载和水平剪力转化为斜柱的轴向拉压力向下层传递，外筒传力直接且具有很强的空间协同工作性能，其抗侧刚度甚至超过内部核心筒，体系的屈服机制明显不同于传统结构。然而目前高层建筑斜交网格筒结构体系在强烈地震作用下的结构塑性发展过程、构件屈服顺序等尚不清晰，斜交网格筒的空间协同工作性能、失效路径亦不明确，与核心筒共同组成筒中筒结构后体系中的刚度和耗能的关键构件等问题尚不清楚。

本章采用 Perform-3D 程序对典型钢管混凝土斜交网格筒-钢筋混凝土核心筒结构进行了模态静力弹塑性分析和动力弹塑性时程分析。总结体系塑性发展过程及构件屈服顺序，阐述斜交网格筒屈服路径及空间协同工作性能，并从斜交网格筒作用力的变化解释内外筒间内力重分配的原因，明确内外筒内力分配特点，基于内外筒抗侧刚度的发展过程，探讨结构抗侧刚度退化的主要原因，分析体系抗侧刚度、塑性耗能的关键构件，探讨体系的抗震概念。另外，为验证本章相关理论分析和数值研究成果，进行斜交网格筒结构典型模块缩尺模型的拟静力试验。在此基础上将本章的研究成果应用到国内一典型高层斜交网格筒-核心筒实际工程中，一方面接受实践的检验，另一方面解决目前该类型体系在结构抗震设计中面临的若干问题。

14.2　分析模型及方法

14.2.1　模型介绍

本章工作参考了国内典型实际工程广州西塔、深圳创业投资大厦等项目，结合斜交网格筒的受力特点，设计了结构形式规则且满足规范要求的斜交网格筒-核心筒结构，其中外筒由钢管混凝土斜柱和钢环梁构成，内部为钢筋混凝土核心筒，内外筒间连系梁为钢梁，交叉斜柱及环梁均为刚性连接，模型采用刚性楼板假定。

结构层高 4m 共 48 层，总高度为 192m，外筒为边长 36m 的正方形，内筒为边长 18m 的正方形。斜柱钢管及钢梁采用 Q345，核心筒按照规范方法采用 HRB400 进行配筋，外筒环梁采用工字钢 800×300×20×40，内外筒间连系梁采用工字钢 600×200×11×17，剪力墙厚度为 1~12 层 600mm，13~24 层 500mm，25~48 层 400mm。连梁宽度与所在楼层的墙厚相同，连梁高度 1200mm。钢管混凝土斜柱的截面随高度的增加逐渐减小，具体参数见表 14-1。结构模型如图 14-1 所示，编号为 6DWC，为便于阐述，定义一个交叉斜柱高度范围所包含的楼层（6 层）为一个斜交网格筒模块，则结构整体可视为 8 个斜交网格筒模块沿竖向组合而成。其中与水平侧向作用平行的外筒立面为腹板立面，与水平侧向作用垂直的外筒立面为翼缘立面。通过调整斜柱截面、墙肢厚度及连梁高度等影响内外筒抗侧刚度的主要参数，得到其余 9 个结构模型 6DWC08，6DWC12，6DWC14，6DW08C，6DW12C，6DW14C，6D08WC，6D12WC 和 6D14WC。编号中 D、W、C 依次代表斜柱截面、墙肢厚度、连梁高度，其后的数字表示参数相对尺寸，如 6D08WC 表示斜柱截面的直径及钢管厚度均为 6DWC 时的 0.8 倍，其余参数均保持不变。

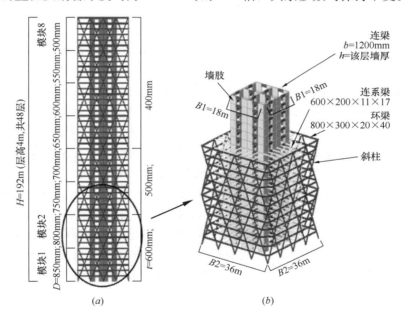

图 14-1　结构 6DWC

(a) 立面图；(b) 轴测图

斜柱几何参数　　　　　　　　　　　　　　　　　　　　　　表 14-1

网筒模块	斜柱外径	斜柱钢管壁厚	网筒模块	斜柱外径	斜柱钢管壁厚
1	850	20	5	650	20
2	800	20	6	600	20
3	750	20	7	550	20
4	700	20	8	500	20

为对比不同斜柱角度结构的抗震性能，在不改变其他构件及外筒斜柱材料总量的基础上，通过调整斜柱截面参数，建立了斜柱角度分别为 60.64°，69.44°，74.29°，79.38°的

结构模型如图 14-2 所示，编号分别为 4DWC、6DWC、8DWC 和 12DWC，编号中字母 DWC 前的数字表示斜交网格筒模块中所包含的楼层数量，如 4DWC 表示每个斜交网格筒模块包含 4 个结构楼层。

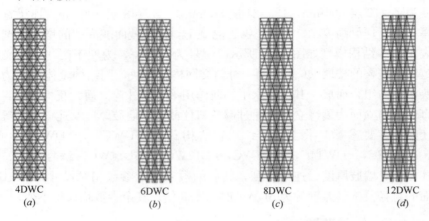

4DWC (a)   6DWC (b)   8DWC (c)   12DWC (d)

图 14-2　结构模型

(a) 算例 4DWC；(b) 算例 6DWC；(c) 算例 8DWC；(d) 算例 12DWC

14.2.2　分析方法

本章对典型的高层斜交网格筒-核心筒结构算例，采用 Perform-3D 程序分别进行了模态静力弹塑性分析和动力弹塑性时程分析，以纤维截面模拟钢管混凝土斜柱及钢筋混凝土墙肢。其中混凝土剪力墙采用能够考虑截面弹塑性剪切特性的弹塑性纤维截面模型进行模拟，并且剪力墙只考虑平面内的弹塑性性能，平面外的弯曲特性采用弹性假定。钢梁和混凝土连梁的非线性特性采用曲率型塑性铰截面模拟如图 14-3 所示，这里采用曲率型而非转角型塑性铰的意义在于考虑梁端可能产生的塑性变形是一定长度区域内分布的实际情况。结构中连梁的设计均保证了"强剪弱弯"，并根据抗震规范和高层规范的相关规定和公式计算梁端屈服弯矩和屈服曲率。构件的剪切特性通过能够考虑截面弹塑性剪切特性的截面进行模拟，这样梁构件的模拟不仅能够考虑梁构件的弹塑性弯曲及剪切屈服特性，还能够有效考虑弯曲塑性区域的长度的影响，相对于通常采用的杆件集中塑性铰单元能够更加准确有效地模拟构件的塑性性能。

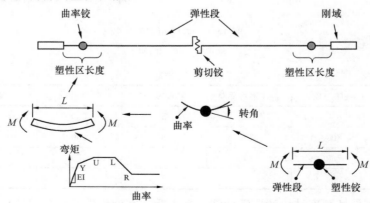

图 14-3　塑性区域梁单元示意图

钢材采用二折线弹塑性应力-应变曲线，钢管约束混凝土采用三折线应力-应变曲线[180,181]，并考虑其强度退化，不同截面参数对应的套箍系数 ξ 及应力-应变曲线如图 14-4 所示。其中 $\xi<1$ 时曲线具有下降段，$\xi>1$ 时不出现下降段。钢筋混凝土剪力墙中的约束混凝土采用三折线有下降段的 Mander 约束混凝土应力-应变曲线模型[182]。钢管混凝土斜柱及核心筒墙肢等构件纤维截面及纤维段分布如图 14-5 所示，钢管混凝土柱截面外层为钢管纤维，内部为钢管约束混凝土纤维。将截面沿半径划分成若干层，每层再均分成若干段，图中截面共划分了 30 个纤维。截面的剪切特性通过定义可以考虑弹塑性剪切效应的剪切截面来模拟。墙肢截面沿墙长度方向划分纤维，其中端部为 Mander 约束混凝土，中部为非约束混凝土。

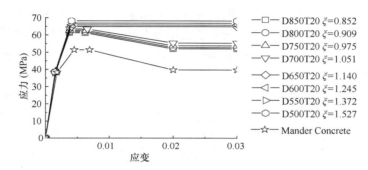

图 14-4　约束混凝土应力-应变模型

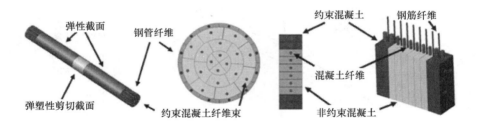

图 14-5　构件纤维截面

在进行动力弹塑性时程分析时选取的地震波如表 14-2 所示，在分析中均调整为相同加速度峰值且不加说明的情况下均采用多条波计算结果的平均值进行探讨。

地震记录及其地震动参数　　　　　　　　　　　　　　　　表 14-2

序号	地震	观测站	PGA(g)	PGV(cm/sec)	PGD(cm)
H1	Chalfant Valley-02	Bishop-LADWP South St	0.206	19.32	6.97
H2	Northridge-01	USC 90009N Hollywood	0.279	23.93	8.94
H3	Imperial Valley-06	El Centro Array #3	0.255	40.84	20.98
H4	Loma Prieta	Palo Alto-SLAC Lab	0.278	29.30	9.72
H5	Northridge	Hollywood-Coldwater Can	0.271	22.20	11.70
H6	Imperial Valley-06	Parachute Test Site	0.190	15.55	9.64
H7	San Fernando	LA-Hollywood Stor FF	0.213	18.41	12.12
H8	Parkfield	Cholame-Shandon Array #2	0.258	10.70	3.36

注：所有强震记录来源于 http://peer.berkeley.edu 提供的数据库。

14.3 体系塑性发展过程

14.3.1 构件屈服顺序

结构 4DWC、6DWC、8DWC 和 12DWC 由静力弹塑性分析所得的推覆曲线如图 14-6 所示,基于能力谱与需求谱评价结果,图中分别标出了 7 度小震和大震(水平地震影响系数分别为 0.08 和 0.5)对应的时刻。以结构 6DWC 的基底剪力-顶点侧移曲线为例说明该体系塑性发展过程如图 14-7 所示,其余斜柱角度情况相同。O 为推覆开始时刻;A 为连梁开始屈服时刻,沿推覆方向布置的连梁端部逐渐受弯出现塑性,内筒整体刚度下降,内外筒间剪力开始重分配,外筒逐渐承担大部分剪力增量;B 时刻斜柱中混凝土开始受压屈服,但受到弹性钢管约束的混凝土承载力继续稳定上升;C 时刻斜柱钢管开始屈服,但混凝土横向变形发展迅速,进一步径向挤压钢管,使套箍作用不断增大,三向受压混凝土承载力的提高弥补和超过了钢管纵向承载力的减小,截面承载力仍有储备;D 时刻第一根斜柱达到极限荷载,该柱位于以抗剪为主的外筒腹板立面,由于未达到强度退化点,斜柱仍具有稳定承载力;E 时刻连梁塑性发展达到强度退化点,内筒基底剪力略有降低;F 时刻腹板斜柱达到强度退化点,外筒基底剪力开始降低,内外筒楼层剪力开始第二次重分配,内筒承担了外筒剪力的降低值和进一步推覆的楼层剪力增量;G 时刻底部墙肢边缘约束混凝土 开始屈服,但距极限应力还存在一定储备,混凝土应力继续增大;H 时刻内筒底部

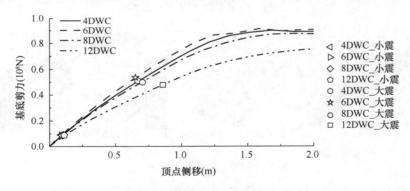

图 14-6　结构推覆曲线

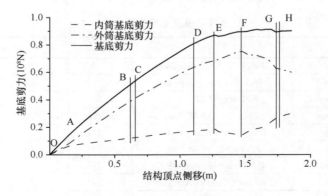

图 14-7　基底剪力-顶点侧移

墙肢钢筋开始屈服，内筒开始弯曲破坏。推覆荷载基本不增加的情况下，结构变形迅速增加，结构失去稳定承载力，推覆结束。体系各类构件的屈服顺序为连梁、斜柱、墙肢，其余构件基本保持弹性。

通过调整结构 6DWC 的墙肢厚度、连梁高度、斜柱截面等因素，分析体系侧向刚度相关因素对其塑性发展过程的影响，其中对连梁的参数分析均以连梁屈服机制一致且不发生剪切破坏为前提。如图 14-8 所示，改变各类构件的参数，不影响体系构件的屈服顺序，且仅对该类型构件进入塑性的时刻有一定影响，对其他构件进入塑性的时刻影响较小。对于结构整体侧向刚度和推覆极限荷载的影响程度为墙肢厚度最小，连梁高度次之而斜柱截面最大。这主要是由于将墙肢连接为整体核心筒的连梁较早的进入塑性，破坏了墙肢的整体性，使整体抗侧性能较好的墙肢形成若干独立墙肢后，抗侧性能显著降低，厚墙肢的抗震作用不能得到发挥，而适当加强连梁能够提高墙肢整体性，使结构侧向刚度和极限推覆荷载有所提高。斜柱是外筒主要的抗侧力构件，因此加强斜柱能够提高外筒抗侧性能，对体系的侧向刚度和极限推覆荷载也有明显的影响。

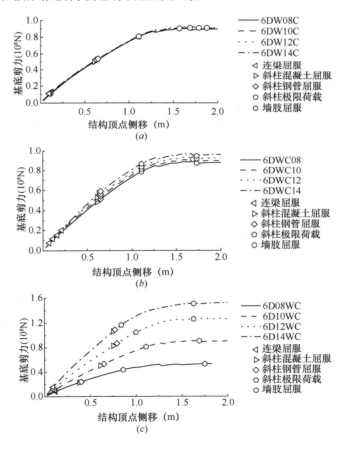

图 14-8　结构塑性发展过程参数分析

（a）墙肢厚度影响；（b）连梁高度影响；（c）斜柱截面影响

14.3.2　斜交网格筒失效路径

在斜交网格筒结构中，外筒承担着较大的侧向荷载，其屈服特点对结构整体的抗震性能至关重要。如图 14-9 所示为 6DWC 外筒的屈服路径。在楼层剪力和倾覆弯矩的共同作用下，腹板立面中自受拉翼缘立面向受压翼缘立面斜下方布置的斜柱轴向压力不断增大，底层靠近受压翼缘处的角部斜柱首先进入塑性，腹板立面通过角部斜柱有效地将斜柱轴力传递给受压翼缘立面斜柱，导致受压翼缘立面底部向外侧斜上方布置的角柱随后进入塑性。同时腹板立面中自受压翼缘立面向受拉翼缘立面斜下方布置的斜柱轴向压力不断减小，并逐渐转变为轴向受拉且拉力不断累积，致使底部靠近受拉翼缘立面处的角部斜柱受拉进入塑性，拉力经角部斜柱传递至受拉翼缘立面，导致受拉翼缘立面底部向外侧斜上方布置的角柱逐渐进入塑性。随推覆荷载的增加，各立面斜柱的塑性不断发展，由于交叉布置的斜柱能够高效地将各立面角部斜柱的轴力传递至立面中部，因而斜柱的塑性不仅由底部区域向上部楼层发展，而且同时也向各立面中部发展，使各立面中部斜柱的力学性能也得到充分发挥。

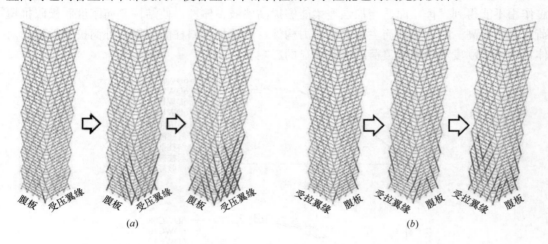

图 14-9 斜交网格筒屈服路径
（a）腹板及受压翼缘；（b）腹板及受拉翼缘

14.3.3 斜交网格筒剪力滞后效应分析

如图 14-10 所示为外筒腹板立面 7 度大震时对应的基底斜柱轴力，可见靠近受拉翼缘的腹板角柱为轴向受拉（轴向拉力为正），而靠近受压翼缘的腹板角柱为轴向受压（轴向压力为负），其间的各列斜柱轴力基本呈线性变化。如图 14-11 所示为受压翼缘立面基底

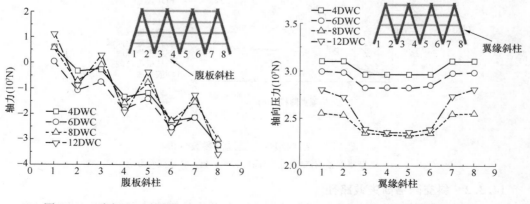

图 14-10 腹板立面底层柱轴力   图 14-11 受压翼缘立面底层柱轴力

斜柱轴力，角部斜柱轴向压力最大而立面中柱轴向压力最小，结构 4DWC、6DWC、8DWC、12DWC 相应的角柱轴力分别是中柱轴力的 1.05，1.06，1.10 和 1.19 倍，可见在斜交网格筒结构中，交叉网格斜柱能够高效地将角部内力传递至立面中部，空间工作性较强，有效地改善和避免了筒体结构剪力滞后效应严重的问题。

14.4　内外筒内力分配特点

以结构 6DWC 为例说明外筒内力系数发展过程如图 14-12 所示，这里外筒内力系数为外筒基底内力与结构基底内力的比值。结构的受力基本分为四个阶段：第一阶段从推覆开始至连梁屈服，体系在该阶段为弹性，外筒基底内力按弹性刚度分配并保持不变，外筒承担的基底剪力和倾覆弯矩分别达到约 55% 和 70%。第二阶段从连梁开始屈服至斜柱屈服，连梁是首先屈服的构件，大量连梁屈服导致内筒整体抗侧刚度降低，内外筒间开始内力重分配，外筒内力系数迅速增加，至斜柱开始屈服时刻外筒承担的基底剪力和基底倾覆弯矩分别达到约 75% 和 85% 并保持进一步增大的趋势。第三阶段从斜柱开始屈服至斜柱达到强度退化点，外筒内力缓慢增大，内外筒内力分配逐渐稳定，斜柱内力逐渐接近强度退化点。其中外筒剪力系数下降前的突然增大是由于连梁强度退化致使内筒刚度降低而导致的，并非外筒抗剪能力突然增加所致。第四阶段从斜柱强度退化点开始至分析结束，斜柱达到强度退化点后，外筒剪力系数开始减小，内外筒开始第二次内力重分配，随外筒基底内力的卸载，内筒分配到的基底内力逐渐增大并致使墙肢屈服。外筒剪力系数的影响因素分析如图 14-13 所示，调整墙肢厚度，连梁高度，斜柱截面等因素不改变结构四阶段的内力发展过程。其中增大墙肢厚度和连梁高度使外筒剪力系数减小，增加斜柱截面使外筒剪力系数增大。

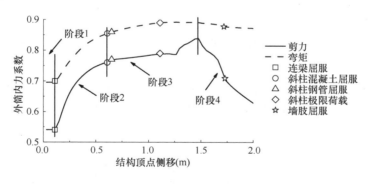

图 14-12　外筒内力系数

如图 14-14 所示为 7 度小震和大震作用下，不同斜柱角度结构的外筒内力系数。外筒剪力系数小震时最小为 0.36，最大为 0.68，大震时最小为 0.6，最大为 0.71。外筒弯矩系数小震时最小为 0.67，最大为 0.83，大震时最小为 0.84，最大为 0.86。以结构 6DWC 为例进行外筒内力系数参数分析，结果如表 14-3 所示。外筒剪力系数小震时最小为 0.44，最大为 0.68，大震时最小为 0.68，最大为 0.82。外筒弯矩系数小震时最小为 0.60，最大为 0.81，大震时最小为 0.77，最大为 0.89。可见在斜交网格筒结构中，外筒在弹性阶段即可为体系提供较大的侧向承载力，当体系进入塑性后，外筒可提供约 60% 以上的抗剪

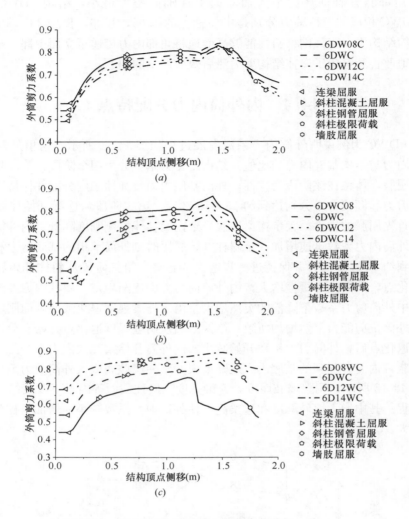

图 14-13 外筒剪力系数参数分析

（*a*）墙肢厚度影响；（*b*）连梁高度影响；（*c*）斜柱截面影响

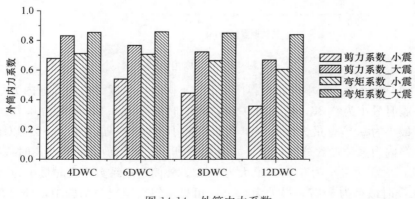

图 14-14 外筒内力系数

承载力和约 80% 以上的抗弯承载力，是体系的主要抗侧力构件。

外筒内力系数 表 14-3

	7 度小震剪力系数				7 度大震剪力系数				7 度小震弯矩系数				7 度大震弯矩系数			
因素水平	0.8	1.0	1.2	1.4	0.8	1.0	1.2	1.4	0.8	1.0	1.2	1.4	0.8	1.0	1.2	1.4
墙肢厚度	0.57	0.54	0.51	0.49	0.79	0.77	0.75	0.73	0.73	0.70	0.66	0.64	0.87	0.86	0.85	0.85
连梁高度	0.60	0.54	0.51	0.49	0.8	0.77	0.72	0.68	0.73	0.70	0.69	0.68	0.89	0.86	0.82	0.77
斜柱截面	0.44	0.54	0.62	0.68	0.69	0.77	0.80	0.82	0.60	0.70	0.76	0.81	0.82	0.86	0.88	0.89

由内外筒内力分配特点的分析可见斜交网格筒体系不同于传统框架—核心筒结构体系，其内外筒间存在两次内力重分配。且外筒承担了较大的侧向荷载，特别是体系进入塑性后，外筒成为体系主要的抗剪和抗弯构件。结合其推覆曲线（见图 14-7）可知，虽然结构整体推覆曲线能够维持一定的平台段，但作为抗侧力主要构件的外筒，其承载力已经开始明显退化，这主要是由于外筒斜柱以轴向内力为主，斜柱相继达到承载力退化点后，外筒承载力即开始下降，因此在该类型体系中外筒单独的基底内力—顶点侧移曲线应给予足够的重视。

14.5 体系刚度发展过程

以结构 6DWC 为例分析体系的刚度发展过程，其余斜柱角度结构刚度发展过程与其相同。剪切割线刚度曲线如图 14-15 所示，这里割线刚度为结构的基底内力与顶点侧移的比值。结构的剪切割线刚度可分为两个阶段，第一阶段为弹性阶段，结构整体及内外筒的剪切割线刚度保持水平段。第二阶段为塑性阶段，从连梁屈服开始，结构的剪切割线刚度逐渐降低，其中内筒剪切割线刚度随连梁屈服迅速下降并逐渐趋于平缓，外筒剪切割线刚度在连梁屈服后先迅速增大再缓慢减小。结构弯曲割线刚度曲线如图 14-16 所示，其发展过程与剪切情况相似，但外筒对结构整体割线刚度的贡献更大。体系割线刚度的影响因素分析如图 14-17 所示，增加墙肢厚度可使内筒弹性割线刚度提高，但对塑性割线刚度影响较小，这主要由于墙肢的整体性随连梁屈服而破坏，厚墙肢的整体抗弯性能得不到发挥，墙肢厚度对外筒割线刚度的影响较小。由于连梁是将墙肢连接为整体的主要构件，加强连梁使墙肢整体性增强，内筒弹性和塑性割线刚度提高，同时导致外筒割线刚度曲线的弹性平台段和塑性上升段有所降低。增加斜柱截面能有效提高外筒的割线刚度，对内筒割线刚度的影响较小。各因素并不影响体系割线刚度两阶段的变化过程和内外筒割线刚度演化特

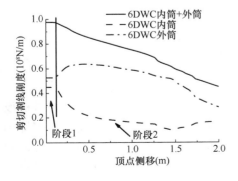

图 14-15 剪切割线刚度曲线

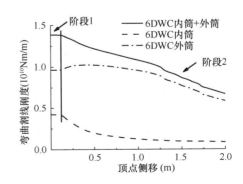

图 14-16 弯曲割线刚度曲线

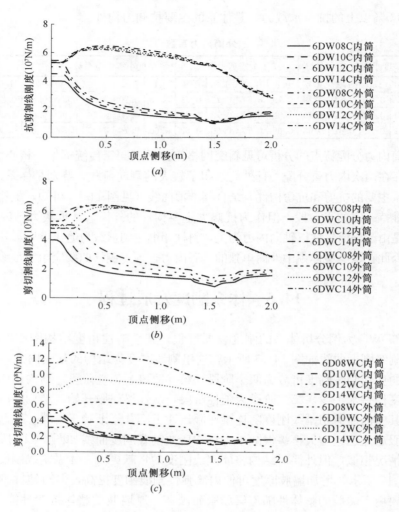

图 14-17 剪切割线刚度参数分析

(*a*) 墙肢厚度影响；(*b*) 连梁高度影响；(*c*) 斜柱截面影响

点。可见，在斜交网格筒体系塑性发展的初始阶段，内筒割线刚度的降低是导致结构整体割线刚度减小的主要原因，随着斜柱的塑性发展，内外筒割线刚度同时退化进一步降低结构整体的侧向刚度。

14.6 体 系 抗 震 概 念

14.6.1 构件塑性耗能分配特点

斜交网格筒结构体系中各类构件的塑性发展过程和分布特点是该类型结构体系性能设计的关键，分析时逐渐增大地震作用峰值加速度至体系主要抗侧构件均出现一定塑性为止。由于塑性能可以有效地反映结构及构件的性能劣化及损伤累积过程，如图 14-18 所示为结构 6DWC 的塑性能发展时程曲线，其中纵坐标为体系各类构件塑性耗能占体系总塑性能的比例，分析初始阶段弹性体系中只有动能、弹性变形能和阻尼能，因此构件塑性能均为 0，随着连梁、斜柱和墙肢等先后屈服，体系开始出现塑性能且不断累积，其余构件基本保持弹性。其中连梁最先屈服且塑性耗能持续增加，连梁为体系中塑性耗能最多的构件。斜柱是第二批屈服的构件，其塑性耗能增加速度较慢且增加到一定程度后基本保持稳定。墙肢最后因弯曲

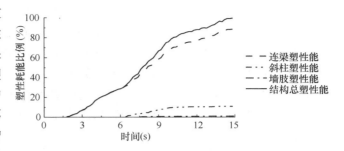

图 14-18　塑性能发展过程

导致基底墙肢屈服，由于其塑性主要集中在基底墙肢的边缘处，塑性耗能较小。至分析结束时，在体系的总塑性能中连梁占 78%，斜柱占 21.7%，墙肢只占 0.3%。

由于墙肢的塑性能相对体系总塑性耗能很小，因此仅对塑性耗能较大的连梁和斜柱进行塑性能参数分析，探讨连梁高度、斜柱截面和墙肢厚度等对塑性能发展过程的影响。本章对连梁高度的参数分析均以保证其屈服机制一致且不发生剪切破坏为前提。如图 14-19(a)所

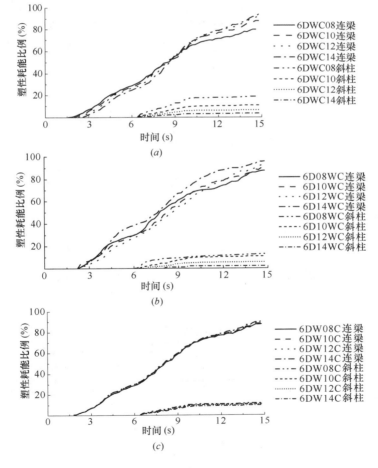

图 14-19　塑性能发展过程参数分析

(a)连梁高度影响；(b)斜柱截面影响；(c)墙肢厚度影响

271

示，增加连梁高度能推迟其屈服的时刻并增大其塑性耗能比例，但连梁仍是体系最先屈服的构件，斜柱屈服的时刻并不受影响，斜柱的塑性耗能比例随之降低。如图14-19(b)所示，增大斜柱截面能够推迟斜柱进入塑性的时刻并减小其塑性耗能比例，连梁屈服的时刻不受影响，连梁塑性耗能比例随之增大。如图14-19(c)所示，增大墙肢厚度不改变连梁和斜柱屈服的时刻，能够增大连梁的塑性耗能比例并减小斜柱的塑性耗能比例，但影响程度较小。可见在斜交网格筒结构体系中，构件的屈服顺序依次为连梁、斜柱、墙肢，改变相应参数水平并不影响其屈服顺序。

14.6.2 抗侧刚度关键构件

如图14-20所示为墙肢厚度、连梁高度、斜柱截面对结构基本周期的影响，增大各参数都能够增大结构侧向刚度从而降低结构第一周期，各参数影响程度的排序为斜柱截面影响最大，墙肢厚度次之，连梁高度影响最小。如图14-21所示为保持地震作用不变，各参数对结构塑性层间位移角最大值的影响，增大各参数均可增大结构抗侧刚度而降低结构层间位移角最大值，其中斜柱截面影响最大，连梁高度影响次之，墙肢厚度影响最小。斜交网格筒内力系数随各参数的变化如图14-22所示，这里外筒内力系数为外筒基底内力与结构基底内力的比值。增加连梁高度和墙肢厚度使外筒内力系数减小，增大斜柱截面能够明显增大外筒内力系数。其中外筒剪力系数均大于0.5，外筒弯矩系数均大于0.82。可见在斜交网格筒结构中，外筒是体系主要的抗侧力构件，而斜柱是外筒弹性和塑性阶段侧向刚度的关键构件。

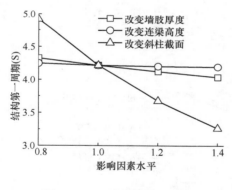

图 14-20 基本周期参数分析

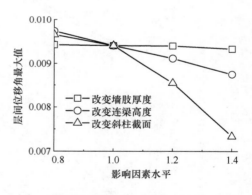

图 14-21 层间位移角参数分析

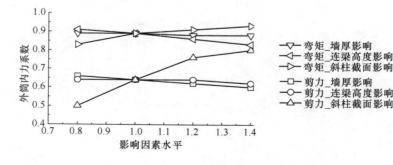

图 14-22 外筒剪力系数

14.6.3 塑性耗能关键构件

体系进入塑性后，衡量其抗震性能的不仅仅是其侧向刚度，还应包括其塑性耗能能力。如图 14-23 所示为 H1 波作用下连梁和斜柱典型的滞回耗能曲线，连梁为端部弯曲型屈服机制，滞回环较饱满，塑性耗能能力强。斜柱以轴向内力为主，屈服机制不利于构件耗能，但由于其轴向内力较大，因此屈服后也能够耗散一定的塑性能。如图 14-24（a）、14-24（b）、14-24（c）所示为斜柱塑性耗能在楼层间的分布曲线，斜柱塑性能分布相对集中在下部楼层，最大值发生在基底附近的第一二模块内，随楼层的增高而迅速减小，上部个别楼层受高阶振型影响有所增大。改变墙肢厚度、连梁高度和斜柱截面对该塑性能分布规律的影响较小。如图 14-24（d）、14-24（e）、14-24（f）所示为连梁塑性耗能在楼层间的分布，可见连梁的塑性能分布范围较大且受高阶振型影响较明显，在靠近结构基底和顶部附近的模块内其塑性耗能最大，结构中部楼层略小，结构基底和顶部楼层内连梁塑性能最小。改变墙肢厚度、连梁高度和斜柱截面对连梁塑性耗能在楼层间的分布规律影响较小。斜柱和连梁塑性耗能占体系总塑性耗能的比例受各参数的影响如图 14-25 所示，增大连梁高度、斜柱截面和墙肢厚度均使连梁塑性耗能比例增加，斜柱塑性耗能比例减小，其中连梁高度影响程度最大，斜柱截面次之，墙肢厚度影响最小，且连梁塑性耗能比例在各参数水平下均在 80% 以上。可见连梁是斜交网格筒结构体系塑性耗能的关键构件。

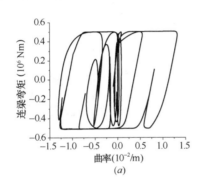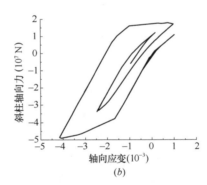

(a) 　　　　　　　　　　　　　　　　(b)

图 14-23　构件滞回耗能曲线

(a) 连梁；(b) 斜柱

14.6.4 抗震概念探讨

斜交网格筒结构体系的构件屈服顺序及构件的抗震性能与传统的框架（框筒）-核心筒类型结构体系相比发生了较大的变化，因此对于该类型结构的抗震设计，应结合其自身特点建立与其相适应的结构抗震概念。目前我国抗震规范是以"小震不坏，中震可修，大震不倒"为抗震设防目标的，因此对于斜交网格筒结构体系，在小震作用下结构各类构件均应保持弹性从而实现"小震不坏"。在中震作用下，由于斜柱是体系抗侧力和承重的关键构件，一旦发生较严重屈服则不易实现"可修"，因此宜控制斜柱在中震下轻微损伤甚至保持不屈服。此时内筒墙肢作为体系最后进入塑性的抗侧力和承重构件宜控制其屈服甚至保持弹性，而连梁作为结构关键的耗能构件，在兼顾其"可修"的前提下应允许其部分屈服以耗散地震能量。在大震作用下，结构是以"大震不倒"为抗震设防目标，由于斜交

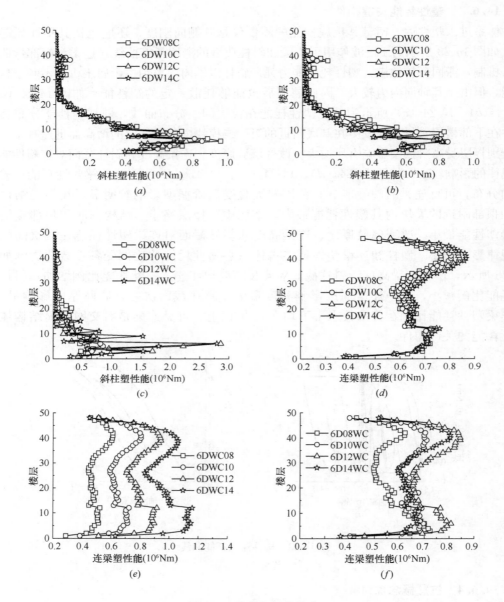

图 14-24 构件塑性能分布

(a) 墙肢厚度对斜柱影响；(b) 连梁高度对斜柱影响；(c) 斜柱截面影响；

(d) 墙肢厚度对连梁影响；(e) 连梁高度影响；(f) 斜柱截面对连梁耗能影响

网格筒是结构的主要抗侧力构件，承担了结构大部分的侧向荷载，斜柱作为其侧向刚度的关键构件，一旦大量屈服并发生承载力退化，将导致内外筒楼层荷载重分配，内筒承担的荷载将大幅上升，而墙肢作为体系最后的抗侧承载力储备若发生较严重的屈服则难以确保结构"不倒"。因此，宜适当控制斜柱在大震下的屈服程度和数量，尽量控制斜柱不发生较严重承载力退化，并且墙肢亦控制不发生较严重抗弯屈服为宜。此时连梁应允许充分发展塑性，进而降低结构刚度，减小地震作用并大量耗散地震能量。

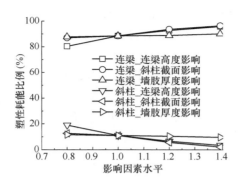

图 14-25　构件塑性能比例参数分析

14.7　斜交网格筒-核心筒结构抗震性能试验验证

在强烈地震作用下结构中各类构件将不同程度地进入非线性工作阶段，随着构件材料的屈服，构件将形成塑性铰或塑性区域，从而导致结构的内力重分配，当结构形式较为复杂时，采用现有的结构设计理论和方法就不能完全准确地预测和控制结构的大震非线性工作性能。目前，对于高层建筑斜交网格筒新型复杂结构体系的大震性能研究仍以理论分析和数值模拟方法为主，而分析中所采用的材料模型、构件模拟方法、分析方法等对分析结果都会产生不同程度的影响，因此在理论分析和研究的基础上采用结构试验进一步掌握结构的抗震性能，是验证和完善相关理论研究的重要环节。

目前，在研究结构或构件的抗震性能的试验方法中，拟静力试验方法的应用最为广泛，该方法通过荷载控制或变形控制对试件进行低周反复加载，使试件经历由弹性阶段直至屈服破坏的全过程。由于该方法通过对试件施加低周反复的作用力或位移来模拟地震对试件的作用，所采取的加载速率很小，因此加载速率对试件应力、应变的影响很小，可以忽略不计，是一种用静力加载方式模拟和分析地震作用的试验方法，拟静力试验又称为低周反复加载试验或伪静力试验。在拟静力试验过程中，可以随时停下来观测试件的变形、屈服、开裂和破坏现象，并可根据试验目的和试验现象对加载过程进行调整。拟静力试验方法不但试验设备相对简单、试验费用相对较低，而且试验结果也能够有效地评判和推断结构的抗震性能。

为明确高层建筑斜交网格筒-核心筒结构体系的抗震性能，本章对典型的含有两个高层斜交网格筒—核心筒结构模块的缩尺模型进行拟静力试验，以确定试验恢复力特性曲线（又称滞回曲线），通过分析模型结构的刚度、强度、构件屈服顺序、斜交网格筒失效路径等，从多个方面判断和评价斜交网格筒结构体系的抗震性能。

14.7.1　试验概况

14.7.1.1　模型设计

试验原型选自本章结构算例 6DWC，取出结构顶部两个斜交网格筒模块高度范围内共 12 层的结构，考虑到试验室场地条件及加载设备条件，首先根据相似理论确定试验原型与缩尺模型间的相似关系，包括几何、材料、荷载和边界等相似关系。在对试验模型进行拟静力试验的过程中涉及的物理量包括：长度 l，位移 u，荷载 P，密度 ρ，时间 t，重力

加速度 g，弹性模量 E。则可列出上述变量的函数关系

$$f(u,E,t,P,l,g,\rho) = 0 \tag{14-1}$$

由上式可得

$$u = \varphi(E,t,P,l,g,\rho) \tag{14-2}$$

列出上述物理量的量纲

$$L = [FL^{-2}]^{a_1} [L]^{a_2} [T]^{a_3} [F]^{a_4} [FL^{-4}T^2]^{a_5} [LT^{-2}]^{a_6} \tag{14-3}$$

列出各量纲等式

$$[F]：0 = a_1 + a_4 + a_5 \tag{14-4}$$

$$[L]：1 = -2a_1 + a_2 - 4a_5 + a_6 \tag{14-5}$$

$$[T]：0 = a_3 + 2a_5 - 2a_6 \tag{14-6}$$

可得

$$\left(\frac{u}{l}\right) = \left(\frac{Et^2}{l^2\rho}\right)^{a_1} \left(\frac{Pt^2}{l^4\rho}\right)^{a_4} \left(\frac{gt^2}{l}\right)^{a_6} \tag{14-7}$$

对应的 π 项式为

$$\pi_1 = \frac{Et^2}{l^2\rho}, \pi_2 = \frac{Pt^2}{l^4\rho}, \pi_3 = \frac{gt^2}{l} \tag{14-8}$$

可得

$$\frac{S_E S_t^2}{S_l^2 S_\rho} = 1, \frac{S_P S_t^2}{S_l^4 S_\rho} = 1, \frac{S_g S_t^2}{S_l} = 1 \tag{14-9}$$

选择模型缩尺比例为 $1：20$，则缩尺模型平面尺寸为 $1.8\text{m} \times 1.8\text{m}$，模型层高为 0.2m，模型总高为 2.4m，模型相似常数如表 14-4 所示。模型所有构件材料均采用 Q235-B，为便于模型施工分别采用方钢管和角钢模拟斜交网格筒中的斜柱和环梁，内部核心筒剪力墙通过 5mm 厚的钢板模拟，核心筒连梁采用方钢管模拟，连梁与核心筒墙肢通过焊接连结为整体。模型中楼板采用 2mm 厚的钢板模拟，为避免楼板在模型往复加载过程中发生面外屈曲，在楼板上交叉布置了角钢。模型中斜交网格筒及核心筒分别采用焊接，内外筒最终通过楼板采用螺栓连接成为整体模型。为有效地模拟模型底部固结的边界条件，设计了刚度相对较大的钢结构模型台座并与模型焊接为整体，再将模型台座与钢结构反力架通过高强螺栓可靠连接。模型在两个主节点层进行反复加载，为便于加载分配梁与模型连接，在两个加载层四周均增设了截面为 $H100 \times 100 \times 6 \times 8$ 的工字钢加载环梁将该层围箍牢固，加载环梁与模型焊接为整体，模型主节点层及加载环梁如图 14-26 所示，模型主要构件参数如表 14-5 所示，模型及反力架如图 14-27 所示。

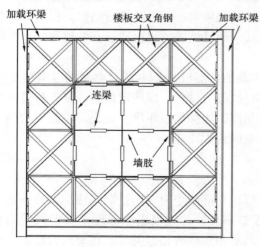

图 14-26　模型主节点层

模型相似常数   表 14-4

相似关系	符 号	公 式	数 值
尺寸	S_l	M/P	1/20
弹性模量	S_E	M/P	1
加速度	S_a	M/P	1
质量	S_M	$S_M = S_E S_l^2 / S_a$	1/400
时间	S_t	$S_t = \sqrt{S_l/S_a}$	$1/\sqrt{20}$
频率	S_f	$S_f = 1/S_t$	$\sqrt{20}$
速度	S_v	$S_v = \sqrt{S_a S_l}$	$1/\sqrt{20}$
应力	S_σ	$S_\sigma = S_E S_\epsilon = S_E$	1
应变	S_ϵ	$S_\epsilon = 1$	1
力	S_F	$S_F = S_E S_l^2$	1/400
刚度	S_k	$S_k = S_E S_l$	1/20
密度	S_ρ	$S_\rho = S_E/S_a S_l$	20

模型构件参数   表 14-5

构件名称	截面尺寸（mm）
外筒斜柱（方钢管）	20×20×2×2
外筒环梁（角钢）	30×30×3
楼板交叉支撑（角钢）	30×30×3
核心筒连梁（方钢管）	30×30×2×2

14.7.1.2 模型配重

不考虑原型结构中非结构构件的质量，则试验原型结构质量为 7776t，根据试验模型的质量相似比关系可得模型质量为 19.44t。缩尺模型自身质量为 1.51t，尚需补充施加 17.93t 配重质量。由于配重主要施加在内外筒间的楼板上，由其产生的竖向荷载主要影响外筒斜柱的受力和失效路径而对核心筒的影响相对较小，因此不考虑核心筒部分所承担的配重，则模型需配重 13.45t，由于缩尺模型空间有限仅在各楼层中放置沙袋共 5t，其余 8.45t 配重通过钢索

图 14-27 模型与反力架

施加预应力补足，钢索施加方案如图 14-28 所示，为保证两端钢索拉力保持一致，在模型顶部设置了钢索滑动装置，则每根钢索需施加预应力 2.1t。这种通过钢索补足剩余配重的做法虽然与理想的配重方法存在一定的差别，但根据论文前期分析结果可知，侧向荷载作用所导致的外网筒斜柱及核心筒墙肢的屈服均从结构基底附近楼层开始发展，因此本试验所关注的构件受力和屈服位置也以模型下部楼层为主。分别对理想配重方案和本章采用的配重方案进行数值模拟，两种方案所得的模型应力分布如图 14-28 (c)、14-28 (d) 所

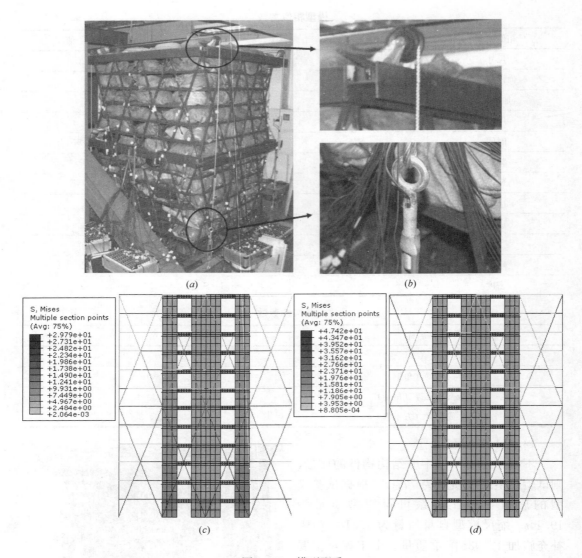

图 14-28　模型配重

(*a*) 沙袋配重；(*b*) 预应力钢索；(*c*) 理想配重模型应力；(*d*) 实际配重方案模型应力

示，可见两种方案模型下部区域构件的应力分布基本吻合（底部附近楼层斜柱应力均接近27MPa），因此，采用本章的模型配重方案能够有效地考虑竖向荷载对下部楼层的作用且不会对下部楼层构件的受力和屈服特点产生明显影响。

14.7.1.3　加载装置及加载制度

模型试验采用的双通道电液伺服拟静力加载系统（杭州邦威机电控制工程有限公司），系统由一个 500kN 电液伺服拟静力加载作动器、一个 1000kN 电液伺服拟静力加载作动器、一套带有电控柜、两个伺服阀的液压油源和带有两个输出通道的 POP-M 型多通道控制器组成如图 14-29 所示，两个作动器最大行程均为 600mm，可完成结构试验的阶梯加载所要求的力和位移的闭环控制。该控制器最多可扩展为 8 个通道，实现多作动器的同步或异步阶梯加载，与相应的加载装置配合使用，可以完成各种复杂的拟静力结构试验。

(a)   (b)   (c)

图 14-29　电液伺服加载系统

（a）作动器；（b）液压油源；（c）POP-M 采集仪及系统

　　目前在结构拟静力试验中普遍采用的单向反复加载制度主要有三种：力控制加载，位移控制加载，力-位移控制加载。其中力控制加载是在试验中按照一定的力幅值进行加载，这导致试件屈服后难以控制加载力，因此该加载制度单独使用的情况较少。位移控制加载时在试验中按照一定的位移幅值进行加载，并且根据位移控制幅值的不同又分为等幅加载、变幅加载和等幅变幅混合加载。力-位移控制加载是在试验中先以力控制进行加载，当试件达到屈服状态时再改用位移控制，直至试验结束。由于斜交网格筒的以轴向内力为主的受力特点导致体系的屈服状态并不明显，因此给采用力控制加载制度带来了不便，所以在本试验中采用位移控制加载制度，同时为达到研究结构恢复力特定的目的，采用变幅位移控制加载制度，如图 14-30 所示。

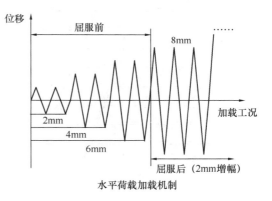

图 14-30　加载制度

14.7.1.4　测点布置及设备

　　拟静力试验以验证斜交网格筒-核心筒结构斜柱受力特点、屈服机制、构件塑性发展顺序以及斜交网格筒斜柱失效路径等体系抗震性能为主要目的，通过对斜交网格筒结构体系抗震性能的分析成果，对试验模型中各类型构件的关键部位如核心筒连梁端部、核心筒腹板立面底部墙肢、斜交网格筒各立面斜柱的受力状态进行实时监控，在试验中具体通过对各类型构件关键部位布置电阻应变片的手段来实现对相应构件受力状态的实时监控，其中核心筒连梁和外筒斜柱均在构件端部布置测点，并且为分析构件的受力和屈服机制，对连梁和斜柱端部的测点均进行对称布置，而核心筒底部墙肢采用三轴应变花进行监控，试验模型各类构件的具体测点布置如图14-31所示，测点数量共计 284 个，各类型构件测点的选取参考了本章已有的分析结果。

　　由于拟静力试验所采用的作动器与加载分配梁以及加载分配梁与加载环梁间均采用螺栓连接，因此在往复荷载作用下将存在螺栓孔间的相互错动，从而导致电液伺服加载系统

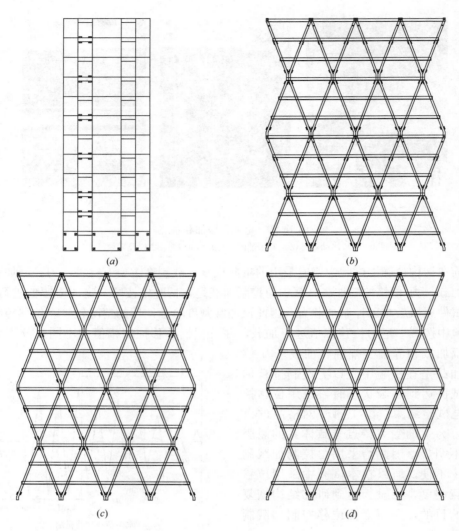

图 14-31　测点位置

(a) 核心筒腹板立面；(b) 斜交网格筒腹板立面；

(c) 斜交网格筒翼缘立面；(d) 斜交网格筒其余立面

控制器所采集的作动器行程与试验模型实际承受的位移荷载有所差别。为了消除该位移差别对试验结果的影响，在试验模型加载层分别布置了百分表 S1 和 S2 如图 14-32 所示。

试验中构件应变测点共计 284 个，采用 5 台 DH3816N 静态应变测试系统共 300 个测点进行数据采集，DH3816 静态应变测试系统如图 14-33 所示。该系统是全智能化的巡回数据采集系统，通过计算机完成自动平衡、采样控制、自动修正、数据存储、数据处理和分析。DH3816N 静态应变测试系统每台 60 测点，最多可扩展到 16 台，扩展距离可达 1000m。巡检速度 60 点/秒，每台系统独立工作，960 个测点只需 1 秒就可结束采样。

14.7.2　试验过程及现象

14.7.2.1　加载过程

由于试验模型的制作和安装较为复杂，特别是部分模型构件间采用螺栓连接。并且作

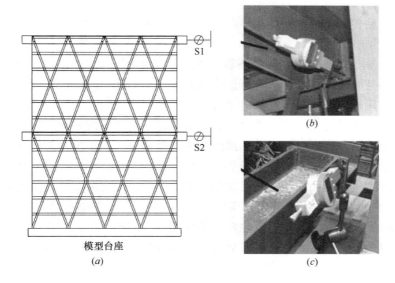

图 14-32　百分表位置

(a) 百分表位置；(b) 百分表 S1 照片；(c) 百分表 S2 照片

图 14-33　DH3816 静态应变测试系统

(a) 数据采集仪；(b) 数据采集系统

动器加载分配梁与试验模型间也是通过螺栓连接，因此模型的节点和结合部位难免存在缝隙，通过预加载使模型内部和外部构件紧密接触从而进入正常工作状态。另外通过预加载也能够检验试验装置的可靠性以及测量仪器是否能够正常工作，使试验人员熟悉自己的工作，确保试验数据采集的统一性和正确性。

试验采用两个作动器对试验模型进行三角形位移加载，在反复加载过程中上部作动器位移幅值始终为下部作动器位移幅值的 2 倍，因此在预加载时保持两个作动器的幅值关系，同时实时监测电液伺服加载控制系统实时反馈的作动器推力，并将上部作动器推力控制在 5t 以内，以免预加载过大引起结构进入非线性。当电液伺服加载控制系统所反馈的作动器推力与位移呈线性时停止继续加载。此时模型内外部构件间的缝隙基本消除，模型处于正常工作状态，采用力控制将两个作动器推力卸载值零，至此完成试验模型预加载。

在正式加载前首先对应变片数据进行一次采集，记录模型加载初始状态数据，然后按照预先制定好的加载制度对试验模型进行加载直至试验模型破坏，其中模型屈服前每级循环两次，当加载控制系统反馈的作动器与位移幅值表现出非线性后，每级循环三次。

14.7.2.2　试验现象

从加载开始至最终试验结束，模型基本经历了四个阶段：第一阶段，当加载位移较小时，结构处于弹性阶段，模型受力与变形呈线性关系，模型无明显试验现象。第二阶段，模型仍处在弹性阶段，但随位移荷载的增加，各构件的内力明显增大，内外筒间的内力传递导致楼板四周的螺栓连接处发生滑动，伴随大量螺栓连接的滑动而产生螺栓与孔洞间的滑动碰撞声。第三阶段，随位移荷载的继续增大，外筒腹板立面中角部斜柱首先达到承载力极限而发生断裂并产生响亮的断裂声如图 14-34 所示，但当施加反向位移荷载时，该断裂角部斜柱在断裂处重新闭合受力，且加载控制系统给出的实时监控信息表明试验模型仍有稳定的承载力储备。继续增大位移荷载至 10mm 时（扣除虚位移后）外筒受拉翼缘底部斜柱以及部分腹板立面斜柱突然发生断裂并伴随巨大的断裂声，如图 14-35 所示，结构承载力也随之发生突然的下降。这一方面与斜柱以轴向内力为主的受力特点有关，同时也受到斜柱柱脚处焊接施工质量的影响。

       （a）   （b）

图 14-34　腹板立面角部斜柱

（a）受拉断裂；（b）受压闭合

14.7.3　试验数据分析

14.7.3.1　滞回曲线

通过对试验模型进行拟静力试验可以得到模型结构在低周反复荷载作用下的荷载—位移曲线，该曲线作为拟静力试验的主要数据结果能够有效地反映试验模型的抗震性能，是评价结构体系抗震性能的重要指标之一。通过结构滞回曲线的形态可以对结构的破坏机制有所了解，典型的滞回环形态可以归纳为四种基本形态：梭形、弓形、反 S 形和 Z 形。其中的梭形曲线表明试验模型为弯剪型，包括受弯、偏压但不发生剪切破坏；弓形曲线表明试验模型受到一定的滑移影响，存在较为明显的"捏缩"效应；反 S 形曲线表明试验模型受到滑移的影响更为明显；Z 形曲线表明试验模型受到了大量滑移的影响。在一次拟静力试验所得的滞回曲线中可能同时包含多种上述曲线形态，如在试验的初始阶段呈梭形，之后逐渐发展为弓形或者反 S 形甚至 Z 形，这主要取决于试验模型受到滑移影响的程度。

本次拟静力试验所得到的荷载-位移曲线如图 14-36（a）所示，在荷载较小时，试验模型基本为弹性，滞回曲线呈梭形，模型具有较好的自复位能力，当荷载卸掉后，模型基

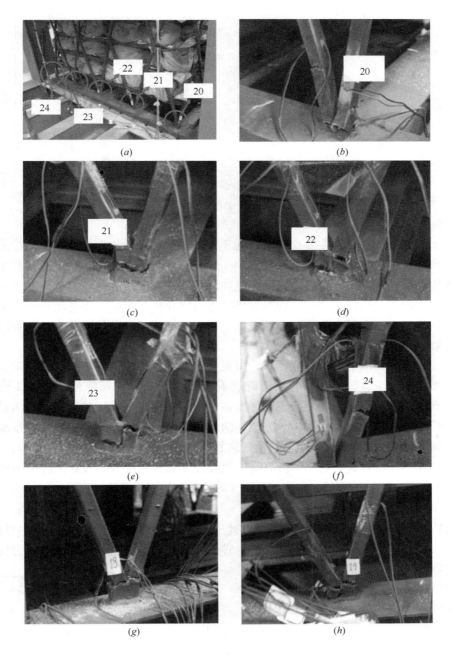

图 14-35　外筒底部斜柱断裂

(a) 受拉翼缘；(b) 柱脚 20；(c) 柱脚 21；(d) 柱脚 22；

(e) 柱脚 23；(f) 柱脚 24；(g) 腹板柱脚；(h) 柱脚 19

本能够恢复到初始位置。随着荷载的增大，滞回曲线逐渐变为弓形，说明试验模型受到滑移的影响逐渐增大，这主要是由于模型中存在大量的螺栓连接，随反复荷载幅值的增加，螺栓在孔洞内发生反复滑移，导致内外筒间内力传递及协同工作性能受到滑移的影响。如图 14-36 (b) 所示为拟静力试验数值模拟所得的荷载-位移曲线，可见数值模拟所得滞回

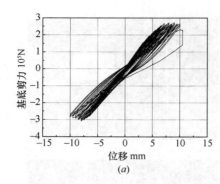
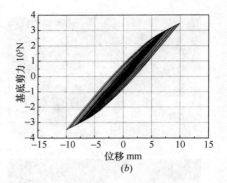

图 14-36　滞回曲线

(a) 试验结果；(b) 数值模拟结果

曲线并未出现弓形特征，这主要由于有限元模型未有效模拟构件螺栓连接节点处的滑移效应。另外数值模型的极限承载力退化程度小于试验结果，这主要由于在试验过程中，模型先后出现构件螺栓连接节点滑移，角部斜柱拉断等破坏现象，并且各类构件在往复荷载的作用下存在不同程度的损伤累积，同时构件性能的劣化也受到施工工艺的影响，而这些问题在有限元分析中还不能完全和准确的模拟。但从滞回曲线的总体形状和饱满程度看，试验结果与数值模拟结果基本吻合。

比较同一加载幅值对应的不同循环，可见虽然位移加载幅值保持不变，但随着加载循环次数的增大，该荷载幅值对应的结构荷载-位移曲线极值点有所降低，并且该循环滞回环面积也有所减小，说明结构随荷载循环次数的增多而发生了强度和耗能能力的退化。

随位移加载幅值的增大，结构荷载-位移曲线的刚度和相应荷载最大值均有逐渐减小的趋势，但减小的速度较为缓慢，当位移荷载达到 10.5mm（扣除加载虚位移后）时，结构荷载-位移曲线突然下降，此时斜交网格筒受拉翼缘底部斜柱和部分腹板立面底部斜柱在轴向拉力作用下突然断裂，然而滞回曲线并无明显的预兆，结构的破坏表现出一定的脆性。

14.7.3.2　骨架曲线及屈服点

结构的骨架曲线定义为结构滞回曲线的包络曲线，即将低周反复加载试验中每级加载幅值对应的最大值连结起来所得到的曲线。骨架曲线与单调加载曲线的形状较为相似，但极限荷载较后者低。骨架曲线能够有效地反映试验结构的在地震作用下的非弹性反映，是评价试验结构变形、强度和延性性能的重要指标。

试验模型所得的骨架曲线如图 14-37 所示，可见当荷载较小时结构保持弹性，骨架曲线呈线性变化，随着构件逐渐进入塑性，骨架曲线出现非线性，曲线斜率逐渐减小，结构逐渐达到承载力极限值，随着构件屈服程度的加深和屈服数量的增多，并且伴随模型部分节点的滑移，结构承载力出现下降趋势，最终因斜交网格筒

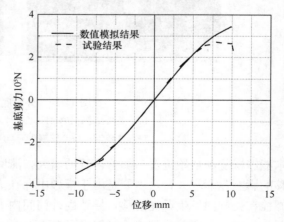

图 14-37　骨架曲线

中大量斜柱出现受拉断裂而结束试验。结构骨架曲线大体经历了弹性、屈服、极限荷载和强度退化四个阶段。图 14-37 中也给出了数值模拟结果对应的骨架曲线，可见两者在弹性阶段吻合较好，当构件逐渐进入非线性后试验曲线的刚度和承载力退化明显快于数值模拟结果，这主要由于试验模型随荷载幅值的增加先后出现了螺栓连接节点滑移和角部斜柱开裂等破坏现象，而在数值模拟中未有效地模拟上述问题。

从试验结构的低周反复加载试验所得的骨架曲线可以得到结构的屈服荷载 F_y、屈服位移 δ_y、最大荷载 F_{max}、最大位移 δ_{max}、破坏荷载 F_u 和破坏位移 δ_u。我国《建筑抗震试验方法规程》JGJ 101—96 中提出，结构的破坏荷载及破坏位移应取试验结构最大荷载出现后随结构位移的增大而荷载下降至最大荷载的 85% 时所对应的荷载和位移。根据试验模型的骨架曲线求得，试验结构的破坏荷载约为最大荷载的 85.4%，基本符合规程要求。

由于骨架曲线的屈服点不明显，因此采用"通用屈服弯矩法"来确定试验结构的屈服点。如图 14-38 所示，其原理为将骨架曲线中弹性段切线与过骨架曲线最大荷载值的水平线的交点定义为 A，则过 A 的垂线与骨架曲线的交点定义为 B 点，将骨架曲线的原点 O 与 B 点连接并延长，则延长线再次与过骨架曲线最大荷载值的水平线相交于 C 点，过 C 的垂线与骨架曲线的交点定义为 Y，那么 Y 点即为所求得的屈服点。通过该方法求得的试验骨架曲线的屈服点如图 14-39 所示，具体数值如表 14-6 所示。

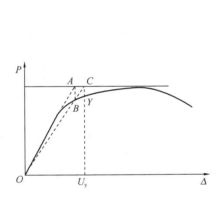

图 14-38　通用屈服弯矩法

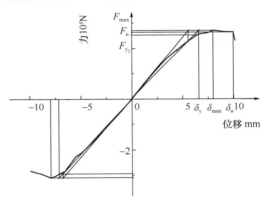

图 14-39　试验骨架曲线的屈服点

试验模型屈服点　　　　　　　　　　　　　　　　表 14-6

加载方向	屈服点		最大荷载点		破坏荷载点	
	F_y（kN）	δ_y（mm）	F_{max}（kN）	δ_{max}（mm）	F_u（kN）	δ_u（mm）
正向	255.804	6.6	271.526	8.0	231.812	9.9
反向	290.172	7.0	308.874	8.0	281.636	10

14.7.3.3　延性系数

结构进入塑性后，仅通过结构的刚度和承载力已不能有效评价体系的抗震性能，此时结构的延数能够更为有效地说明结构进入塑性后抗震能力的强弱。结构的延性是指在结构的抗力不发生明显退化的情况下结构的非弹性位移或变形能力。延性的量化评价是通过延性系数来实现的，包括曲率延性系数和位移延性系数。其中曲率延性系数主要表征截面的延性性能，而位移延性系数对构件和结构的延性都能有效的表征。对试验结构的延性评价采用位移延性系数，我国《建筑抗震试验方法规程》JGJ 101—96 给出了延性系数 μ 的求

解方法为结构极限位移 X_u 和屈服位移 X_y 之比

$$\mu = \frac{X_u}{X_y}$$ (14-10)

则试验结构的延性系数如表 14-7 所示。

模型延性系数 表 14-7

加载阶段	屈服点		破坏荷载点		延性系数
加载方向	F_y（kN）	δ_y（mm）	F_u（kN）	δ_u（mm）	δ_u/δ_y
正向	255.804	6.6	231.812	9.9	1.50
反向	290.172	7.0	281.636	10	1.43

14.7.3.4 刚度退化

在低周反复荷载作用下，当峰值荷载保持不变时，峰值荷载点对应的位移随荷载循环次数的增多而增大的现象称为刚度退化。这种现象表征了结构或构件的累积损伤。我国《建筑抗震试验方法规程》JGJ 101—96 指出结构或试件的刚度可以通过割线刚度来表示，割线刚度 K_i 的计算方法为

$$K_i = \frac{|+F_i|+|-F_i|}{|+X_i|+|-X_i|}$$ (14-11)

式中　F_i——第 i 次峰点荷载值；

　　　X_i——第 i 次峰点位移值。

试验结构的割线刚度的变化如图 14-40 所示，可见随荷载幅值的增大，试验结构的刚

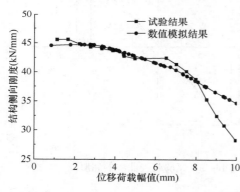

图 14-40　模型刚度退化曲线

度呈整体下降的变化趋势，当位移荷载幅值小于 6mm 时结构刚度退化较缓慢，此时结构刚度的退化主要由于构件逐渐屈服而导致；当位移荷载大于 6mm 时，结构刚度退化速度明显加快，这一方面由于构件的屈服程度和数量有所增加，另一方面由于随位移荷载的增大，斜交网格筒斜柱与核心筒间发生较明显的螺栓连接滑移以及角部斜柱屈服并发生断裂，但上述试验现象在数值分析中尚不能准确有效地模拟，导致数值模拟结果与试验结果在曲线的下降段有所差异，但试验曲线与数值模拟曲线在荷载幅值小于 8mm 阶段是基本吻合的。

14.7.3.5 强度退化

在低周反复荷载作用下，当荷载位移保持不变时，荷载位移对应的峰值荷载随循环次数的增多而降低的现象称为强度退化。我国《建筑抗震试验方法规程》指出试验结构或构件的承载力降低性能可以通过同一荷载位移对应的不同次循环所得的荷载降低系数 λ_i 进行表征，λ_i 的计算方法为

$$\lambda_i = \frac{F_j^i}{F_j^{i-1}}$$ (14-12)

式中　F_j^i——位移延性系数为 j 时第 i 次循环峰点荷载值；

F_j^{i-1}——位移延性系数为 j 时，第 $i-1$ 次循环峰点荷载值。

则荷载位移分别为 9mm 和 10mm 时对应的荷载降低系数如表 14-8 所示，可见在保持位移荷载不变时，随加载循环次数的增多结构荷载峰值有所降低，说明试验结构在反复荷载作用下损伤不断累积，导致承载力随之下降。但从荷载降低系数的量值判断，结构承载力降低的程度相对较小，表明结构在相同幅值荷载的作用下具有相对稳定的承载力。

模型荷载降低系数　　　　　　　　　　　　表 14-8

位移荷载（mm）	加载方向	循环次数	峰值荷载（kN）	延性系数	λ_i	平均值
10	正向	1	262.138	1.52	1	0.972
		2	255.091		0.973	
	反向	1	280.120	1.43	1	
		2	271.805		0.970	
9	正向	1	271.570	1.364	1	0.965
		2	263.649		0.971	
	反向	1	289.484	1.286	1	
		2	277.415		0.958	

14.7.3.6 构件屈服顺序

如图 14-41（a）所示为试验模型中各类构件最先屈服杆件测量应变随位移加载幅值

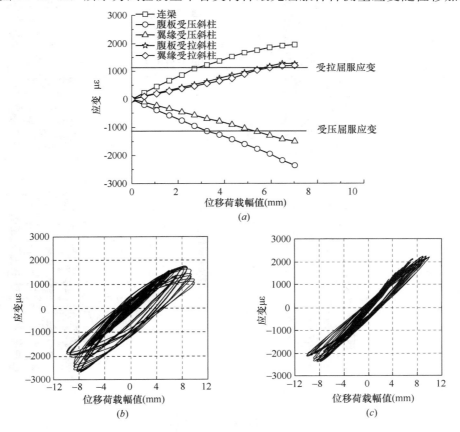

图 14-41　构件屈服顺序试验结果

（a）构件屈服顺序；（b）连梁端部一侧应变历程；（c）斜柱轴向应变历程

的变化规律，图中分别给出了构件材料的屈服拉应变（1175$\mu\varepsilon$）和屈服压应变（—1175$\mu\varepsilon$）。可见随位移荷载幅值的增加，核心筒连梁首先进入屈服，连梁端部一侧测点的应变发展历程如图14-41（b）所示，说明连梁端部已经进入塑性。外筒腹板立面角部斜柱随后受压进入塑性，如图14-41（c）所示为斜柱轴向应变监测值的发展历程，表明斜柱已经在轴向拉压作用下进入塑性。随着位移荷载的增大，外筒角部斜柱内力有效地传递至翼缘立面导致受压翼缘立面斜柱出现受压屈服，至试验结束时核心筒墙肢尚未出现明显屈服。为验证模型试验所得构件屈服顺序的正确性，给出缩尺模型构件屈服顺序的有限元数值模拟结果如图14-42（a）至图14-42（f）所示，图中分别给出了各类构件的塑性应变云图和应力云图。其中塑性应变大于零或者应力大于235MPa的构件即为出现塑性的构件，可见内筒连梁最先屈服，其次是外筒斜柱，最后是核心筒底部墙肢。由于试验结束时内筒墙肢尚未进入塑性，因此给出相应状态墙肢应力的试验及数值模型结果如图14-42（g）和14-42（h）所示，可见两者结果基本保持一致。本章14.3节的分析结果表明在高层建筑斜交网格筒-核心筒结构中不同类型构件的屈服顺序为连梁、斜柱、墙肢，与本节试验及数值模拟所得出的构件屈服顺序一致，试验模型的设计和制作基本保证了结构体系

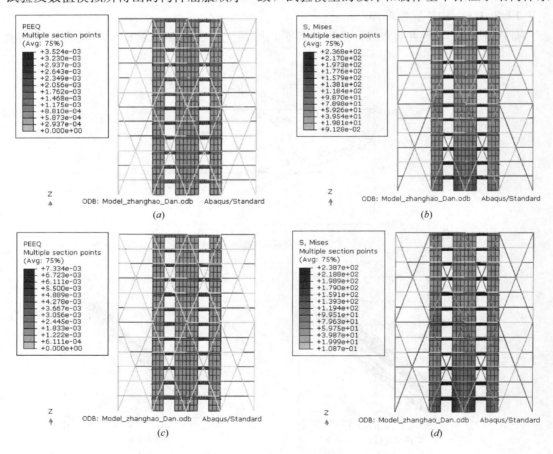

图 14-42　模型构件屈服顺序（一）

（a）连梁屈服时刻塑性应变（2.6mm）；（b）连梁屈服时刻应力（2.6mm）；
（c）斜柱屈服时刻塑性应变（3.3mm）；（d）斜柱屈服时刻应力（3.3mm）

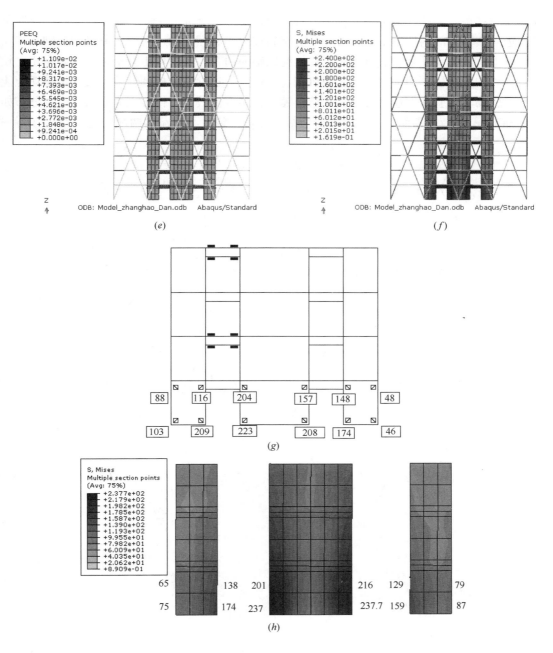

图 14-42 模型构件屈服顺序（二）

(e) 墙肢屈服时刻塑性应变 (11.8mm)；(f) 墙肢屈服时刻应力 (11.8mm)；

(g) 墙肢应变试验结果 ($\mu\varepsilon$) (10mm)；(h) 墙肢应变数值模拟结果 ($\mu\varepsilon$) (10mm)

的受力特点，能够有效地反映结构体系的抗震性能。

14.7.3.7　斜交网格筒屈服机制

斜柱的受力特点直接决定着其屈服机制，在试验模型中，对每个斜柱应变的测量位置均沿杆件两侧对称布置了电阻应变片，则通过比较斜柱杆件对称位置的应变值即可得到斜柱的受力状态。如图 14-43（a）、（b）、（c）、（d）所示分别为试验模型腹板立面在弹性阶段和进入塑性后的斜柱应变值。可见，对于斜柱对称测点处的一对应变值最大差别基本在30％以下，说明在反复加载过程中斜柱始终以轴向内力为主，弯矩对斜柱受力影响相对较小，斜柱的屈服机制为轴向拉压屈服机制，而斜柱的这种屈服机制导致了其变形及耗能能力相对较弱。为验证上述试验结果，给出缩尺模型数值模拟所得腹板立面斜柱应变分布如图 14-43（e）、（f）所示，与拟静力试验结果比较一致，斜柱端部两侧的应变基本保持一

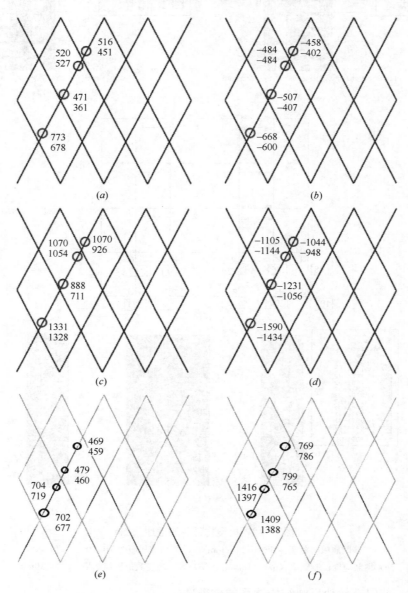

图 14-43　斜柱受力特点

（a）斜柱应变试验结果（με）（2mm 正向）；（b）斜柱应变试验结果（με）（2mm 反向）；

（c）斜柱应变试验结果（με）（6mm 正向）；（d）斜柱应变试验结果（με）（6mm 反向）；

（e）斜柱应变数值模拟（με）（2mm）；（f）斜柱应变数值模拟（με）（6mm）

致，即斜柱受到轴向内力的控制，在屈服时以轴向拉压屈服机制为主。

14.7.3.8 斜交网格筒失效路径

在高层建筑斜交网格筒-核心筒结构中，由于外筒的抗侧刚度较大，在地震作用下往往能够为体系提供较大的刚度贡献，在大震作用下甚至能够提供60%以上的侧向承载力，因此外筒的抗震性能将对体系整体的抗震性能产生明显的影响。在强烈地震作用下，斜交网格筒的塑性发展过程，特别是斜柱的失效路径和塑性分布区域决定着外筒的大震受力性能。在本次拟静力试验中，通过对外筒斜柱布置的224个测点得到了外筒斜柱的内力分布和内力发展历程，从而得到了外筒斜柱的失效路径。图14-44为外筒斜柱塑性发展的过程，分别给出了试验结果和数值模拟结果，并将试验结果中达到屈服应变（1175$\mu\varepsilon$，应力为235MPa）的斜柱测点用圆圈标出，可见当位移荷载较小时（3mm）如图14-44（a）、14-44（b）所示，位于腹板立面的角部斜柱受压首先屈服，由于斜柱以轴向内力为主，导

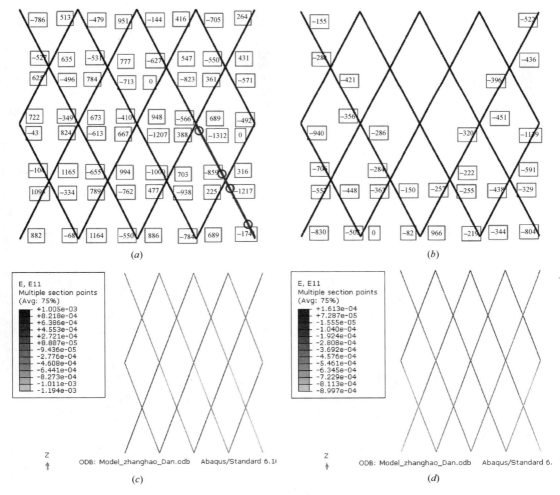

图 14-44　斜交网格筒失效路径（一）

（a）腹板立面试验结果（$\mu\varepsilon$）（3mm）；（b）翼缘立面试验结果（$\mu\varepsilon$）（3mm）；
（c）腹板立面数值模拟结果（ε）（3mm）；（d）翼缘立面数值模拟结果（ε）（3mm）

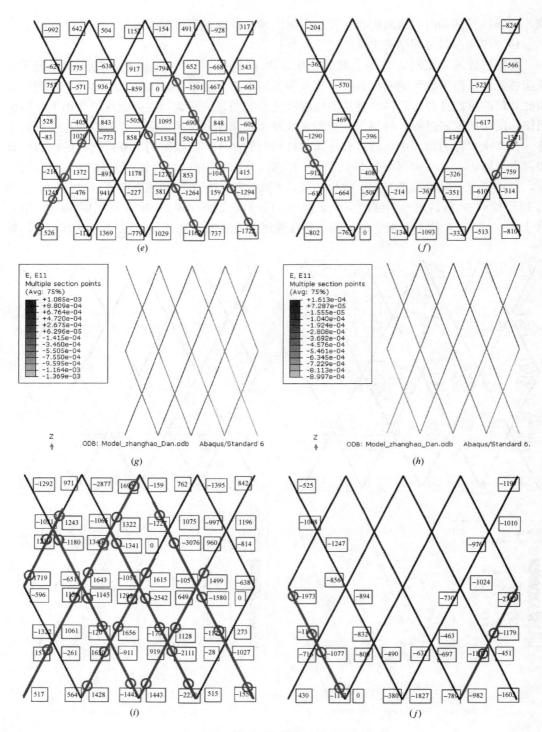

图 14-44　斜交网格筒失效路径（二）

（e）腹板立面试验结果（με）（5mm）；（f）翼缘立面试验结果（με）（5mm）；

（g）腹板立面数值模拟结果（ε）（5mm）；（h）翼缘立面数值模拟结果（ε）（5mm）；

（i）腹板立面试验结果（με）（8mm）；（j）翼缘立面试验结果（με）（8mm）

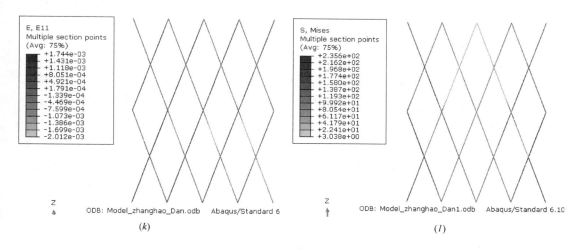

图 14-44　斜交网格筒失效路径（三）

（k）腹板立面数值模拟结果（ε）（8mm）；（l）翼缘立面数值模拟结果（ε）（8mm）

致构件的塑性发展主要集中在该根斜柱中向上部楼层延伸而不至影响与其交叉相连的其他斜柱，此时翼缘立面斜柱仍为弹性，相应的数值模拟结果如图 14-44（c）、14-44（d）所示，可见与试验结果吻合较好。随位移荷载的增加（5mm）如图 14-44（e）、14-44（f）所示，腹板立面中受压的角部斜柱塑性继续发展，并且与之相邻的斜柱也出现塑性，而在受拉侧的角部斜柱中的轴向拉力不断累积并导致斜柱受拉屈服，同时受压翼缘角部向内倾斜布置的斜柱也出现塑性，相应的数值模拟结果如图 14-44（g）、14-44（h）所示，与试验结果吻合较好。当位移荷载继续增加至 8mm 时如图 14-44（i）、14-44（j）所示，腹板和翼缘立面中构件的塑性沿斜柱进一步发展，并且在各立面中同时向立面内部和上部发展，使斜交网格筒体系表现出较好的空间协同受力性能，相应的数值模拟结果如图 14-44（k）、14-44（l）所示，与试验结果基本一致。可见，通过拟静力试验得到的外筒斜柱失效路径与本章 14.3 节的分析结果基本一致。

14.8　高层斜交网格筒体系抗震研究的工程应用

14.8.1　工程概况

深圳创业投资（VC&PE）大厦是由深圳市科技工贸和信息化委员会针对目前深圳市创投行业发展瓶颈的问题而实施的一大举措。深圳创业投资（VC&PE）大厦位于深圳市南山区科园路，东侧紧邻科园路，南侧紧邻滨海大道。主要功能包括：办公室、展示厅、会议中心、功能厅等。为方钢管混凝土交叉斜柱外筒＋钢筋混凝土核心筒混合结构。主体结构地上 44 层，总高度 186.0m，地下三层，地下室埋深 13.6m。目前高层建筑斜交网格筒结构体系尚未列入我国抗震规范、高层钢筋混凝土规程和高层钢结构规程，体系特殊，属于特殊类型高层建筑，其大震性能特别是体系大震失效过程和构件塑性发展顺序尚未被工程设计人员所掌握。

本节通过对结构进行大震弹塑性分析，揭示该工程项目在大震作用下的失效过程、构件塑性发展顺序、主要耗能构件及可能出现的地震薄弱部位，并针对分析结果提出建议，以期为结构设计提供有益参考。

14.8.2 分析模型

14.8.2.1 单元及材料

本工程中钢筋混凝土剪力墙、连梁采用 ABAQUS 提供的空间壳单元来模拟，在壳单元中可以通过 Rebar Layer 模拟钢筋的作用，钢管混凝土斜柱中混凝土材料采用哈尔滨工业大学开发的用户材料子程序[135,183-185]。

本工程采用弹塑性损伤模型模拟混凝土非线性行为，其描述混凝土的破坏形式为拉裂和压碎，混凝土材料的轴心抗压和轴心抗拉本构数学模型采用《混凝土结构设计规范》GB 50010—2002 附录 3 所提供，钢材采用双线性随动硬化模型。所有构件的配筋按照实际工程配筋信息进行有限元模型建模。

14.8.2.2 模态分析

模态分析结果与 PMSAP 及 ETABS 分析结果对比如表 14-9 所示，结果吻合较好，初步的对比分析验证了 ABAQUS 模型的正确性。结构前三阶模态变形如图 14-45 所示，其中第一阶以 Y 方向变形为主，第二阶以 X 方向变形为主，第三阶以扭转变形为主，可见结构在 Y 方向的刚度相对较小。

模态分析结果（s）　　　　　　　　　　　　　　　表 14-9

选用程序	第一振型（Y 向）	第二振型（X 向）	第三振型（扭转）
PMSAP 结果	3.6518	3.3196	1.0367
ETABS 结果	3.7245	3.3979	1.1215
ABAQUS 结果	3.7458	3.3965	1.0722

  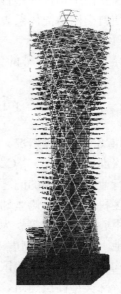

第一阶　　　　　　　　　　第二阶　　　　　　　　　　第三阶

图 14-45　结构模态

14.8.3 结构大震性能分析

结构大震动力弹塑性时程分析时所采用的地震波为《深圳市创业投资大厦工程场地地震安全性评价报告》提供的第一组大震（水平）地面人工波加速度时程 DZ1.02（峰值加速度 220gal），如图 14-46 所示，地震波的输入持时为 20s，地震作用方向为 Y 向，分析中考虑了 P-△ 效应及重力作用。

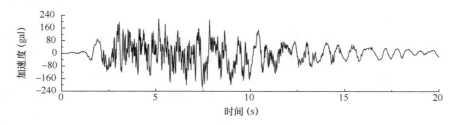

图 14-46　地震波 DZ1.02

14.8.3.1 结构位移、基底剪力响应

结构顶点位移时程及基底剪力时程分别如图 14-47、14-48 所示，楼层最大层间位移角分布如图 14-49 所示。楼层最大层间位移角、结构顶点侧移最大值及基底剪力最大值如表 14-10 所示。在罕遇地震作用下结构顶点位移时程围绕平衡位置上下波动，没有出现明显的发散，结构的变形始终能够回到平衡位置，且最大层间位移角值均小于超限高层建筑工程抗震设防审查专家委员们所提出的规定限值，说明结构在地震作用后仍站立不倒，满足抗震设计规范"大震不倒"的抗震设防要求。

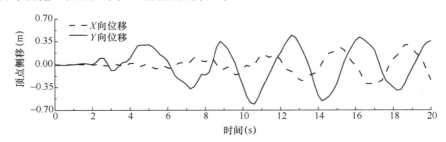

图 14-47　结构顶点位移

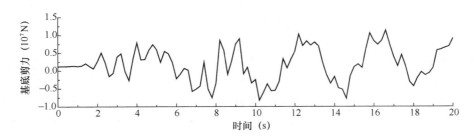

图 14-48　结构基底剪力（Y 方向）

结构分析结果　　　　　　　　　　　　　　　　　　　　　　表 14-10

	X 向地震作用	Y 向地震作用
楼层最大层间位移角	1/400	1/231

	X 向地震作用	Y 向地震作用
顶点最大位移（m）	0.299	0.594
基底剪力最大值（N）	—	1.142×10^7

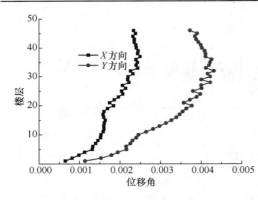

图 14-49　结构最大层间位移角分布

14.8.3.2　**结构最终塑性状态及构件屈服顺序**

在地震波 DZ1.02 作用的最终时刻，核心筒外部墙肢受压损伤如图 14-50 所示，限于篇幅仅给出一个腹板立面外墙的损伤情况，其余立面外墙的损伤情况与其类似，其中外围墙肢基本没有发生受压损伤，仅连接墙肢的连梁发生了较明显的损伤，且损伤区域主要集中在连梁端部，沿结构高度布置的连梁大部分进入塑性状态，表现出良好的耗能能力，并有效地保护了竖向剪力墙构件。结构核心筒内部隔墙墙肢受压损伤如图 14-51 所示，限于篇幅也仅给出部分墙肢的损伤情况，其余墙肢的损伤情况与其类似，可见核心筒内部墙肢存在不同程度的受压损伤，这主要是由于内部墙肢自结构基底至顶层厚度均较小所致。斜交网格筒中斜柱采用钢管混凝土组合截面，斜柱钢管应力分布如图 14-52 所示，可见均未达到屈服应力。斜柱中混凝土的受压损伤如图 14-53 所示，混凝土基本保持弹性，未发生明显受压损伤。斜柱中混凝土受拉损伤如图 14-54 所示，可见在外筒下部和中上部区域，混凝土受拉损伤较为明显，且受拉损伤沿斜向布置的柱子同时向外筒各立面内部和上部延伸。

体系核心筒和斜交网格筒中构件损伤发展顺序如图 14-55 所示。核心筒中连梁首先屈服并累积损伤，随后外筒钢管混凝土斜柱中混凝土发生受拉损伤，最后核心筒部分内部墙肢发生受压损伤。在分析结束时，核心筒外围墙肢仍基本保持完好，未发生明显损伤，核心筒仍具有承重及侧向承载力，不会因内部墙肢的局部损伤而出现整体倒塌，但内部墙肢的严重损伤可能引起结构的局部倒塌，因此在设计时应给予重视，进行适当加强。

总体来说，在地震波 DZ1.02 作用下，斜交网格筒中钢管混凝土斜柱，核心筒外围墙肢及大部分内部墙肢能保持良好的工作状态，结构在大震作用后仍能承受竖向荷载。

14.8.4　**结论和建议**

在罕遇地震作用下结构顶点位移时程围绕平衡位置上下波动，没有出现明显的发散，结构的变形始终能够回到平衡位置，说明结构在地震作用后仍站立不倒，满足抗震设计规范"大震不倒"的抗震设防要求。在地震作用下，核心筒连梁大部分出现了塑性区域，是大震作用过程中的主要耗能构件。外筒斜柱、核心筒外围墙肢及大部分内部墙肢基本完好，未发生明显受压损伤，但部分核心筒内部墙肢发生较明显受压损伤，为结构薄弱部位，建议进行适当加强处理。体系构件的塑性发展顺序为连梁最先屈服、随后外筒斜柱发展塑性，最后核心筒内部墙肢进入塑性。从整体分析来看，结构主体竖向构件大部分处于完好状态，结构仍有较大的抗震能力，能够确保结构"大震不倒"。

该实际项目的分析结果较好的验证了本章的前期理论分析、数值计算和试验研究成果，同时本章的工作对高层斜交网格筒-核心筒新型结构体系的工程实际应用起到了指导和借鉴作用，解决了目前工程设计中对该类新型体系大震性能掌握不清的问题。

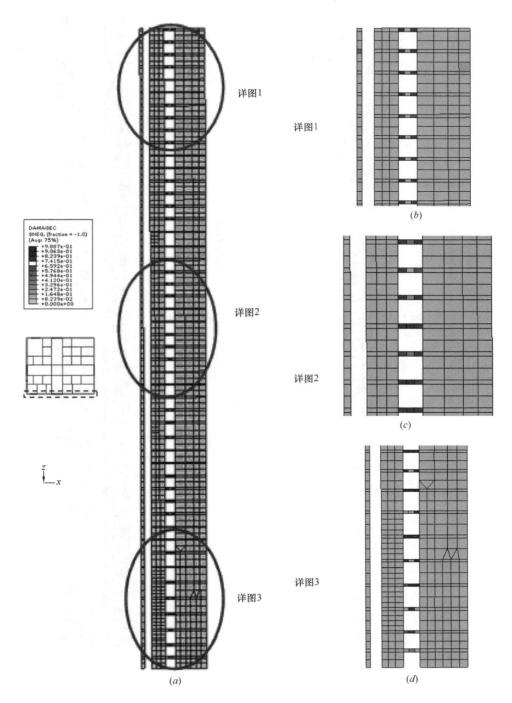

图 14-50　核心筒外墙肢

(*a*) 墙损伤；(*b*) 详图 1；(*c*) 详图 2；(*d*) 详图 3

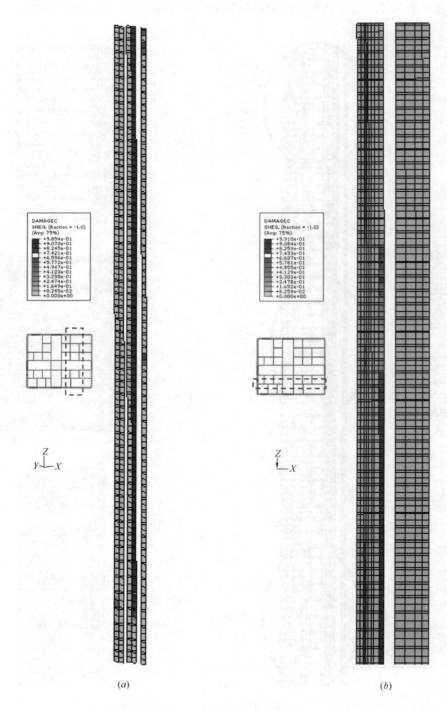

图 14-51　核心筒内部墙肢

(a) 10，11 轴线间隔墙；(b) D，E 轴线间隔墙

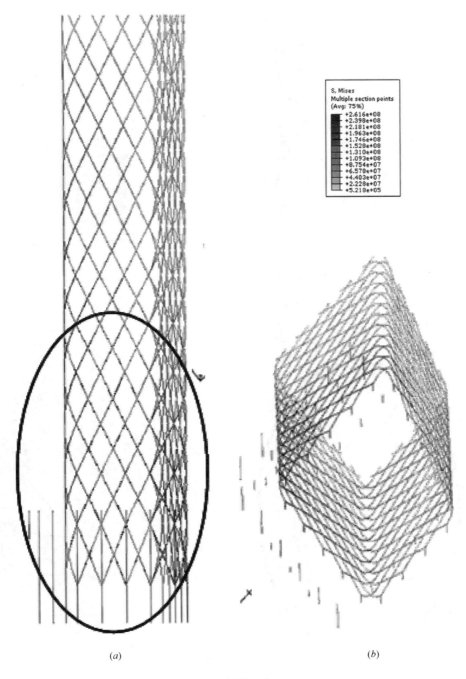

S, Mises
Multiple section points
(Avg: 75%)
+2.616e+08
+2.398e+08
+2.181e+08
+1.963e+08
+1.746e+08
+1.528e+08
+1.310e+08
+1.093e+08
+8.754e+07
+6.578e+07
+4.403e+07
+2.228e+07
+5.218e+05

(a)

(b)

图 14-52　钢管应力（P_a）
（a）斜柱应力分布；（b）底部斜柱应力

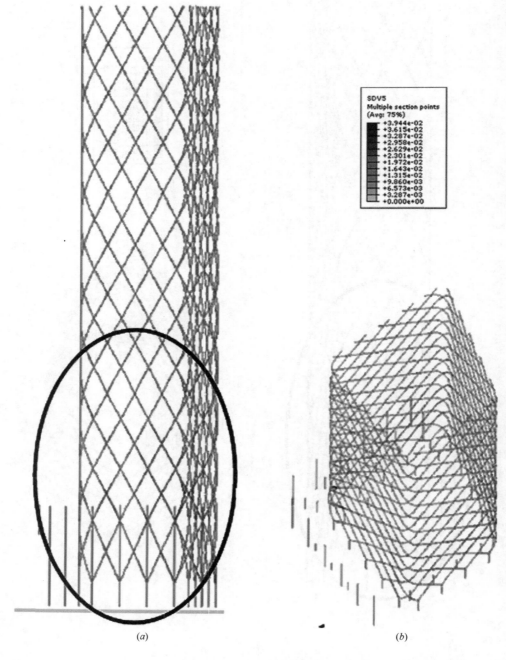

图 14-53　混凝土受压损伤

(a) 斜柱损伤分布；(b) 底部斜柱损伤

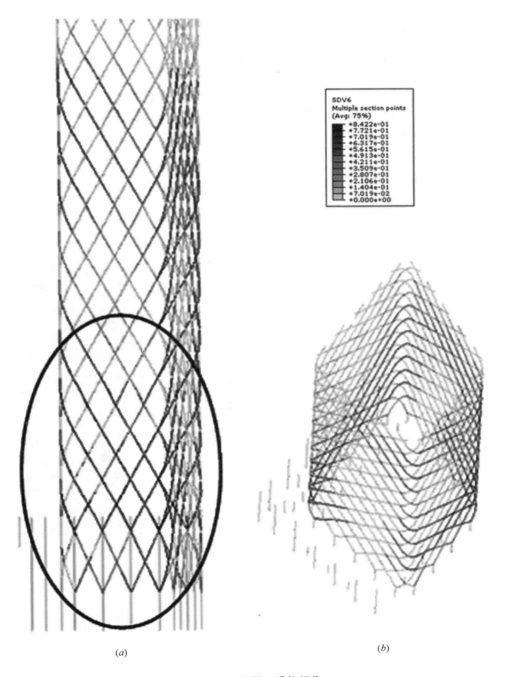

SDV6
Multiple section points
(Avg: 75%)
+8.422e-01
+7.721e-01
+7.019e-01
+6.317e-01
+5.615e-01
+4.913e-01
+4.211e-01
+3.509e-01
+2.807e-01
+2.106e-01
+1.404e-01
+7.019e-02
+0.000e+00

(a)

(b)

图 14-54　混凝土受拉损伤

(a) 斜柱损伤分布；(b) 底部斜柱损伤

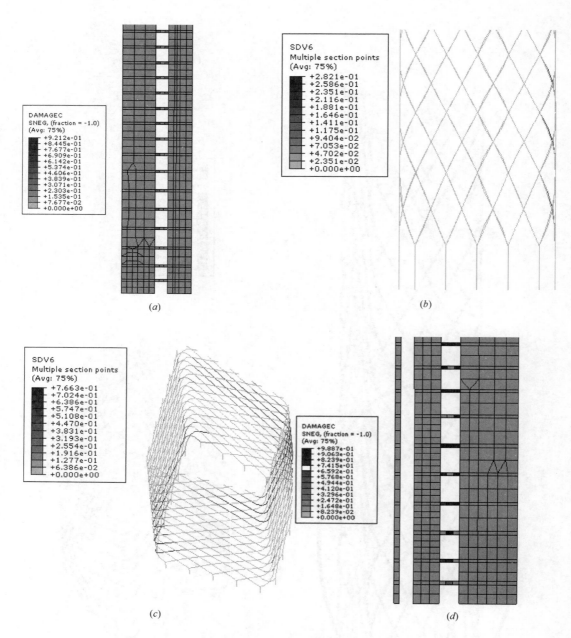

图 14-55　构件屈服顺序

（a）内筒外墙连梁 2.6s；（b）外筒斜柱混凝土 5.0s；（c）外筒斜柱混凝土 8.0s；（d）主要受力墙 20.0s

　　本章对高层斜交网格筒-核心筒结构体系进行了静力弹塑性分析、动力弹塑性时程分析及拟静力试验验证，为应用于工程实践建立了基础。斜交网格筒结构中构件的屈服顺序依次为连梁，斜柱，墙肢，其余构件基本保持弹性。墙肢厚度、连梁高度、斜柱截面等因素不改变上述构件屈服顺序。外筒斜柱的屈服路径为：塑性从腹板立面底层角柱开始同时向受压和受拉翼缘立面发展，且各立面中斜柱的塑性同时向上部楼层和立面中部发展，其空间工作性强，剪力滞后效应较小。体系内外筒间内力分配分为四个阶段：第一阶段内外筒内力按弹性刚度分配；第二阶段内外筒第一次内力重分配，内筒基底剪力向外筒转移导致外筒内力快速增大；第三阶段内外筒内力分配趋于稳定；第四阶段内外筒第二次内力重分配，外筒基底剪力向内筒转移导致内筒内力增大而外筒内力减小。斜交网格筒体系塑性发展的初始阶段，内筒是体系刚度退化的主要原因，斜柱相继屈服后，内外筒刚度的减小共同导致体系刚度进一步退化。斜交网格筒是体系的主要抗侧力构件，而斜柱是其弹性和塑性阶段刚度的关键构件；连梁是体系塑性耗能的关键构件。斜柱塑性能分布范围较集中，最大值发生在基底附件的第一、二斜交网格筒模块内，随楼层的增高而迅速减小。连梁塑性能分布范围较大，且受高阶振型影响较明显，在靠近结构基底和顶部的斜交网格筒模块内其塑性耗能最大，中部楼层略小，基底和顶部楼层的连梁塑性耗能最小。探讨了体系的抗震概念，小震时各类构件应保持弹性；中震下，斜柱宜尽量控制损伤，墙肢宜控制屈服，连梁宜允许部分屈服；大震下，斜柱和墙肢均宜控制屈服数量和屈服程度，特别是斜柱不宜发生较严重承载力退化，而连梁应允许屈服。通过对高层斜交网格筒结构典型模块缩尺模型进行拟静力试验，验证了体系构件的塑性发展顺序、外筒失效路径、斜柱屈服机制等，试验结果和现象能够较好的佐证本章所给出的体系抗震性能。将本章的研究成果应用到典型的高层斜交网格筒-核心筒结构实际工程中，针对目前该类新型结构在设计和分析中遇到的大震屈服顺序不明确、外网筒失效路径和特点模糊的实际应用问题，进行了罕遇地震作用下的动力弹塑性时程分析，一方面较好地验证了本章的研究成果，另一方面也有效地指导了实际工程应用，取得了较好的经济效益。

第15章 体系失效模式优选及其控制指标

15.1 引 言

根据第14章中对高层斜交网格筒-核心筒结构体系的抗震性能分析可知，该类型结构体系具有较大的侧向刚度，但斜交网格筒的屈服机制及塑性耗能能力相对较差，在高烈度地区建造时其塑性性能尤其需要注意。作为一种新型结构体系，高层斜交网格筒-核心筒结构体系的抗震性能、协同工作原理、内外筒内力分配规律等和常规结构相比存在较大差异，这导致其大震作用下的体系失效模式也必然不同于常规结构体系。目前我国规范针对"三水准"抗震设防目标采取的"两阶段"的设计方法对于传统结构体系是基本适用的，结合"强柱弱梁"，"强剪弱弯"，"强节点弱构件"等抗震概念设计思想的落实，实际上已经对常规结构的大震失效模式做出了引导和控制，这是基于大量地震灾害调查和丰富工程经验对常规结构地震失效模式的概念把握。而对于高层斜交网格筒-核心筒新型结构体系，相关的工程经验也并不丰富，缺乏可参考的抗震设计思想和方法，该类型结构体系大震下的失效模式还不清晰。

在强烈地震作用下结构往往会进入塑性，此时仅通过结构的侧向刚度已经不能充分表达其损伤程度和损伤分布特点，而结构的塑性耗能却可以有效地反映结构性能的劣化及构件的损伤，并且能够反映地震往复作用下结构的累积损伤效应。本章采用动力弹塑性时程分析方法，基于构件及结构的塑性耗能对高层钢管混凝土斜交网格筒-混凝土核心筒结构进行参数化分析，对体系大震失效模式的优劣进行评价和优选，提出该类型结构体系较优的失效模式，并给出形成该失效模式的控制条件。分析中采用的地震动参数如表14-2所示，在没有特殊说明的情况下，文中所探讨的分析结果均为多条地震波分析结果的平均值。

15.2 体系失效模式主要影响因素探讨

在本章的探讨中，所有钢管混凝土斜交网格筒-钢筋混凝土核心筒结构中核心筒洞口均排列整齐，而不包括不规则开洞的核心筒情况。我们知道，对于传统的框架-剪力墙、框架-核心筒以及筒中筒结构，剪力墙的整体性以及剪力墙与框架（核心筒与外框架或核心筒与外框筒）的刚度分布对结构整体的受力及变形特点以及失效模式都存在影响。因此，探讨高层斜交网格筒-核心筒结构体系的失效模式时应充分考虑核心筒的整体性及核心筒与斜交网格筒的刚度分布特点的影响。

15.2.1 核心筒整体系数 α

在常见的剪力墙特别是联肢剪力墙中，联肢剪力墙整体系数 α_0 是反映连梁和墙肢相对刚度比的重要参数[139]，能够有效地体现连梁和墙肢之间的相对关系。联肢剪力墙整体系数能够较明显地影响联肢墙的变形特点和内力分布特点，从而决定着整个联肢剪力墙的受力变形特性。对于高层建筑中的核心筒亦可看作是联肢剪力墙，在本质上核心筒与联肢剪力墙的情况和原理是完全相同的，但此时应适当的计入与联肢剪力墙相连的翼缘墙肢的影响。为与联肢剪力墙整体系数有所区别称之为"核心筒整体系数"并用 α 表示，则该系数也必然对核心筒的内力分布和变形产生较大的影响，进而决定着核心筒的整体受力变形特性。因此在对高层斜交网格筒-核心筒结构体系失效模式的探讨中，"核心筒整体系数"将是一个非常重要的参数。

如图 15-1 所示为典型的单洞口高层结构核心筒，其整体系数的计算方法与联肢剪力墙的计算方法是相同的，其计算式为

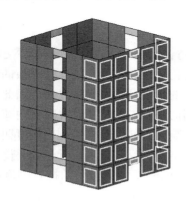 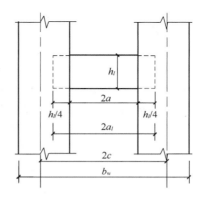

图 15-1　核心筒示意图

$$\alpha = H\sqrt{\frac{6\,\widetilde{I}_l c^2}{T_z h a_l^3 (I_1 + I_2)}} \tag{15-1}$$

式中　T_z——核心筒截面轴向变形影响系数，计算式为

$$T_z = \frac{I - I_1 - I_2}{I} \tag{15-2}$$

其值越大表明核心筒中墙肢的洞口越大，墙肢相对越细，其中 I 为核心筒墙肢对组合截面总形心位置的组合惯性矩，I_1、I_2 为核心筒洞口两侧墙肢对各自截面形心位置的惯性矩。H 为结构总高度，h 为楼层高度。c 为核心筒洞口两侧墙肢组合截面形心间距的一半；a_l 为连梁计算跨度的一半，$\widetilde{I}_l$ 为计入剪切变形影响的连梁折算惯性矩，a_l 和 $\widetilde{I}_l$ 分别为

$$a_l = a + \frac{h_l}{4} \tag{15-3}$$

$$\widetilde{I}_l = \frac{I_l}{1 + 0.7\dfrac{h_l^2}{a_l^2}} \tag{15-4}$$

其中 I_l——连梁的截面惯性矩;

h_l——连梁高度。

对于常规剪力墙结构,当整体系数 $\alpha_0 < 1$ 时,连梁相对墙肢很弱,连梁对墙肢的约束作用很小,可以不予考虑,各墙肢可分别按照单肢剪力墙计算;当 $1 \leqslant \alpha_0 < 10$ 时,连梁相对墙肢的刚度较为适中,连梁在墙肢间起到一定约束和联系作用,整个墙体呈现联肢剪力墙的受力特点;当 $\alpha_0 \geqslant 10$ 时,连梁相对墙肢的刚度较大,连梁对墙肢的联系作用较强,整个墙体与一片小开口甚至整体墙的受力特点更为接近。对于高层建筑结构中的核心筒,通常都具有较好的整体性,并且核心筒高度一般都较大,因此核心筒整体系数 α 一般都较大,即核心筒具有与小开口墙甚至整体墙类似的受力和变形特点。另外,在核心筒开洞很大,墙肢受到过多削弱,整个核心筒呈现类似壁式框架的情况下,所得到的 α 值也可能较大,本章对这种情况不进行讨论和分析。

15.2.2 等效刚度比 γ

在高层斜交网格筒-核心筒结构中,核心筒以弯曲型变形为主,而外围斜交网格筒的侧移变形同时包含弯曲和剪切变形成分,两者相比仍存在一定的差别,在楼板的约束作用下,结构的整体变形介于独立的核心筒变形与独立的斜交网格筒变形之间。因此,斜交网格筒与核心筒的侧向刚度比将会影响体系内外筒间的协同工作性能,并对侧向荷载在内外筒间的分配以及结构整体的变形和受力特点产生影响。当斜交网格筒侧向刚度明显大于核心筒侧向刚度时,体系的整体性能更接近于斜交网格筒,反之则更接近于核心筒。这类似于框架-剪力墙结构中刚度特征值的概念:框架的抗侧刚度与剪力墙的抗弯刚度的比值称为框剪结构的刚度特征值。当框架的抗侧刚度很小,体系刚度特征值较小,如果刚度特征值等于零,则体系相当于纯剪力墙结构。当剪力墙抗弯刚度减小时,刚度特征值增大,当刚度特征值趋于无穷大时,体系即相当于纯框架结构,可见刚度特征值对框架-剪力墙结构的受力、变形性能影响很大。在高层建筑斜交网格筒-核心筒结构体系中,斜交网格筒的变形同时包含剪切和弯曲成分,这与框架的变形特点存在一定的差异,不能够直接借用框架结构的抗侧刚度概念,因此本章采用"等效刚度比"的概念来描述斜交网格筒侧向刚度与核心筒侧向刚度的比值。这里"等效刚度比"是斜交网格筒的"等效抗侧刚度"与核心筒的"等效抗侧刚度"的比值,用 γ 来表示。如图 15-2 所示,在本章中斜交网格筒与核心筒的"等效抗侧刚度"是这样定义的:如果斜交网格筒或核心筒在某一侧向荷载作用下的顶点侧移为 u_0,而某一竖向悬臂受弯构件在相同的侧向荷载作用下也有相同的顶点侧移 u_0,则认为斜交网格筒或核心筒与该竖向悬臂受弯构件具有相同的抗侧刚度,故采用竖向悬臂受弯构件的刚度作为斜交网格筒或核心筒的"等效抗侧刚度",它综合反映了斜交网格筒和核心筒弯曲变形、剪切变形和轴向变形等的影响,则高层斜交网格筒-核心筒结构的"等效刚度比" γ 表示为

$$\gamma = \frac{K_{\text{deq}}}{K_{\text{weq}}} = \frac{U_{\text{Top\_w}}}{U_{\text{Top\_d}}} \tag{15-5}$$

式中 K_{deq}——斜交网格筒"等效抗侧刚度";

K_{weq}——核心筒"等效抗侧刚度";

$U_{\text{Top\_w}}$、$U_{\text{Top\_d}}$——内外筒在相同均布侧向荷载作用下的顶点侧移。

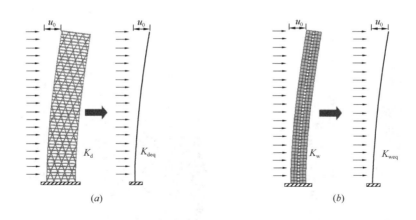

图 15-2 等效刚度示意图
(a) 斜交网格筒；(b) 核心筒

15.2.3 算例参数

本章所建立的参数分析模型，参考了目前国内已有的几个实际工程，包括广州西塔、大连中国石油大厦和深圳创业投资（VC&PE）大厦如图 15-3 所示，本算例在实际工程的基础上对构件和截面进行了适当简化和归并，建立了典型的高层钢管混凝土斜交网格筒-钢筋混凝土核心筒结构如图 15-4 所示。其中外筒由钢管混凝土斜柱和钢环梁构成，内部为钢筋混凝土核心筒，内外筒间连系梁为钢梁，交叉斜柱及环梁与斜柱交点均为刚性连接，并采用刚性楼板假定。结构层高 4m 共 48 层，总高度为 192m，外筒为边长 36m 的正方形，内筒为边长 18m 的正方形。斜柱钢管及钢梁采用 Q345，核心筒按照规范方法采用 HRB400 进行配筋，外筒环梁采用工字钢 800×300×20×40，内外筒间连系梁采用工字钢 600×200×11×17，剪力墙厚度为 1~12 层 1200mm，13~24 层 1000mm，25~48 层 800mm。外筒钢管混凝土斜柱壁厚为 20mm，钢管直径 1~12 层 800mm，13~24 层 720mm，25~48 层 650mm。连梁宽度与所在楼层的墙厚相同，连梁高度 1200mm。以该结构为基本算例，编号为 S1-H5-C5，通过调整结构中影响"核心筒整体系数"和内外筒"等效刚度比"的主要参数，得到了 3 个系列共 43 个结构算例，算例编号为 Si-Hj-Ck，其中 Si 表示算例系列（i=1~3），Hj 表示连梁高度水平（j=1~7），Ck 表示斜柱直径水平

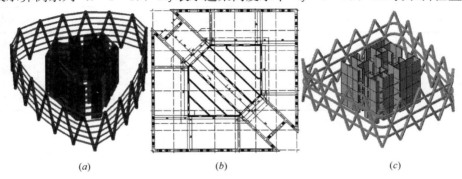

(a)   (b)   (c)

图 15-3 工程实例简图
(a) 广州西塔；(b) 大连中国石油大厦；(c) 深圳创业投资大厦

（k＝1～7），具体参数如表 15-1～表 15-5 所示。在本章所有的算例中，连梁的屈服机制均保持一致且未发生剪切失效。

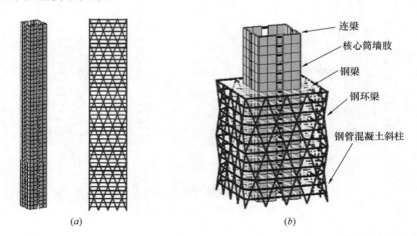

图 15-4　结构模型
(a) 核心筒及斜交网格筒；(b) 轴测图

15.2.3.1　系列 1 算例：变化 α 固定 γ

本算例中，斜交网格筒与核心筒"等效刚度比"为 1.47。为分析仅"核心筒整体系数"变化对体系失效模式的影响，在本系列算例中，通过改变核心筒中连梁高度来实现对核心筒整体系数的调整。在选取不同核心筒整体系数时需同时调整斜交网格筒的参数，从而使斜交网格筒与核心筒"等效刚度比"保持不变，这里通过调整斜柱截面参数来实现。根据第 13 章中的分析可知，斜交网格筒在侧向荷载作用下的侧移计算结果将随斜柱参数而变化，钢管混凝土构件的截面套箍系数、截面组合弹性模量等参数也会随斜柱参数而发生变化，从而较难通过斜交网格筒侧移量直接反算得到所需的斜柱截面参数，为此本章采用迭代计算方法对斜柱参数进行选取，迭代流程如图 15-5 所示。所得的 7 个结构算例的连梁、斜柱参数如表 15-1 所示，表中也给出了相应的核心筒整体系数及斜交网格筒与核心筒的等效刚度比。

系列 1 算例参数　　　　　　　　　　　　　　　　　　　　　　表 15-1

模型编号	连梁高度（mm）	斜柱直径（mm）	核心筒整体系数	等效刚度比
S1-H1-C1	400	440/480/530	4.92	1.45
S1-H2-C2	600	560/620/680	8.44	1.49
S1-H3-C3	800	600/660/730	12.08	1.43
S1-H4-C4	1000	630/690/760	15.67	1.45
S1-H5-C5	1200	650/720/800	19.12	1.47
S1-H6-C6	1400	660/730/810	22.37	1.47
S1-H7-C7	1600	670/740/820	25.40	1.49

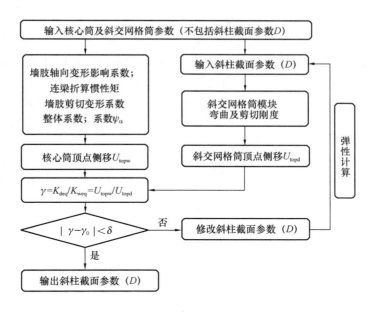

图 15-5　迭代流程

15.2.3.2　系列 2 算例：变化 γ 固定 α

本系列算例改变斜交网格筒与核心筒的"等效刚度比"，保持"核心筒整体系数"不变。分别考虑核心筒整体性相对较弱，适中和较强三种情况，每种情况再分别建立斜交网格筒与核心筒等效刚度比由小到大（斜交网格筒侧向刚度由小到大）4 个算例。结构算例中斜交网格筒侧向刚度的调整是通过改变斜柱截面参数实现的，所得到的 12 个结构算例参数如表 15-2 所示，同时也给出了各算例的核心筒整体系数和等效刚度比。

系列 2 算例参数　　　　　　　　　　　　　表 15-2

模型编号	连梁高度（mm）	斜柱直径（mm）	核心筒整体系数	等效刚度比
S2-H1-C1	400	290/330/360	4.92	0.73
S2-H1-C2	400	340/390/430	4.92	0.96
S2-H1-C3	400	440/500/550	4.92	1.45
S2-H1-C4	400	670/740/820	4.92	2.79
S2-H2-C1	800	290/330/360	12.08	0.45
S2-H2-C2	800	340/390/430	12.08	0.59
S2-H2-C3	800	440/500/550	12.08	0.89
S2-H2-C4	800	670/740/820	12.08	1.70
S2-H3-C1	1400	290/330/360	22.37	0.40
S2-H3-C2	1400	340/390/430	22.37	0.52
S2-H3-C3	1400	440/500/550	22.37	0.79
S2-H3-C4	1400	670/740/820	22.37	1.51

15.2.3.3 系列 3 算例: 同时变化 α 和 γ

本系列结构算例同时变化"核心筒整体系数"和"等效刚度比"。通过调整核心筒连梁高度来改变核心筒整体系数,同时保持斜交网格筒参数不变,则体系等效刚度比也将随之变化。这里考虑了斜交网格筒侧向刚度相对较弱、适中和较强三种情况,每种情况再分别建立核心筒整体系数由小到大 7 个结构算例。所得到的 21 个结构算例的参数如表 15-3,表 15-4 和表 15-5 所示,表中同时给出了相应的核心筒整体系数和等效刚度比。

系列 3 算例参数(S3-C1)　　　　　　　　　　表 15-3

模型编号	连梁高度(mm)	斜柱直径(mm)	核心筒整体系数	等效刚度比
S3-H1-C1	200	440/480/530	1.85	3.55
S3-H2-C1	400	440/480/530	4.92	1.45
S3-H3-C1	600	440/480/530	8.44	1.02
S3-H4-C1	800	440/480/530	12.08	0.89
S3-H5-C1	1000	440/480/530	15.67	0.83
S3-H6-C1	1200	440/480/530	19.12	0.80
S3-H7-C1	1400	440/480/530	22.37	0.79
S3-H8-C1	1600	440/480/530	25.40	0.78

系列 3 算例参数(S3-C2)　　　　　　　　　　表 15-4

模型编号	连梁高度(mm)	斜柱直径(mm)	核心筒整体系数	等效刚度比
S3-H1-C2	200	600/660/730	1.85	5.74
S3-H2-C2	400	600/660/730	4.92	2.35
S3-H3-C2	600	600/660/730	8.44	1.65
S3-H4-C2	800	600/660/730	12.08	1.43
S3-H5-C2	1000	600/660/730	15.67	1.34
S3-H6-C2	1200	600/660/730	19.12	1.30
S3-H7-C2	1400	600/660/730	22.37	1.27
S3-H8-C2	1600	600/660/730	25.40	1.25

系列 3 算例参数(S3-C3)　　　　　　　　　　表 15-5

模型编号	连梁高度(mm)	斜柱直径(mm)	核心筒整体系数	等效刚度比
S3-H1-C3	200	660/730/810	1.85	6.65
S3-H2-C3	400	660/730/810	4.92	2.72
S3-H3-C3	600	660/730/810	8.44	1.92
S3-H4-C3	800	660/730/810	12.08	1.66
S3-H5-C3	1000	660/730/810	15.67	1.56
S3-H6-C3	1200	660/730/810	19.12	1.50
S3-H7-C3	1400	660/730/810	22.37	1.47
S3-H8-C3	1600	660/730/810	25.40	1.45

15.3 体系失效模式分析

15.3.1 系列1算例分析（变化 α 固定 γ）

首先对系列1各算例施加重力荷载，在此基础上进行静力模态 Pushover 分析，各算例中斜交网格筒的剪力系数（定义为外筒基底剪力与结构整体基底剪力的比值）随结构顶点侧移的发展过程如图15-6所示，可见在分析的初始阶段，弹性体系中外筒剪力系数保持不变，经过设计的系列1各算例中外筒剪力系数差别基本在 10% 以内，基本保证了斜交网格筒与核心筒"等效刚度比"一致，表明本章采用的迭代方法来选取的外筒斜柱截面基本符合体系"等效刚度比"保持不变的要求。随推覆荷载的增加，各算例外筒剪力系数变化规律与第14章中所述相同，这里不再赘述。

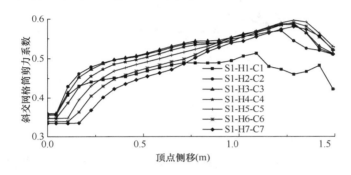

图 15-6　系列1算例斜交网格筒剪力系数

15.3.1.1 斜柱塑性耗能分布

外筒斜柱塑性耗能在楼层间的分布如图15-7所示，当核心筒整体系数相对较小（算例 S1-Hj-Ck，j=k=1～5），斜柱塑性耗能分布受高阶振型影响较为明显，斜柱塑性能最大值发生在底部和中部楼层。随核心筒整体系数的增大（算例 S1-Hj-Ck，j=k=6，7），斜柱楼层塑性能受高阶振型的影响程度逐渐减小，塑性耗能最大值主要发生在下部楼层。即随核心筒整体系数的增大，外筒塑性发展区域减小，塑性发展更趋于向底部附近楼层而中上部楼层斜柱基本不发生较严重塑性耗能或者不进入塑性。

从结构抗震承载力的角度出发，如果构件塑性耗能在某些局部较为集中，则该区域可能发展成为体系的地震破坏薄弱部位。因此当核心筒整体系数相对较小时（$\alpha=4.92$～19.12），斜交网格筒在底部和中部楼层均可能出现薄弱部位；当核心筒整体系数相对较大时（$\alpha=22.37$，25.40），斜交网格筒仅在底部附近楼层可能出现薄弱部位。但是从体系塑性耗能角度出发，构件塑性耗能分布越广泛，塑性发展越充分对体系大震耗能越有利。当算例核心筒整体系数较大时，仅底部附近楼层的斜柱产生塑性耗能，而大部分楼层中斜柱基本不耗能或耗能量很少。

根据第14章的分析可知，在高层斜交网格筒-核心筒结构体系中，斜交网格筒中斜柱先于核心筒墙肢进入塑性，且内外筒间存在两次内力重分配过程。根据我国抗震规范"小震不坏，中震可修，大震不倒"的抗震设防目标，在罕遇地震作用下，斜交网格筒与核心筒都是允许适当发展塑性的。我们希望此时外网筒构件塑性分布范围更广泛，这有利于结

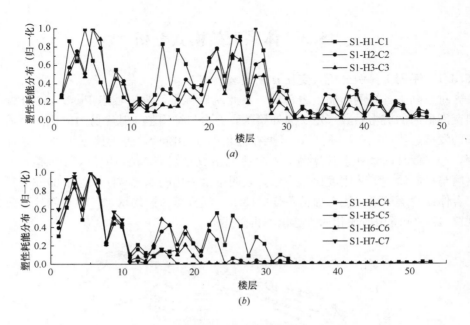

图 15-7　斜柱塑性能分布

(a) 算例 S1-H1-C1～S1-H3-C3；(b) 算例 S1-H4-C1～S1-H7-C3

构塑性耗能和构件内力重分配，但前提是此时体系中仍然存在抗震承载力储备。因此，对于高层斜交网格筒-核心筒结构体系，在确保体系核心筒具有足够抗震储备的前提下，应允许外网筒的斜柱在更大的范围内适当程度地发展塑性，则核心筒整体系数选取适中或偏小值对此是有利的。

15.3.1.2　连梁塑性耗能分布

连梁塑性耗能在楼层间的分布如图 15-8 所示，当核心筒整体系数相对较小（算例 S1-Hj-Ck，j＝k＝1，2，3），连梁塑性耗能受到高阶振型影响相对较为明显，塑性能在下部和上部楼层较其他楼层明显大。随着核心筒整体系数的增大（算例 S1-Hj-Ck，j＝k＝4～7），连梁塑性耗能在楼层间分布的不均匀程度逐渐减小，即在高层斜交网格筒-核心筒结构中，核心筒整体性越强，连梁塑性耗能在楼层间的分布越均匀，也越有利于体系的塑性耗能。

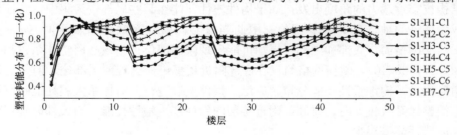

图 15-8　连梁塑性能分布

15.3.1.3　墙肢塑性耗能分布

结构中墙肢的塑性耗能在楼层间的分布如图 15-9 所示，对算例 S1-Hj-Ck（j＝k＝1～5）（核心筒整体系数 α＝4.92～19.12），墙肢塑性能主要集中在基底处，随核心筒整体性系数的增大（算例 S1-Hj-Ck，j＝k＝6，7，核心筒整体系数 α＝22.37，25.40），墙肢基本不进入塑性，可见在高层斜交网格筒-核心筒结构体系中，增大核心筒整体系数能够对墙肢起到保护作用。在该类型结构体系中，核心筒是体系最后进入塑性的构件，需要承担斜交网格筒达到强度退化点后所卸载的大量侧向力，但是核心筒墙肢屈服后的塑性区域始终集中在基底处，墙肢塑性耗能量很小，因此即便墙肢塑性发展程度较大也不能对体系耗能能力产生明显影响，而是主要影响体系的抗侧刚度和侧向承载力。从体系抗震性能的角度出发，并且考虑到"三水准"的抗震设防目标，虽然允许作为体系最后抗震承载力储备的墙肢在基底处进入塑性，但对其塑性发展的区域和程度都应适当控制，以避免无法承受斜交网格外筒卸载导致结构倒塌。

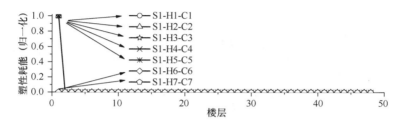

图 15-9　墙肢塑性能分布

15.3.1.4　楼层塑性耗能分布

结构各楼层的塑性耗能分布如图 15-10 所示，当核心筒整体系数相对较小（算例 S1-Hj-Ck，j＝k＝1～4），体系楼层塑性耗能分布受到高阶振型的影响较为明显，塑性耗能在底部和中部楼层较其他楼层明显大，在强烈地震作用下容易形成局部薄弱楼层。随核心筒整体性系数的增大（算例 S1-Hj-Ck，j＝k＝5～7），体系楼层塑性耗能分布逐渐趋于均匀，这有利于避免局部薄弱楼层的出现，对结构的抗震和体系的失效模式都是有利的。

15.3.1.5　构件塑性耗能分配

结构塑性耗能在各类构件中的分布如图 15-11、15-12 所示，随核心筒整体系数的增大，斜柱塑性耗能先增大再减小，而连梁塑性耗能随之增大。如该系数过小（算例 S1-Hj-Ck，j＝k＝1，2），则斜柱为体系主要塑性耗能构件（占体系总塑性耗能的 76％和 61％）而连梁塑性耗能相对较小（21％和 38％）。然而考虑到在高层斜交网格筒-核心筒结构中，斜柱的受力始终以轴向拉压为主，斜柱不仅是体系主要的承重构件，更为体系提供较大的侧向刚度，这也正是该类型结构体系在高层建筑中的优势所在。但也应该注意到即便斜柱采用了轴向承载力和延性较好的钢管混凝土构件，以轴向拉压为主的屈服特点和耗能机制决定了其耗能能力仍然相对较差，与之相比连梁的弯曲型屈服机制则是较好的耗能机制。因此，在该类型结构体系中，应充分发挥不同类型构件的优势，尽量避免斜柱塑性耗能比例过大。当核心筒整体系数过大（算例 S1-Hj-Ck，j＝k＝5，6，7），连梁为体系主要耗能构件（93％，97％和 98.5％）而斜柱耗能很少（仅占体系总塑性耗能的 7％，3％和 1.5％）。然而值得注意的是，如果连梁塑性耗能比例过大则说明外筒斜柱的塑性发展较小，斜交网格筒基本没有发展塑性耗能，当以"大震不倒"为抗震设防目标时，此时的体系失效模式不是较优的，因此应该避免体系

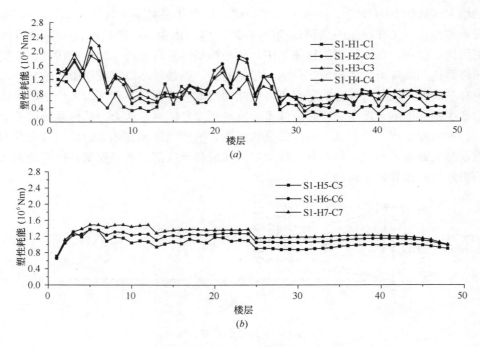

图 15-10　墙肢塑性能分布

(*a*) 算例 S1-H1-C1～S1-H4-C4；(*b*) 算例 S1-H1-C1～S1-H4-C4

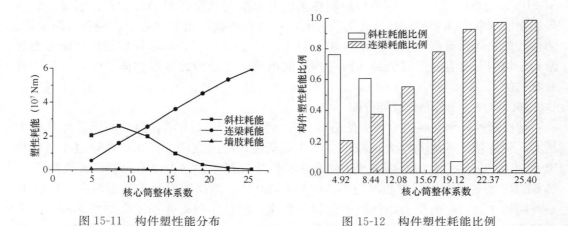

图 15-11　构件塑性能分布　　　　　　　图 15-12　构件塑性耗能比例

中耗能构件的类型和耗能分布区域及比例过于集中，可以通过适当的调整使结构塑性耗能在不同类型构件中和在更广泛的区域内发展，如算例 S1-Hj-Ck（j＝k＝3，4）中斜柱塑性耗能比例分别为 43%，22%，连梁塑性耗能比例分别为 55%，78%，既以连梁为体系主要耗能构件，发挥了其较好的梁铰屈服机制，又使外网筒斜柱适当发展了塑性。

　　综上所述，高层斜交网格筒-核心筒结构在大震作用下的塑性耗能主要分布在外筒斜柱、核心筒连梁和墙肢中，核心筒的整体性对结构的塑性耗能分布和塑性能分配有着较大的影响，过小或过大的选取核心筒整体系数如算例 S1-Hj-Ck（j＝k＝1，2，5，6，7）对体系的耗能分布和抗震性能都将产生不利的影响。而合理的核心筒整体系数如算例 S1-Hj-Ck（j＝k＝3，4）能够使塑性能在不同类型构件中的分布和构件间的分配更加合理，特别是使楼层间的总塑性耗能分布更加均匀，从而避免强烈地震作用下结构薄弱楼层的出现，是一种相对较优的体系大震失效模式。

15.3.2 系列 2 算例分析（变化 γ 固定 α）

15.3.2.1 斜柱塑性耗能分布

斜柱塑性耗能在楼层间的分布如图 15-13 所示，当核心筒整体系数较小（算例 S1-Hj-Ck，j＝1，2，k＝1～4，α＝4.92，12.08），外筒斜柱塑性耗能分布受高阶振型影响较明显，在底部和中下部楼层出现塑性耗能峰值，而上部楼层塑性能相对较小。当核心筒整体系数较大时（算例 S1-H3-Ck，k＝1～4，α＝22.37），斜柱塑性耗能分布受高阶振型影响相对较小，仅在底部附近楼层出现斜柱塑性耗能最大值，中部楼层的斜柱塑性耗能很小而上部楼层的斜柱基本没有出现塑性耗能。

在选取 α＝4.92，12.8，22.37 三种核心筒整体系数的情况下，分别比较了外筒抗侧

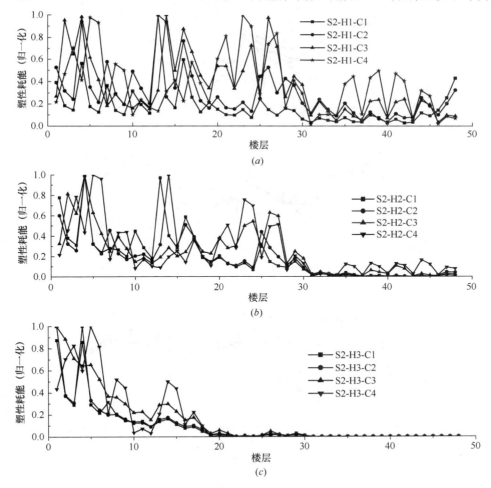

图 15-13　斜柱塑性耗能分布
（a）算例 S2-H1-C1～S2-H1-C4；（b）算例 S2-H2-C1～S2-H2-C4；（c）算例 S2-H3-C1～S2-H3-C4

刚度不同强弱（$\alpha = 4.92$，$\gamma = 0.73 \sim 2.79$；$\alpha = 12.08$，$\gamma = 0.45 \sim 1.70$；$\alpha = 22.37$，$\gamma = 0.4 \sim 1.51$）情况下斜柱的耗能分布，可见不论斜交网格筒与核心筒等效刚度比取值的大小，一旦核心筒整体系数确定后，体系等效刚度比对斜柱塑性耗能分布特点的影响相对较小。对于算例 S1-Hj-Ck，j=1，2，k=1~4（$\alpha = 4.92$，12.08），斜柱塑性耗能都不同程度地受到高阶振型的影响，而对于算例 S1-H3-Ck，k=1~4，（$\alpha = 22.37$），高阶振型的影响程度相对较小，斜柱塑性耗能分布范围主要集中在底部附近楼层。由此可见，核心筒整体性系数的大小对外筒斜柱的塑性耗能分布特点有较大的影响，而体系等效刚度比的取值对斜柱塑性耗能分布的特点的影响相对较小。通过调整核心筒的整体性，能够改善斜交网格筒斜柱的耗能分布，从而提高外筒耗能能力。

15.3.2.2 连梁塑性耗能分布

连梁塑性耗能在楼层间的分布如图 15-14 所示，与斜柱相比，连梁塑性耗能分布范围较广。在 $\alpha = 4.92$，12.08，22.37 三种情况下分别比较了 γ 由大到小四个算例（$\alpha =$

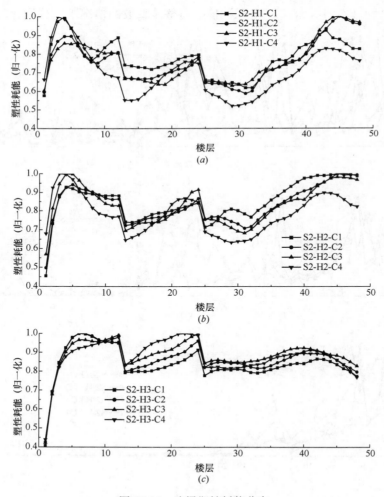

图 15-14 连梁塑性耗能分布

(*a*) 算例 S2-H1-C1～S2-H1-C4；(*b*) 算例 S2-H2-C1～S2-H2-C4；

(*c*) 算例 S2-H3-C1～S2-H3-C4

4.92，$\gamma=0.73\sim2.79$；$\alpha=12.08$，$\gamma=0.45\sim1.70$；$\alpha=22.37$，$\gamma=0.4\sim1.51$），分析表明当核心筒整体系数相对较小时（算例 S1-H1-Ck，j＝1，2，k＝1～4；$\alpha=4.92$，12.08；$\gamma=0.45\sim2.79$），其塑性耗能在下部和上部楼层最大，中部楼层略有减小，但这种塑性耗能分布不均匀的程度随核心筒整体系数的增大而逐渐减小，当核心筒整体系数相对较大时（算例 S1-H3-Ck，k＝1～4；$\alpha=22.37$；$\gamma=0.4\sim1.51$），各楼层中连梁塑性耗能相对均匀（差别在 20％以内）。在 12 个算例中，连梁塑性能分布在 12 层和 24 层均发生了较明显的跳跃，这主要是由于在这两个楼层核心筒厚度及连梁宽度发生改变而导致的。

总体来说，当核心筒整体系数确定后，斜交网格筒的相对强弱（等效刚度比）对连梁塑性耗能分布特点的影响相对较小。而核心筒整体性系数对连梁塑性耗能分布特点有较大的影响，通过调整该系数可使连梁耗能分布更均匀，体系耗能更加充分。

15.3.2.3 墙肢塑性耗能分布

墙肢塑性耗能在楼层间的分布如图 15-15 所示，当核心筒整体系数相对较小同时斜交网格筒刚度相对较弱时（算例 S2-H1-C1，$\alpha=4.92$，$\gamma=0.73$），墙肢塑性耗能分布受到高阶振型影响较为明显，塑性耗能主要集中在基底处和中上部楼层（30～40 层）。但这种影响随 α 和 γ 的增大而得到控制（算例 S2-H1-Ck，k＝2～4，$\alpha=4.92$，$\gamma=0.96\sim2.79$ 和 S2－H2－Ck，k＝2～4，$\alpha=12.08$，$\gamma=0.59\sim1.70$），仅底层墙肢出现塑性耗能，其余楼层墙肢不发生塑性耗能，而算例 S2-H2-C1（$\alpha=12.08$，$\gamma=0.45$）中墙肢没有出现塑性耗能。当核心筒整体系数相对较大时（算例 S2-H3-Ck，k＝1～4，$\alpha=22.37$，$\gamma=0.4\sim1.51$），所有楼层墙肢均不发生塑性耗能。

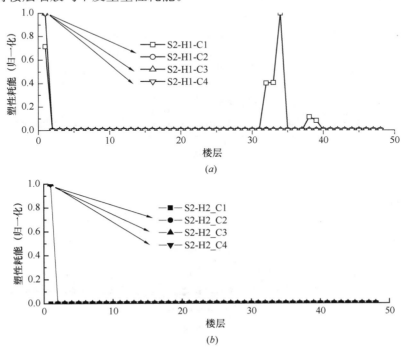

图 15-15　墙肢塑性耗能分布（一）

（a）算例 S2-H1-C1～S2-H1-C4；（b）算例 S2-H2-C1～S2-H2-C4；

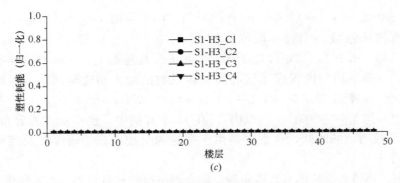

图 15-15　墙肢塑性耗能分布（二）

(c) 算例 S2-H3-C1～S2-H3-C4

15.3.2.4　楼层塑性耗能分布

各算例楼层塑性耗能分布如图 15-16 所示，当核心筒整体系数相对较小时（算例 S2-H1-Ck，j=1，2，k=1～4，α=4.92，12.08，γ=0.45～2.79），楼层总塑性耗能受高阶振型影响较为明显。并且在这两种情况中，体系内外筒等效刚度比较小的算例（S2-H1-Ck，k=1，2，γ=0.73，0.96 和 S2-H2-Ck，k=1，2，γ=0.45，0.59）相对于等效刚度比较大的算例（S2-H1-Ck，k=3，4，γ=1.45，2.79 和 S2-H2-Ck，k=3，4，γ=0.89，1.70）受到高阶振型的影响更小。当核心筒整体系数较大时（算例 S1-H3-Ck，k=1～4，γ=0.40～1.51），高阶振型的影响相对较小，各楼层总塑性耗能分布相对较均匀，而此时体系内外筒等效刚度比的影响相对较小。

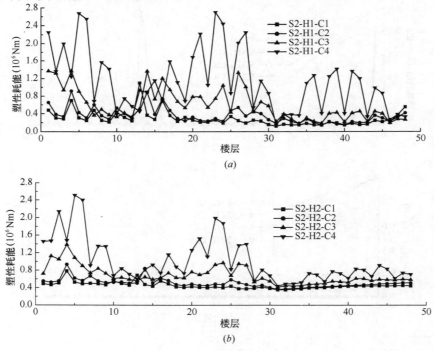

图 15-16　楼层塑性耗能分布（一）

(a) 算例 S2-H1-C1～S2-H1-C4；(b) 算例 S2-H2-C1～S2-H2-C4；

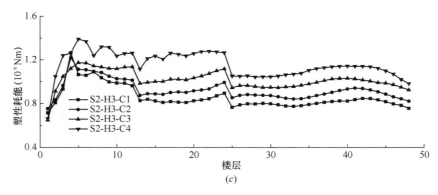

图 15-16 楼层塑性耗能分布（二）

（c）算例 S2-H3-C1～S2-H3-C4

15.3.2.5 构件塑性耗能分配

结构塑性耗能在不同类型构件间的分布如图 15-17 所示，当核心筒整体系数相对较小时（算例 S2-H1-Ck，k＝1～4，α＝4.92，γ＝0.73～2.79），体系中斜柱塑性耗能最多，连梁其次，墙肢最少。当核心筒整体系数 α＝12.08（算例 S2-H2-Ck，k＝1～4，γ＝0.45～1.70），连梁塑性耗能超过斜柱成为体系耗能最多的构件。当核心筒整体系数 α＝22.37（算例 S2-H3-Ck，k＝1～4，γ＝0.40～1.51），连梁为体系主要的耗能构件并且与之相比，斜柱和墙肢的塑性耗能很小。

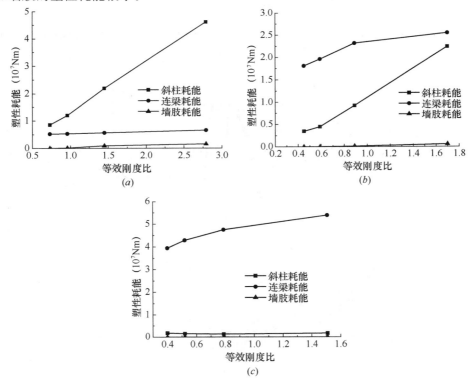

图 15-17 构件塑性耗能比例

（a）算例 S2-H1-C1～S2-H1-C4；（b）算例 S2-H2-C1～S2-H2-C4；（c）算例 S2-H3-C1～S2-H3-C4

在核心筒整体系数确定的前提下，调整结构等效刚度比并不改变体系中不同类型构件塑性耗能分配量的排序，但随等效刚度比的增大，斜柱塑性耗能比例可能增加（$\alpha = 4.92$，12.08）也可能减小（$\alpha = 22.37$）如表 15-6 所示。可见，核心筒整体系数对体系塑性耗能在斜柱和连梁间的分配比例起着决定性作用，而调整结构等效刚度比对斜柱和连梁塑性耗能分配比例也有所影响，但较核心筒整体系数的影响程度弱。

综上所述，在高层斜交网格筒-核心筒结构中，当核心筒整体系数确定时，结构等效刚度比对斜柱、连梁和墙肢的塑性耗能分布特点和分配规律的影响相对较小，即体系失效模式受到等效刚度比的影响相对较小，而主要受到核心筒整体系数的控制。但也要指出，等效刚度比虽然对塑性耗能的分布特点影响较小，但对不同类型构件间塑性耗能的比例是存在一定影响的，因此可以考虑通过"核心筒整体系数"初步优选失效模式，在此基础上在通过"等效刚度比"调整构件间的耗能分配，对体系失效模式进行最终的优选。

斜柱及连梁塑性耗能比例 表 15-6

$\alpha = 4.92$			$\alpha = 12.08$			$\alpha = 22.37$		
γ	斜柱耗能	连梁耗能	γ	斜柱耗能	连梁耗能	γ	斜柱耗能	连梁耗能
0.73	0.62	0.38	0.45	0.16	0.84	0.40	0.04	0.96
0.96	0.69	0.31	0.59	0.19	0.81	0.52	0.03	0.97
1.45	0.77	0.20	0.89	0.28	0.71	0.79	0.03	0.97
2.79	0.85	0.12	1.70	0.46	0.53	1.51	0.03	0.97

15.3.3 系列 3 算例分析（同时变化 α 和 γ）

15.3.3.1 斜柱塑性耗能分布

斜柱塑性耗能分布如图 15-18、图 15-19 和图 15-20 所示，当核心筒整体系数相对较小（算例 S3-Hj-Ck，j＝1～4，k＝1～3，$\alpha = 1.85 \sim 12.08$，$\gamma = 0.89 \sim 6.65$），外筒斜柱塑

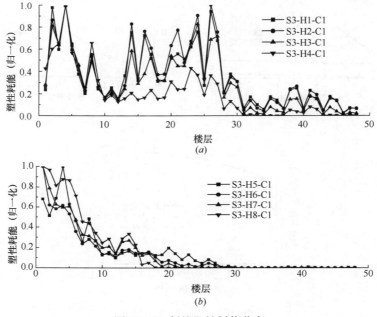

图 15-18 斜柱塑性耗能分布

（*a*）算例 S3-H1-C1～S3-H4-C1；（*b*）算例 S3-H5-C1～S3-H8-C1

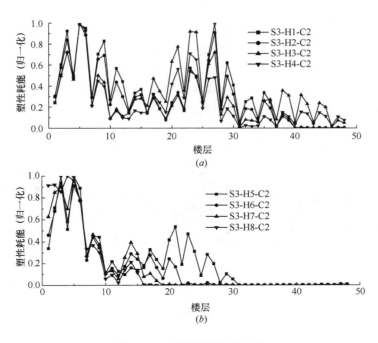

图 15-19 斜柱塑性耗能分布

(a) 算例 S3-H1-C2～S3-H4-C2；(b) 算例 S3-H5-C2～S3-H8-C2

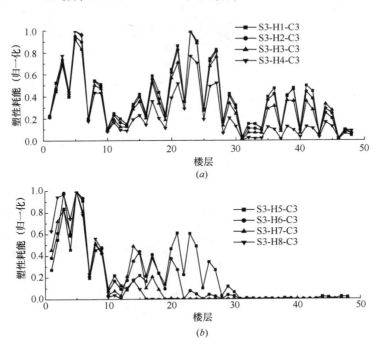

图 15-20 斜柱塑性耗能分布

(a) 算例 S3-H1-C3～S3-H4-C3；(b) 算例 S3-H5-C3～S3-H8-C3

性耗能受高阶振型影响较明显，斜柱塑性耗能的峰值发生在下部和中部楼层。随核心筒整体系数的增大（算例 S3-Hj-Ck，j＝5～8，k＝1～3，α＝15.67～25.40，γ＝0.78～1.56），斜柱塑性耗能受高阶振型的影响程度逐渐减小，斜柱塑性耗能主要集中在下部楼层，且最大塑性耗能值主要集中在结构底部附近楼层，外筒中上部楼层中斜柱塑性耗能相对较小。通过比较 S3-Hj-Ck，j＝1～8，k＝1～3 等 24 个算例，可见核心筒整体性的强弱对斜柱塑性耗能分布的作用受外筒刚度的影响较小，即斜柱的强弱对其自身塑性耗能分布特点的影响较小，而主要受到核心筒整体系数的影响。

15.3.3.2 连梁塑性耗能分布

连梁塑性耗能在楼层间的分布如图15-21所示，核心筒整体系数相对较小时（算例

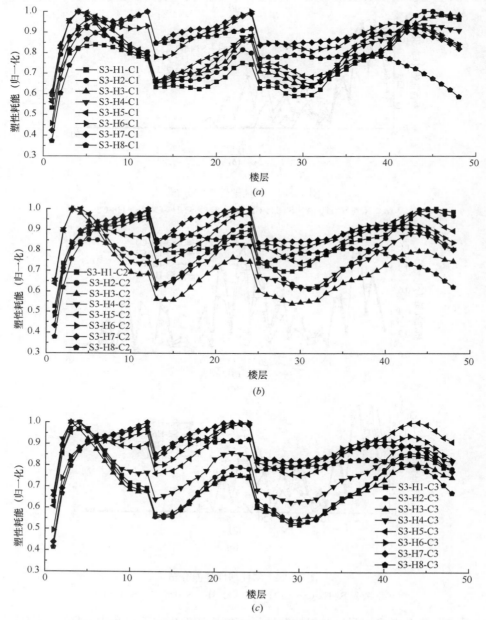

图 15-21　连梁塑性耗能分布

（a）算例 S3-H1-C1～S3-H8-C1；（b）算例 S3-H1-C2～S3-H8-C2；（c）算例 S3-H1-C3～S3-H8-C3

S3-Hj-Ck, j＝1～5，k＝1～3，α＝1.85～15.67，γ＝0.83～6.65），连梁塑性耗能在下部和上部最大，而在中部楼层略小，随核心筒整体性的增强（算例 S3-Hj-Ck，j＝6～8，k＝1～3，γ＝0.78～1.5），这种分布的不均匀程度有所减小。可见外筒斜柱的强弱对连梁塑性耗能分布规律的影响较小，即连梁耗能分布主要受到核心筒整体系数的影响。

15.3.3.3 墙肢塑性耗能分布

墙肢塑性耗能在楼层间的分布如图 15-22 所示，当核心筒整体系数在 1.85 和 19.12 区间（算例 S3-Hj-Ck，j＝1～6，k＝1～3，γ＝0.79～1.47），墙肢仅在基底处发生塑性耗能，当核心筒整体系数增大到 22.37 和 25.40（算例 S3-Hj-Ck，j＝7，8，k＝1～3），墙肢不出现塑性，所有楼层墙肢均为弹性。并且对于斜交网格筒侧向刚度弱、中、强三种情况，墙肢塑性能分布的规律相同。即墙肢耗能受到外筒侧向刚度影响较小，而主要受到核心筒整体系数的控制。

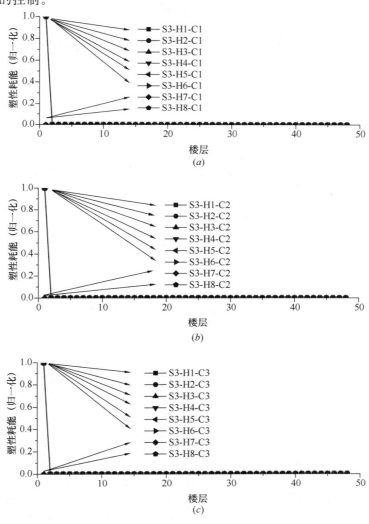

图 15-22　墙肢塑性耗能分布
(*a*) 算例 S3-H1-C1～S3-H8-C1；(*b*) 算例 S3-H1-C2～S3-H8-C2；
(*c*) 算例 S3-H1-C3～S3-H8-C3

15.3.3.4 楼层塑性耗能分布

结构塑性耗能在楼层间的分布如图 15-23、15-24 和 15-25 所示，当核心筒整体系数较小（算例 S3-Hj-Ck，j＝1～4，k＝1～3，α＝1.85～12.08，γ＝0.89～6.65），结构塑性耗能在楼层间的分布波动较大，塑性耗能峰值发生在下部和中部楼层，其余楼层相对较小，楼层间塑性耗能存在较明显的不均匀特点，从而可能导致结构个别楼层损伤集中，产生结构薄弱楼层，这对体系的抗震是不利的。随着核心筒整体系数的增大（算例 S3-Hj-Ck，j＝5～8，k＝1～3），这种不均匀程度逐渐减小，各楼层间的塑性耗能相对较均匀，这有利于体系抗震并在大震下形成较优的失效模式。

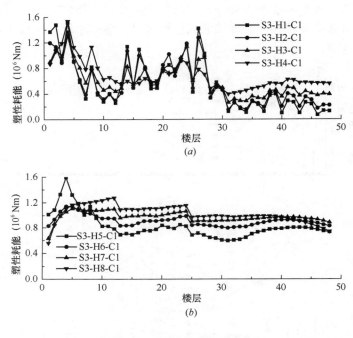

图 15-23　楼层塑性耗能分布
（a）算例 S3-H1-C1～S3-H4-C1；（b）算例 S3-H5-C1～S3-H8-C1

15.3.3.5 构件塑性耗能分配

核心筒整体系数对体系塑性耗能在不同类型构件间分布比例的影响如图 15-26（a）、15-26（c）、15-26（e）所示，当核心筒整体系数较小时，体系中连梁塑性耗能比例较小而斜柱塑性耗能比例较大，斜柱是体系中塑性耗能的主要构件。随核心筒整体系数的增大，连梁塑性耗能比例增加而斜柱塑性耗能比例减小，连梁逐渐成为体系主要塑性耗能构件。核心筒墙肢塑性耗能量始终为各类塑性耗能构件中最小的。体系内外筒等效刚度比对体系各类构件塑性耗能比例的影响如图 15-26（b）、15-26（d）、15-26（f）所示，从图中耗能的变化幅度看似乎体系等效刚度比的影响也较为显著，但结合表 15-7 可见，这种影响主要是由于核心筒整体系数引起的，而实际上等效刚度比对构件塑性耗能的影响程度相对较小，即构件间塑性耗能的分配比例主要受到核心筒整体系数的控制。

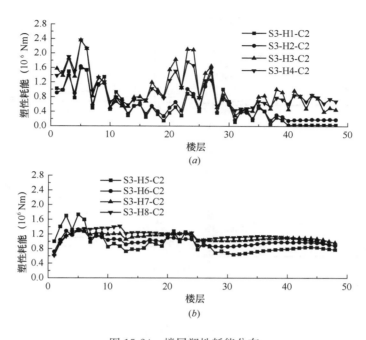

图 15-24　楼层塑性耗能分布

(a) 算例 S3-H1-C2～S3-H4-C2；(b) 算例 S3-H5-C2～S3-H8-C2

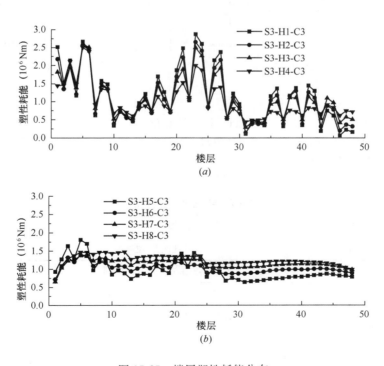

图 15-25　楼层塑性耗能分布

(a) 算例 S3-H1-C3～S3-H4-C3；(b) 算例 S3-H5-C3～S3-H8-C3

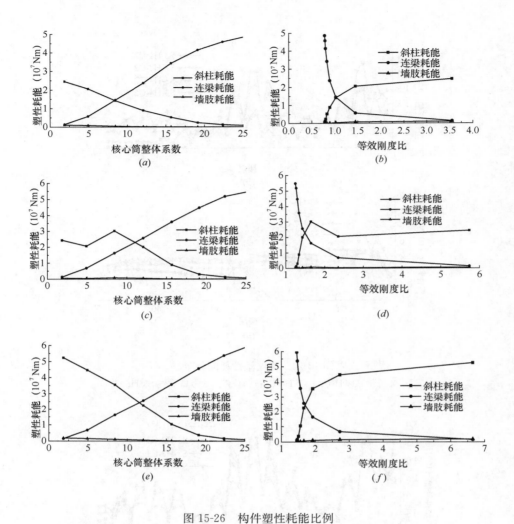

图 15-26　构件塑性耗能比例

(a) 算例 S3-H1-C1～S3-H8-C1；(b) 算例 S3-H1-C1～S3-H8-C1；(c) 算例 S3-H1-C2～
S3-H8-C2；(d) 算例 S3-H1-C2～S3-H8-C2；(e) 算例 S3-H1-C3～S3-H8-C3；
(f) 算例 S3-H1-C3～S3-H8-C3

斜柱及连梁塑性耗能比例　　　　　　　　　　　　　表 15-7

外筒斜柱 C1				外筒斜柱 C2				外筒斜柱 C3			
α	γ	柱耗能	梁耗能	α	γ	柱耗能	梁耗能	α	γ	柱耗能	梁耗能
4.92	1.45	0.76	0.21	4.92	2.35	0.74	0.25	4.92	2.72	0.84	0.13
8.44	1.02	0.49	0.5	8.44	1.65	0.64	0.34	8.44	1.92	0.67	0.31
12.08	0.89	0.27	0.72	12.08	1.43	0.43	0.55	12.08	1.66	0.46	0.53
15.67	0.83	0.13	0.87	15.67	1.34	0.2	0.8	15.67	1.56	0.22	0.77
19.12	0.80	0.05	0.95	19.12	1.30	0.06	0.94	19.12	1.50	0.07	0.92
22.37	0.79	0.02	0.98	22.37	1.27	0.02	0.98	22.37	1.47	0.03	0.97
25.40	0.78	0.01	0.99	25.40	1.25	0.01	0.99	25.40	1.45	0.01	0.99

15.4 体系失效模式优选

为实现大震作用下高层斜交网格筒-核心筒结构体系的地震失效模式优选，首先要明确该体系失效模式优选的目标和优选原则。根据 15.3 节中对体系失效模式的分析以及第14章中对体系抗震性能的分析可知，斜交网格筒结构具有较大的侧向刚度从而使其在高层建筑的建造中具有潜在的优势，这主要得益于筒体斜柱以轴向拉压为主的受力特点。以轴向内力为主的斜柱充分利用了材料性能为体系提供了较大刚度，但也应该看到，斜柱的受力特点和屈服机理导致体系的变形能力和耗能能力相对较弱，这也正是该类型结构体系建造在地震高烈度区要尤其重视的问题。因此，对该体系进行地震失效模式优选时，主要针对体系的塑性耗能能力问题，以体系不同类型构件间塑性耗能分配，以及结构构件和整体塑性耗能分布模式为优化目标。

首先建立体系失效模式的优选原则：第一，斜柱塑性耗能在楼层间分布范围广。由于在强烈地震作用下高层斜交网格筒-核心筒结构体系中连梁首先进入塑性，外筒随后进入塑性并伴随塑性耗能，此时墙肢仍然处于弹性或较轻微的损伤状态，因此在该类型体系中应允许斜交网格筒构件发展一定程度的塑性，并希望塑性区域分布广泛，这有利于在有限的条件下更大程度的耗散地震能量，当然前提是核心筒仍然具有足够的竖向承载力和抗侧承载力储备。

第二，连梁塑性耗能在各楼层中充分开展。连梁在地震作用下通常发生梁端弯曲型破坏，这种屈服机制比较有利于构件塑性耗能的发展，并且考虑到连梁作为体系中的次要构件，而且是体系最先进入塑性的构件，应允许其在较广泛的范围内较充分地发展塑性，一方面可以通过降低结构刚度使结构避开地震卓越周期，降低地震作用，另一方面也能够耗散大量地震能量，保护结构其他类型构件。因此希望连梁塑性耗能在较多的楼层有所发展，连梁塑性区域分布越广泛、塑性耗能越充分对体系的大震失效模式越有利。

第三，控制核心筒墙肢损伤程度。核心筒墙肢是该类型结构中最后进入塑性的构件，根据分析可知其塑性主要集中在基底处。作为体系最后的抗震承载力储备，墙肢应具有足够的竖向承载力和抗侧力储备，但根据我国规范"三水准"的抗震设防目标，体系是以"大震不倒"为设计目标的，因此墙肢也是允许进入塑性损伤的。但是由于在高层斜交网格筒-核心筒结构体系中，斜交网格筒具有较大的抗侧刚度和承载力，可承担远超过50%的结构侧向荷载作用，但是在外筒进入塑性并达到强度退化点时，外筒将向核心筒卸载，导致大量侧向力转移到核心筒，给墙肢抗侧承载力带来较大负担，因此为最终实现体系"大震不倒"，墙肢的塑性损伤程度应严格控制。

第四，结构楼层总塑性耗能分布相对较均匀。高层建筑结构在强烈地震作用下的破坏往往是从结构的某些楼层开始，在这些楼层中构件的损伤通常较为严重，而导致楼层成为结构地震作用下的薄弱楼层。而结构塑性耗能在各楼层间的分布可以较好地表达各类构件导致的楼层损伤，能够有效地指示出结构的地震薄弱楼层。因此对于一种较优的失效模式，希望结构各楼层塑性耗能分布尽量均匀，这不但有利于避免薄弱楼层的出现，也有利于结构严竖向均匀地耗散地震能量。

第五，塑性耗能在不同类型构件间分配合理。根据第 14 章的分析可知，在高层斜交网格筒-核心筒结构中，塑性耗能主要分布在连梁和外筒斜柱中，墙肢塑性耗能很少对体系的塑性耗能几乎没有影响，而其他类型构件基本保持弹性。值得注意的是，斜交网格筒的耗能机制相对较差，而连梁的塑性耗能机制较好，并且连梁作为体系的次要构件允许充分发展塑性，而斜柱作为外筒竖向承重和水平抗侧力的关键构件应适当控制塑性发展程度，因此希望连梁作为体系的主要耗能构件耗散体系的大部分能量，而外筒作为次要耗能构件。但也应当注意，并不能一味增大连梁的塑性耗能比例，以至于斜交网格筒不能有效进入塑性耗能，因此应适当、综合地控制塑性耗能在连梁和外筒间的分配比例，作者初步建议斜柱塑性耗能比例在 20%～50% 间，随着研究的逐渐深入以及震害和工程经验的丰富，该比例有待进一步的修正。

第六，保证斜交网格筒具有足够刚度。高层斜交网格筒-核心筒结构最鲜明的特点和优势就是其外筒侧向刚度较大，并且能够承担体系较大的侧向荷载，甚至超过核心筒。因此在进行体系优化时，应注意保留体系的这一特点和优势，避免外筒过弱从而失去该类型结构体系的特点和优势，在参考目前国内已有的典型高层斜交网格筒结构工程实例的基础上，初步建议外筒最大剪力系数大于 0.6。

根据上述失效模式优选目标和优选原则，将本章 3 个系列算例中满足失效模式优选原则的算例汇总如表 15-8 所示，可见，如果仅从某一类结构构件的优选失效模式角度出发，斜柱的优选失效模式分布范围相对较广（$\alpha = 4.92 \sim 19.12$，$\gamma = 0.4 \sim 1.9$），而连梁的优选失效模式主要集中在核心筒整体系数相对较大的区域内（$\alpha > 12.08$，$\gamma = 0.4 \sim 1.5$）。由于结构楼层塑性耗能分布受到核心筒整体系数的影响较为明显，因此从结构楼层塑性耗能分布的角度出发，结构的优选失效模式也集中在核心筒系数相对较大的区域（$\alpha > 12.08$，$\gamma = 0.4 \sim 1.6$）。而从体系中不同类型构件间塑性耗能分配比例的角度出发，结构的优选失效模式主要集中在核心筒整体系数相对较为适中的区域（$\alpha = 12.08 \sim 15.67$，$\gamma = 0.4 \sim 1.7$）。

在对体系失效模式进行优选时，如仅从构件塑性耗能分布特点、楼层总塑性耗能分布特点或者构件间塑性耗能分配比例等多个因素中的某一个出发时，所得到的失效模式可能仅满足某一类因素而其他的因素不满足失效模式优选原则，从而导致所筛选的失效模式达不到相对较优的效果。因此对于体系的失效模式优选应综合考虑斜柱、连梁、楼层的塑性耗能分布以及不同类型构件间的塑性耗能分配比例，因此在表中的上述多种情况的重叠或衔接区域即为我们要优选的结构体系大震失效模式。表中主要存在两个这样的区域 Q1 和 Q2，区域 Q1 和 Q2 中典型算例通过模态 pushover 分析得到的结构外筒剪力系数（外筒基底剪力除以总基底剪力）曲线如图 15-27 所示，可见区域 Q1 中外筒的剪力系数相对较小（弹性阶段仅 0.23，塑性阶段最大值为 0.47），而区域 Q2 典型算例的外筒剪力系数相对较大（弹性阶段为 0.4，塑性阶段最大值为 0.65），此时由结构第六条体系失效模式优选原则可知，区域 Q2 算例对应的失效模式为我们所寻求的体系大震优选失效模式，与该失效模式对应的核心筒整体系数 $\alpha = 12.08 \sim 15.67$，内外筒等效刚度比 γ 约为 1.4，即对于典型的高层斜交网格筒-核心筒结构，当核心筒整体系数在 12.08～15.67 区间，且外网筒与核心筒等效刚度比约为 1.4 时，体系将具有相对较优的大震失效模式。

体系失效模式优选结果　　　　　　　　　　　　表 15-8

γ＼α	4.92	8.44	12.08	15.67	19.12	22.37	25.40
0.4			□◑■			◑◐	
0.5			◑◐■			◑◐	
0.6				Q1			
0.7	□					◑◐◇◆	◇◆
0.8			□■◇◆	◆	◐◆		
0.9	□						
1.0		◇					
1.1							
1.2			Q2			◇◆	◇◆
1.3				◇	◇◆		
1.4	○□◇	○	○◑●◐◆	○◑●◐	○◑●	◇◆	◇◆
1.5				◇◆◆	◇◆◐◆	◑■	
1.6		◇	◇◆				
1.7			□■				
1.8							
1.9		◇					
2.0							

	斜柱	连梁	楼层	构件
系列1	○	◑	◑	●
系列2	□	◐	■	■
系列3	◇	◆	◆	◆

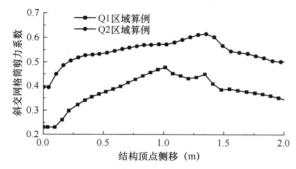

图 15-27　斜交网格筒剪力系数

　　综上所述，表 15-8 中的区域 Q2 对应算例的大震失效模式为我们所要寻找的高层斜交网格筒-核心筒优选失效模式，该失效模式能够同时满足六条失效模式优选原则，其对应的体系失效状态为外网筒斜柱和核心筒连梁均在较广楼层范围出现塑性耗能，而楼层总塑性耗能分布相对均匀从而避免局部楼层损伤严重导致结构薄弱楼层问题，体系以连梁为主要耗能构件而斜柱为刚度关键构件为体系提供较大刚度，此时核心筒墙肢损伤主要发生在基底处，但其损伤程度应受到严格控制。

15.5　体系大震失效控制指标

　　在高层建筑斜交网格筒-核心筒结构中，斜交网格外筒和核心筒是体系的主要抗侧力构件，内外筒的大震性能状态直接决定着体系的大震性态，而体系的大震失效状态也必然取决于内外筒的大震失效状态。由于在斜交网格筒-核心筒结构中，内外筒间存在两次内力重分配过程，特别是第二次内力重分配时外网筒大量内力向核心筒转移，这主要是由于外网筒的抗侧力达到极限值并开始退化而导致，作为体系刚度和抗侧力关键构件的外筒将大量侧向荷载向核心筒卸载，直接导致核心筒基底剪力不断增大并最终出现墙肢混凝土达到抗压强度，进而致使核心筒失效，这也是该类型体系大震失效过程明显不同于常规体系的特点，因此在确定该体系大震失效控制指标时有必要首先给出体系外网筒抗侧力退化点对应的性能指标，再针对核心筒剪力墙的大震失效状态，给出相应的核心筒大震失效控制指标；由于在高层斜交网格筒-核心筒结构中，核心筒剪力墙是体系大震抗侧承载力的最后储备，因此其失效控制指标即为体系最终的大震失效控制指标。

15.5.1 指标类型探讨

目前高层斜交网格筒-核心筒新型结构体系通常作为城市经济金融的重要枢纽，并且承担着城市形象和标志性建筑的功能，从结构抗震设计方法的发展趋势出发，对其采用基于性能的抗震设计方法是必然趋势。由于结构在地震作用下的损伤形式和程度与结构和构件的变形存在较好的相关性，因此，在基于性能的抗震设计中通常采用与结构和构件变形相关的量作为判断结构及构件性能状态的指标，其中最为常见的是选择层间位移角来量化反映结构构件的受力变形和破坏程度。在高层斜交网格筒-核心筒结构体系中，斜柱是斜交网格筒的关键承重和刚度构件，同时承担着结构竖向荷载和水平地震作用，斜柱的性能状态直接体现了斜交网格筒的抗震性能状态，而核心筒是体系最后进入塑性的构件，其大震性态与结构的最终失效状态有着直接的联系，因此高层斜交网格筒-核心筒结构的大震失效控制指标应与体系内外筒的大震性态紧密相关。

我国规范采用层间位移角作为控制结构及构件变形的指标，并且分别给出了不同类型结构体系对应的小震弹性层间位移角限值和大震弹塑性层间位移角限值。其中的层间位移角一般由楼层内的最大层间位移（包括该楼层层间侧移和由下一楼层弯曲转角导致的该楼层层间侧移）除以楼层高度得到，计算时除以弯曲变形为主的高层建筑外，可不扣除结构整体弯曲变形。这种计算结构层间位移角的方法比较适合于结构侧移以剪切变形为主（如框架结构）或者以弯曲变形为主（如剪力墙结构）的情况，对于高层斜交网格筒结构体系，外筒的侧移变形同时包含剪切变形和弯曲变形，并且外筒侧移变形中剪切变形成分和弯曲变形成分所占比例随外筒网格形式的不同而发生明显的变化，因此无论是否扣除结构整体弯曲变形，直接采用楼层最大层间位移除以楼层高度的做法都不能有效考虑斜交网格筒侧移变形中剪切变形和弯曲变形所占比例的问题，这将给外网筒抗侧力退化点性能指标的计算带来较大的误差。

之所以不能简单地采用结构的剪切层间侧移（由楼层剪切变形引起的结构侧移）或者弯曲层间侧移（有楼层弯曲变形引起的结构侧移）计算高层斜交网格筒结构的层间位移角，主要是由于无法准确地建立构件变形与构件受力间的关系。我们知道对于高层建筑结构，能够直接引起结构构件变形从而导致结构损伤甚至破坏的结构层间变形称为有害层间变形；而由于下一楼层整体弯曲变形而引起的本层结构层间变形除引起结构 P-Δ 效应外，对楼层构件的受力和变形不产生直接影响，故称之为无害层间位移。

如图所示 15-28（a）为典型的高层斜交网格筒-核心筒结构的层间位移角分布曲线，通过结构层间位移除以楼层高度得到，可见位移角最大值出现在中上部楼层。图 15-28（b）为结构的有害层间位移角分布曲线，分别考虑了楼层的剪切有害层间位移角（楼层剪切变形引起的层间位移除以楼层高度，以下简称剪切有害层间位移角）和弯曲有害层间位移角（楼层弯曲变形引起的层间位移除以楼层高度，以下简称弯曲有害层间位移角），其中弯曲有害位移角最大值出现在基底处，而剪切有害位移角最大值出现在结构底部附近楼层。采用两种方法计算所得的结构层间位移角分布特点及位移角最大值出现的楼层位移明显不同，特别是层间位移角中剪切转角和弯曲转角的比例相差较大。上述两种方法计算所得层间位移角的差值即为结构的无害层间位移角如图 15-28（c）所示，可见在高层斜交网格筒-核心筒结构体系中，无害层间位移角由结构底层向上逐渐累积增大。

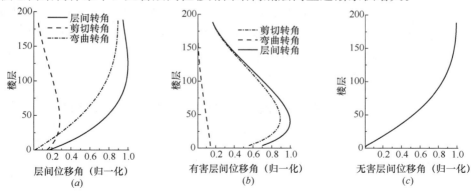

图 15-28　结构位移角分布
（a）层间位移角；（b）有害层间位移角；（c）无害位移角

为准确地建立结构大震失效控制指标与结构构件变形和受力的相互联系，本节采用结构有害层间位移（包括剪切有害层间位移角和弯曲有害层间位移角）作为高层斜交网格筒-核心筒结构体系的大震失效控制指标，且在分析外网筒抗侧力退化点性能指标时充分考虑斜交网格筒网格形式不同导致的筒体剪切变形和弯曲变形比例变化等问题。

15.5.2　斜交网格筒抗侧力退化点性能指标

斜交网格筒的侧移变形既含有剪切变形成分又含有弯曲变形成分，根据第 12 章中对斜交网格筒的理论分析可知，斜交网格筒模块侧移成分中的剪切变形与模块角部斜柱的轴向变形间的关系为

$$e_{\mathrm{v}} = \Delta u \cos\theta \tag{15-6}$$

式中　e_{v}——模块发生剪切侧移 Δu 时模块角部斜柱产生的轴向变形，则此时模块由于剪切变形产生的转角 θ_{v} 为

$$\theta_{\mathrm{v}} = \frac{\Delta u}{h} = \frac{e_{\mathrm{v}}}{h\cos\theta} = \frac{m e_{\mathrm{v}}}{H\cos\theta} \Rightarrow e_{\mathrm{v}} = \frac{H\theta_{\mathrm{v}}\cos\theta}{m} \tag{15-7}$$

而斜交网格筒模块弯曲变形导致的模块边缘竖向位移 Δv 与模块角部斜柱的轴向变形 e_{m} 的关系为

$$e_{\mathrm{m}} = \Delta v \sin\theta \tag{15-8}$$

此时模块弯曲转角 θ_{m} 为

$$\theta_{\mathrm{m}} = \frac{2\Delta v}{B} = \frac{2 e_{\mathrm{m}}}{B\sin\theta} \Rightarrow e_{\mathrm{m}} = \frac{B\theta_{\mathrm{m}}\sin\theta}{2} \tag{15-9}$$

则斜交网格筒模块角部斜柱总的轴向变形 e 为

$$e = e_{\mathrm{v}} + e_{\mathrm{m}} + e_{\mathrm{p}} = \frac{H\theta_{\mathrm{v}}\cos\theta}{m} + \frac{B\theta_{\mathrm{m}}\sin\theta}{2} + e_{\mathrm{p}} = L[\varepsilon] \tag{15-10}$$

式中　e_{p}——结构竖向荷载作用导致的斜柱轴向变形；

$[\varepsilon]$——斜交网格筒边缘斜柱在轴向压力作用下发生强度退化时对应的斜柱轴向应变。

为建立斜交网格筒模块有害转角 θ_h 与模块角部斜柱轴向应变的关系，引入系数 ζ 作为沿结构高度分布的外筒有害位移角最大值中剪切有害层间位移角与弯曲有害层间位移角的比值，则 $\zeta = \theta_v/\theta_m$，从图 5-28 中可知 ζ 所对应的楼层位于结构底部附近，且前期研究表明外筒发生抗侧力退化前的刚度变化程度相对较小，因此参数 ζ 基本不受网筒非线性的影响。

将 $\theta_v = \zeta\theta_m$ 代入式（15-10）可得

$$e_v + e_m = \left(\frac{\zeta H\cos\theta}{m} + \frac{B\sin\theta}{2}\right)\theta_m = L[\varepsilon] - e_p = L[\varepsilon](1-\lambda_p) \tag{15-11}$$

其中 λ_p 为结构竖向荷载作用下的斜柱轴压比，模块弯曲变形导致的有害转角为

$$\theta_m = \left(\frac{\zeta H\cos\theta}{m} + \frac{B\sin\theta}{2}\right)^{-1} L[\varepsilon](1-\lambda_p) \tag{15-12}$$

则模块有害转角为

$$\theta_h = \theta_v + \theta_m = (1+\zeta)(1-\lambda_p)[\varepsilon]\frac{L}{\dfrac{\zeta H\cos\theta}{m} + \dfrac{B\sin\theta}{2}}$$

$$= (1+\zeta)(1-\lambda_p)[\varepsilon]\frac{2L^2}{hb(2\zeta+n)}$$

$$= (1+\zeta)(1-\lambda_p)[\varepsilon]\frac{4}{(2\zeta+n)\sin(2\theta)} \tag{15-13}$$

可见，当斜交网格筒确定后，外筒立面斜柱跨数 n 和斜柱角度 θ 均为确定值。斜柱在竖向荷载作用下的轴压比 λ_p 可根据斜柱截面和相应竖向荷载计算得到。外筒斜柱的允许最大应变 $[\varepsilon]$ 可根据构件和材料的性能，并结合基于性能的抗震设计思想进行取值。则确定最终有害位移角 θ_h 所需的参数仅剩下外筒有害剪切转角与有害弯曲转角的比值 ζ。那么该值的变化范围究竟有多大，是否足以影响最终的有害位移角的取值，现做如下分析，当 $e_v = e_m$ 时，比较模块角部斜柱产生相同轴向变形时对应的有害剪切层间位移角和有害弯曲层间位移角为

$$\frac{\theta_v}{\theta_m} = \frac{me_v}{H\cos\theta}\frac{B\sin\theta}{2e_m} = \frac{mB\sin\theta}{2H\cos\theta} = \frac{mB}{2H}\tan\theta = \frac{mB}{2H}\frac{Hn}{mB} = \frac{n}{2} \tag{15-14}$$

在高层斜交网格筒-核心筒结构体系中，斜交网格筒各个立面的跨数往往大于 3 跨，由上式可知当斜柱产生相同应变时，斜交网格筒以有害剪切变形为主时的变形能力要强于以有害弯曲变形为主时的变形能力，并且这种变形能力的差别将随参数 n 的增大而变得更为显著。因此在对高层斜交网格筒结构有害位移角控制值进行量化时，应首先明确有害位移角中剪切转角和弯曲转角的相对比例，即式（15-13）中参数 ζ 的取值。

15.5.3 参数 ζ 取值分析

在高层斜交网格筒-核心筒结构中，外筒有害位移角中剪切转角和弯曲转角可能受到以下三个方面因素的影响：第一，核心筒整体系数，该系数主要影响核心筒的受力和变形，从而对结构整体的受力性能产生影响。第二，斜交网格筒与核心筒间的等效刚度比，该系数对体系内外筒间的协同工作性能以及内外筒间的内力分配均有影响。第三，斜交网格筒的网格形式，网筒的整体高度、宽度以及高宽比等，这也是斜交网格筒结构有别于常规结构体系的一大特点，网格形式的变化可能导致外筒受力性能的显著变化。

15.5.3.1 参数 α 和 ν 的影响

为探讨高层斜交网格筒-核心筒结构体系中"核心筒整体系数"及"等效刚度比"对

参数 ζ 的影响，分别比较了核心筒整体系数 α 取 6 个参数水平以及体系等效刚度比 γ 取 6 个参数水平情况下的 ζ 值如表 15-9 所示，结果表明 ζ 值变化在 7% 以内，说明在斜交网格筒网格形式确定的情况下，即便体系等效刚度比与核心筒整体系数的取值跨越区间较大（$\gamma = 0.4 \sim 1.7$；$\alpha = 4.92 \sim 22.37$），参数 ζ 值的变化也相对有限，即 ζ 对于参数 α 和 γ 并不敏感，受其影响相对较小。

参数 ζ 取值 表 15-9

等效刚度比	ζ	核心筒整体系数	ζ
0.40	7.92	4.92	7.95
0.79	8.12	8.44	8.02
1.02	8.04	12.08	8.26
1.25	8.12	15.67	8.18
1.51	8.18	19.12	8.50
1.70	8.20	22.37	8.46

15.5.3.2 结构高度及网格形式的影响

考虑了 5 种斜交网格筒高宽比（2.67，3.56，5.33，7.11，10.67），6 种结构高度（96，192，288，384，480，576m），斜交网格筒网格形式的变化通过调整模块数 m 和立面跨数 n 实现（m=4~26，n=2~10），基本涵盖了工程常见的斜交网格筒形式。根据第 13 章中斜柱角度的优选范围并鉴于该类型体系已有的实际工程，本章重点探讨斜柱角度在 65° 至 80° 之间的 1286 个算例情况。

经过对各算例结果的分析发现，当斜交网格筒高宽比确定后，参数 ζ 随斜柱角度的变化关系可以通过统一的曲线表达式拟合为

$$\zeta = P_1\theta^3 + P_2\theta^2 + P_3\theta + P_4 \tag{15-15}$$

对于斜交网格筒高宽比为 5.33 的算例，算例结果与相应的拟合结果对比如图 15-29 所示。可见当外筒高宽比确定后，随结构高度的变化，各条拟合曲线的形式具有较好的相似性，以外筒高度为 192m，高宽比为 5.33 的算例为基本算例，其对应的拟合曲线为

$$\zeta_0 = 0.01243\theta^3 - 2.5452\theta^2 + 174.46\theta - 3995.6 \tag{15-16}$$

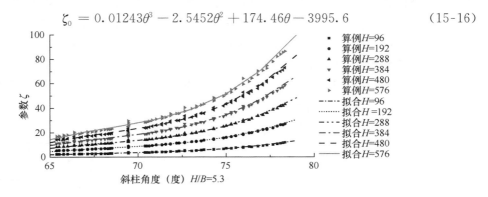

图 15-29 参数 ζ 曲线（$H/B = 5.33$）

其余高度的算例均与之进行比较，所得不同结构高度对应的 ζ 相对值如图 15-30 所示，可见当外筒高宽比确定后，不同高度算例对应的 ζ 与斜柱角度关系拟合曲线的比例系数保持不变，因此当结构高宽比确定后，不同高度结构对应的 ζ 与斜柱关系曲线可以通过

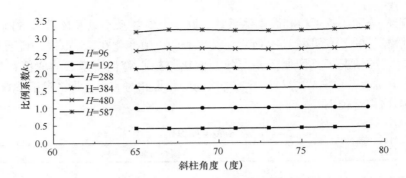

图 15-30　比例系数 k_ζ 值（当 $H/B=5.33$，$H=192$ 时 $\zeta=1$）

对基本曲线 ζ_0 乘以系数 k_ζ 得到

$$\zeta = k_\zeta \zeta_0 \tag{15-17}$$

不同结构高度（96，288，384，480，587m）和高宽比（2.67，3.56，7.11，10.56）的算例结果和对应的拟合曲线如图 15-31 所示，各高宽比算例相对基本算例（高宽比为 5.33，$H=192$m）的比例系数 k_ζ 如表 15-10 所示，k_ζ 随结构高度的变化规律如图 15-32 所示，可见 k_ζ 与结构高度基本保持线性关系，则 k_ζ 可表示为以 η_1 和 η_2 为系数以斜交网格筒结构高度为变量的表达式

$$k_\zeta = \eta_1 x + \eta_2 \tag{15-18}$$

斜交网格筒不同高宽比对应的 k_ζ 表达式的系数 η_1 和 η_2 如表 15-11 所示。在此基础上建立系数 η_1 和 η_2 与斜交网格筒高宽比的关系，分别对参数 η_1 和 η_2 随斜交网格筒高宽比的变化关系进行拟合得到 η_1 和 η_2 表达式分别为

$$\eta_1 = 0.164 x^{-1.996} \tag{15-19}$$

$$\eta_2 = -0.8769 e^{-0.7829x} - 0.452 e^{-0.2708x} \tag{15-20}$$

拟合曲线与数值计算结果的比较如图 15-33 所示，可见两者吻合较好，这样就得到了参数 ζ 相对于参数 ζ_0 的修正系数 k_ζ，该系数同时考虑了斜交网格筒网格形式、结构高度以及斜交网格筒高宽比等因素对斜交网格筒有害剪切转角和有害弯曲转角相对比例的影响。则对于给定的斜交网格筒结构，根据式（15-17）可以直接得到相应的 ζ 值，代入上一节中的式（15-13）即可得到与斜交网格筒角柱应变 $[\varepsilon]$ 对应的斜交网格筒有害位移角性能指标 θ_h。根据第 14 章中的分析可知，外网筒抗侧力的退化主要是由于网筒角部斜柱发生承载力退化而导致的，则将 $[\varepsilon]$ 取为外网筒角部斜柱轴向应力-应变关系曲线中下降段开始点对应的应变，即可求得斜交网格筒抗侧力退化点性能指标。

不同结构高度 ζ 比例系数 k_ζ　　　　　　　　　　　　　　　　表 15-10

H (m)	k_ζ 值				
	$H/B=2.67$	$H/B=3.56$	$H/B=5.33$	$H/B=7.11$	$H/B=10.67$
96	1.789	0.980	0.421	0.247	0.126
192	4.125	2.283	1.000	0.550	0.229
288	6.402	3.575	1.578	0.879	0.375
384	8.611	4.820	2.137	1.197	0.517
480	10.770	6.041	2.683	1.510	0.654
576	12.871	7.246	3.215	1.813	0.790

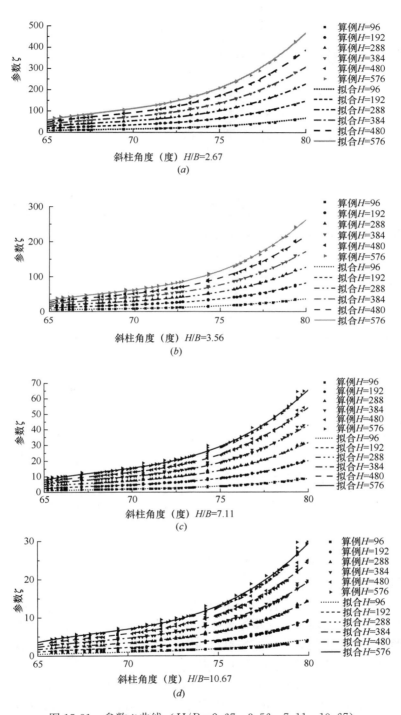

图 15-31　参数 ζ 曲线 （H/B＝2.67，3.56，7.11，10.67）

（a）结构高度影响 （H/B＝2.67）；（b）结构高度影响 （H/B＝3.56）；

（c）结构高度影响 （H/B＝7.11）；（d）结构高度影响 （H/B＝10.67）

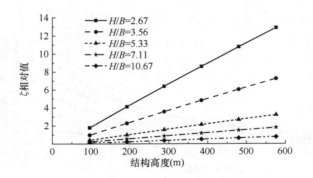

图 15-32　k_ζ 变化规律

参数 η_1、η_2 取值　　　　　　　　　　　　　　表 15-11

外筒高宽比（H/B）	η_1	η_2
2.67	0.023082	−0.3274
3.56	0.01305	−0.2274
5.33	0.005827	−0.1188
7.11	0.003282	−0.07013
10.67	0.00141	−0.0252

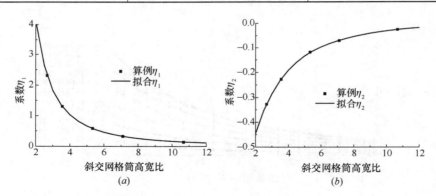

图 15-33　η_1、η_2 拟合结果

(a) η_1 拟合曲线；(b) η_2 拟合曲线

15.5.3.3　性能指标量化探讨

在高层斜交网格筒-核心筒结构体系中，当以有害层间位移角作为外网筒抗侧力退化点性能指标时，是否能够将该性能指标具体量化为某一数值主要取决于该性能指标对斜交网格筒网格形式及斜交网格筒高、宽等参数的敏感性。为此本节通过大量算例考察斜交网格筒抗侧力退化点性能指标的敏感性和具体量化的可行性。

为充分考虑各种网格形式和网筒高、宽等因素，结构算例各参数取值如下：结构高度从 50m 以 25m 的增量增高至 500m 高共 19 种情况；结构宽度从 30m 以 10m 的增量增加至 60m 共 4 种情况；模块数从 4 逐渐增多至 16 个共 13 种情况；立面跨数从 3 逐渐增加至 10 跨共 8 种情况，则共计 19×4×13×8＝7904 个算例，根据第 3 章中关于最优斜柱角度的分析和实际工程中通常所采用的斜柱角度，从上述算例中筛选出斜柱角度在 65°～75°间的算例共 1689 个，保持各算例其他参数及条件不变，各算例对应的外网筒抗侧力退化点性能指标与斜柱角度、网筒高度、网筒宽度和网筒高宽比的关系如图 15-34 所示。可见斜交网格筒抗侧力退化点对应的有害层间位移角在一定范围内还是存在离散的特点，最大值约为最小值的 2 倍，这对于判断高层斜交网格筒的大震性能而言离散性相对较大，因此建议根据给定结构的具体情况，根据公式（15-13）和（15-17）来计算对应的有害层间位移角指标，特别是计算中涉及的网筒斜柱构件轴向压应变量 $[\varepsilon]$ 的取值可以根据实际项目参数的具体情况做适当的调整，从而实现针对"特定"需求采用"特定"性能控制指标，这也是目前基于性能的抗震设计思想所提倡的做法。

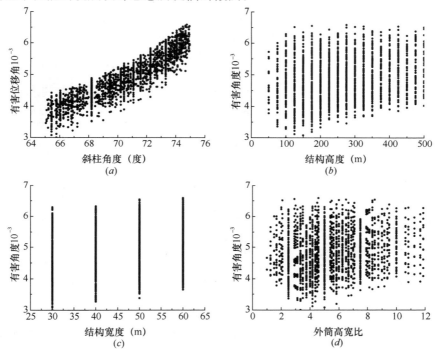

图 15-34 斜交网格筒抗侧力退化点性能指标离散性

（a）斜柱角度影响；（b）结构高度影响；（c）结构宽度影响；（d）斜交网格筒高宽比影响

15.5.3.4 斜交网格外筒抗侧力退化点性能指标有限元验证

以结构算例 6DWC 为例，采用有限元方法对结构进行静力弹塑性分析，斜交网格筒基底剪力-顶点侧移曲线的峰值点即为斜交网格筒抗侧力退化点对应时刻如图 15-35 所示，此时斜交网格筒各立面中达到承载力极限的斜柱分布如图 15-36 所示，结合 14.3 节中对地震作用下外筒失效路径的分析可以发现，斜柱中的轴向拉压力沿杆件通长分布，且在靠近外筒各立面边缘处的斜柱中内力最大，也是斜柱最先进入塑性而达到承载力极限的位置，这与本节中外筒受力机理性分析时所选取的外筒受力状态是基本一致的。当推覆荷载进一步增加，外筒的承载力将进入下降段并导致外筒所承担的大量荷载向核心筒转移，这将给核心筒带来较大压力，这也是该类型结构明显不同于常规结构体系的特点之一，标志着体系关键刚度构件开始进入承载力下降段，有必要对这一时刻给予足够的重视。此时结构的层间位移角分布和有害层间位移角分布如图 15-37 所示，其中层间位移角最大值为1/96 出现在结构中上部楼层，而有害层间位移角最大值为 1/217 出现在结构下部楼层，可

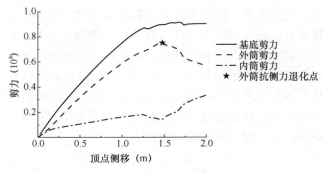

图 15-35　斜交网格筒失效控制点

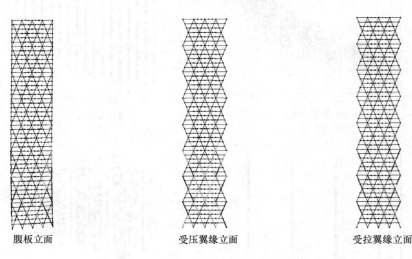

腹板立面　　　　　　受压翼缘立面　　　　　　受拉翼缘立面

图 15-36　斜交网格筒抗侧力退化点受力状态

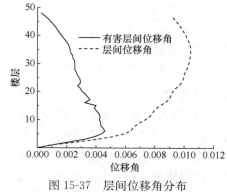

图 15-37　层间位移角分布

见两者差别较大且分布位置迥异，这主要由于楼层无害层间位移角的累积效应导致的，楼层越高该影响越显著，而实际上与结构受力和损伤相关的为结构的有害层间位移角。将算例结构的几何参数和斜柱达到极限承载力时的应变代入到表达式（15-13）和（15-17）中可得外网筒抗侧力退化点性能指标为 1/195，与算例结构求得的 1/217 较为接近，两者差别约为 10%，验证了所提出的外网筒抗侧力退化点性能指标基本是有效和准确的。

15.5.4　体系失效控制指标分析

在 15.5.2 中建立了体系外网筒抗侧力退化点性能指标的计算方法，能够有效地判断高层斜交网格筒-核心筒结构中刚度和抗侧力关键构件的大震性能状态，此时体系外网筒虽然已经进入抗侧力下降段，但内外筒间的内力重分配使体系仍具备一定的延性变形能力，则如何确保体系"大震不倒"，这个问题主要取决于作为体系最后抗侧力储备的核心筒墙肢的性能状态。我们知道对于高层建筑钢筋混凝土剪力墙和核心筒，大量的试验和分析表明，当其底部边缘受压混凝土达到材料抗压强度后，剪力墙整体的侧向承载力将进入下降段[134,186-188]，即当剪力墙边缘混凝土达到材料抗压强度时，其侧向承载力基本处于峰值附近，而此时的剪力墙也基本处在失效的临界状态。鉴于目前针对高层斜交网格筒-核心筒结构的试验研究和失效状态的研究较少，而本章15.3和15.4中结构算例的分析表明核心筒的损伤如图15-38所示，可见损伤主要集中在底部楼层，并且以剪力墙的弯曲型破坏为主，与高层剪力墙的失效形式吻合较好，因此，本节基于高层钢筋混凝土剪力墙的研究成果来定义斜交网格筒-核心筒结构中钢筋混凝土核心筒的失效临界状态，认为核心筒底部墙肢边缘混凝土达到材料抗压强度时为核心筒的失效临界状态，该状态同时也是体系实现"大震不倒"的失效控制状态。

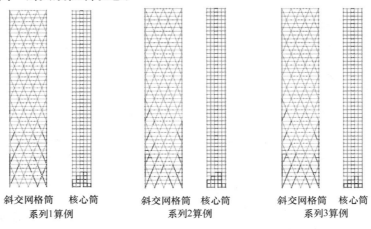

图 15-38　体系损伤分布

如图15-39所示为三个系列算例（共43个结构算例）通过静力弹塑性分析得到的基底剪力-顶点侧移曲线，均给出了对应核心筒剪力墙底部边缘混凝土达到材料抗压强度的时刻，可见当核心筒剪力墙底部边缘混凝土被压碎后，体系的推覆曲线基本达到承载力极限，由于核心筒底部剪力墙的损伤存在逐渐向截面内部发展的过程，因此在荷载基本不增加的情况下，推覆曲线还能够有所延伸，但此时的数值求解已经明显不稳定。如图15-40所示，给出了各算例结构该状态对应的结构层间位移角，可见虽然结果存在一定的离散性，但离散程度并不严重（均值＝1/125，均方差＝$1.97e^{-4}$），为保证该核心筒失效控制指标的可靠性，取均值减去一倍均方差作为核心筒"大震不倒"的失效控制指标（1/129），则该指标具有84.1%的保证率。

综上所述，高层斜交网格筒-核心筒结构的大震失效控制指标主要取决于斜交网格筒和核心筒的大震性态，对于外网筒的抗侧力退化点性能指标建议通过表达式（15-13）和式（15-17）根据结构的具体情况进行计算得到，而对于体系中核心筒的大震失效控制指标建议取1/129。通过不同网格形式斜交网格筒抗侧力退化点性能指标与核心筒大震失效控制指标的比较（如图15-40）可见，在高层斜交网格筒-核心筒结构中，核心筒的失效标志着体系的最终失效，是体系实现"大震不倒"抗震设防目标的控制指标，而外网筒的失效（抗侧承载力退化）标志着体系关键刚度构件的失效，此时核心筒仍有一定的抗侧承载力储备，但由于网格形式的不同可能导致外筒抗侧力退化点性能指标与体系（核心筒）失

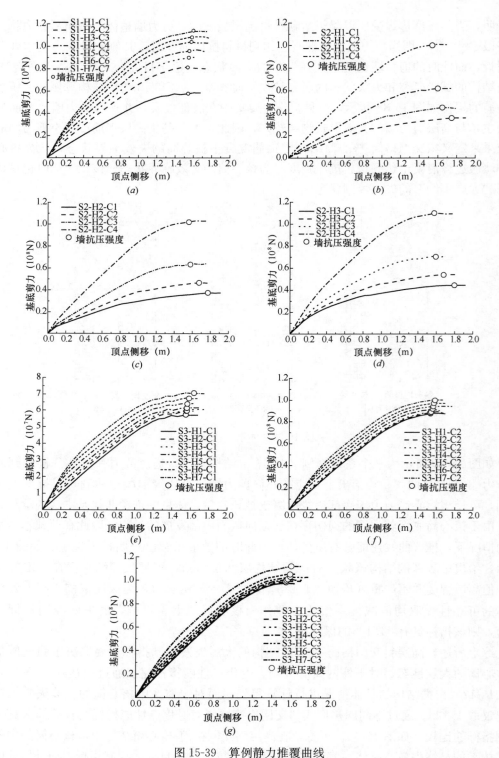

图 15-39　算例静力推覆曲线

(a) 系列 1 算例；(b) 系列 2 算例（H1）；(c) 系列 2 算例（H2）；(d) 系列 2 算例（H3）；

(e) 系列 3 算例（C1）；(f) 系列 3 算例（C2）；(g) 系列 3 算例（C3）

效控制指标较接近，因此对于该类型结构体系，外网筒抗侧力开始退化的时刻也应给予足够的重视。

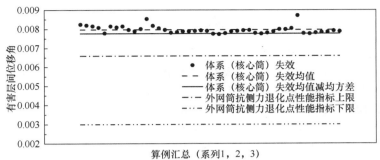

图 15-40　算例层间位移角

　　本章对高层斜交网格筒-核心筒结构的地震失效模式进行了系统分析，建立了外网筒抗侧力退化点性能指标及体系失效控制指标。当体系等效刚度比保持不变时，随核心筒整体系数的增大斜柱受高阶振型的影响逐渐减小，连梁及楼层塑性耗能分布的不均匀程度减小，连梁总塑性耗能增加而斜柱总塑性耗能减小。当核心筒整体系数保持不变时，体系等效刚度比对斜柱及连梁塑性耗能分布的影响相对较小，并且不改变连梁和斜柱总塑性耗能的排序，随等效刚度比的增大，楼层总塑性耗能分布的不均匀程度随之增加。当核心筒整体系数和体系等效刚度比同时变化时，斜柱、连梁、楼层塑性耗能分布规律及构件间塑性耗能比例均主要受到核心筒整体系数的影响，体系等效刚度比的影响较前者小。建立了体系失效模式优选原则：第一，斜柱塑性耗能分布范围广；第二，连梁在各楼层充分发展塑性耗能；第三，控制核心筒损伤程度；第四，楼层总塑性耗能分布相对较均匀；第五，塑性耗能在构件间分配合理；第六，保证斜交网格外筒具有足够刚度。基于失效模式优选原则得到了体系的大震优选失效模式，并给出实现该失效模式应满足的基本要求：核心筒整体系数 $\alpha = 12.08 \sim 15.67$，内外筒等效刚度比 γ 约为 1.4。基于斜交网格筒失效机理，建立了通过斜交网格筒几何参数直接计算外网筒抗侧力退化点对应有害层间位移角的方法，通过大量数值计算回归得到参数 的计算方法，算例表明该方法便捷有效，所得指标能够与外筒抗侧力退化点状态较好吻合。基于核心筒失效状态并结合结构"大震不倒"抗震设防目标，给出了体系大震失效控制指标。

参 考 文 献

[1] 吕西林. 复杂高层建筑结构抗震理论与应用[M]. 科学出版社，2007.

[2] Wilson E L. Three Dimensional Static and Dynamic Analysis of Structures: a Physical Approach with Emphasis on Earthquake Engineering[M]. Computers and Structures Inc. , 1998.

[3] 过镇海，时旭东. 钢筋混凝土原理和分析[M]. 清华大学出版社，2003.

[4] Clough R W, Benuska K L, Wilson E L. Inelastic Earthquake Response of Tall Buildings[C]. Proceedings of Third World Conference on Earthquake Engineering, New Zealand. 1965, 11.

[5] Takeda T, Sozen M A, Nielsen N N. Reinforced Concrete Response to Simulated Earthquakes[J]. Journal of the Structural Division, 1970, 96(12): 2557-2573.

[6] Park Y, Ang A H S. Mechanistic Seismic Damage Model for Reinforced Concrete[J]. Journal of Structural Engineering, 1985, 111(4): 729-739.

[7] 胡海昌. 弹性力学的变分原理及其应用[M]. 科学出版社，1981.

[8] 龙驭球，刘光栋. 能量原理新论[M]. 中国建筑工业出版社，2007.

[9] 伍承飞，周德源. 纤维模型在平面框架非线性静力分析中的应用[J]. 东南大学学报（自然科学版），2005, 35(A01): 129-132.

[10] 叶列平，陆新征，马千里，等. 混凝土结构抗震非线性分析模型、方法及算例[J]. 工程力学，2006, 23(2): 131-140.

[11] Hibbitt K. ABAQUS: User's Manual[M]. Hibbitt, Karlsson and Sorenson, 1985.

[12] 陈滔，黄宗明. 钢筋混凝土框架非弹性地震反应分析模型研究进展[J]. 世界地震工程，2002, 18(1): 91-97.

[13] Taucer F, Spacone E, Filippou F C. A Fiber Beam-Column Element for Seismic Response Analysis of Reinforced Concrete Structures[M]. Earthquake Engineering Research Center, College of Engineering, University of California, 1991.

[14] Spacone E, Ciampi V, Filippou F C. A Beam Element for Seismic Damage Analysis[M]. Berkeley: Earthquake Engineering Research Center. University of California, 1992.

[15] Spacone E, Ciampi V, Filippou F C. Mixed Formulation of Nonlinear Beam Finite Element[J]. Computers & Structures, 1996, 58(1): 71-83.

[16] Nukala P K V V, White D W. A Mixed Finite Element for Three-Dimensional Nonlinear Analysis of Steel Frames[J]. Computer Methods in Applied Mechanics and Engineering, 2004, 193(23): 2507-2545.

[17] Alemdar B N, White d W. Displacement, Flexibility, and Mixed Beam-Column Finite Element Formulations for Distributed Plasticity Analysis[J]. Journal of Structural Engineering, 2005, 131(12): 1811-1819.

[18] 黄宗明，陈滔. 基于有限单元柔度法和刚度法的非线性梁柱单元比较研究[J]. 工程力学，2003, 20(5): 24-31.

[19] 袁驷. 从矩阵位移法看有限元应力精度的损失与恢复[J]. 力学与实践，1998, 20(4): 1-6.

[20] Si Y. From Matrix Displacement Method to FEM: Loss and Recovery of Stress Accuracy. 1999: 134-141.

[21] 袁驷，王枚，袁明武. 有限元（线）法超收敛应力计算的新方案及其若干数值结果[M]. 北京：科学出版社，2001: 43-52.

[22] 袁驷，王枚. 一维有限元后处理超收敛解答计算的 EEP 法[J]. 工程力学，2004，21(2)：1-9.

[23] Wang M，Yuan S. Computation of Super-Convergent Nodal Stresses of Timoshenko Beam Elements by EEP Method[J]. Applied Mathematics and Mechanics-Amsterdam，2004，25(11)：1228-1240.

[24] 袁驷，王枚，和雪峰. 一维 C～1 有限元超收敛解答计算的 EEP 法[J]. 工程力学，2006(02)：1-9.

[25] 袁驷，赵庆华. 具有最佳超收敛阶的 EEP 法计算格式：Ⅲ 数学证明[J]. 工程力学，2007(12)：1-5.

[26] 和雪峰. 基于 EEP 超收敛法的一维有限元自适应分析[D]. 清华大学清华大学土木工程系，2006.

[27] 李云贵. 工程结构设计中的高性能计算[J]. 建筑结构学报，2010(06)：89-95.

[28] 吴恩华，柳有权. 基于图形处理器(GPU)的通用计算[J]. 计算机辅助设计与图形学学报，2004，16(5)：601-612.

[29] nVidai Corporation. July 2013. CUDA C Programming Guide[EB/OL]. http：//docs. nvidia. com/cuda/pdf/CUDA _ C _ Programming _ Guide. pdf.

[30] Eklund A，Dufort P，Forsberg D，et al. Medical Image Processing on the GPU-Past，Present and Future[J]. Medical Image Analysis，2013，17(8)：1073-1094.

[31] Chetverushkin B N，Shilnikov E V，Davydov A A. Numerical Simulation of the Continuous Media Problems on Hybrid Computer Systems[J]. Advances in Engineering Software，2013，60-61：42-47.

[32] Komatitsch D，Michéa D，Erlebacher G. Porting a High-Order Finite-Element Earthquake Modeling Application to NVIDIA Graphics Cards Using CUDA[J]. Journal of Parallel and Distributed Computing，2009，69(5)：451-460.

[33] Bryan B A. High-performance Computing Tools for the Integrated Assessment and Modelling of Social-Ecological Systems[J]. Environmental Modelling & Software，2013，39：295-303.

[34] 中华人民共和国行业标准. 高层建筑混凝土结构技术规程 JGJ 3—2010[S]. 建筑工业出版社，2010.

[35] 胡晓斌，钱稼茹. 结构连续倒塌分析改变路径法研究[J]. 四川建筑科学研究，2008(04)：8-13.

[36] 吕大刚，于晓辉，王光远. 基于单地震动记录 IDA 方法的结构倒塌分析[J]. 地震工程与工程振动，2009(06)：33-39.

[37] 李云贵，黄吉锋. 钢筋混凝土结构重力二阶效应分析[J]. 建筑结构学报，2009(S1)：208-212.

[38] 徐彬，梁启智. 高层框筒结构二阶分析变分摄动法[J]. 华南理工大学学报(自然科学版)，2000(02)：100-106.

[39] 朱杰江，吕西林，容柏生. 高层混凝土结构重力二阶效应的影响分析[J]. 建筑结构学报，2003(06)：38-43.

[40] 郑廷银，赵惠麟. 高层钢结构巨型框架体系的二阶位移实用计算[J]. 东南大学学报(自然科学版)，2002，32(5)：794-798.

[41] 郑廷银，赵惠麟. 巨型空间钢框架结构的二阶实用分析[J]. 建筑结构，2005(08)：57-60.

[42] 包世华，龚耀清. 超高层建筑空间巨型框架的水平力和重力二阶效应分析新方法[J]. 计算力学学报，2010(01)：40-46.

[43] 吕海霞，滕军，李祚华. 斜交网格筒结构二阶效应及整体稳定分析[J]. 建筑结构，2013(S2)：354-359.

[44] 徐培福，肖从真. 高层建筑混凝土结构的稳定设计[J]. 建筑结构，2001，31(8)：69-72.

[45] 陆铁坚，余志武，李芳. 高层筒体结构整体稳定及二阶位移分析的改进条元法[J]. 计算力学学报，2006(01)：29-33.

[46] 陈加猛，梁启智. 高层筒中筒结构的整体稳定简化分析[J]. 华南理工大学学报(自然科学版)，1998(03)：33-39.

[47] 梁启智，陈加猛. 高层框筒结构的整体稳定和二阶分析[J]. 华南理工大学学报（自然科学版），1997(11)：37-43.

[48] 童根树，翁赟. 顶部带伸臂的框架-核心筒结构的稳定性和位移、弯矩放大系数[J]. 工程力学，2008，25(3)：132-138.

[49] 梁启智，傅赣清. 筒中筒结构在竖向地震作用下的整体稳定分析[J]. 华南理工大学学报（自然科学版），2000(01)：61-65.

[50] 苏健，童根树. 双伸臂巨型结构整体稳定性分析[J]. 建筑结构学报，2010(12)：32-39.

[51] 曹志毅，胡进秀，童根树. 双重抗侧力体系的弹性稳定分析[J]. 建筑结构，2008(11)：20-23.

[52] 陈麟，张耀春，周云. 巨型钢框架结构性能分析及二阶效应的影响[J]. 钢结构，2004(02)：13-16.

[53] 陈麟，张耀春，周云. 二阶效应对巨型钢框架结构时程分析的影响[J]. 四川建筑科学研究，2004，30(4)：12-14.

[54] 陈麟，张耀春，周云. 巨型钢框架结构时程分析的影响因素[J]. 土木工程学报，2005(06)：20-24.

[55] 吴昊，张洵安，李涛. 罕遇地震作用下巨子型有控结构二阶效应影响分析[J]. 西北工业大学学报，2011(02)：277-282.

[56] 吉伯海，周文杰，胡正清，等. 核心混凝土性能对钢管混凝土稳定系数的影响研究[J]. 世界桥梁，2007(03)：39-41.

[57] 肖阿林，何益斌，黄频，等. 钢骨-钢管高强混凝土长柱稳定承载力分析[J]. 华中科技大学学报（城市科学版），2008，25(1)：61-64.

[58] 彭肇才，黄用军. 平安金融中心巨型结构节点分析与设计[J]. 广东土木与建筑，2011(06)：7-9.

[59] 赵宏，雷强，侯胜利，等. 八柱巨型结构在广州东塔超限设计中的工程应用[J]. 建筑结构，2012(10)：1-6.

[60] 沈聚敏，翁义军，冯世平. 周期反复荷载下钢筋混凝土压弯构件的性能[J]. 土木工程学报，1982，15(2)：53-64.

[61] 杜修力. 钢筋混凝土房屋结构弹塑性地震反应分析文献综述[J]. 世界地震工程，1990(04)：1-7.

[62] Saiidi M, Sozen M A. Simple Nonlinear Seismic Analysis of RC Structure[J]. ASCE, 1981, 107(5)：937-941.

[63] Housner G W. Behavior of Structures during Earthquake[J]. ASCE, 1959，85(4).

[64] Housner G. Limit Design of Structures to Resist Earthquakes[C]. Proc. of First World Conf. on Earthquake Engrg., Berkeley, CA, 1956.

[65] Harada Y, Akiyama H. Seismic Design of Flexible-Stiff Mixed Frame with Energy Concentration[J]. Engineering Structures, 1998, 20(12)：1039-1044.

[66] Nakashima M, Saburi K, Tsuji B. Energy Input and Dissipation Behaviour of Structures with Hysteretic Dampers[J]. Earthquake Engineering and Structural Dynamics, 1996，25(5)：483-496.

[67] Connor J J, Wada A, Iwata M. Damage-controlled structures. 1：Preliminary Design Methodology for Seismically Active Regions[J]. Journal of Structural Engineering, 1997, 123(4)：423-431.

[68] Chou C C, Uang C M. Establishing Absorbed Energy Spectra an Attenuation Approach[J]. Earthquake Engineering and Structural Dynamics, 2000, 29(10)：1441-1455.

[69] 王振宇，刘晶波. 建筑结构地震损伤评估的研究进展[J]. 世界地震工程，2001(03)：43-48.

[70] Jun T, Zuo-Hua L. Comparison of Different Elastic-Plastic Analysis Method of Complex High-rise Structures under Strong Earthquake Excitations[C]. 4th International Conference on Earthquake Engineering, Taipei, Taiwan, 2006.

[71] Gong B, Shahrooz B M. Concrete-Steel Composite Coupling Beams I：Component Testing[J]. Journal of Structural Engineering, 2001, 127(6)：625-631.

[72] Gong B, Shahrooz B M. Concrete-steel Composite Coupling Beams II: Subassembly Testing and Design Verification[J]. Journal of Structural Engineering, 2001, 127(6): 632-638.

[73] Smith R J, Willford M R. The Damped Outrigger Concept for Tall Buildings[J]. The Structural Design of Tall and Special Buildings, 2007, 16(4): 501-517.

[74] 滕军, 马伯涛, 李卫华, 等. 联肢剪力墙连梁阻尼器伪静力试验研究[J]. 建筑结构学报, 2010 (12): 92-100.

[75] 滕军, 马伯涛, 李卫华, 等. 联肢剪力墙连梁阻尼器地震模拟试验研究[J]. 建筑结构学报, 2010 (12): 101-107.

[76] 滕军, 马伯涛, 周正根, 等. 提高连肢墙抗震性能的连梁耗能构件关键技术[J]. 工程抗震与加固改造, 2007(05): 1-6.

[77] 滕军, 马伯涛. 连肢剪力墙耗能连梁钢板阻尼器及其使用方法. CN 101173535[P]. 2008.

[78] 滕军, 马伯涛. 用于连肢剪力墙连梁耗能的阻尼器. CN 201184000 Y[P]. 2009.

[79] 滕军, 李祚华, 高春明, 等. 耗能模块型钢板阻尼器复合连梁设计及应用[J]. 地震工程与工程振动, 2014(02): 187-194.

[80] 滕军, 李靖, 王立山, 等. 基于耗能连梁钢板阻尼器的高层结构耗能减振分析及应用[J]. 防灾减灾工程学报, 2014(03): 302-307.

[81] 李祚华, 高春明, 肖毅, 等. 钢板阻尼器复合连梁协同工作机制及破坏模式[J]. 建筑结构, 2015 (11): 22-26.

[82] Panagiotakos T B, Fardis N M. A Displacement-Based Seismic Design Procedure for RC Buildings and Comparison with EC8[J]. Earthquake Engineering and Structural Dynamics, 2001(30): 1439-1462.

[83] Kowalsky M J. A Displacement-Based Approach for the Seismic Design of Continuous Concrete Bridges[J]. Earthquake Engineering and Structural Dynamics, 2002(31): 719-747.

[84] Miranda E, Garcia J R. Evaluation of Approximate Methods to Estimate Maximum Inelastic Displacement Demands[J]. Earthquake Engineering and Structural Dynamics, 2003(31): 539-560.

[85] Goel R K, Chopra A K. Improved Direct Displacement-Based Design Procedure for Performance-Based Seismic Design of Structures: Structures Congress[C]. ASCE. 2001.

[86] Tjhin T N, Aschheim M A, Wallace J W. Yield Displacement-Based Seismic Design of RC Wall Buildings[J]. Engineering Structures, 2007(29): 2946-2959.

[87] 吴波, 熊焱. 一种直接基于位移的结构抗震设计方法[J]. 地震工程与工程振动, 2005(02): 62-67.

[88] 杨其伟, 梁兴文, 蒋建. 钢筋混凝土框架-剪力墙结构基于位移的抗震设计方法[J]. 工业建筑, 2007, 37(2): 1-5.

[89] 田野, 梁兴文, 瞿岳前. 钢筋混凝土框架结构直接基于位移的抗震设计[J]. 世界地震工程, 2005, 21(2): 64-69.

[90] 罗文斌, 钱稼茹. 钢筋混凝土框架基于位移的抗震设计[J]. 土木工程学报, 2003, 36(5): 22-29.

[91] 吴波, 李艺华. 直接基于位移可靠度的抗震设计方法中目标位移代表值的确定[J]. 地震工程与工程振动, 2002(06): 44-51.

[92] 李钢, 李宏男. 基于位移的消能减震结构抗震设计方法[J]. 工程力学, 2007(09): 88-94.

[93] Surahman A. Earthquake-Resistant Structural Design Through Energy Demand and Capacity[J]. Earthquake Engineering and Structural Dynamic, 2007(36): 2099-2117.

[94] Choi B J, Shen J H. The Establishing of Performance Level Thresholds for Steel Moment-Resisting Frame Using an Energy Approach[J]. The Structural Design of Tall Buildings, 2001(10): 53-67.

[95] Ghosh S, Collins K R. Merging Energy-Based Design Criteria and Reliability-Based Methods: Ex-

ploring a New Concept[J]. Earthquake Engineering and Structural Dynamics, 2006(35): 1677-1698.

[96] Kevin K F, Wong, Wang Y. Energy-Based Design of Structures Using Modified Force Analogy Method[J]. The Structural Design of Tall and Special Buildings, 2003(12): 393-407.

[97] Akbas B, Shen J, Hao H. Energy Approach in Performance-Based Seismic Design of Steel Moment Resisting Frames for Basic Safety Objective[J]. The Structural Design of Tall Buildings, 2001(10): 193-217.

[98] Vidic T, Fajfar P. Behavior Factors Taking into Account Cumulative Damage[C]. In: Proceedings of Tenth European Conference on Earthquake Engineering. Vienna, 1998.

[99] 叶列平, 程光煜, 曲哲, 等. 基于能量抗震设计方法研究及其在钢支撑框架结构中的应用[J]. 建筑结构学报, 2012(11): 36-45.

[100] Decanini L, Mollaioli F. Formulation of Elastic Earthquake Input Energy Spectra[J]. Earthquake Engineering and Structural Dynamics, 1998(27): 1503-1522.

[101] 胡冗冗, 王亚勇. 地震动瞬时能量与结构最大位移反应关系研究[J]. 建筑结构学报, 2000, 21(1): 71-76.

[102] 滕军, 董志君, 容柏生, 等. 弹性单自由度体系能量反应谱研究[J]. 建筑结构学报, 2009: 129-133.

[103] 程光煜, 叶列平. 弹塑性 SDOF 系统的地震输入能量谱[J]. 工程力学, 2008(02): 28-39.

[104] McKevitt W E, Anderson D L, Cherry S. Hysteretic Energy Spectra in Seismic Design. 1980: 487-494.

[105] 肖明葵, 刘波, 白绍良. 抗震结构总输入能量及其影响因素分析[J]. 重庆建筑大学学报, 1996(02): 20-33.

[106] 白绍良, 黄宗明, 肖明葵. 结构抗震设计的能量分析方法研究述评[J]. 建筑结构, 1997, 27(4): 54-58.

[107] 熊仲明, 史庆轩, 李菊芳. 框架结构基于能量地震反应分析及设计方法的理论研究[J]. 世界地震工程, 2005, 21(2): 141-146.

[108] Das S, Gupta V K, Srimahavishnu V. Damage-Based Design with No Repairs for Multiple Events and Its Sensitivity to Seismicity Model[J]. Earthquake Engineering and Structural Dynamics, 2007(36): 307-325.

[109] Kunnath S K, Chai Y H. Cumulative Damage-Based Inelastic Cyclic Demand Spectrum[J]. Earthquake Engineering and Structural Dynamics, 2004(33): 499-520.

[110] 丁建, 白国良, 蒋建, 等. 钢筋混凝土框架结构直接基于损伤性能的抗震设计方法研究[J]. 世界地震工程, 2007(04): 199-204.

[111] 欧进萍, 何政, 吴斌, 等. 钢筋混凝土结构基于地震损伤性能的设计[J]. 地震工程与工程振动, 1999(01): 21-30.

[112] 何政, 欧进萍. 钢筋混凝土结构基于改进能力谱法的地震损伤性能设计[J]. 地震工程与工程振动, 2000, 20(002): 31-38.

[113] 侯钢领, 何政, 吴斌, 等. 钢筋混凝土结构的屈服位移 Chopra 能力谱损伤分析与性能设计[J]. 地震工程与工程振动, 2001(03): 29-35.

[114] 滕军, 郭伟亮, 张浩, 等. 斜交网格筒-核心筒结构地震非线性性能研究[J]. 土木工程学报, 2012(08): 90-96.

[115] 滕军, 郭伟亮, 容柏生, 等. 高层建筑斜交网格筒结构抗震概念分析[J]. 土木建筑与环境工程, 2011(4): 1-6.

[116] Teng J, Guo W L, Rong B S, et al. Research on Seismic Performance Objectives of High-Rise Dia-

grid Tube Structures[J]. Advanced Materials Research, 2011, 163: 1100-1106.

[117] 刘天云, 赵国藩. 一种识别结构主要失效模式的有效算法[J]. 大连理工大学学报, 1998, 38 (001): 97-100.

[118] 朱俊锋, 王东炜, 霍达. 基于位移的 RC 高层框架结构在大震作用下失效模式相关性分析[J]. 郑州大学学报(工学版), 2006(03): 9-14.

[119] 陈卫东, 张铁军, 刘源春. 高效识别结构主要失效模式的方法[J]. 哈尔滨工程大学学报, 2005, 26(002): 202-204.

[120] Long Y Q, Cen S, Long Z F. Advanced Finite Element Method in Structural Engineering[M]. Springer, 2009.

[121] 张雄, 王天舒. 计算动力学[M]. 清华大学出版社, 2007.

[122] 凌道盛, 徐兴. 非线性有限元及程序[M]. 浙江大学出版社, 2004.

[123] 顾祥林, 建筑, 孙飞飞, 等. 混凝土结构的计算机仿真[M]. 同济大学出版社, 2002.

[124] 顾祥林, 孙飞飞. 混凝土结构的计算机仿真[M]. 上海: 同济大学出版社, 2002.

[125] 黄志华, 吕西林, 周颖, 等. 高层混合结构地震整体损伤指标研究[J]. 同济大学学报(自然科学版), 2010, 38(2): 170-177.

[126] Benzi M, Tuma M. A Comparative Study of Sparse Approximate Inverse Preconditioners[J]. Applied Numerical Mathematics, 1999, 30(2): 305-340.

[127] 徐云扉, 胡庆昌, 陈玉峰, 等. 低周反复荷载下两跨三层钢筋混凝土框架受力性能的试验研究[J]. 建筑结构学报, 1986(02): 1-16.

[128] Scott B D, Park R, Priestley M. Stress-Strain Behavior of Concrete Confined by Overlapping Hoops at Low and High Strain Rates[J]. ACI Journal, 1982, 79(1): 13-27.

[129] Yassin M H M. Nonlinear Analysis of Prestressed Concrete Structures under Monotonic and Cycling Loads[D]. University of California, Berkeley, 1994.

[130] Menegotto M, Pinto P E, Slender R C. Compressed Members in Biaxial Bending[J]. Journal of Structural Division, ASCE, 1977, 103(3): 587-605.

[131] 吕西林, 李培振, 陈跃庆. 12 层钢筋混凝土标准框架振动台模型试验的完整数据同济大学土木工程防灾国家重点实验室振动台试验室: 2004.

[132] 李红豫, 滕军, 李祚华. 基于 CPU-GPU 异构平台的高层结构地震响应分析方法研究[J]. 振动与冲击, 2014(13): 86-91.

[133] 傅学怡. 实用高层建筑结构设计[M]. 北京: 中国建筑工业出版社, 2010.

[134] Moon K S. Sustainable Structural Engineering Strategies for Tall Buildings[J]. Structural Design of Tall and Special Buildings, 2008, 17(5): 895-914.

[135] Moon K, Connor J J, Fernandez J E. Diagrid Structural Systems for Tall Buildings: Characteristics and Methodology for Preliminary Design[J]. Structural Design of Tall And Special Buildings, 2007, 16(2): 205-230.

[136] Zhang C, Zhao F, Liu Y. Diagrid Tube Structures Composed of Straight Diagonals with Gradually Varying Angles[J]. Structural Design of Tall and Special Buildings, 2012, 21(4): 283-295.

[137] Xiaolei H, Chao H, Jing J I, et al. Experimental and Numerical Investigation of the Axial Behavior of Connection in CFST Diagrid Structures[J]. 清华大学学报(英文版), 2008, 13(z1): 108-113.

[138] Moon K S. Optimum Design of Steel Diagrid Structures for Tall Buildings[J]. Structures and Architecture, 2010: 1005-1011.

[139] Moon K S. Stiffness-Based Design Methodology for Steel Braced Tube Structures: a Sustainable Approach[J]. Engineering Structures, 2010, 32(10): 3163-3170.

[140] 黄志华. 钢框架——钢筋混凝土核心筒高层混合结构基于性能的抗震设计方法研究[D]. 上海：同济大学，2010.

[141] Sozen M A. Review of Earthquake Response of Reinforced Concrete Buildings with a View to Drift ControlIstanbul. 1980：119-174.

[142] Jinkoo K, Junhee P. Design of Steel Moment Frames Considering Progressive Collapse[J]. Steel and Composite Structures，2008，8(1)：85-98.

[143] Kim J, Lee Y. Progressive Collapse Resisting Capacity of Tube-Type Structures[J]. Structural Design of Tall and Special Buildings，2010，19(7)：761-777.

[144] 李兵，李宏男，曹敬党. 钢筋混凝土高剪力墙拟静力试验[J]. 沈阳建筑大学学报（自然科学版），2009(02)：230-234.

[145] 彭飞，程文瀼，陆和燕，等. 对称双肢短肢剪力墙的拟静力试验研究[J]. 建筑结构学报，2008(01)：64-69.

[146] 李兵，李宏男. 不同剪跨比钢筋混凝土剪力墙拟静力试验研究[J]. 工业建筑，2010(09)：32-36.

[147] Kotronis P, Mazars J, Davenne L. The Equivalent Reinforced Concrete Model for Simulating the Behavior of Walls Under Dynamic Shear Loading[J]. Engineering Fracture Mechanics，2003，70：1085-1097.

[148] 章红梅. 剪力墙结构基于性态的抗震设计方法研究[D]. 上海：同济大学，2007：190.

[149] Chandler A M, Mendis P A. Performance of Reinforced Concrete Frames using Force and Displacement based Seismic Assessment Methods[J]. Engineering Structures，2000，22(4)：352-363.

[150] Lefas I D, Kotsovos M D, Ambraseys N N. Behavior of Reinforced-Concrete Structural Walls - Strength, Deformation Characteristics, and Failure Mechanism[J]. ACI Structural Journal，1990，87(1)：23-31.

[151] 肖启艳. 基于性能的 RC 剪力墙抗震设计关键技术研究[D]. 广州：华南理工大学，2010：103.

[152] 陈勤，钱稼茹，李耕勤. 剪力墙受力性能的宏观模型静力弹塑性分析[J]. 土木工程学报，2004，3(37)：35-43.

[153] Mostafaei H, Vecchio F J, Kabeyasawa T, et al. Deformation Capacity of Reinforced Concrete Columns[J]. ACI Structural Journal，2010，107(1)：126-127.

[154] 中华人民共和国行业标准. 建筑抗震设计规范 GB 50011-2010[S]. 北京：中国建筑工业出版社，2010.

[155] 应勇，蒋欢军，王斌，等. 钢筋混凝土剪力墙构件双参数地震损伤模型研究[J]. 结构工程师，2010(05)：61-65.

[156] X Z, T S, W J. Behavior of Reinforced Concrete Short Column under High Axial Load[J]. Transactions of the Japan Concrete Institute，1987，9(6)：541-548.

[157] Mo Y L, Wang S J. Seismic Behavior of RC Columns with Various Tie Configurations[J]. Journal of Structural Engineering-Asce，2000，126(10)：1122-1130.

[158] 陈林之. 钢筋混凝土框架结构基于性能的地震损伤控制研究[D]. 上海：同济大学，2010.

[159] 邓艳青. HRB500 钢筋混凝土柱的抗震性能试验研究[D]. 重庆：重庆大学，2010：92.

[160] 蒋欢军，王斌，吕西林. 钢筋混凝土梁和柱性能界限状态及其变形限值[J]. 建筑结构，2010(01)：10-14.

[161] 马颖. 钢筋混凝土柱地震破坏方式及性能研究[D]. 大连：大连理工大学，2012：152.

[162] Williams M S, Sexsmith R G. Seismic Assessment of Concrete Bridges using Inelastic Damage Analysis[J]. Engineering Structures，1997，19(3)：208-216.

[163] Li Y X, Zhao S C. Seismic Damage Analysis of Concrete Members[J]. Nuclear Engineering and

Design，1996，160(1-2)：261-266.

[164] Chung y S，Hatamoto H，Meyer C，et al. Seismic Safety Improvement of Damage-Controlled Rein-forced-Concrete Frames[J]. Advances in Engineering Software，1993，18(2)：95-102.

[165] 蔡茂，顾祥林，华晶晶，等. 考虑剪切作用的钢筋混凝土柱地震反应分析[J]. 建筑结构学报，2011(11)：97-108.

[166] de Miranda S，Gutierrez A，Miletta R，et al. A Generalized Beam Theory with Shear Deformation [J]. Thin-Walled Structures，2013，67：88-100.

[167] 龚炳年. 钢筋混凝土连系梁的抗震性能[D]. 北京：清华大学，1986：10-31.

[168] 万海涛. 钢筋混凝土梁、柱构件抗震性能试验及其基于变形性能的参数研究[D]. 华南理工大学，2010：201.

[169] 张桦. 钢筋混凝土框架结构抗震性能等级研究[D]. 上海：同济大学，2009.

[170] Li Z，Hatzigeorgiou G D. Seismic Damage Analysis of RC Structures using Fiber Beam-Column El-ements[J]. Soil Dynamics and Earthquake Engineering，2012，32(1)：103-110.

[171] 韩艳波. 基于构件尺度的斜交网格筒结构地震损伤评价方法研究[D]. 哈尔滨：哈尔滨工业大学，2012.

[172] Legeron F，Paultre P. Uniaxial Confinement Model for Normal- and High-Strength Concrete Col-umns[J]. Journal of Structural Engineering-ASCE，2003，129(2)：241-252.

[173] 张秀琴，过镇海，王传志. 反复荷载下箍筋约束混凝土的应力-应变全曲线方程[J]. 工业建筑，1985(12)：16-20.

[174] Iu C K，Bradford M A，Chen W F. Second-Order Inelastic Analysis of Composite Framed Struc-tures Based on the Refined Plastic Hinge Method[J]. Engineering Structures，2009，31(3)：799-813.

[175] 温沛纲，徐明江. 带缝钢板剪力墙抗侧刚度和承载力的计算[J]. 广州建筑，2006(04)：14-17.

[176] 戴德沛. 阻尼减振降噪技术[M]. 西安交通大学出版社，1986：21-47，73-74.

[177] 傅学怡，徐培福. 复杂高层建筑结构设计[M]. 北京：清华大学出版社，2005：1-15.

[178] 李真. 180m 的生态——环境摩天楼瑞士再保险公司大厦[J]. 时代建筑，2005(04)：74-81.

[179] 周健，汪大绥. 高层斜交网格结构体系的性能研究[J]. 建筑结构，2007(05)：87-91.

[180] 王传峰，谢伟强，韩小雷，等. 斜交网格结构体系的应用现状[C]. 庆祝刘锡良教授八十华诞暨第八届全国现代结构工程学术研讨会，中国天津，2008.

[181] 赫斯特大厦，美国纽约[J]. 城市建筑，2007(10)：70-73.

[182] 胥传喜，丁晓唐，倪军，等. 竖向承重网架墙体的稳定计算[J]. 河海大学学报，1998(04)：60-65.

[183] Jinghai G，Xinhua L. Design Method Research into Latticed Shell Tube-Reinforced Concrete (RC) Core Wall Structures[J]. Journal of Constructional Steel Research，2007，63(7)：949-960.

[184] 梁新华，龚景海. 网壳筒体-混凝土芯筒结构的分析方法研究[J]. 四川建筑科学研究，2005(05)：6-9.

[185] Kyoung S M. Optimal Grid Geometry of Diagrid Structures for Tall Buildings[J]. Architectural Science Review，2008，3(51)：239-251.

[186] 张崇厚，赵丰. 高层网筒结构体系的基本概念[J]. 清华大学学报(自然科学版)，2008(09)：19-23.

[187] 张崇厚，赵丰. 高层斜交网筒结构体系抗侧性能相关影响因素分析[J]. 土木工程学报，2009(11)：41-46.

[188] Kyoung S M. Structural Developments in Tall Buildings：Current Trends and Future Prospects[J]. Architectural Science Review，2007，3(50)：205-223.